移動式クレーン運転士学科試験

合格問題集

三好康彦 著

Ohmsha

■ はしがき

本書は，平成28年から令和2年に実施された移動式クレーン学科試験の10回分の全試験問題の解説を行い，出題項目別に分類，整理したものです．本試験は類似問題が数多く出題されているので，過去問題を徹底的に勉強することが合格の近道です．

解説は，できるだけ丁寧に行いました．試験問題の中には選択肢のそれ自身が移動式クレーンの内容を解説したものが多くありますが，その場合には選択肢そのものを解説にしてあるため，読者は選択肢を読み，再び解説を読み，十分な理解と記憶を試みていただきたいと思います．

移動式クレーン学科試験の特徴は，労働安全衛生法をはじめ，労働安全衛生規則，クレーン等安全規則など各種の法令関係と安全技術とが密接に関係づけられていることです．

特に安全に関する技術は，現場における事故や危険などを回避した長い経験がそのまま体系化されたものです．したがって，学習においては十分理解して記憶し，現場の職務においてもそれを遵守することが求められます．

ところで，移動式クレーン運転士には，現場において能率的に運転操作することが求められますが，同時にそれを安全に行うことが求められています．この点で移動式クレーン運転士は極めて重要な役割を果たす位置にいると言えます．

読者の皆さんは，すでに実務に携わっている方も多いと思います．現場では，いろいろな問題に遭遇し解決することが求められています．この場合に重要なことは，問題解決に必要である広範囲な知識と経験を身に着けていることはもとより，単にそれだけでなく，それらを有機的に結び付けて解決する能力が求められています．その能力は，関係するどんな些細なことにも関心をもち，常に疑問の課題として抱えておくことによって，身に付くものと考えています．

保安関係に関する技術進歩は日進月歩であることは言うまでもありません．この国家資格の合格をきっかけに，関連する他の国家試験にも挑戦していただき，絶えず自己研鑽と現場に即した技術を身につけられることを期待しています．

令和4年3月

著者しるす

主な法律名の略語一覧

クレ規則	クレーン等安全規則
安衛法	労働安全衛生法
安衛令	労働安全衛生法施行令
安衛則	労働安全衛生規則

目　次

第1章　移動式クレーンに関する知識

第2章　原動機及び電気に関する知識

■第 3 章　関係法令

■第 4 章　移動式クレーンの運転のために必要な力学に関する知識

第 1 章

移動式クレーンに関する知識

1.1 移動式クレーンに関する用語

問題1 【令和2年秋 問1】

移動式クレーンに関する用語の記述として，適切なものは次のうちどれか.

(1) 作業半径とは，ジブフートピンからジブポイントまでの距離をいい，ジブの傾斜角を変えると作業半径が変化する.

(2) 定格荷重とは，移動式クレーンの構造及び材料に応じて負荷させることができる最大の荷重をいい，フックなどのつり具分が含まれる.

(3) 定格速度とは，定格荷重に相当する荷重の荷をつって，つり上げ，旋回などの作動を行う場合の，それぞれの最高の速度をいう.

(4) ジブの起伏とは，ジブが取り付けられたピンを支点として傾斜角を変える運動をいい，傾斜角を変える運動には，起伏シリンダの作動によるものと，巻上げ用ワイヤロープの巻取り，巻戻しによるものがある.

(5) 総揚程とは，ジブ長さを最長に，傾斜角を最大にしたときのつり具の上限位置と，ジブ長さを最短に，傾斜角を最小にしたときのつり具の上限位置との間の垂直距離をいう.

解説 (1) 不適切．作業半径（図 1.1-1 参照）とは，旋回中心（ジブフートピンではないことに注意）からフックの中心より下ろした鉛直線までの水平距離をいう．ジブの傾斜角を変えると作業半径が変化する.

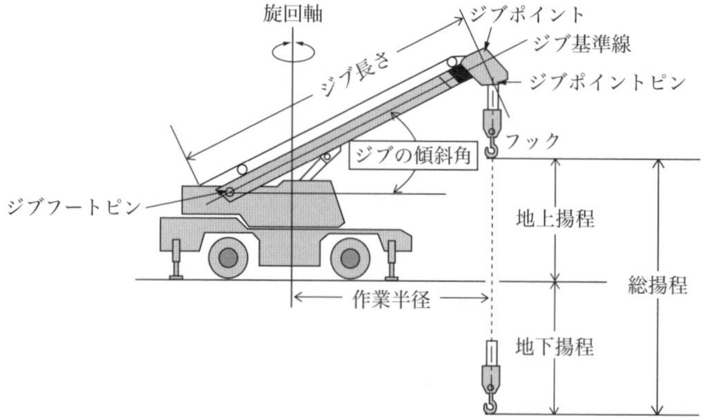

図 1.1-1　ジブの傾斜角，作業半径，揚程

(2) 不適切．定格荷重とは，移動式クレーンの構造および材料に応じて負荷させることができる最大の荷重から，フック，グラブバケット等などのつり具分を除いた荷重をいう.

(3) 適切．定格速度とは，定格荷重に相当する荷重の荷をつって，つり上げ，旋回などの作動を行う場合の，それぞれの最高の速度をいう．したがって，定格速度は定格荷重によって異なる値となる．

(4) 不適切．ジブの起伏とは，ジブが取り付けられたピンを支点として傾斜角を変える運動をいい，傾斜角を変える運動には，起伏シリンダ（油圧シリンダ）の作動によるものと，起伏用ワイヤロープの巻取り，巻戻しによるものがある．「巻上げ用」が誤り．図 1.1-1 参照．

(5) 不適切．総揚程とはジブ長さ，ジブの傾斜角度に応じてフック，グラブバケット等のつり具を有効に上下させることができる上限と下限との間の垂直距離をいい，地上揚程と地下揚程の合計をいう．図 1.1-1 参照．

▶答 (3)

問題 2 【令和2年春 問1】

移動式クレーンに関する用語の記述として，適切でないものは次のうちどれか．

(1) ジブ長さとは，ジブフートピンの中心からジブポイントまでの距離をいう．

(2) 二つの巻上装置があるとき，巻上げ用ワイヤロープを単索にした定格荷重の小さい方を補巻という．

(3) ジブの傾斜角とは，ジブ基準線とジブポイントピンから下ろした鉛直線がなす角をいう．

(4) 移動式クレーンを設置した面から上の揚程を地上揚程，下の揚程を地下揚程といい，地上揚程と地下揚程の和を総揚程という．

(5) 定格総荷重とは，移動式クレーンの構造，材料並びにジブの傾斜角及び長さに応じて負荷させることができる最大の荷重をいい，フックなどのつり具分が含まれる．

解説 (1) 適切．ジブ長さとは，ジブフートピンの中心からジブポイントまでの距離をいう．図 1.1-2 および図 1.1-3 参照．

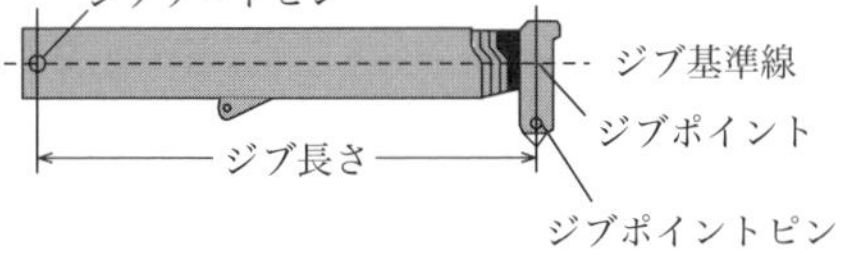

図 1.1-2 箱形構造ジブ（伸縮ジブ）

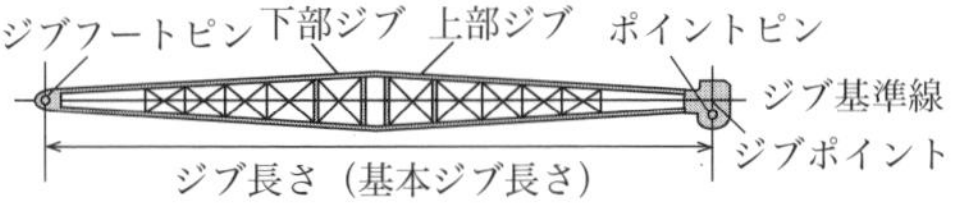

図 1.1-3 トラス（ラチス）構造ジブ

(2) 適切．二つの巻上装置があるとき，巻上げ用ワイヤロープを単索にした定格荷重の小さい方を補巻という．なお，ワイヤロープの巻き掛け数を増やして重い荷をつるロープ側を主巻という．図 1.1-4 参照．

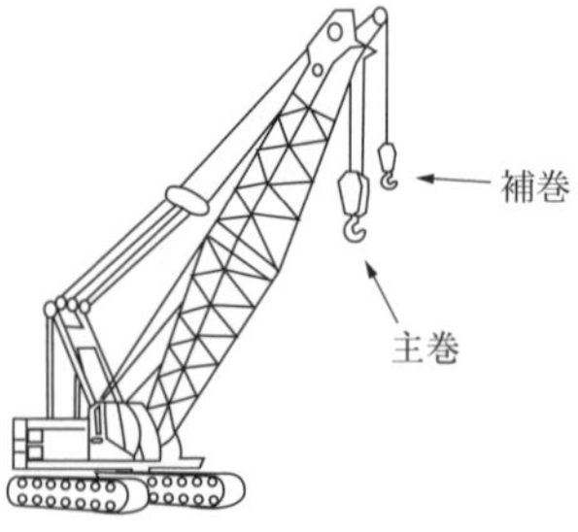

図 1.1-4　主巻，補巻

(3) 不適切．ジブの傾斜角とは，ジブ基準線と水平線がなす角をいう．図 1.1-1 参照．

(4) 適切．移動式クレーンを設置した面から上の揚程を地上揚程，下の揚程を地下揚程といい，地上揚程と地下揚程の和を総揚程という．図 1.1-1 参照．

(5) 適切．定格総荷重（図 1.1-5 参照）とは，移動式クレーンの構造，材料ならびにジブの傾斜角および長さに応じて負荷させることができる最大の荷重をいい，フックなどのつり具分が含まれる．なお，定格総荷重からフック，グラブバケット等のつり具の質量を除いた荷重は定格荷重という．

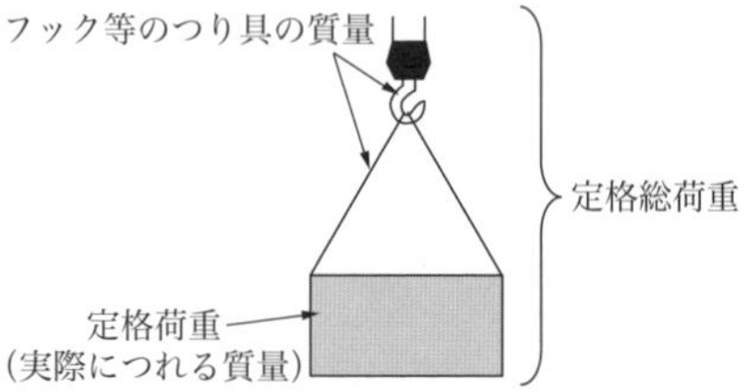

図 1.1-5　定格総荷重（質量）

▶ 答（3）

問題 3　【令和元年秋 問 1】

移動式クレーンに関する用語の記述として，適切でないものは次のうちどれか．

(1) 定格総荷重とは，移動式クレーンの構造，材料並びにジブの傾斜角及び長さに応じて負荷させることができる最大の荷重をいい，フックなどのつり具分が含まれる．

(2) 定格速度とは，定格荷重に相当する荷重の荷をつって，つり上げ，旋回などの作動を行う場合のそれぞれの最高の速度をいう．

(3) ジブ長さとは，ジブフートピンの中心からジブポイントまでの距離をいう．

(4) ジブの傾斜角とは，ジブ基準線とジブポイントピンから下ろした鉛直線がなす角をいう．

(5) 移動式クレーンを設置した面から上の揚程を地上揚程，下の揚程を地下揚程といい，地上揚程と地下揚程の和を総揚程という．

解説 (1) 適切．定格総荷重とは，移動式クレーンの構造，材料ならびにジブの傾斜角および長さに応じて負荷させることができる最大の荷重をいい，フックなどのつり具分が含まれる．なお，つり具分を除いた荷重は定格荷重という．図 1.1-5 参照．

(2) 適切．定格速度とは，定格荷重に相当する荷重の荷をつって，つり上げ，旋回などの作動を行う場合のそれぞれの最高の速度をいう．

(3) 適切．ジブ長さ（図 1.1-1，図 1.1-3 参照）とは，ジブフートピンの中心からジブポイントまでの距離をいう．

(4) 不適切．ジブの傾斜角（図 1.1-1 参照）とは，ジブ基準線と水平面がなす角をいう．

(5) 適切．移動式クレーンを設置した面から上の揚程を地上揚程，下の揚程を地下揚程といい，地上揚程と地下揚程の和を総揚程という（図 1.1-1 参照）．

▶答（4）

問題 4　【令和元年春 問 1】

移動式クレーンに関する用語の記述として，適切でないものは次のうちどれか．

(1) 定格総荷重とは，移動式クレーンの構造及び材料並びにジブの傾斜角及び長さに応じて負荷させることができる最大の荷重をいい，フックなどのつり具分が含まれる．

(2) 定格速度とは，定格荷重に相当する荷重の荷をつって，つり上げ，旋回などの作動を行う場合のそれぞれの最高の速度をいう．

(3) ジブ長さとは，ジブフートピンの中心からジブポイントまでの距離をいう．

(4) ジブの傾斜角とは，ジブ基準線とジブポイントピンから下ろした鉛直線がなす角をいう．

(5) 移動式クレーンを設置した面から上の揚程を地上揚程，下の揚程を地下揚程といい，地上揚程と地下揚程の和を総揚程という．

解説 (1) 適切．定格総荷重とは，移動式クレーンの構造および材料ならびにジブの傾斜角および長さに応じて負荷させることができる最大の荷重をいい，フックなどのつり具分が含まれる．なお，つり具合が含まれない荷重は定格荷重である．図 1.1-5 参照．

(2) 適切．定格速度とは，定格荷重に相当する荷重の荷をつって，つり上げ，旋回などの作動を行う場合のそれぞれの最高の速度をいう．

(3) 適切．ジブ長さ（図 1.1-1，図 1.1-3 参照）とは，ジブフートピンの中心からジブポイントまでの距離をいう．

(4) 不適切．ジブの傾斜角（図 1.1-1 参照）とは，ジブ基準線と水平面がなす角をいう．

(5) 適切．移動式クレーンを設置した面から上の揚程を地上揚程，下の揚程を地下揚程といい，地上揚程と地下揚程の和を総揚程という．図 1.1-1 参照．

▶答（4）

問題 5　【平成 30 年秋 問 1】

移動式クレーンに関する用語の記述として，適切でないものは次のうちどれか．

(1) ジブ長さとは，ジブフートピンの中心からジブポイントまでの距離をいう．

(2) 二つの巻上装置があるとき，巻上げ用ワイヤロープを単索にした定格荷重の小さい方を補巻という．

(3) ジブの傾斜角とは，ジブ基準線とジブポイントピンから下ろした鉛直線がなす角をいう．

(4) 移動式クレーンを設置した面から上の揚程を地上揚程，下の揚程を地下揚程といい，地上揚程と地下揚程の和を総揚程という．

(5) 定格総荷重とは，移動式クレーンの構造及び材料並びにジブの傾斜角及び長さに応じて負荷させることができる最大の荷重をいい，フックなどのつり具分が含まれる．

解説 (1) 適切．ジブ長さとは，ジブフートピンの中心からジブポイントまでの距離をいう．図 1.1-1，図 1.1-3 参照．

(2) 適切．二つの巻上装置があるとき，巻上げ用ワイヤロープを単索にした定格荷重の小さい方を補巻という．なお，ワイヤロープの巻き掛け数を増やして重い荷をつるロープ側を主巻という．図 1.1-4 参照．

(3) 不適切．ジブの傾斜角とは，ジブ基準線と水平線がなす角をいう．図 1.1-1 参照．

(4) 適切．移動式クレーンを設置した面から上の揚程を地上揚程，下の揚程を地下揚程といい，地上揚程と地下揚程の和を総揚程という．図 1.1-1 参照．

(5) 適切．定格総荷重（図 1.1-5 参照）とは，移動式クレーンの構造，材料ならびにジブの傾斜角および長さに応じて負荷させることができる最大の荷重をいい，フックなどのつり具分が含まれる．なお，定格総荷重からフック，グラブバケット等のつり具の質量を除いた荷重は定格荷重という．

▶答 (3)

問題 6 【平成 30 年春 問 1】

移動式クレーンに関する用語の記述として，適切でないものは次のうちどれか．

(1) ジブ長さとは，ジブフートピンの中心からジブポイントまでの距離をいう．

(2) 二つの巻上装置があるとき，巻上げ用ワイヤロープを単索にした定格荷重の小さい方を補巻という．

(3) ジブの傾斜角とは，ジブ基準線とジブポイントピンから下ろした鉛直線がなす角をいう．

(4) 移動式クレーンを設置した面から上の揚程を地上揚程，下の揚程を地下揚程といい，地上揚程と地下揚程の和を総揚程という．

(5) 定格総荷重とは，移動式クレーンの構造及び材料並びにジブの傾斜角及び長さに応じて負荷させることができる最大の荷重をいい，フックなどのつり具分が含まれる．

解説 (1) 適切．ジブ長さとは，ジブフートピンの中心からジブポイントまでの距離をいう．図 1.1-1，図 1.1-3 参照．

(2) 適切．二つの巻上装置があるとき，巻上げ用ワイヤロープを単索にした定格荷重の小さい方を補巻という．なお，ワイヤロープの巻き掛け数を増やして重い荷をつるロープ側を主巻という．図 1.1-4 参照．

(3) 不適切．ジブの傾斜角とは，ジブ基準線と水平線がなす角をいう．図 1.1-1 参照．

(4) 適切．移動式クレーンを設置した面から上の揚程を地上揚程，下の揚程を地下揚程といい，地上揚程と地下揚程の和を総揚程という．図 1.1-1 参照．

(5) 適切．定格総荷重（図 1.1-5 参照）とは，移動式クレーンの構造，材料ならびにジブの傾斜角および長さに応じて負荷させることができる最大の荷重をいい，フックなどのつり具分が含まれる．なお，定格総荷重からフック，グラブバケット等のつり具の質量を除いた荷重は定格荷重という．

▶答（3）

問題7 【平成29年秋 問1】

移動式クレーンに関する用語について，正しいものは次のうちどれか．

(1) ジブの傾斜角とは，ジブ基準線とジブポイントピンから下ろした鉛直線がなす角をいう．

(2) 定格荷重とは，移動式クレーンの構造及び材料に応じて負荷させることができる最大の荷重をいい，フックなどのつり具分が含まれる．

(3) 移動式クレーンを設置した面から上の揚程を地上揚程，下の揚程を地下揚程といい，地上揚程と地下揚程の和を総揚程という．

(4) 自由降下の方法による巻下げとは，ドラムを油圧モータで回転させて降下させることをいう．

(5) 旋回とは，上部旋回体がジブフートピンを軸として回る運動をいう．

解説 (1) 誤り．ジブの傾斜角とは，ジブ基準線と水平線がなす角をいう．図 1.1-1 参照．

(2) 誤り．定格荷重とは，移動式クレーンの構造および材料に応じて負荷させることができる最大の荷重をいい，フックなどのつり具分が含まれない．フックなどのつり具分が含まれる荷重は定格総荷重である．図 1.1-5 参照．

(3) 正しい．移動式クレーンを設置した面から上の揚程を地上揚程，下の揚程を地下揚程といい，地上揚程と地下揚程の和を総揚程という．図 1.1-1 参照．

(4) 誤り．自由降下の方法による巻下げとは，ウインチのクラッチを切りフックブロック等の自重で落下させることである．「ドラムを油圧モータで回転させて降下させること」は，動力降下である．

(5) 誤り．旋回とは，上部旋回体が旋回中心を軸として回る運動をいう．

▶答（3）

問題 8

【平成 29 年春 問 1】

移動式クレーンに関する用語について，正しいものは次のうちどれか.

(1) ジブを長くすることを「ジブ伸ばし」といい，ジブを短くすることを「ジブ下げ」という.

(2) 地切りとは，操作レバーやペダルを断続的に操作して，巻上げ，旋回などを寸動させることをいう.

(3) 揚程とは，ジブの傾斜角及び長さに応じてつり具を有効に上下させることができる上限と下限との間の垂直距離をいい，移動式クレーンを設置した面から上の揚程を地上揚程，下の揚程を地下揚程，地上揚程と地下揚程の和を総揚程という.

(4) 定格荷重とは，移動式クレーンの構造及び材料並びにジブの傾斜角及び長さに応じて負荷させることができる最大の荷重をいい，フックなどのつり具分が含まれる.

(5) 旋回の方向は，移動式クレーンを真上から見て時計回りを左旋回，その反対回りを右旋回という.

解説 (1) 誤り．ジブを長くすることを「ジブ伸長」といい，ジブを短くすることを「ジブ縮小」という.

(2) 誤り．地切りとは，巻上げにより荷を地上から少し離れた位置まで上げ，一旦停止することをいう.

(3) 正しい．揚程とは，ジブの傾斜角および長さに応じてつり具を有効に上下させることができる上限と下限との間の垂直距離をいい，移動式クレーンを設置した面から上の揚程を地上揚程，下の揚程を地下揚程，地上揚程と地下揚程の和を総揚程という．図 1.1-1 参照.

(4) 誤り．定格荷重とは，移動式クレーンの構造および材料ならびにジブの傾斜角および長さに応じて負荷させることができる最大の荷重をいい，フックなどのつり具分が含まれない．なお，フックなどのつり具分が含まれる荷重は，定格総荷重という.

(5) 誤り．旋回の方向は，移動式クレーンを真上から見て時計回りを右旋回，その反対回りを左旋回という．「左旋回」と「右旋回」の記述が逆である．図 1.1-6 参照.

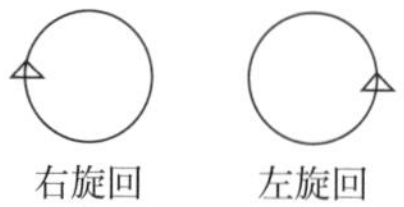

図 1.1-6 旋回

▶答 (3)

問題 9

【平成 28 年秋 問 1】

移動式クレーンに関する用語について，誤っているものは次のうちどれか.

(1) ジブとは，上部旋回体の一端（ジブ取付ブラケット）を支点として荷をつる腕をいう.

(2) 二つの巻上装置があるとき，単索で荷をつるワイヤロープ側を補巻という.

（3）ジブの起伏とは，ジブが取り付けられたピンを支点として傾斜角を変える運動をいう．

（4）定格荷重とは，移動式クレーンの構造及び材料並びにジブの傾斜角及び長さに応じて負荷させることができる最大の荷重をいう．

（5）移動式クレーンを設置した面から上の揚程を地上揚程，下の揚程を地下揚程といい，地上揚程と地下揚程の和を総揚程という．

解説（1）正しい．ジブとは，上部旋回体の一端（ジブ取付けブラケット）を支点として荷をつる腕をいう．なお，ジブには箱形構造ジブ（伸縮ジブ）とトラス（ラチス）構造（部材同士を三角形につなぎ合わせた構造形式）ジブがある．図 1.1-2，図 1.1-3 参照．

（2）正しい．二つの巻上装置があるとき，単索で荷をつるワイヤロープ側を補巻という．図 1.1-4 参照．

（3）正しい．ジブの起伏とは，ジブが取り付けられたピンを支点として傾斜角を変える運動をいう．図 1.1-7 参照．

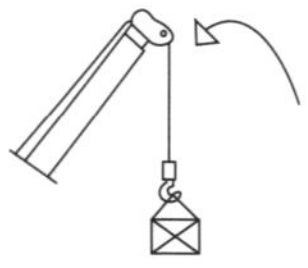

図 1.1-7　ジブの起伏

（4）誤り．定格荷重とは，移動式クレーンの構造および材料ならびにジブの傾斜角および長さに応じて負荷させることができる最大の荷重から，フック，グラブバケット等のつり具の質量を除いた荷重をいう．なお，これらを含んだものは定格総荷重という．図 1.1-5 参照．

（5）正しい．移動式クレーンを設置した面から上の揚程を地上揚程，下の揚程を地下揚程といい，地上揚程と地下揚程の和を総揚程という．図 1.1-1 参照．

▶答（4）

問題 10　【平成 28 年春 問 5】

移動式クレーンに関する用語について，次のうち誤っているものはどれか．

（1）巻上げとは，巻上装置のドラムに巻上げ用ワイヤロープを巻き取ることによって荷を垂直につり上げる運動をいう．

（2）旋回の方向は，移動式クレーンを真上から見て時計回りを右旋回，その反対回りを左旋回という．

（3）ジブの起伏とは，ジブが取り付けられたピンを支点として傾斜角を変える運動をいう．

（4）定格荷重とは，移動式クレーンの構造及び材料並びにジブの傾斜角及び長さに応じて負荷させることができる最大の荷重から，フックなどのつり具分を差し引いた荷重をいう．

（5）揚程とは，ジブの傾斜角及び長さに応じてつり具を有効に水平移動できる最大限と最小限との間の水平距離をいう．

解説 (1) 正しい．巻上げとは，巻上装置のドラムに巻上げ用ワイヤロープを巻き取ることによって荷を垂直につり上げる運動をいう．図 1.1-8 参照．

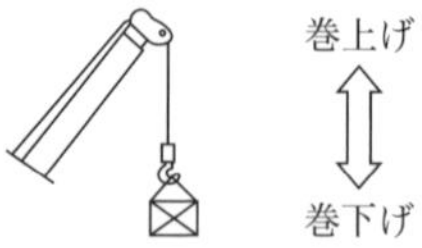

図 1.1-8　巻上げ，巻下げ

(2) 正しい．旋回の方向は，移動式クレーンを真上から見て時計回りを右旋回，その反対回りを左旋回という．図 1.1-6 参照．

(3) 正しい．ジブの起伏とは，ジブが取り付けられたピンを支点として傾斜角を変える運動をいう．図 1.1-7 参照．

(4) 正しい．定格荷重とは，移動式クレーンの構造および材料ならびにジブの傾斜角および長さに応じて負荷させることができる最大の荷重から，フックなどのつり具分を差し引いた荷重をいう．なお，「フックなどのつり具分」を含んだ荷重を定格総荷重という．図 1.1-5 参照．

(5) 誤り．揚程とは，ジブの傾斜角および長さに応じてつり具を有効に上下させることができる最大限と最小限との間の垂直距離をいう．図 1.1-1 参照．

▶答 (5)

問題 11　【平成 28 年春 問 6】

移動式クレーンの作業半径に関し，次のうち誤っているものはどれか．

(1) 作業半径とは，旋回中心から，フックの中心よりおろした鉛直線までの水平距離をいう．

(2) ジブの傾斜角を変えないままジブを伸ばすと，作業半径は大きくなる．

(3) ジブの長さを変えないままジブを下げると，作業半径は小さくなる．

(4) 荷をつったときの作業半径は，つらないときに比べて若干大きくなる．

(5) ジブの傾斜角が同一である場合，作業半径が小さくなるほど定格荷重は大きくなる．

解説 (1) 正しい．作業半径（図 1.1-1 参照）とは，旋回中心から，フックの中心よりおろした鉛直線までの水平距離をいう．

(2) 正しい．ジブの傾斜角を変えないままジブを伸ばすと，作業半径は大きくなる．図 1.1-1 参照．

(3) 誤り．ジブの長さを変えないままジブを下げても，図 1.1-1 から作業半径は変らない．

(4) 正しい．荷をつったときの作業半径は，ジブの傾斜角が少し小さくなるため，つらないときに比べて若干大きくなる．

(5) 正しい．ジブの傾斜角が同一である場合，作業半径が小さくなるほど定格荷重は大きくなる．

▶答 (3)

1.2 移動式クレーンの種類及び型式

問題1　【令和2年秋 問3】

移動式クレーンの種類，型式などに関する記述として，適切なものは次のうちどれか.

(1) 浮きクレーンは，長方形の箱形などの台船上にクレーン装置を搭載した型式のもので，船体型式には自航式と非自航式があり，クレーン装置型式には旋回式と非旋回式がある.

(2) オールテレーンクレーンは，特殊な操向機構と油空圧式サスペンション装置を有し，狭所への進入性は優れているが，不整地は走行できない.

(3) 積載形トラッククレーンのクレーン作動は，走行用原動機とは別のクレーン作業用原動機からPTO（原動機から動力を取り出す装置）を介して動力が伝達された油圧装置により行われる.

(4) トラッククレーン及びラフテレーンクレーンのキャリアには，通常，張出しなどの作動をラックピニオン方式で行うH形又はM形のアウトリガーが備え付けられている.

(5) ラフテレーンクレーンの下部走行体には，専用のキャリアが用いられ，通常，車軸は2軸で，前輪のみを駆動する方式である.

解説　(1) 適切．浮きクレーンは，長方形の箱形などの台船上にクレーン装置を搭載した型式のもので，船体型式には自航式と非自航式があり，クレーン装置型式には旋回式と非旋回式がある．図1.2-1参照.

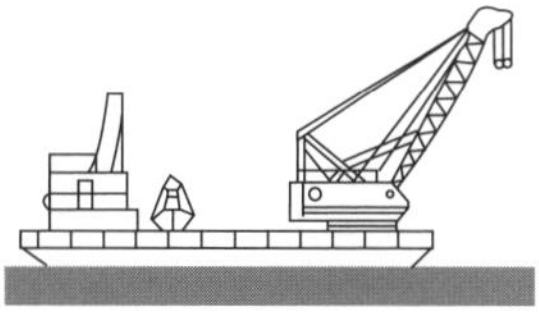
図1.2-1　浮きクレーン

(2) 不適切．オールテレーンクレーン（all terrain crane：全地形用クレーン）は，特殊な操向機構と油空圧式サスペンション装置を有し，狭所への進入性や不整地の走行に適している．図1.2-2参照.

(3) 不適切．積載形トラッククレーン（図1.2-3参照）のクレーン作動は，走行用原動機からPTO（Power Take-Off：走行用原動機から作業機械用の動力として取り出す装置）を介して動力が伝達された油圧装置により行われる.

(4) 不適切．トラッククレーン（図1.2-4参照）およびラフテレーンクレーン（rough terrain crane：不整地走行クレーン，図1.2-9参照）のキャリア（carrier：運搬車）には，通常，張出しなどの作動を油圧式で行うH形（図1.2-5参照）またはX形（図1.2-6参照）のアウトリガー（outrigger：張り出し材，図1.2-7参照）が備え付けられている．なお，ラックピニオン方式（図1.2-8参照）は回転力を直線の運動に変える方式をいう．

(5) 不適切．ラフテレーンクレーン（図1.2-9参照）の下部走行体には，専用のキャリアが用いられ，通常，車軸は2軸から4軸で，常時全輪駆動方式や通常は前輪駆動または後輪駆動により走行し，悪路走行時には全輪駆動するなどの方式である．

図1.2-2　オールテレーンクレーン用キャリア

図1.2-3　積載形トラッククレーン

図1.2-4　トラッククレーン

図1.2-5　H形アウトリガー

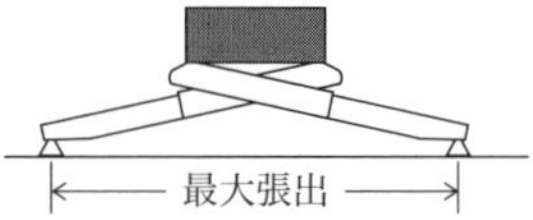

図1.2-6　X形アウトリガー

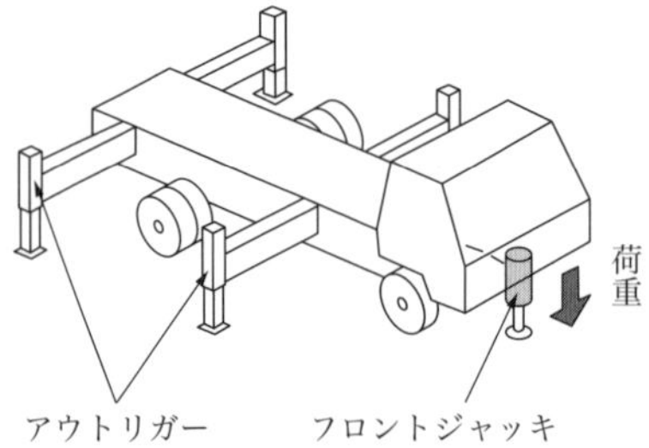

図1.2-7　フロントジャッキ装着例

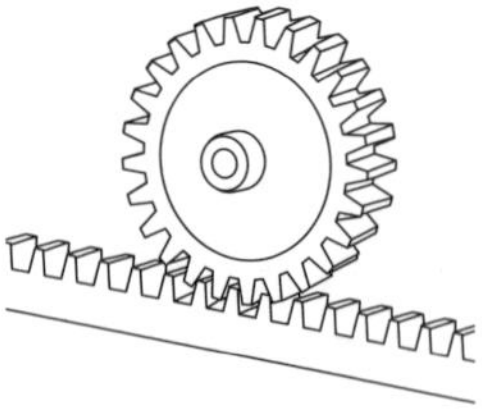

図1.2-8　ラックピニオン

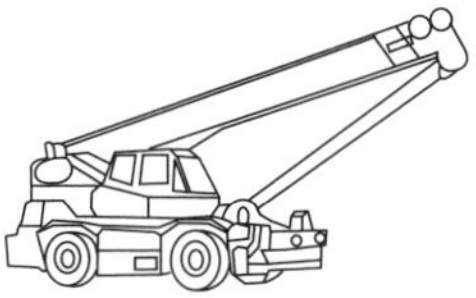

図 1.2-9　ラフテレーンクレーン用キャリア

▶答（1）

問題 2　【令和 2 年春 問 2】

移動式クレーンの種類，型式などに関する記述として，適切でないものは次のうちどれか．

(1) 浮きクレーンは，長方形の箱形などの台船上にクレーン装置を搭載した型式のもので，船体型式には自航式と非自航式があり，クレーン装置型式には旋回式と非旋回式がある．

(2) オールテレーンクレーンは，特殊な操向機構と油空圧式サスペンション装置を有し，不整地の走行や狭所進入性に優れている．

(3) トラッククレーン及びラフテレーンクレーンのキャリアには，通常，張出しなどの作動をラックピニオン方式で行うH形又はM形のアウトリガーが備え付けられている．

(4) 積載形トラッククレーンは，走行用原動機からPTO（原動機から動力を取り出す装置）を介して駆動される油圧装置によりクレーン作動を行う．

(5) ラフテレーンクレーンの下部走行体には，2軸から4軸の車軸を装備する専用のキャリアが用いられ，駆動方式には，常時全軸駆動方式及びパートタイム駆動方式がある．

解説 (1) 適切．浮きクレーンは，長方形の箱形などの台船上にクレーン装置を搭載した型式のもので，船体型式には自航式と非自航式があり，クレーン装置型式には旋回式と非旋回式がある．図 1.2-1 参照．

(2) 適切．オールテレーンクレーン（all terrain crane）は専用キャリアに旋回サークル，アウトリガー等を装備しその上にクレーン装置（上部旋回体）を架装したもので，特殊な操向機構と油空圧式サスペンション装置を有し，不整地の走行や狭所進入性に優れている．図 1.2-2 参照．

(3) 不適切．トラッククレーン（図 1.2-4 参照）およびラフテレーンクレーン（rough terrain crane：不整地走行クレーン，図 1.2-9）のキャリア（carrier：運搬車）には，通常，張出しなどの作動を油圧式で行うH形（図 1.2-5 参照）またはX形（図 1.2-6 参照）のアウトリガー（outrigger：張り出し材）が備え付けられている．なお，ラックピニオン方式（図 1.2-8 参照）は回転力を直線の運動に変える方式をいう．

(4) 適切．積載形トラッククレーン（図 1.2-3 参照）は，走行用原動機から PTO（Power Take-Off：原動機から動力を取り出す装置）を介して駆動される油圧装置によりクレーン作動を行う．

(5) 適切．ラフテレーンクレーン（図 1.2-9 参照）の下部走行体には，2 軸から 4 軸の車軸を装備する専用のキャリアが用いられ，駆動方式には，常時全軸駆動方式およびパートタイム駆動方式がある．

▶答（3）

問題3 【令和元年秋 問2】

移動式クレーンの種類，型式などに関する記述として，適切なものは次のうちどれか．

(1) オールテレーンクレーンは，特殊な操向機構と油空圧式サスペンション装置を有し，狭所への進入性は優れているが，不整地は走行できない．

(2) ラフテレーンクレーンの下部走行体には，2 軸から 4 軸の車軸を装備する専用のキャリアが用いられ，駆動方式には，常時全軸駆動方式及びパートタイム駆動方式がある．

(3) 積載形トラッククレーンのクレーン作動は，走行用原動機とは別のクレーン作業用原動機から PTO（原動機から動力を取り出す装置）を介して動力が伝達された油圧装置により行われる．

(4) 浮きクレーンは，長方形の箱形などの台船上にクレーン装置を搭載した型式のものであるが，台船の構造上，自ら航行できるものはない．

(5) ラフテレーンクレーンのキャリアには，通常，張出しなどの作動をラックピニオン方式で行う H 形又は M 形のアウトリガーが備え付けられている．

解説 (1) 不適切．オールテレーンクレーン（all terrain crane：全地形走行クレーン）は，特殊な操向機構と油空圧式サスペンション装置を有し，狭所への進入性や不整地の走行に適している．図 1.2-2 参照．

(2) 適切．ラフテレーンクレーン（rough terrain crane：不整地走行クレーン，図 1.2-9 参照）の下部走行体には，2 軸から 4 軸の車軸を装備する専用のキャリアが用いられ，駆動方式には，常時全軸駆動方式およびパートタイム駆動方式がある．図 1.2-9 参照．

(3) 不適切．積載形トラッククレーン（図 1.2-3 参照）のクレーン作動は，走行用原動機から PTO（原動機から動力を取り出す装置）を介して動力が伝達された油圧装置により行われる．

(4) 不適切．浮きクレーンは，長方形の箱形などの台船上にクレーン装置を搭載した型式のものであるが，自航式と非自航式に分類される．図 1.2-1 参照．

(5) 不適切．ラフテレーンクレーン（rough terrain crane：不整地走行クレーン，図 1.2-9 参照）のキャリア（carrier：運搬車）には，通常，張出しなどの作動を油圧式で行う H 形（図 1.2-5 参照）または X 形（図 1.2-6 参照）のアウトリガー（outrigger：張り出し材：図 1.2-7 参照）が備え付けられている．なお，ラックピニオン方式（図 1.2-8 参照）は回転力を直線の運動に変える方式をいう．
▶答（2）

問題 4 【令和元年春 問 2】

移動式クレーンの種類及び型式に関する記述として，適切なものは次のうちどれか．

(1) 浮きクレーンは，長方形の箱形などの台船上にクレーン装置を搭載した形式のもので，船体形式には自航式と非自航式があり，クレーン装置形式には旋回式と非旋回式がある．

(2) オールテレーンクレーンは，特殊な操向機構と油空圧式サスペンション装置を有し，狭所への進入性は優れているが，不整地は走行できない．

(3) 積載形トラッククレーンのクレーン作動は，走行用原動機とは別のクレーン作業用原動機から PTO（原動機から動力を取り出す装置）を介して動力が伝達された油圧装置により行われる．

(4) トラッククレーン及びラフテレーンクレーンのキャリアには，通常，張出しなどの作動をラックピニオン方式で行う H 形又は M 形のアウトリガーが備え付けられている．

(5) ラフテレーンクレーンの下部走行体には，専用のキャリアが用いられ，通常，車軸は 2 軸で，前輪のみを駆動する方式である．

解説 (1) 適切．浮きクレーンは，長方形の箱形などの台船上にクレーン装置を搭載した形式のもので，船体形式には自航式と非自航式があり，クレーン装置形式には旋回式と非旋回式がある．

(2) 不適切．オールテレーンクレーン（all terrain crane：全地形走行クレーン）は，特殊な操向機構と油空圧式サスペンション装置を有し，狭所への進入性や不整地の走行に適している．図 1.2-2 参照．

(3) 不適切．積載形トラッククレーンのクレーン作動は，走行用原動機から PTO（Power Take-Off：原動機から動力を取り出す装置）を介して動力が伝達された油圧装置により行われる．図 1.2-3 参照．

(4) 不適切．トラッククレーン（図 1.2-4 参照）およびラフテレーンクレーン（rough terrain crane：不整地走行クレーン，図 1.2-9 参照）のキャリア（carrier：運搬車）には，通常，張出しなどの作動を油圧式で行う H 形（図 1.2-5 参照）または X 形（図 1.2-6 参照）のアウトリガー（outrigger：張り出し材：図 1.2-7 参照）が備え付けられている．なお，ラックピニオン方式（図 1.2-8 参照）は回転力を直線の運動に変える方式をいう．

(5) 不適切．ラフテレーンクレーン（図 1.2-9 参照）の下部走行体には，専用のキャリアが用いられ，通常，車軸は 2 軸から 4 軸で，常時全輪駆動方式や通常は前輪駆動または後輪駆動により走行し，悪路走行時には全輪駆動するなどの方式である．　▶答（1）

問題 5　【平成 30 年秋 問 2】

移動式クレーンの種類及び型式に関する記述として，適切でないものは次のうちどれか．

(1) 積載形トラッククレーンは，走行用原動機から PTO（原動機から動力を取り出す装置）を介して駆動される油圧装置によりクレーン作動を行う．

(2) 浮きクレーンは，長方形の箱形などの台船上にクレーン装置を搭載した型式のもので，船体型式には自航式と非自航式があり，クレーン装置型式には旋回式と非旋回式がある．

(3) ラフテレーンクレーンの下部走行体には，2 軸から 4 軸の車軸を装備する専用のキャリアが用いられ，駆動方式には常時全軸駆動方式及びパートタイム駆動方式がある．

(4) オールテレーンクレーンは，特殊な操向機構と油空圧式サスペンション装置を有し，狭所進入性に優れているが，不整地は走行できない．

(5) トラッククレーンのキャリアは，一般に後輪駆動式で，通常，油圧によって作動する H 形又は X 形のアウトリガーを備えている．

解説 (1) 適切．積載形トラッククレーンは，走行用原動機から PTO（Power Take-Off：原動機から動力を取り出す装置）を介して駆動される油圧装置によりクレーン作動を行う．図 1.2-3 参照．

(2) 適切．浮きクレーンは，長方形の箱形などの台船上にクレーン装置を搭載した型式のもので，船体型式には自航式と非自航式があり，クレーン装置型式には旋回式と非旋回式がある．図 1.2-1 参照．

(3) 適切．ラフテレーンクレーン（rough terrain crane）の下部走行体には，2 軸から 4 軸の車軸を装備する専用のキャリアが用いられ，駆動方式には常時全軸駆動方式およびパートタイム駆動方式がある．図 1.2-9 参照．

(4) 不適切．オールテレーンクレーン（all terrain crane）は，特殊な操向機構と油空圧式サスペンション装置を有し，狭所進入性や不整地の走行に適している．図 1.2-2 参照．

(5) 適切．トラッククレーン（truck terrain crane，図 1.2-4 参照）のキャリアは，一般に後輪駆動式で，通常，油圧によって作動する H 形（図 1.2-5 参照）または X 形（図 1.2-6

参照）のアウトリガー（outrigger：張り出し材）が備え付けられている． ▶答（4）

問題 6 【平成 30 年春 問 2】

移動式クレーンの種類及び形式に関する記述として，適切なものは次のうちどれか．

(1) オールテレーンクレーンは，特殊な操向機構と油空圧式サスペンション装置を有し，狭隘《あい》地での機動性に優れているが，不整地の走行はできない．

(2) ラフテレーンクレーンの下部走行体には，2 軸から 4 軸の車軸を装備する専用のキャリアが用いられ，駆動方式には常時全輪駆動方式及びパートタイム駆動方式がある．

(3) 車両積載形トラッククレーンのクレーン作動は，走行用原動機とは別のクレーン作業用原動機から PTO（原動機から動力を取り出す装置）を介して動力が伝達された油圧装置により行われる．

(4) 浮きクレーンは，長方形の箱形などの台船上にクレーン装置を搭載した形式のものであるが，台船の構造上自ら航行するものはない．

(5) ラフテレーンクレーンのキャリアには，通常，張出しなどの作動をラックピニオン方式で行う H 形又は M 形のアウトリガーが備え付けられている．

解説 (1) 不適切．オールテレーンクレーン（all terrain crane）は，特殊な操向機構と油空圧式サスペンション装置を有し，狭隘《あい》地での機動性に優れおり，また不整地の走行もできる．図 1.2-2 参照．

(2) 適切．ラフテレーンクレーン（rough terrain crane）の下部走行体には，2 軸から 4 軸の車軸を装備する専用のキャリアが用いられ，駆動方式には常時全輪駆動方式およびパートタイム駆動方式がある．図 1.2-9 参照．

(3) 不適切．車両積載形トラッククレーンのクレーン作動は，走行用原動機から PTO（Power Take-Off：原動機から動力を取り出す装置）を介して駆動される油圧装置によりクレーン作動を行う．図 1.2-3 参照．

(4) 不適切．浮きクレーンは，長方形の箱形などの台船上にクレーン装置を搭載した形式のものであるが，台船の自航するものとしない非自航のものがある．図 1.2-1 参照．

(5) 不適切．トラッククレーン（truck terrain crane，図 1.2-4 参照）のキャリアは，一般に後輪駆動式で，通常，油圧によって作動する H 形（図 1.2-5 参照）または X 形（図 1.2-6 参照）のアウトリガー（outrigger：張り出し材）が備え付けられている．なお，ラックピニオン方式については，図 1.2-8 参照． ▶答（2）

問題 7 【平成 29 年秋 問 2】

移動式クレーンの種類及び形式に関する記述として，適切でないものは次のうちどれか.

(1) 車両積載形トラッククレーンは，走行用原動機からPTO（原動機から動力を取り出す装置）を介して駆動される油圧装置によりクレーン作動を行う.

(2) 浮きクレーンは，長方形の箱形などの台船上にクレーン装置を搭載した形式のもので，船体形式には自航式と非自航式があり，クレーン装置形式には旋回式と非旋回式がある.

(3) ラフテレーンクレーンの下部走行体には，2軸から4軸の車軸を装備する専用のキャリアが用いられ，駆動方式には常時全輪駆動式及びパートタイム駆動方式がある.

(4) オールテレーンクレーンは，特殊な操向機構と油空圧式サスペンション装置を有し，狭隘《あい》地での機動性に優れているが，不整地は走行できない.

(5) トラッククレーンのキャリアは，一般に後輪駆動式で，通常，油圧によって作動するH形又はX形のアウトリガーを備えている.

解説 (1) 適切．車両積載形トラッククレーンは，走行用原動機からPTO（Power Take-Off：原動機から動力を取り出す装置）を介して駆動される油圧装置によりクレーン作動を行う．図1.2-3参照.

(2) 適切．浮きクレーンは，長方形の箱形などの台船上にクレーン装置を搭載した形式のもので，船体形式には自航式と非自航式があり，クレーン装置形式には旋回式と非旋回式がある．図1.2-1参照.

(3) 適切．ラフテレーンクレーン（rough terrain crane）の下部走行体には，2軸から4軸の車軸を装備する専用のキャリアが用いられ，駆動方式には常時全輪駆動式およびパートタイム駆動方式がある．図1.2-9参照.

(4) 不適切．オールテレーンクレーン（all terrain crane）は，特殊な操向機構と油空圧式サスペンション装置を有し，狭あい地での機動性に優れているとともに不整地も走行できる．図1.2-2参照.

(5) 適切．トラッククレーン（図1.2-4参照）のキャリアは，一般に後輪駆動式で，通常，油圧によって作動するH形またはX形のアウトリガーを備えている.

▶答 (4)

問題8 【平成29年春 問2】

移動式クレーンの種類及び形式に関し，誤っているものは次のうちどれか.

(1) 鉄道クレーンは，レール上を走行する車輪を有した台車にクレーン装置を架装したもので，鉄道の救援用などに使用される.

(2) 浮きクレーンは，ジブクレーンを長方形の箱形などの台船に載せた形式のクレーンで，船体形式には自航式と非自航式があり，ジブは起伏しない固定式に限られている.

(3) ラフテレーンクレーンの下部走行体には，専用のキャリアが用いられ，通常，車軸は2軸で四輪駆動式である.

(4) オールテレーンクレーンは，道路上での高速走行性と不整地での走行性を有し，前後輪駆動，前後輪操向が可能である.

(5) トラッククレーンのキャリアは，一般に後輪駆動式で，通常，油圧によって作動するH形又はX形のアウトリガーを備えている.

解説 (1) 正しい．鉄道クレーンは，レール上を走行する車輪を有した台車にクレーン装置を架装したもので，鉄道の救援用などに使用される．

(2) 誤り．浮きクレーンは，ジブクレーンを長方形の箱形などの台船に載せた形式のクレーンで，船体形式には自航式と非自航式があり，ジブ固定式とジブ起伏式に分けられる．図1.2-1参照．

(3) 正しい．ラフテレーンクレーン（rough terrain crane）の下部走行体には，専用のキャリアが用いられ，アウトリガー（outrigger：張り出し材）があり，通常，車軸は2軸で四輪駆動式である．図1.2-9参照．

(4) 正しい．オールテレーンクレーン（all terrain crane）は，道路上での高速走行性と不整地での走行性を有し，アウトリガーはなく，前後輪駆動，前後輪操向が可能である．図1.2-2参照．

(5) 正しい．トラッククレーン（図1.2-4参照）のキャリアは，一般に後輪駆動式で，通常，油圧によって作動するH形またはX形のアウトリガーを備えている．図1.2-7参照．

▶ 答（2）

問題9 【平成28年秋 問5】

移動式クレーンの種類及び型式に関し，誤っているものは次のうちどれか.

(1) 鉄道クレーンは，レール上を走行する車輪を有した台車にクレーン装置を架装したもので，鉄道の救援用などに使用される.

(2) 浮きクレーンは，ジブクレーンを長方形の箱形などの台船に載せた型式のクレーンで，船体型式には自航式と非自航式があり，ジブは起伏しない固定式に限られている.

(3) ラフテレーンクレーンの下部走行体には，専用のキャリアが用いられ，通常，車軸は2軸で四輪駆動式である.

(4) オールテレーンクレーンは，道路上での高速走行性と不整地での走行性を有し，走行操作とクレーン操作は別々の運転室で行う.

(5) トラッククレーンのキャリアは，一般に後輪駆動式で，通常，油圧によって作動するH形又はX形のアウトリガを備えている.

解説 (1) 正しい. 鉄道クレーンは, レール上を走行する車輪を有した台車にクレーン装置を架装したもので, 鉄道の救援用などに使用される.

(2) 誤り. 浮きクレーンは, ジブクレーンを長方形の箱形などの台船に載せた形式のクレーンで, 船体形式には自航式と非自航式があり, ジブ固定式とジブ起伏式に分けられる. 図1.2-1参照.

(3) 正しい. ラフテレーンクレーン (rough terrain crane) の下部走行体には, 専用のキャリアが用いられ, アウトリガー (outrigger : 張り出し材) があり, 通常, 車軸は2軸で四輪駆動式である. 図1.2-9参照.

(4) 正しい. オールテレーンクレーン (all terrain crane) は, 道路上での高速走行性と不整地での走行性を有し, アウトリガーはなく, 走行操作とクレーン操作は別々の運転室で行う. 図1.2-2参照.

(5) 正しい. トラッククレーン (図1.2-4参照) のキャリアは, 一般に後輪駆動式で, 通常, 油圧によって作動するH形またはX形のアウトリガーを備えている. 図1.2-7参照.

▶答 (2)

問題10 【平成28年春 問8】

移動式クレーンの種類及び型式に関し, 次のうち誤っているものはどれか.

(1) つり上げ性能がおおむね10t以下のトラッククレーンの下部走行体には, 通常の貨物運搬トラックのシャシを補強したものが用いられている.

(2) ホイールクレーン (ラフテレーンクレーンを除く.) は, タイヤ付きの車軸を備えた台車の上にクレーン装置を架装したもので, 前輪タイヤの外側に鉄輪を取り付け, 荷をつり上げたときに鉄輪が接地し安定性を増す構造のものもある.

(3) ラフテレーンクレーンは, 大形タイヤを装備した四輪駆動式で, 不整地や比較的軟弱な地盤でも走行が可能であるほか, 狭隘《あい》地での機動性も優れている.

(4) 車両積載形トラッククレーンの操作は, 車両の側方で行う方式のものが多いが, リモコン式やラジコン式のものもある.

(5) 浮きクレーンは, ジブクレーンを長方形の箱形などの台船に載せた型式のクレーンで, 船体型式には自航式と非自航式があり, ジブは起伏しない固定式に限られている.

解説 (1) 正しい. つり上げ性能がおおむね10t以下のトラッククレーンの下部走行体には, 通常の貨物運搬トラックのシャシ (shassis : 車の架台) を補強したものが用いられている.

(2) 正しい．ホイールクレーン（ラフテレーンクレーンを除く）は，アウトリガーを装備したものまたはタイヤ付きの車軸を備えた台車の上にクレーン装置を架装したもので，前輪タイヤの外側に鉄輪を取り付け，荷をつり上げたときに鉄輪が接地し安定性を増す構造のものとがある．

(3) 正しい．ラフテレーンクレーンは，大形タイヤを装備した四輪駆動式で，不整地や比較的軟弱な地盤でも走行が可能であるほか，狭隘《あい》地での機動性も優れている．図1.2-9参照．

(4) 正しい．車両積載形トラッククレーンの操作は，車両の側方で行う方式のものが多いが，リモコン式やラジコン式のものもある．図1.2-3参照．

(5) 誤り．浮きクレーンは，ジブクレーンを長方形の箱形などの台船に載せた型式のクレーンで，船体型式には自航式と非自航式があり，ジブは起伏しない固定式と起伏する起伏式がある．図1.2-1参照．

▶答（5）

1.3 クローラクレーン

問題1 【令和2年秋 問2】

クローラクレーンに関する記述として，適切でないものは次のうちどれか．

(1) クローラクレーン用下部走行体は，走行フレームの後方に起動輪，前方に遊動輪を配置してクローラベルトを巻いたもので，起動輪を駆動することにより走行する．

(2) クローラベルトは，一般に，鋳鋼又は鍛鋼製のシューをエンドレス状につなぎ合わせたものであるが，ゴム製のものもある．

(3) クローラベルトのシューには，幅の広いものと狭いものがあり，シューを取り換えることにより接地圧を変えることができる．

(4) 平均接地圧（kPa又はkN/m^2）は，一般に，全装備質量（t）に9.8（m/s^2）を掛けた数値を，クローラクレーンの下部走行体の水平投影面積（下部走行体を真上から見たときに水平面上に投影される面積：単位m^2）で割ったもので表される．

(5) クローラクレーン用下部走行体は，一般に，油圧シリンダで左右の走行フレーム間隔を広げ又は縮め，クローラ中心距離を変えることができる構造になっている．

解説 (1) 適切．クローラクレーン（crawler crane：キャタピラで走行するクレーン）用下部走行体は，走行フレームの後方に起動輪，前方に遊動輪を配置してクローラベルトを巻いたもので，起動輪を駆動することにより走行する．図1.3-1参照．

(2) 適切．クローラベルトは，一般に，鋳鋼または鍛鋼製のシュー（shoe：摺動面または靴底で地面に触れる部分）をエンドレス状につなぎ合わせたものであるが，ゴム製のものもある．図1.3-2参照．

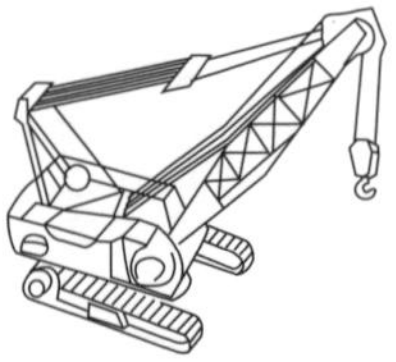

図1.3-1　クローラクレーン

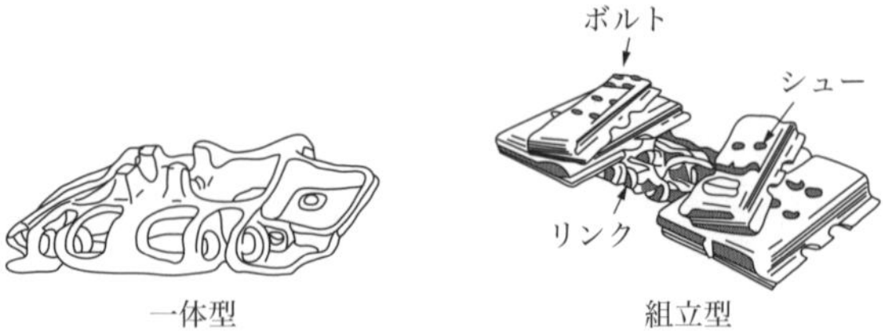

図1.3-2　クローラシュー

(3) 適切．クローラベルトのシューには，幅の広いものと狭いものがあり，シューを取り換えることにより接地圧を変えることができる．

(4) 不適切．平均接地圧（kPaまたはkN/m^2）は，一般に，全装備質量〔t〕に9.8〔m/s^2〕を掛けた数値を，クローラベルトの接地する総面積〔m^2〕で割った値である．全装備質量〔t〕は，作業装置をつけてクレーン作業を行うときの移動式クレーンの総質量に運転士，燃料，潤滑油，冷却水等を加えた値である．

(5) 適切．クローラクレーン用下部走行体は，一般に，油圧シリンダで左右の走行フレーム間隔を広げもしくは縮め，クローラ中心距離（図1.3-3参照）を変えることができる構造になっている．

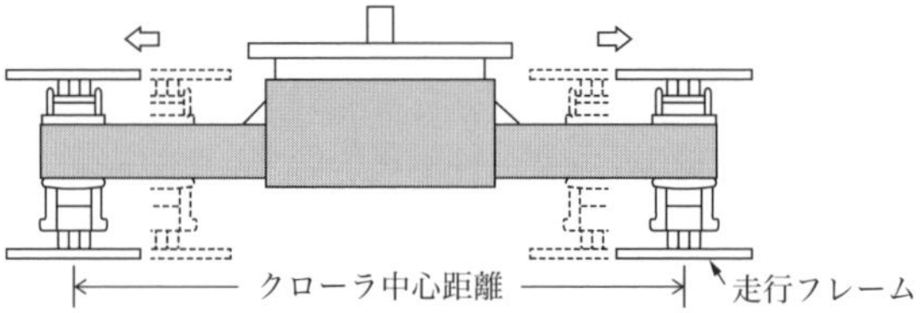

図1.3-3　走行フレーム拡張イメージ
（出典：移動式クレーン運転士教本，p22）

▶答（4）

問題2　【令和2年春 問3】

クローラクレーンに関する記述として，適切でないものは次のうちどれか．

(1) クローラクレーン用下部走行体は，走行フレームの前方に遊動輪，後方に起動輪を配置してクローラベルトを巻いたもので，起動輪を駆動することにより走行する．

(2) クローラベルトには，シューをリンクにボルトで取り付ける一体型と，シューをピンでつなぎ合わせる組立型がある．

(3) クローラクレーン用下部走行体は，一般に，油圧シリンダで左右の走行フレーム間隔を広げ又は縮め，クローラ中心距離を変えることができる構造になっている．

(4) クローラベルトのシューには，幅の広いものと狭いものがあり，シューを取り換えることにより接地圧を変えることができる．

(5) 平均接地圧（kPa又はkN/m^2）は，一般に，全装備質量（t）に9.8（m/s^2）を掛けた数値を，クローラベルトの接地する総面積（m^2）で割ったもので表される．

解説 (1) 適切．クローラクレーン（crawler crane：キャタピラで走行するクレーン）用下部走行体は，走行フレームの前方に遊動輪，後方に起動輪を配置してクローラベルトを巻いたもので，起動輪を駆動することにより走行する．図1.3-1参照．

(2) 不適切．クローラベルト（crawler belt）は，鋳鋼または鍛鋼製のシュー（shoe：摺動面または靴底で地面に触れる部分）をエンドレスにつなぎ合わせたものであるが，シューをリンクにボルトで取り付ける組立型と，シューをピンでつなぎ合わせる一体型がある．記述が逆である．図1.3-2参照．

(3) 適切．クローラクレーン用下部走行体は，一般に，油圧シリンダで左右の走行フレーム間隔を広げもしくは縮め，クローラ中心距離（図1.3-3参照）を変えることができる構造になっている．

(4) 適切．クローラベルトのシューには，幅の広いものと狭いものがあり，シューを取り換えることにより接地圧を変えることができる．

(5) 適切．平均接地圧（kPaまたはkN/m^2）は，一般に，全装備質量〔t〕に9.8〔m/s^2〕を掛けた数値を，クローラベルトの接地する総面積〔m^2〕で割ったもので表される．

▶答（2）

問題3 【令和元年秋 問5】

クローラクレーンに関する記述として，適切でないものは次のうちどれか．

(1) クローラクレーン用下部走行体は，一般に，油圧シリンダで左右の走行フレーム間隔を広げ又は縮め，クローラ中心距離を変えることができる構造になっている．

(2) クローラベルトのシューには，幅の広いものと狭いものがあり，シューを取り換えることにより接地圧を変えることができる．

(3) 平均接地圧（kPa又はkN/m^2）は，一般に，全装備質量（t）に9.8（m/s^2）を掛けた数値を，クローラベルトの接地する総面積（m^2）で割ったもので表される．

(4) クローラベルトには，シューをリンクにボルトで取り付ける一体型と，シューをピンでつなぎ合わせる組立型がある．

(5) クローラベルトは，一般に，鋳鋼又は鍛鋼製のシューをエンドレス状につなぎ合わせたものが多いが，ゴム製のものもある．

解説 (1) 適切．クローラクレーン用下部走行体は，一般に，油圧シリンダで左右の走行フレーム間隔を広げもしくは縮め，クローラ中心距離を変えることができる構造になっている．図 1.3-3 参照．

(2) 適切．クローラベルトのシュー（地面に接地する部分）には，幅の広いものと狭いものがあり，シューを取り換えることにより接地圧を変えることができる．図 1.3-2 参照．

(3) 適切．平均接地圧（kPa または kN/m^2）は，一般に，全装備質量〔t〕に 9.8〔m/s^2〕を掛けた数値を，クローラベルトの接地する総面積〔m^2〕で割ったもので表される．

(4) 不適切．クローラベルトには，シューをリンクにボルトで取り付ける組立型と，シューをピンでつなぎ合わせる一体型がある．記述が逆である．図 1.3-2 参照．

(5) 適切．クローラベルトは，一般に，鋳鋼または鍛鋼製のシューをエンドレス状につなぎ合わせたものが多いが，ゴム製のものもある．

▶答 (4)

問題 4 【令和元年春 問 3】

クローラクレーンに関する記述として，適切なものは次のうちどれか．

(1) 平均接地圧（kPa 又は kN/m^2）は，一般に，全装備質量（t）に 9.8（m/s^2）を掛けた数値を，クローラベルトの接地する総面積（m^2）で割ったもので表される．

(2) クローラクレーン用下部走行体は，走行フレームの後方に遊動輪，前方に起動輪を配置してクローラベルトを巻いたもので，起動輪を駆動することにより走行する．

(3) クローラベルトには，シューをリンクにボルトで取り付ける一体型と，シューをピンでつなぎ合わせる組立型がある．

(4) クローラベルトのシューには，幅の広いものと狭いものがあり，シューを取り換えることにより走行の定格速度を変えることができる．

(5) 全装備質量とは，作業装置をつけてクレーン作業を行うときの移動式クレーンの総質量に冷却水，潤滑油及び燃料を加えた質量をいい，運転士の質量は含まない．

解説 (1) 適切．平均接地圧（kPa または kN/m^2）は，一般に，全装備質量〔t〕に 9.8〔m/s^2〕を掛けた数値を，クローラベルト（キャタピラベルト）の接地する総面積〔m^2〕で割ったもので表される．

(2) 不適切．クローラクレーン用下部走行体は，走行フレームの後方に起動輪，前方に遊動輪を配置してクローラベルトを巻いたもので，起動輪を駆動することにより走行する．

(3) 不適切．クローラベルトには，シューをリンクにボルトで取り付ける組立型と，シューをピンでつなぎ合わせる一体型がある．記述が逆である．図 1.3-2 参照．

(4) 不適切．クローラベルトのシューには，幅の広いものと狭いものがあり，シューを取り換えることにより接地圧を変えることができる．

(5) 不適切．全装備質量とは，作業装置をつけてクレーン作業を行うときの移動式クレーンの総質量に冷却水，潤滑油，燃料および運転士の質量も加えた質量をいう．運転士の質量も含む．

▶答（1）

問題5 【平成30年秋 問3】

クローラクレーンに関する記述として，適切なものは次のうちどれか．

(1) クローラクレーン用下部走行体は，走行フレームの後部に遊動輪，前部に起動輪を配置してクローラを巻いたもので，起動輪を駆動することにより走行する．

(2) クローラベルトは，シューをリンクにボルトで取り付ける一体式と，シューをピンでつなぎ合わせる組立式に分類される．

(3) 平均接地圧（kPa又はkN/m^2）は，一般に，全装備質量（t）に9.8（m/s^2）を掛けた数値を，クローラベルトの接地する総面積（m^2）で割ったもので表される．

(4) クローラクレーン用下部走行体は，左右方向の安定を良くするため，起動輪と遊動輪の軸中心間の距離を長くすることができる構造になっている．

(5) クローラベルトのシューには，幅の広いものと狭いものがあり，シューを取り換えることにより走行の定格速度を変えることができる．

解説 (1) 不適切．クローラクレーン（キャタピラ型クレーン）用下部走行体は，走行フレームの前部に遊動輪，後部に起動輪を配置してクローラ（crawler：エンドレスチェーンまたはキャタピラ）を巻いたもので，起動輪を駆動することにより走行する．後部と前部が逆である．図1.3-1参照．

(2) 不適切．クローラベルト（crawler belt）は，鋳鋼または鍛鋼製のシュー（shoe：摺動面または靴底で地面に触れる部分）をエンドレスにつなぎ合わせたものであるが，シューをリンクにボルトで取り付ける組立型と，シューをピンでつなぎ合わせる一体型がある．記述が逆である．図1.3-2参照．

(3) 適切．平均接地圧（kPaまたはkN/m^2）は，一般に，全装備質量〔t〕に9.8〔m/s^2〕を掛けた数値を，クローラベルトの接地する総面積〔m^2〕で割ったもので表される．

(4) 不適切．クローラクレーン用下部走行体は，左右方向の安定を良くするため，一般に，油圧シリンダで左右の走行フレーム間隔を広げもしくは縮め，クローラ中心距離（図1.3-3参照）を変えることができる構造になっている．「起動輪と遊動輪の軸中心間の距離を長くすることができる構造になっている」が誤り．

(5) 不適切．クローラベルトのシューには，幅の広いものと狭いものがあり，シューを取り換えることにより走行の接地圧力を変えることができる．

▶答（3）

問題6 【平成30年春 問3】

クローラクレーンに関する記述として，適切なものは次のうちどれか．

(1) 平均接地圧（kPa又はkN/m²）は，一般に，全装備質量（t）に9.8（m/s²）を掛けた数値を，クローラの接地する総面積（m²）で割ったもので表される.
(2) クローラクレーン用下部走行体は，走行フレームの後部に遊動輪，前部に起動輪を配置してクローラベルトを巻いたもので，起動輪を駆動することにより走行する.
(3) クローラベルトには，シューをリンクにボルトで取り付ける一体型と，シューをピンでつなぎ合わせる組立型がある.
(4) クローラベルトのシューには，幅の広いものと狭いものがあり，シューを取り換えることにより走行の定格速度を変えることができる.
(5) 全装備質量とは，作業装置をつけてクレーン作業を行うときの移動式クレーンの総質量に冷却水，潤滑油及び燃料を加えた質量をいい，運転士の質量は含まない.

解説 (1) 適切．平均接地圧（kPaまたはkN/m²）は，一般に，全装備質量〔t〕に9.8〔m/s²〕を掛けた数値を，クローラ（crawler：キャタピラ）の接地する総面積〔m²〕で割ったもので表される.
(2) 不適切．クローラクレーン（crawler crane：キャタピラ型クレーン）用下部走行体は，走行フレームの後部に起動輪，前部に遊動輪を配置してクローラベルトを巻いたもので，起動輪を駆動することにより走行する．「起動輪」と「遊動輪」が逆である.
(3) 不適切．クローラベルトには，シュー（shoe：摺動面または靴底で地面に触れる部分）をリンクにボルトで取り付ける組立型と，シューをピンでつなぎ合わせる一体型がある．「一体型」と「組立型」が逆である．図1.3-2参照.
(4) 不適切．クローラベルトのシューには，幅の広いものと狭いものがあり，シューを取り換えることにより接地圧を変えることができる.
(5) 不適切．全装備質量とは，作業装置をつけてクレーン作業を行うときの移動式クレーンの総質量に冷却水，潤滑油および燃料を加えた質量と運転士の質量を加えた質量である.

▶答 (1)

問題7 【平成29年秋 問3】

クローラクレーンに関し，誤っているものは次のうちどれか.
(1) 平均接地圧（kN/m²）は，一般に全装備質量（t）に9.8（m/s²）を掛けた数値を，クローラの接地する総面積（m²）で割ったもので表される.
(2) クローラは，一般に，鋳鋼又は鍛鋼製のシューをエンドレス状につなぎ合わせたものであるが，ゴム製のものもある.
(3) クローラクレーン用台車は，一般に，油圧シリンダで左右の走行フレーム間隔を広げ又は縮め，クローラ中心距離を変えることができる構造になっている.
(4) クローラのシューには，幅の広いものと狭いものがあり，シューを取り換えることにより接地圧を変えることができる.

(5) クローラクレーン用台車は，走行フレームの後部に遊動輪，前部に起動輪を配置してクローラを巻いたもので，起動輪を駆動することにより走行する.

解説 (1) 正しい．平均接地圧〔kN/m^2〕は，一般に全装備質量〔t〕に 9.8〔m/s^2〕を掛けた数値を，クローラ（crawler：履帯）の接地する総面積〔m^2〕で割ったもので表される.

(2) 正しい．クローラは，一般に，鋳鋼または鍛鋼製のシュー（shoe：摺動面または靴底で地面に触れる部分）をエンドレス状につなぎ合わせたものであるが，ゴム製のものもある．図 1.3-2 参照.

(3) 正しい．クローラクレーン用台車は，一般に，油圧シリンダで左右の走行フレーム間隔を広げもしくは縮め，クローラ中心距離を変えることができる構造になっている.

(4) 正しい．クローラのシューには，幅の広いものと狭いものがあり，シューを取り換えることにより接地圧を変えることができる.

(5) 誤り．クローラクレーン用台車は，走行フレームの後部に起動輪，前部に遊動輪を配置してクローラを巻いたもので，起動輪を駆動することにより走行する．「遊動輪」と「起動輪」の記述が逆である.

▶答 (5)

問題 8　【平成 29 年春 問 3】

クローラクレーンに関し，誤っているものは次のうちどれか.

(1) クローラクレーン用台車は，走行フレームの前部に遊動輪，後部に起動輪を配置してクローラを巻いたもので，起動輪を駆動することにより走行する.

(2) クローラは，一般に，鋳鋼又は鍛鋼製のシューをエンドレス状につなぎ合わせたものであるが，ゴム製のものもある.

(3) クローラクレーン用台車は，一般に，油圧シリンダで左右の走行フレームを拡張又は縮小し，クローラ中心距離を変えることができる構造になっている.

(4) クローラのシューには，幅の広いものと狭いものがあり，シューを取り換えることにより走行の定格速度を変えることができる.

(5) 平均接地圧（kN/m^2）は，一般に，全装備質量（t）に 9.8（m/s^2）を掛けた数値を，クローラの接地する総面積（m^2）で割ったもので表される.

解説 (1) 正しい．クローラクレーン（crawler crane：キャタピラ型クレーン）用台車は，走行フレームの前部に遊動輪，後部に起動輪を配置してクローラ（crawler：履帯）を巻いたもので，起動輪を駆動することにより走行する．図 1.3-1 参照.

(2) 正しい．クローラは，一般に，鋳鋼または鍛鋼製のシュー（shoe：摺動面または靴底で地面に触れる部分）をエンドレス状につなぎ合わせたものであるが，ゴム製のものもある．図1.3-2参照．

(3) 正しい．クローラクレーン用台車は，一般に，油圧シリンダで左右の走行フレームを拡張もしくは縮小し，クローラ中心距離を変えることができる構造になっている．図1.3-3参照．

(4) 誤り．クローラのシューには，幅の広いものと狭いものがあり，シューを取り換えることにより走行の接地圧を変えることができる．

(5) 正しい．平均接地圧〔kN/m^2〕は，一般に，全装備質量〔t〕に9.8〔m/s^2〕を掛けた数値を，クローラの接地する総面積〔m^2〕で割ったもので表される．　▶答（4）

問題9　【平成28年秋 問8】

クローラクレーンに関し，誤っているものは次のうちどれか．

(1) クローラは，鋳鋼又は鍛鋼製のシューをエンドレス状につなぎ合わせたものである．

(2) クローラは，シューをリンクにボルトで取り付ける組立式と，シューをピンでつなぎ合わせる一体式に分類される．

(3) クローラのシューには，幅の広いものと狭いものがあり，シューを取り換えることにより走行の定格速度を変えることができる．

(4) 左右のクローラの中心距離をクローラ中心距離といい，この距離が大きいほど左右の安定が良い．

(5) クローラクレーン用台車は，走行フレームの前部に遊動輪，後部に起動輪を配置してクローラを巻いたもので，起動輪を駆動することにより走行する．

解説 (1) 正しい．クローラ（crawler）は，鋳鋼または鍛鋼製のシュー（shoe：地面に接する部分）をエンドレス状につなぎ合わせたもので，ゴム製もある．図1.3-2参照．

(2) 正しい．クローラは，シューをリンクにボルトで取り付ける組立式と，シューをピンでつなぎ合わせる一体式に分類される．

(3) 誤り．クローラのシューには，幅の広いものと狭いものがあり，シューを取り換えることにより走行の接地圧を変えることができる．

(4) 正しい．左右のクローラの中心距離をクローラ中心距離といい，この距離が大きいほど左右の安定が良い．

(5) 正しい．クローラクレーン用台車は，走行フレームの前部に遊動輪，後部に起動輪を配置してクローラを巻いたもので，起動輪を駆動することにより走行する．▶答（3）

問題10 【平成28年春 問1】

クローラクレーンに関し，次のうち誤っているものはどれか．

(1) 全装備質量とは，作業装置をつけてクレーン作業を行うときの移動式クレーンの総質量に冷却水及び潤滑油を加えた質量を言い，運転士及び燃料の質量は含まない．

(2) 平均接地圧（kN/m^2）は，全装備質量（t）に9.8（m/s^2）を掛けた数値を，クローラの接地する総面積（m^2）で割ったもので表される．

(3) クローラは，一般に鋳鋼又は鍛鋼製のシューをエンドレス状につなぎ合わせたものであるが，ゴム製のものもある．

(4) クローラクレーン用台車は，走行フレームの前部に遊動輪，後部に起動輪を配置してクローラを巻いたもので，起動輪を駆動することにより走行する．

(5) クローラは，シューをリンクにボルトで取り付ける組立式と，シューをピンでつなぎ合わせる一体式に分類される．

解説 (1) 誤り．全装備質量とは，作業装置をつけてクレーン作業を行うときの移動式クレーンの総質量に冷却水および潤滑油，運転士および燃料の質量は含む．

(2) 正しい．平均接地圧〔kN/m^2〕は，全装備質量〔t〕に9.8〔m/s^2〕を掛けた数値を，クローラ（crawler：キャタピラ）の接地する総面積〔m^2〕で割ったもので表される．

(3) 正しい．クローラは，一般に鋳鋼または鍛鋼製のシュー（shoe：摺動面または靴底で地面に触れる部分）をエンドレス状につなぎ合わせたものであるが，ゴム製のものもある．

(4) 正しい．クローラクレーン（crawler crane）用台車は，走行フレームの前部に遊動輪，後部に起動輪を配置してクローラを巻いたもので，起動輪を駆動することにより走行する．

(5) 正しい．クローラは，シューをリンクにボルトで取り付ける組立式と，シューをピンでつなぎ合わせる一体式に分類される．図1.3-2参照．

▶答 (1)

1.4 移動式クレーンの上部旋回体

問題1 【令和2年秋 問6】

移動式クレーンの上部旋回体に関する記述として，適切でないものは次のうちどれか．

(1) 旋回フレームは，上部旋回体の基盤となるフレームで，旋回ベアリングを介して下部機構に取り付けられている．

(2) トラス（ラチス）構造ジブのクローラクレーンの旋回フレームには，補助ジブを使用する際に取り付けるための補助ブラケットが装備されているものがある.
(3) トラッククレーンの上部旋回体は，旋回フレーム上に巻上装置，運転室などが設置され，旋回フレームの後部にカウンタウエイトが取り付けられている.
(4) ラフテレーンクレーンの上部旋回体の運転室には，走行用操縦装置，クレーン操作装置などが装備されている.
(5) オールテレーンクレーンの上部旋回体の運転室には，クレーン操作装置が装備され，走行用操縦装置は下部走行体に装備されている.

解説 (1) 適切. 旋回フレームは，上部旋回体の基盤となるフレームで，旋回ベアリング（回転時の摩擦をできるだけ小さくするための部品）を介して下部機構に取り付けられている. 図1.4-1参照.

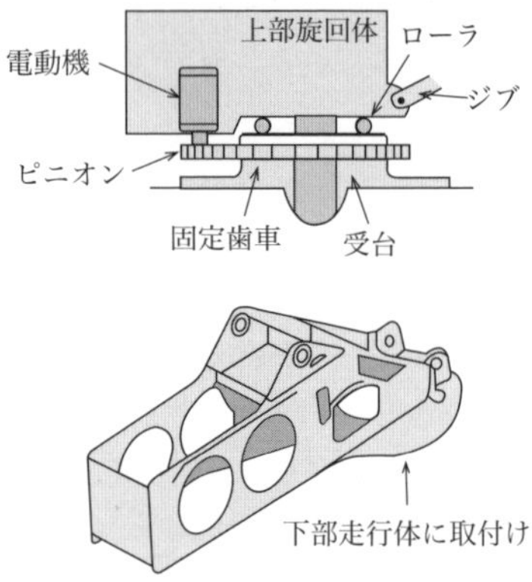

図1.4-1　旋回ベアリングと旋回ピニオン

(2) 不適切. トラス（ラチス）構造（部材同士を三角形につなぎ合わせた構造形式）（図1.1-3参照）ジブのクローラクレーンの旋回フレームには，ジブ以外の作業装置等を取り付けるための補助ブラケット（bracket：張り出し棚受け）が装備されているものがある. 図1.4-2参照.

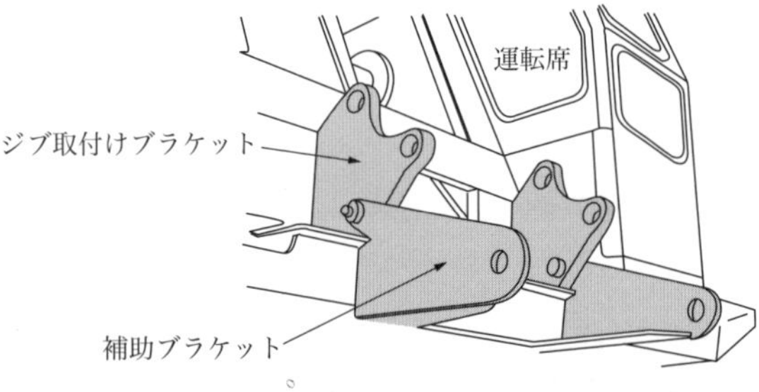

図1.4-2　ジブ取付けブラケット（クローラクレーン）

(3) 適切. トラッククレーンの上部旋回体は，旋回フレーム上に巻上装置，運転室などが設置され，旋回フレームの後部にカウンタウエイト（counter weight：バランスを取るためのおもり）が取り付けられている. 図1.4-3参照.

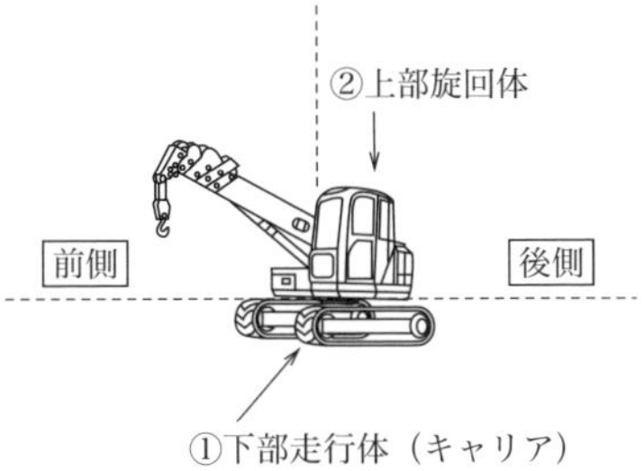

図 1.4-3　上部旋回体と下部走行体

(4) 適切．ラフテレーンクレーン（rough terrain crane：不整地走行クレーン）の上部旋回体の運転室には，走行用操縦装置，クレーン操作装置などが装備されている．図1.2-9参照．

(5) 適切．オールテレーンクレーン（all terrain crane：全地形用クレーン）の上部旋回体の運転室には，クレーン操作装置が装備され，走行用操縦装置は下部走行体に装備されている．図1.2-2参照．

▶答（2）

問題2　【令和2年春 問4】

移動式クレーンの上部旋回体に関する記述として，適切なものは次のうちどれか．

(1) トラッククレーンの旋回フレーム上には，巻上装置，クレーン操作用の運転室などが設置され，カウンタウエイトは下部走行体に取り付けられている．

(2) オールテレーンクレーンの上部旋回体の運転室には，クレーン操作装置及び走行用操縦装置が装備されている．

(3) ラフテレーンクレーンの上部旋回体の運転室には，クレーン操作装置が装備されており，走行用操縦装置は下部走行体に装備されている．

(4) トラス（ラチス）構造ジブのクローラクレーンのAフレームには，ジブ起伏用のワイヤロープを段掛けする下部ブライドルが取り付けられている．

(5) トラス（ラチス）構造ジブのクローラクレーンの旋回フレームには，補助ジブを使用する際に取り付けるための補助ブラケットが装備されているものがある．

解説 (1) 不適切．トラッククレーンの旋回フレーム上には，巻上装置，クレーン操作用の運転室などが設置され，カウンタウエイトは上部回転体に取り付けられている．図1.2-4参照．

(2) 不適切．オールテレーンクレーン（all terrain crane）の上部旋回体の運転室には，クレーン操作装置が装備されているが，走行用操縦装置は下部走行体に装備されている．図1.2-2参照．

(3) 不適切．ラフテレーンクレーン（rough terrain crane）の上部旋回体の運転室には，クレーン操作装置と走行用操縦装置が装備されている．図 1.2-9 参照．

(4) 適切．トラス（ラチス）構造（部材同士を三角形につなぎ合わせた構造形式，図 1.1-3）ジブのクローラクレーンの A フレーム（図 1.4-4 参照）には，ジブ起伏用のワイヤロープを段掛けする下部ブライドル（bridle：ワイヤロープをつなぎ留める棒）が取り付けられている．なお，同様の意味でブライドルはスプレッダ（spreader）ともいう．

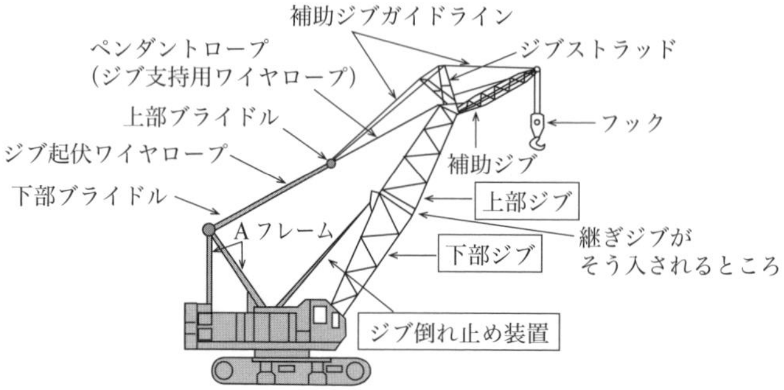

図 1.4-4　フロントアタッチメント（タワー仕様例）

(5) 不適切．トラス（ラチス）構造ジブ（図 1.1-3 参照）のクローラクレーンの旋回フレームには，ジブを使用する際に取り付けるためのブラケット（bracket：腕金）（図 1.4-2 参照）が装備されているものがある．なお，補助ブラケットは，ジブ以外のものを取り付けるときに使用する．

▶ 答（4）

問題 3　【令和元年秋 問 4】

移動式クレーンの上部旋回体に関する記述として，適切なものは次のうちどれか．

(1) トラッククレーンの上部旋回体は，旋回フレーム上に巻上装置，運転室などが設置され，旋回フレームの後方にカウンタウエイトが取り付けられている．

(2) ラフテレーンクレーンの上部旋回体の運転室には，クレーン操作装置が装備されており，走行用操縦装置は下部走行体に装備されている．

(3) オールテレーンクレーンの上部旋回体の運転室には，クレーン操作装置及び走行用操縦装置が装備されている．

(4) トラス（ラチス）構造ジブのクローラクレーンの旋回フレームには，補助ジブを使用する際に取り付けるための補助ブラケットが装備されているものがある．

(5) トラス（ラチス）構造ジブのクローラクレーンの A フレームは，作業時は高い位置にセットするが，長尺ジブを引き起こす場合は，低い位置にセットする．

解説 (1) 適切．トラッククレーンの上部旋回体は，旋回フレーム上に巻上装置，運転室などが設置され，旋回フレームの後方にカウンタウエイトが取り付けられている．図1.2-4参照．

(2) 不適切．ラフテレーンクレーンの上部旋回体の運転室には，クレーン操作装置と走行用操縦装置が装備されている．別々に装備されていない．図1.2-9参照．

(3) 不適切．オールテレーンクレーンの上部旋回体の運転室には，クレーン操作装置が装備されているが，走行用操縦装置は下部走行体に装備されている．図1.2-2参照．

(4) 不適切．トラス（ラチス）構造（部材同士を三角形につなぎ合わせた構造形式）ジブ（図1.1-3参照）のクローラクレーンの旋回フレームには，ジブを使用する際に取り付けるためのブラケット（bracket：腕金）（図1.4-2参照）が装備されているものがある．なお，補助ブラケットは，ジブ以外のものを取り付けるときに使用する．

(5) 不適切．トラス（ラチス）構造ジブのクローラクレーン（キャタピラ型クレーン）のAフレーム（ガントリ：gantry）は，作業時（長尺ジブの引き起こしを含む）は高い位置にセットするが，ジブを解体してクローラクレーン本体をトレーラ等で輸送する場合には，Aフレーム（図1.4-4参照）を低い位置にセットする．

▶答 (1)

問題4 【令和元年春 問4】

移動式クレーンの上部旋回体に関する記述として，適切でないものは次のうちどれか．

(1) 上部旋回体は，旋回フレームと呼ばれる溶接構造の架台に巻上げ，起伏，旋回などのクレーン装置を設置し，旋回支持体を介して下部走行体の上に架装したものをいう．

(2) オールテレーンクレーンの上部旋回体の運転室には，クレーン操作装置が装備されている．

(3) トラス（ラチス）構造ジブのクローラクレーンのAフレームには，ジブ起伏用のワイヤロープを段掛けする下部ブライドルが取り付けられている．

(4) トラス（ラチス）構造ジブのクローラクレーンの旋回フレームには，補助ジブを使用する際に取り付けるための補助ブラケットが装備されているものがある．

(5) ボールベアリング式の旋回装置は，旋回モータの動力を減速機に伝え，旋回ベアリングの旋回ギヤにかみ合っているピニオンを回転させて，上部旋回体を旋回させる．

解説 (1) 適切．上部旋回体は，旋回フレームと呼ばれる溶接構造の架台に巻上げ，起伏，旋回などのクレーン装置を設置し，旋回支持体を介して下部走行体の上に架装したものをいう．

(2) 適切．オールテレーンクレーン（all terrain crane）の上部旋回体の運転室には，クレーン操作装置が装備されている．図 1.2-2 参照．

(3) 適切．トラス（ラチス）構造（部材同士を三角形につなぎ合わせた構造形式）ジブのクローラクレーンの A フレームには，ジブ起伏用のワイヤロープを段掛けする下部ブライドルが取り付けられている．図 1.4-4 参照．

(4) 不適切．トラス（ラチス）構造ジブ（図 1.1-3 参照）のクローラクレーンの旋回フレームには，ジブを使用する際に取り付けるためのブラケット（bracket：腕金）（図 1.4-2 参照）が装備されているものがある．なお，補助ブラケットは，ジブ以外のものを取り付けるときに使用する．

(5) 適切．ボールベアリング式の旋回装置は，旋回モータの動力を減速機に伝え，旋回ベアリングの旋回ギヤにかみ合っているピニオン（pinion：小歯車）を回転させて，上部旋回体を旋回させる．

▶答（4）

問題 5　【平成 30 年秋 問 4】

移動式クレーンの上部旋回体に関する記述として，適切なものは次のうちどれか．

(1) トラッククレーンの上部旋回体は，旋回フレーム上に巻上装置，運転室などが設置され，旋回フレームの後部にカウンタウエイトが取り付けられている．

(2) ラフテレーンクレーンの上部旋回体の運転室には，クレーン操作装置が装備されており，走行用操縦装置は下部走行体に装備されている．

(3) オールテレーンクレーンの上部旋回体の運転室には，クレーン操作装置及び走行用操縦装置が装備されている．

(4) トラス（ラチス）構造ジブのクローラクレーンの旋回フレームには，補助ジブを使用する際に取り付けるための補助ブラケットが装備されているものがある．

(5) トラス（ラチス）構造ジブのクローラクレーンの A フレームは，作業時は高い位置にセットするが，長尺ジブを引き起こす場合は，低い位置にセットする．

解説 (1) 適切．トラッククレーン（truck crane）の上部旋回体は，旋回フレーム上に巻上装置，運転室などが設置され，旋回フレームの後部にカウンタウエイト（counter weight：バランスを取るためのおもり）が取り付けられている．図 1.2-4 参照．

(2) 不適切．ラフテレーンクレーン（rough terrain crane）の上部旋回体の運転室には，クレーン操作装置と走行用操縦装置が装備されている．図 1.2-9 参照．

(3) 不適切．オールテレーンクレーン（all terrain crane）の上部旋回体の運転室には，クレーン操作装置が装備され，走行用操縦装置は下部走行体に装備されている．図 1.2-2 参照．

(4) 不適切．トラス（ラチス）構造（部材同士を三角形につなぎ合わせた構造形式）（図 1.1-3 参照）ジブのクローラクレーンの旋回フレームには，ジブ以外の作業装置等を取り付けるための補助ブラケット（bracket：張り出し棚受け）が装備されているものがある．図 1.4-2 参照.

(5) 不適切．トラス（ラチス）構造ジブのクローラクレーン（キャタピラ型クレーン）のＡフレーム（ガントリ：gantry）は，作業時（長尺ジブの引き起こしを含む）は高い位置にセットするが，ジブを解体してクローラクレーン本体をトレーラ等で輸送する場合には，Ａフレーム（図 1.4-4 参照）に低い位置にセットする．

▶答 (1)

問題 6 【平成 30 年春 問 4】

移動式クレーンの上部旋回体に関する記述として，適切でないものは次のうちどれか．

(1) ボールベアリング式の旋回装置は，旋回モータの動力を減速機に伝え，旋回ベアリングの旋回ギヤにかみ合っているピニオンを回転させて，上部旋回体を旋回させる．

(2) クローラクレーンのＡフレームは，作業時は高い位置にセットするが，長尺ジブを引き起こす場合は，低い位置にセットする．

(3) 旋回フレームには，ジブ取付けブラケットがあり，ジブ下部は，このブラケットにフートピンで接合されている．

(4) トラッククレーンの上部旋回体は，旋回フレーム上に巻上装置，運転室などが設置され，また，旋回フレームの後部にカウンタウエイトが取り付けられている．

(5) ラフテレーンクレーンの上部旋回体の運転室には，走行用操縦装置，クレーン作動用の操作装置などが装備されている．

解説 (1) 適切．ボールベアリング式の旋回装置は，旋回モータの動力を減速機に伝え，旋回ベアリングの旋回ギヤにかみ合っているピニオン（pinion：小歯車）を回転させて，上部旋回体を旋回させる．図 1.4-1 参照.

(2) 不適切．トラス（ラチス）構造（部材同士を三角形につなぎ合わせた構造形式）ジブのクローラクレーン（キャタピラ型クレーン）のＡフレーム（ガントリ：gantry）は，作業時（長尺ジブの引き起こしを含む）は高い位置にセットするが，ジブを解体してクローラクレーン本体をトレーラ等で輸送する場合には，Ａフレームに低い位置にセットする．図 1.4-4 参照.

(3) 適切．旋回フレームには，ジブ取付けブラケットがあり，ジブ下部は，このブラケットにフートピンで接合されている．図 1.1-1 参照.

(4) 適切．トラッククレーンの上部旋回体は，旋回フレーム上に巻上装置，運転室などが設置され，また，旋回フレームの後部にカウンタウエイト（counter weight：バランスを取るためのおもり）が取り付けられている．

(5) 適切．ラフテレーンクレーン（rough terrain crane）の上部旋回体の運転室には，走行用操縦装置，クレーン作動用の操作装置などが装備されている．図1.2-9参照．

▶答（2）

問題7　【平成29年秋 問4】

移動式クレーンの上部旋回体に関する記述として，適切なものは次のうちどれか．

(1) トラッククレーンの旋回フレーム上には，巻上装置，クレーン操作用の運転室などが設置され，カウンタウエイトは下部走行体に取り付けられている．

(2) オールテレーンクレーンの上部旋回体の運転室には，クレーン操作装置及び走行用操縦装置が装備されている．

(3) ラフテレーンクレーンの上部旋回体の運転室には，クレーン操作装置が装備されており，走行用操縦装置は下部走行体に装備されている．

(4) クローラクレーンのAフレームには，ジブ起伏用のワイヤロープを段掛けする下部ブライドルが取り付けられている．

(5) クローラクレーンの旋回フレームには，補ジブを使用する際に取り付けるための補助ブラケットが装備されているものがある．

解説 (1) 不適切．トラッククレーンの旋回フレーム上には，巻上装置，クレーン操作用の運転室などが設置され，また，旋回フレームの後部にカウンタウエイト（counter weight：バランスを取るためのおもり）が取り付けられている．図1.2-4参照．

(2) 不適切．オールテレーンクレーンの上部旋回体の運転室には，クレーン操作装置が装備され，走行用操縦装置は下部走行体に装備されている．図1.2-2参照．

(3) 不適切．ラフテレーンクレーン（rough terrain crane）の上部旋回体の運転室には，クレーン操作装置と走行用操縦装置が装備されている．図1.2-9参照．

(4) 適切．クローラクレーン（crawler crane：キャタピラ型クレーン）のAフレームには，ジブ起伏用のワイヤロープを段掛けする下部ブライドルが取り付けられている．図1.4-4参照．

(5) 不適切．クローラクレーンの旋回フレームには，ジブ以外の作業装置等（くい打ち等）を取り付けるための補助ブラケット（bracket：張り出し棚受け）が装備されているものがある．図1.4-2参照．

▶答（4）

問題8　【平成29年春 問4】

移動式クレーンの上部旋回体に関し，正しいものは次のうちどれか．

(1) トラッククレーンの上部旋回体は，旋回フレーム上に巻上装置，運転室などが設置され，旋回フレームの後部にカウンタウエイトが取り付けられている．

(2) ラフテレーンクレーンの上部旋回体の運転室には，クレーン操作装置が装備されており，走行用操縦装置は下部走行体に装備されている．

(3) オールテレーンクレーンの上部旋回体の運転室には，クレーン操作装置及び走行用操縦装置が装備されている．

(4) クローラクレーンの旋回フレームには補ジブを使用する際に取り付けるための補助ブラケットが装備されているものがある．

(5) クローラクレーンのAフレームは，作業時は高い位置にセットするが，長尺ジブを引き起こす場合は低い位置にセットする．

解説 (1) 正しい．トラッククレーン（truck crane）の上部旋回体には，旋回フレーム上に巻上装置，運転室などが設置され，旋回フレームの後部にカウンタウエイト（counter weight：バランスを取るためのおもり）が取り付けられている．図1.2-4参照．

(2) 誤り．ラフテレーンクレーン（rough terrain crane）の上部旋回体の運転室には，クレーン操作装置が装備されており，走行用操縦装置も装備されている．

(3) 誤り．オールテレーンクレーン（all terrain crane）の上部旋回体の運転室には，クレーン操作装置が装備され，走行用操縦装置は下部走行体に装備されている．

(4) 誤り．クローラクレーン（crawler crane）の旋回フレームにはジブ以外（例えば，くい打ち機等）を使用する際に取り付けるための補助ブラケットが装備されているものがある．なお，ジブはジブ取付けブラケットに取り付ける．

(5) 誤り．クローラクレーンのAフレームは，作業時は高い位置にセットするが，長尺ジブを引き起こす場合も高い位置にセットする．図1.4-4参照．

▶答（1）

問題9 【平成28年秋 問4】

移動式クレーンの上部旋回体に関し，誤っているものは次のうちどれか．

(1) クローラクレーンのAフレームは，作業時は高い位置にセットするが，長尺ジブを引き起こす場合は低い位置にセットする．

(2) トラッククレーンの上部旋回体は，旋回フレーム上に巻上装置，運転室などが設置され，旋回フレームの後部にカウンタウエイトが取り付けられている．

(3) クローラクレーンの旋回フレームの前部には，ジブ取付けブラケットがあり，ジブ下部は，このブラケットにフートピンで接合されている．

(4) ボールベアリング式の旋回装置は，旋回モータの動力を減速機に伝え，旋回ベアリングの旋回ギヤにかみ合っているピニオンを回転させて，上部旋回体を旋回させる．

(5) ラフテレーンクレーンの上部旋回体の運転室には，走行用操縦装置，クレーン操作装置などが装備されている．

解説 (1) 誤り．クローラクレーン（crawler crane：キャタピラ型クレーン）のＡフレームは，作業時は高い位置にセットするが，長尺ジブを引き起こす場合も高い位置にセットする．図1.4-4参照．

(2) 正しい．トラッククレーン（truck crane）の上部旋回体には，旋回フレーム上に巻上装置，運転室などが設置され，旋回フレームの後部にカウンタウエイト（counter weight：バランスを取るためのおもり）が取り付けられている．図1.2-4参照．

(3) 正しい．クローラクレーンの旋回フレームの前部には，ジブ取付けブラケットがあり，ジブ下部は，このブラケットにフートピンで接合されている．図1.1-1参照．

(4) 正しい．ボールベアリング式の旋回装置は，旋回モータの動力を減速機に伝え，旋回ベアリングの旋回ギヤにかみ合っているピニオン（pinion：小歯車）を回転させて，上部旋回体を旋回させる．図1.4-1参照．

(5) 正しい．ラフテレーンクレーン（rough terrain crane）の上部旋回体の運転室には，走行用操縦装置，クレーン操作装置などが装備されている．図1.2-9参照．　▶答 (1)

問題10　【平成28年春 問4】

移動式クレーンの上部旋回体に関し，次のうち誤っているものはどれか．

(1) ボールベアリング式の旋回装置は，旋回モータの動力を減速機に伝え，旋回ベアリングの旋回ギヤにかみ合っているピニオンを回転させて，上部旋回体を旋回させる．

(2) クローラクレーンのＡフレームは，作業時は高い位置にセットするが，長尺ジブを引き起こす場合は低い位置にセットする．

(3) 旋回フレームには，ジブ取付けブラケットがあり，ジブ下部は，このブラケットにフートピンで接合されている．

(4) トラッククレーンの上部旋回体は，旋回フレーム上に巻上装置，運転室などが設置され，また，旋回フレームの後部にカウンタウエイトが取り付けられている．

(5) ラフテレーンクレーンの上部旋回体の運転室には，走行用操縦装置，クレーン操作装置などが装備されている．

解説 (1) 正しい．ボールベアリング式の旋回装置（図1.4-1参照）は，旋回モータの動力を減速機に伝え，旋回ベアリングの旋回ギヤにかみ合っているピニオン（pinion：小歯車）を回転させて，上部旋回体を旋回させる．

(2) 誤り．クローラクレーン（crawler crane：キャタピラ型クレーン）のＡフレームは，作業時は高い位置にセットするが，長尺ジブを引き起こす場合も高い位置にセットする．図1.4-4参照．

(3) 正しい．旋回フレームには，ジブ取付けブラケット（図1.4-2参照）があり，ジブ下部は，このブラケットにフートピンで接合されている．

(4) 正しい．トラッククレーン（truck crane）の上部旋回体には，旋回フレーム上に巻上装置，運転室などが設置され，また，旋回フレームの後部にカウンタウエイトが取り付けられている．なお，走行用操縦装置は下部走行体に設置されている．図1.2-4参照．

(5) 正しい．ラフテレーンクレーン（rough terrain crane）の上部旋回体の運転室には，走行用操縦装置，クレーン操作装置などが装備されている．図1.2-9参照．　▶答（2）

1.5 移動式クレーンの巻上装置

問題1　【令和2年秋 問5】

移動式クレーンの巻上装置に関する記述として，適切でないものは次のうちどれか．

(1) 巻上装置は，ウインチ操作レバーを操作すると，油圧モータ，クラッチ，ドラム，減速機の順に駆動力が伝わり，荷の巻上げ，巻下げが行われる．

(2) 巻上げドラムは，巻上げ用ワイヤロープを巻き取る鼓《つづみ》状のもので，ワイヤロープが整然と巻けるよう溝が付いているものが多い．

(3) 巻上装置の減速機は，油圧モータの回転数を減速し，必要なトルクを得るためのもので，一般に，平歯車減速式又は遊星歯車減速式のものが使用されている．

(4) 巻上装置のブレーキには，クラッチドラム外側をブレーキバンドで締め付け，摩擦力で制動する構造のものがある．

(5) 巻上装置の駆動軸が回転していても，クラッチ作動用の油圧シリンダに圧油を送らなければ，巻上げドラムに回転は伝わらない．

解説 (1) 不適切．巻上装置は，ウインチ操作レバーを操作すると油圧モータ，減速機，クラッチ，ドラムの順に駆動力が伝わり，荷の巻上げ，巻下げが行われる．

(2) 適切．巻上げドラムは，巻上げ用ワイヤロープを巻き取る鼓《つづみ》状のもので，ワイヤロープが整然と巻けるよう溝が付いているものが多い．図1.5-1参照．

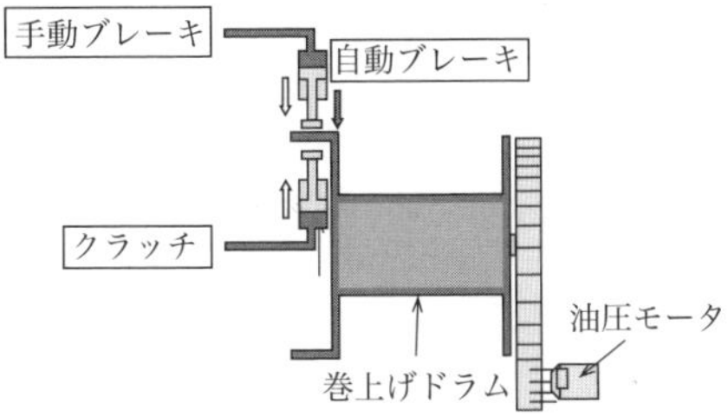

図1.5-1　巻上げドラムとブレーキ装置

(3) 適切．巻上装置の減速機は，油圧モータの回転数を減速し，必要なトルクを得るためのもので，一般に，平歯車（歯すじが直線で軸に平行な円筒歯車：図 1.5-2 参照）減速式または遊星歯車（太陽歯車を中心として，複数の遊星歯車が自転しつつ公転する構造を持った歯車機構である．図 1.5-3 参照）減速式のものが使用されている．

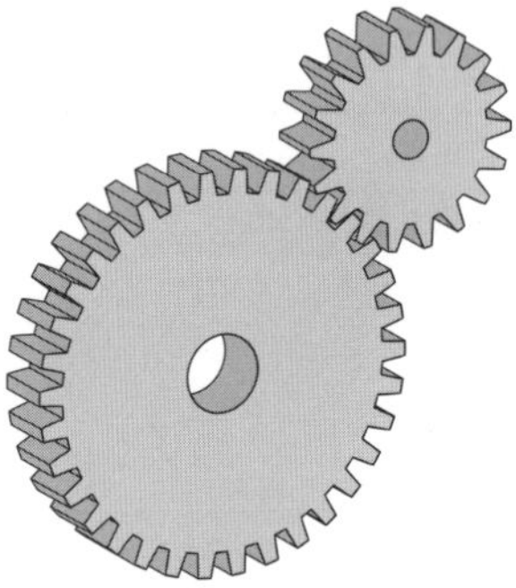

図 1.5-2　平歯車

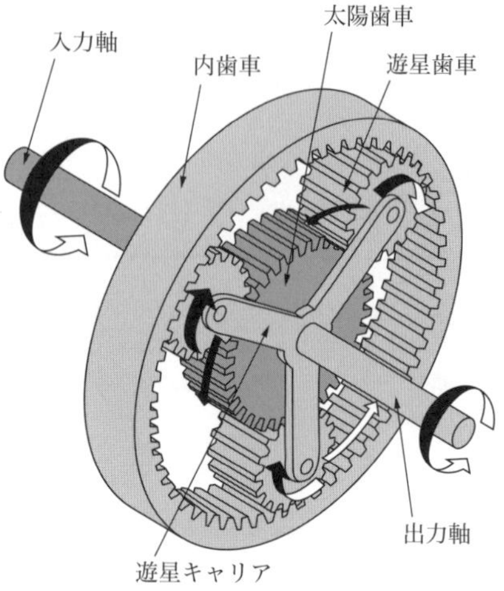

図 1.5-3　遊星歯車

(4) 適切．巻上装置のブレーキには，クラッチドラム外側をブレーキバンドで締め付け（常時ブレーキが効いている状態となっている），摩擦力で制動する構造のものがある．なお，ブレーキの開放はスプリング力を油圧シリンダで押し戻すことで行われる．図 1.5-1 参照．

(5) 適切．巻上装置の駆動軸が回転していても，クラッチ作動用の油圧シリンダに圧油を送らなければ，巻上げドラムに回転は伝わらない．

▶ 答（1）

問題 2　【令和 2 年春 問 5】

移動式クレーンの巻上装置に関する記述として，適切でないものは次のうちどれか．

(1) 巻上装置は，ウインチ操作レバーを操作すると，油圧モータ，クラッチ，ドラム，減速機の順に駆動力が伝わり，荷の巻上げ，巻下げが行われる．

(2) 巻上げドラムは，巻上げ用ワイヤロープを巻き取る鼓《つづみ》状のもので，ワイヤロープが整然と巻けるよう溝が付いているものが多い．

(3) 巻上装置の減速機は，油圧モータの回転数を減速し，必要なトルクを得るためのもので，一般に，平歯車減速式又は遊星歯車減速式のものが使用されている．

(4) 巻上装置のブレーキには，クラッチドラム外側をブレーキバンドで締め付け，摩擦力で制動する構造のものがある．

(5) 巻上装置の駆動軸が回転していても，クラッチ作動用の油圧シリンダに圧油を送らなければ，巻上げドラムに回転は伝わらない.

解説 (1) 不適切．巻上装置は，ウインチ操作レバーを操作すると油圧モータ，減速機，クラッチ，ドラムの順に駆動力が伝わり，荷の巻上げ，巻下げが行われる．

(2) 適切．巻上げドラムは，巻上げ用ワイヤロープを巻き取る鼓《つづみ》状のもので，ワイヤロープが整然と巻けるよう溝が付いているものが多い．図 1.5-1 参照．

(3) 適切．巻上装置の減速機は，油圧モータの回転数を減速し，必要なトルクを得るためのもので，一般に，平歯車（歯すじが直線で軸に平行な円筒歯車：図 1.5-2 参照）減速式または遊星歯車（太陽歯車を中心として，複数の遊星歯車が自転しつつ公転する構造を持った歯車機構である．図 1.5-3 参照）減速式のものが使用されている．

(4) 適切．巻上装置のブレーキには，クラッチドラム外側をブレーキバンドで締め付け（常時ブレーキが効いている状態となっている），摩擦力で制動する構造のものがある．なお，ブレーキの開放はスプリング力を油圧シリンダで押し戻すことで行われる．図 1.5-1 参照．

(5) 適切．巻上装置の駆動軸が回転していても，クラッチ作動用の油圧シリンダに圧油を送らなければ，巻上げドラムに回転は伝わらない．

▶答 (1)

問題 3

【令和元年秋 問 3】

移動式クレーンの巻上装置に関する記述として，適切なものは次のうちどれか.

(1) 巻上装置は，ウインチ操作レバーを操作すると，油圧モータ，クラッチ，ドラム，減速機の順に駆動力が伝わり，荷の巻上げ，巻下げが行われる.

(2) 巻上装置の減速機は，油圧モータの回転数を減速し必要なトルクを得るためのもので，一般に，チェーンとスプロケットが用いられている.

(3) 巻上げドラムは，巻上げ用ワイヤロープを巻き取る鼓《つづみ》状のもので，ワイヤロープが巻き取りやすいよう溝が付いていないものが使われている.

(4) 巻上げドラムは，安全のためウォーム歯車によるロック機構を備えている.

(5) 巻上装置のブレーキには，クラッチドラム外側をブレーキバンドで締め付け，摩擦力で制動する構造のものがある.

解説 (1) 不適切．巻上装置は，ウインチ操作レバーを操作すると油圧モータ，減速機，クラッチ，ドラムの順に駆動力が伝わり，荷の巻上げ，巻下げが行われる．

(2) 不適切．巻上装置の減速機は，油圧モータの回転数を減速し，必要なトルクを得るためのもので，一般に，平歯車（歯すじが直線で軸に平行な円筒歯車：図 1.5-2 参照）減速式または遊星歯車（太陽歯車を中心として，複数の遊星歯車が自転しつつ公転する構造を持った歯車機構である．図 1.5-3 参照）減速式のものが使用されている．

なお，スプロケット（sprocket）とは軸の回転をローラーチェーンに伝達したり，ローラーチェーンの回転を軸に伝達するための歯車のことである．

(3) 不適切．巻上げドラムは，巻上げ用ワイヤロープを巻き取る鼓《つづみ》状のもので，ワイヤロープが整然と巻き取りやすいよう溝が付いているものが多く使われている．

(4) 不適切．巻上げドラムは，安全のためラチェットによるロック機構を備えている（図 1.5-4 参照）．ラチェット（ratchet）とは，動作方向を一方に制限するために用いる機構をいう．なお，ウォーム歯車とは，丸棒にねじを作ったものをウォーム，それに直角に噛み合う歯車の組み合わせをいう．

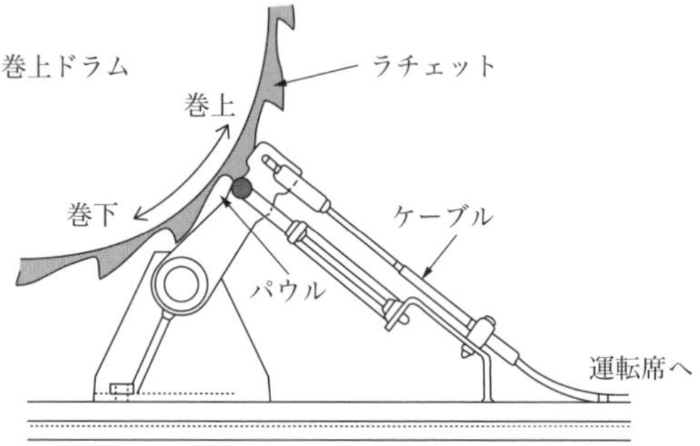

図 1.5-4　巻上装置の安全ロック

(5) 適切．巻上装置のブレーキには，クラッチドラム外側をブレーキバンドで締め付け，摩擦力で制動する構造のものがある．図 1.5-1 参照．　▶答（5）

問題 4　【令和元年春 問 5】

移動式クレーンの巻上装置に関する記述として，適切でないものは次のうちどれか．

(1) 巻上装置の減速機は，油圧モータの回転数を減速し，必要なトルクを得るためのもので，一般に，平歯車減速式又は遊星歯車減速式のものが使用されている．

(2) 巻上げドラムは，ラチェットによるロック機構を備えている．

(3) 巻上装置のクラッチは，巻上げドラムに回転を伝達したり遮断したりするものである．

(4) 巻上げドラムは，巻上げ用ワイヤロープを巻き取る鼓《つづみ》状のもので，ロープが整然と巻けるように溝が付いているものが多い．

(5) 巻上装置のブレーキの解除は，ブレーキバンドを締め付ける油圧をスプリング力で開放する機構になっている．

解説　(1) 適切．巻上装置の減速機は，油圧モータの回転数を減速し，必要なトルクを得るためのもので，一般に，平歯車（歯すじが直線で軸に平行な円筒歯車：図 1.5-2 参照）減速式または遊星歯車（太陽歯車を中心として，複数の遊星歯車が自転しつつ公転する構造を持った歯車機構である．図 1.5-3 参照）減速式のものが使用されている．

(2) 適切．ドラムは，ラチェット（ratchet：動作方向を一方に制限するために用いられる爪車）によるロック機構を備えている．図 1.5-4 参照．

(3) 適切．巻上装置のクラッチは，巻上げドラムに回転を伝達したり遮断したりするものである．

(4) 適切．巻上げドラムは，巻上げ用ワイヤロープを巻き取る鼓《つづみ》状のもので，ロープが整然と巻けるように溝が付いているものが多い．図 1.5-1 参照．

(5) 不適切．巻上装置のブレーキの解除は，ブレーキバンドをスプリング力で締め付ける機構を油圧で解除する方式である．巻上げ装置は，常時，スプリング力でブレーキを安全のためかけている状態となっている．

▶答 (5)

問題 5 【平成 30 年秋 問 5】

移動式クレーンの巻上装置に関する記述として，適切でないものは次のうちどれか．

(1) 巻上装置の減速機は，油圧モータの回転数を減速し必要なトルクを得るためのもので，一般に，平歯車減速式又は遊星歯車減速式のものが使用されている．

(2) 巻上げドラムは，安全のためラチェットによるロック機構を備えている．

(3) 巻上装置のクラッチは，巻上げドラムに回転を伝達したり遮断したりするものである．

(4) 巻上げドラムは，巻上げ用ワイヤロープを巻き取る鼓《つづみ》状のもので，ロープが整然と巻けるように溝が付いているものが多い．

(5) 巻上装置のブレーキの解除は，ブレーキバンドを締め付ける油圧をスプリング力で開放する機構になっている．

解説 (1) 適切．巻上装置の減速機は，油圧モータの回転数を減速し，必要なトルクを得るためのもので，一般に，平歯車（歯すじが直線で軸に平行な円筒歯車：図 1.5-2 参照）減速式または遊星歯車（太陽歯車を中心として，複数の遊星歯車が自転しつつ公転する構造を持った歯車機構である．図 1.5-3 参照）減速式のものが使用されている．

(2) 適切．巻上げドラムは，安全のためラチェット（ratchet：動作方向を一方に制限するための爪車）によるロック機構を備えている．図 1.5-4 参照．

(3) 適切．巻上装置のクラッチは，巻上げドラムに回転を伝達したり遮断したりするものである．

(4) 適切．巻上げドラムは，巻上げ用ワイヤロープを巻き取る鼓《つづみ》状のもので，ロープが整然と巻けるように溝が付いているものが多い．

(5) 不適切．巻上装置のブレーキの解除は，ブレーキバンドを締め付けるスプリング力を油圧で開放する機構になっている．したがって，常時，スプリングがブレーキバンドを締め付けて動かない状態となっている．

▶答 (5)

問題6 【平成30年春 問5】

移動式クレーンの巻上装置に関する記述として，適切でないものは次のうちどれか．

(1) 巻上装置の減速機は，油圧モータの回転数を減速し必要なトルクを得るためのもので，一般に，平歯車減速式又は遊星歯車減速式のものが使用されている．

(2) 巻上げドラムは，安全のためラチェットによるロック機構を備えている．

(3) 巻上装置のクラッチは，巻上げドラムに回転を伝達したり遮断したりするものである．

(4) 巻上げドラムは，巻上げ用ワイヤロープを巻き取る鼓《つづみ》状のもので，ロープが整然と巻けるように溝が付いているものが多い．

(5) 巻上装置のブレーキの解除は，ブレーキバンドを締め付ける油圧をスプリング力で開放する機構になっている．

解説 (1) 適切．巻上装置の減速機は，油圧モータの回転数を減速し，必要なトルクを得るためのもので，一般に，平歯車（歯すじが直線で軸に平行な円筒歯車：図 1.5-2 参照）減速式または遊星歯車（太陽歯車を中心として，複数の遊星歯車が自転しつつ公転する構造を持った歯車機構である．図 1.5-3 参照）減速式のものが使用されている．

(2) 適切．巻上げドラムは，安全のためラチェット（ratchet：動作方向を一方に制限するための爪車）によるロック機構を備えている．図 1.5-4 参照．

(3) 適切．巻上装置のクラッチは，巻上げドラムに回転を伝達したり遮断したりするものである．

(4) 適切．巻上げドラムは，巻上げ用ワイヤロープを巻き取る鼓《つづみ》状のもので，ロープが整然と巻けるように溝が付いているものが多い．

(5) 不適切．巻上装置のブレーキの解除は，ブレーキバンドを締め付けるスプリング力を油圧で開放する機構になっている．したがって，常時，スプリングがブレーキバンドを締め付けて動かない状態となっている．

▶答 (5)

問題7 【平成29年秋 問5】

移動式クレーンの巻上装置に関する記述として，適切なものは次のうちどれか．

(1) 巻上装置は，ウインチ操作レバーを操作すると，油圧モータ，クラッチ，減速機，ドラムの順に駆動力が伝わり，荷の巻上げ・巻下げが行われる．

(2) 巻上装置の減速機は，油圧モータの回転数を減速し必要なトルクを得るためのもので，一般に，チェーンとスプロケットが用いられている.

(3) 巻上げドラムは，巻上げ用ワイヤロープを巻き取る鼓《つづみ》状のもので，ワイヤロープが整然と巻けるよう溝が付いていないものが多い.

(4) 巻上げドラムは，安全のためウォーム歯車によるロック機構を備えている.

(5) 巻上装置のブレーキは，一般に，クラッチドラム外側をブレーキバンドで締め付け，摩擦力で制動する構造になっている.

解説 (1) 不適切．巻上装置は，ウインチ操作レバーを操作すると，油圧モータ，減速機，クラッチ，ドラムの順に駆動力が伝わり，荷の巻上げ・巻下げが行われる.

(2) 不適切．巻上装置の減速機は，油圧モータの回転数を減速し必要なトルクを得るためのもので，一般に平歯車減速式（図 1.5-2）と遊星歯車減速式（図 1.5-3）が用いられている.

(3) 不適切．巻上げドラムは，巻上げ用ワイヤロープを巻き取る鼓《つづみ》状のもので，ワイヤロープが整然と巻けるよう溝が付いているものが多い.

(4) 不適切．巻上げドラムは，安全のためラチェット（ratchet：爪車）によるロック機構を備えている．図 1.5-4 参照.

(5) 適切．巻上装置のブレーキは，一般に，クラッチドラム外側をブレーキバンドで締め付け（常時，ブレーキが掛かっており運転時に油圧で開放を行う），摩擦力で制動する構造になっている.

▶答 (5)

問題8 【平成29年春 問5】

移動式クレーンの巻上装置に関し，誤っているものは次のうちどれか.

(1) 巻上装置の減速機は，油圧モータの回転数を減速し必要なトルクを得るためのもので，一般に平歯車減速式又は遊星歯車減速式のものが使用されている.

(2) 巻上装置には，一般に主巻用のものと補巻用のものがある.

(3) 巻上装置のクラッチは，巻上ドラムに回転を伝達したり遮断したりするものである.

(4) 巻上ドラムは，巻上げ用ワイヤロープを巻き取る鼓《つづみ》状のもので，ロープが整然と巻けるように溝が付いているものが多い.

(5) 巻上装置のブレーキの解除は，ブレーキバンドを締め付ける油圧をスプリング力で開放する機構になっている.

解説 (1) 正しい．巻上装置の減速機は，油圧モータの回転数を減速し必要なトルクを得るためのもので，一般に平歯車減速式（図 1.5-2 参照）または遊星歯車減速式（図

1.5-3参照）のものが使用されている．

(2) 正しい．巻上装置には，一般に主巻用のものと補巻用のものがある．図1.1-4参照．

(3) 正しい．巻上装置のクラッチは，巻上ドラムに回転を伝達したり遮断したりするものである．

(4) 正しい．巻上ドラムは，巻上げ用ワイヤロープを巻き取る鼓《つづみ》状のもので，ロープが整然と巻けるように溝が付いているものが多い．

(5) 誤り．巻上装置のブレーキの解除は，ブレーキバンドを締め付けるスプリング力を油圧で開放する機構になっている．したがって，安全のため巻上げ装置は常時スプリング力でブレーキかかっている状態となっている．

▶答（5）

問題9　【平成28年秋 問2】

移動式クレーンの巻上装置に関し，誤っているものは次のうちどれか．

(1) 巻上ドラムは，安全のためラチェットによるロック機構を備えている．

(2) 巻上ドラムは，巻上げ用ワイヤロープを巻き取る鼓《つづみ》状のもので，ロープが整然と巻けるように溝が付いているものが多い．

(3) 巻上装置の減速機は，油圧モータの回転数を減速し必要なトルクを得るためのもので，一般に平歯車減速式又は遊星歯車減速式のものが使用されている．

(4) 巻上装置のクラッチは，巻上ドラムに回転を伝達したり遮断したりするものである．

(5) 巻上装置のブレーキは，電磁石によりクラッチドラム外側をブレーキバンドで締め付け，摩擦力で制動する構造になっている．

解説 (1) 正しい．巻上ドラムは，安全のためラチェット（ratchet：爪歯車）によるロック機構を備えている．図1.5-4参照．

(2) 正しい．巻上ドラムは，巻上げ用ワイヤロープを巻き取る鼓《つづみ》状のもので，ロープが整然と巻けるように溝が付いているものが多い．

(3) 正しい．巻上装置の減速機は，油圧モータの回転数を減速し必要なトルクを得るためのもので，一般に平歯車減速式（図1.5-2参照）または遊星歯車減速式（図1.5-3参照）のものが使用されている．

(4) 正しい．巻上装置のクラッチは，巻上ドラムに回転を伝達したり遮断したりするものである．

(5) 誤り．巻上装置のブレーキは，スプリング力によりクラッチドラム外側をブレーキバンドで締め付け，摩擦力で制動する構造になっている．

▶答（5）

問題10 【平成28年春 問10】

移動式クレーンの巻上装置に関し，次のうち誤っているものはどれか．

(1) 巻上装置は，ウインチ操作レバーを操作すると，油圧モータ，減速機，クラッチ，ドラムの順に駆動力が伝わり，荷の巻上げ・巻下げが行われる．

(2) 巻上装置の減速機は，油圧モータの回転数を減速し必要なトルクを得るためのもので，一般に平歯車減速式又は遊星歯車減速式が使用されている．

(3) 巻上装置のクラッチは，巻上ドラムに回転を伝達したり遮断したりするものである．

(4) 巻上装置のブレーキは，電磁石によりクラッチドラム外側をブレーキバンドで締め付け，摩擦力で制動する構造になっている．

(5) 巻上ドラムは，巻上げ用ワイヤロープを巻き取る鼓《つづみ》状のもので，ロープが整然と巻けるように溝が付いているものが多い．

解説 (1) 正しい．巻上装置は，ウインチ操作レバーを操作すると，油圧モータ，減速機，クラッチ，ドラムの順に駆動力が伝わり，荷の巻上げ・巻下げが行われる．

(2) 正しい．巻上装置の減速機は，油圧モータの回転数を減速し必要なトルクを得るためのもので，一般に平歯車減速式または遊星歯車減速式が使用されている．

(3) 正しい．巻上装置のクラッチは，巻上ドラムに回転を伝達したり遮断したりするものである．

(4) 誤り．巻上装置のブレーキは，スプリングによりクラッチドラム外側をブレーキバンドで締め付け，摩擦力で制動する構造になっている．

(5) 正しい．巻上ドラムは，巻上げ用ワイヤロープを巻き取る鼓《つづみ》状のもので，ロープが整然と巻けるように溝が付いているものが多い． ▶答 (4)

1.6 移動式クレーンのフロントアタッチメントに関する事項

問題1 【令和2年秋 問4】

移動式クレーンのフロントアタッチメントに関する記述として，適切でないものは次のうちどれか．

(1) 補助ジブのうち取付角（オフセット）を油圧シリンダなどにより無段階に設定できる構造のジブをラッフィングジブという．

(2) リフティングマグネットは，電磁石を応用したつり具で，不意の停電に対してつり荷の落下を防ぐため，停電保護装置を備えるものがある.
(3) ペンダントロープは，ジブ上端と上部ブライドルをつなぐワイヤロープである.
(4) 箱形構造ジブは，ジブの強度を確保するため，各段は同時に伸縮せず，必ず2段目，3段目，4段目と順番に伸縮する構造となっている.
(5) ジブバックストップは，ジブが後方へ倒れるのを防止するための支柱で，トラス（ラチス）構造のジブに装備されている.

解説 (1) 適切. 補助ジブのうち取付角（オフセット）を油圧シリンダなどにより無段階に設定できる構造のジブをラッフィングジブ（luffing jib：上げ下げするジブ）という.

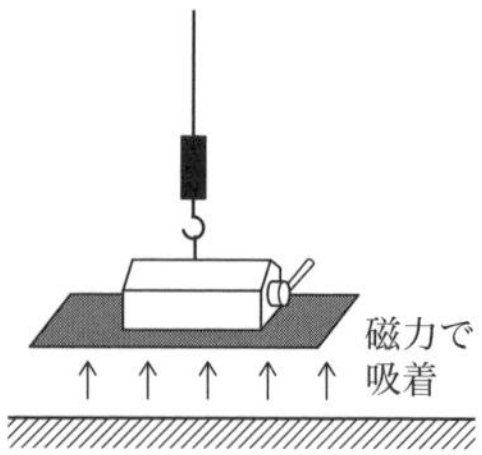

図 1.6-1　リフティングマグネット

(2) 適切. リフティングマグネット（略してリフマグともいう）は，電磁石を応用したつり具で，不意の停電に対してつり荷の落下を防ぐため，バッテリによる停電保護装置（つり荷落下防止装置）を備えるものがある. 図1.6-1参照.
(3) 適切. ペンダントロープ（pendant rope：吊り下げロープ）は，ジブ上端と上部ブライドル（bridle：馬勒《ばろく》）をつなぐワイヤロープである. 図1.6-2参照.
(4) 不適切. 箱形構造ジブは，2段目，3段目，4段目と順番に伸縮する順次伸縮方式と各段が同時に伸縮する同時伸縮方式とがある. 図1.6-3参照.
(5) 適切. ジブバックストップ（jib back stop：ジブ倒れ止め装置）は，ジブが後方へ倒れるのを防止するための支柱で，トラス（ラチス）構造（部材同士を三角形につなぎ合わせた構造形式）のジブに装備されている. 図1.6-4参照.

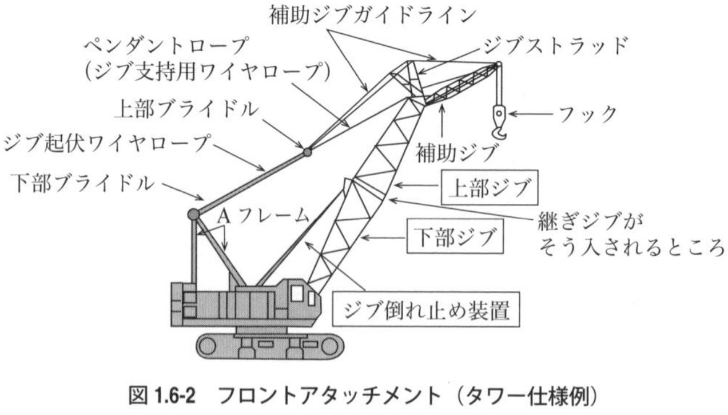

図 1.6-2　フロントアタッチメント（タワー仕様例）

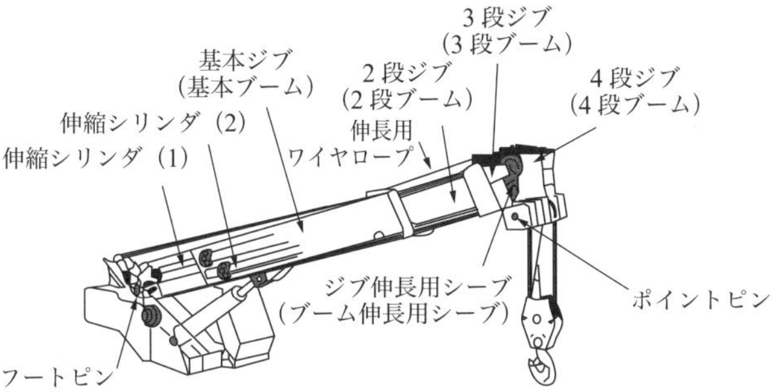

図 1.6-3　箱形構造ジブ（伸縮ジブ）

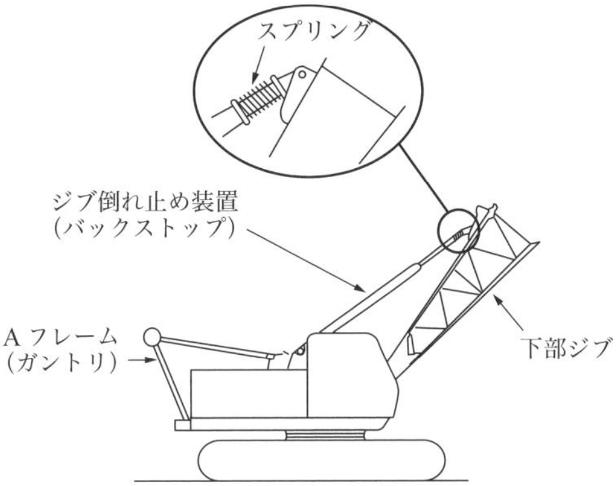

図 1.6-4　ジブ倒れ止め装置

▶答（4）

問題 2　【令和 2 年春 問 6】

移動式クレーンのフロントアタッチメントに関する記述として，適切なものは次のうちどれか．

(1) ジブバックストップは，ジブの全質量を受け止めてジブが後方へ倒れるのを防止する支柱で，箱形構造ジブに装備されている．

(2) ペンダントロープは，上部ブライドルと下部ブライドルの滑車を通して両ブライドルを接続し，ジブを支えるワイヤロープである．

(3) 箱形構造ジブは，ジブの強度を確保するため，各段は同時に伸縮せず，必ず 2 段目，3 段目，4 段目と順番に伸縮する構造となっている．

(4) 複索式二線型のグラブバケットは，複索のため旋回してもグラブバケットの振れや回転はほとんどなく，タグラインを必要としない．

(5) リフティングマグネットは，電磁石を応用したつり具で，フックに掛けて鋼材などの荷役に使用することが多い.

解説 (1) 不適切. ジブバックストップ（ジブ倒れ止め装置）は，ワイヤロープの切断やつり荷の落下などで急に荷がなくなったとき，ジブが後方へ倒れるのを防止する支柱で，トラス（ラチス）構造の構造ジブに装備されている. 図1.6-4参照.

(2) 不適切. ペンダントロープ（pendant rope：ジブ支持用ワイヤロープ）は，ジブ上端と上部ブライドルとを接続し，ジブを支えるワイヤロープである. なお，上部ブライドルと下ブライドルの滑車を通して両ブライドルを接続するものは，ジブ起伏ロープである. 図1.6-2参照.

(3) 不適切. 箱形構造ジブは，ジブの強度を確保するため，各段は同時に伸縮する同時伸縮方式と，2段目，3段目，4段目と順番に伸縮する順次伸縮方式がある. 図1.6-3参照.

(4) 不適切. 複索式二線型のグラブバケット（図1.6-5参照：支持ロープと開閉ロープのあるグラブバケット）は，複索のため旋回してもグラブバケットの振れや回転を制御するためにタグライン（tagline）を必要とする.
タグラインはグラブバケット等をワイヤロープで軽く引っ張る装置である.

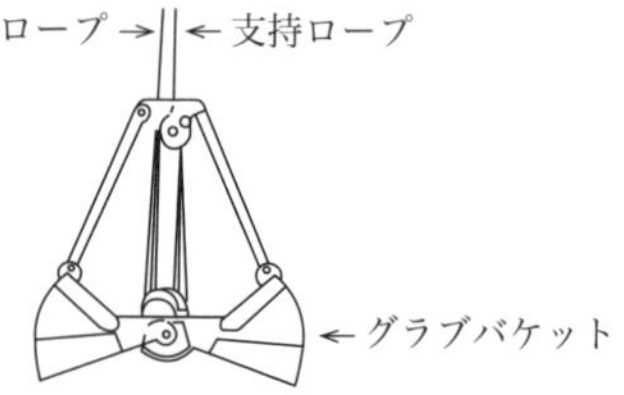

図1.6-5　グラブバケット

(5) 適切. リフティングマグネット（lifting magnet）は，電磁石を応用したつり具で，フックに掛けて鋼材などの荷役に使用することが多い（図1.6-1参照）. なお，不意の停電に対してバッテリによるつり荷落下防止装置（停電保護装置）を備えているものもある.

▶答 (5)

問題3　【令和元年秋 問6】

移動式クレーンのフロントアタッチメントに関する記述として，適切でないものは次のうちどれか.

(1) ジブバックストップは，ジブが後方へ倒れるのを防止するための支柱で，トラス（ラチス）構造のジブに装備されている.

(2) 箱形構造ジブの伸縮方式としては，2段目，3段目，4段目と順次に伸縮する方式と，各段が同時に伸縮する方式がある.

(3) トラス（ラチス）構造のジブは，ジブ起伏用ワイヤロープの巻取り，巻戻しによってジブの傾斜角を変える.

(4) フックの代わりにグラブバケットを装備するときは，バケットの開閉を行うためのタグラインが必要である.

(5) ジブの主要材料には，強度の確保及び軽量化のため，一般に高張力鋼が使用されている.

解説 (1) 適切. ジブバックストップは, ジブが後方へ倒れるのを防止するための支柱で, トラス (ラチス) 構造のジブに装備されている. 図1.6-4参照.

(2) 適切. 箱形構造ジブの伸縮方式としては, 2段目, 3段目, 4段目と順次に伸縮する方式と, 各段が同時に伸縮する方式がある. 図1.6-3参照.

(3) 適切. トラス (ラチス) 構造 (部材同士を三角形につなぎ合わせた構造形式) のジブは, ジブ起伏用ワイヤロープの巻取り, 巻戻しによってジブの傾斜角を変える.

(4) 不適切. フックの代わりにグラブバケットを装備するときは, バケットの開閉を行うための補巻ワイヤロープ (図1.6-9参照) が必要である. なお, タグラインは, グラブバケットが揺れたり回転したりするのを防ぐためのもので, ワイヤロープで軽く引っ張る装置である.

(5) 適切. ジブの主要材料には, 強度の確保および軽量化のため, 一般に高張力鋼が使用されている.

▶答 (4)

問題4

【令和元年春 問6】

移動式クレーンのフロントアタッチメントに関する記述として, 適切でないものは次のうちどれか.

(1) 箱形構造ジブの伸縮は, ジブ内部に装備された油圧シリンダで行うが, ジブの自重を軽くするため油圧シリンダと伸縮用ワイヤロープを併用して行うものがある.

(2) ペンダントロープは, 上部ブライドルと下部ブライドルの滑車を通して両ブライドルを接続し, ジブを支えるワイヤロープである.

(3) フックブロックには, 主巻用フックブロックと補巻用フックブロックがある.

(4) トラス (ラチス) 構造のジブでは, 一般に, 上部ジブと下部ジブの間に継ぎジブを挿入し, 作業に必要な長さを確保する.

(5) 複索式二線型のグラブバケットの開閉は, 開閉ロープの巻取り及び巻戻しによって行う.

解説 (1) 適切. 箱形構造ジブの伸縮は, ジブ内部に装備された油圧シリンダで行うが, ジブの自重を軽くするため油圧シリンダと伸縮用ワイヤロープを併用して行うものがある. 図1.6-3参照.

(2) 不適切. ペンダントロープ (pendant rope：ジブ支持用ワイヤロープ) は, ジブ上端と上部ブライドルとを接続し, ジブを支えるワイヤロープである. なお, 上部ブライドルと下ブライドルの滑車を通して両ブライドルを接続するものは, ジブ起伏ロープである. 図1.6-2参照.

(3) 適切．フックブロックには，主巻用フックブロック（大きい重量の荷のつり上げ）と補巻用フックブロック（主巻用フックブロックが扱う荷より小さい重量の荷のつり上げ）がある．図1.6-6参照．

(4) 適切．トラス（ラチス）構造のジブでは，一般に，上部ジブと下部ジブの間に継ぎジブを挿入し，作業に必要な長さを確保する．図1.6-2参照．

(5) 適切．複索式二線型のグラブバケットの開閉は，開閉ロープの巻取りおよび巻戻しによって行う．なお，グラブバケットの昇降は，支持ロープで行われる．図1.6-5参照．

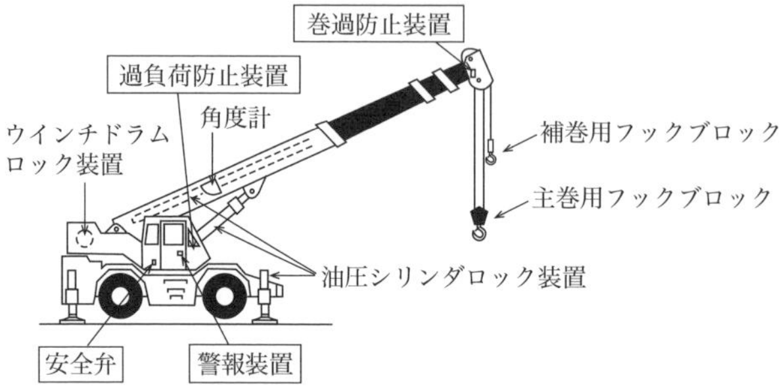

図1.6-6　ジブ起伏シリンダ（油圧シリンダ）

▶答（2）

問題5　【平成30年秋 問6】

移動式クレーンのフロントアタッチメントに関する記述として，適切でないものは次のうちどれか．

(1) 箱形構造ジブの伸縮は，ジブ内部に装備された油圧シリンダで行うが，ジブの自重を軽くするため油圧シリンダと伸縮用ワイヤロープを併用して行うものがある．

(2) ペンダントロープは，上部ブライドルと下部ブライドルの滑車を通して両ブライドルを接続し，ジブを支えるワイヤロープである．

(3) リフティングマグネットは，電磁石を応用したつり具で，不意の停電に対してつり荷の落下を防ぐため，停電保護装置を備えるものがある．

(4) トラス（ラチス）構造のジブでは，一般に，上部ジブと下部ジブの間に継ぎジブを挿入し，作業に必要な長さを確保する．

(5) 複索式二線型のグラブバケットの開閉は，開閉ロープの巻取り及び巻戻しによって行う．

解説　(1) 適切．箱形構造ジブの伸縮は，ジブ内部に装備された油圧シリンダで行うが，ジブの自重を軽くするため油圧シリンダと伸縮用ワイヤロープを併用して行うものがある．図1.6-3参照．

(2) 不適切．ペンダントロープ（pendant rope：ジブ支持用ワイヤロープ）は，ジブ上端と上部ブライドルとを接続し，ジブを支えるワイヤロープである．なお，上部ブライドルと下ブライドルの滑車を通して両ブライドルを接続するものは，ジブ起伏ロープである．図 1.6-2 参照．

(3) 適切．リフティングマグネット（lifting magnet）は，電磁石を応用したつり具で，フックに掛けて鋼材などの荷役に使用することが多い（図 1.6-1 参照）．なお，不意の停電に対してバッテリによるつり荷落下防止装置（停電保護装置）を備えているものもある．

(4) 適切．トラス（ラチス）構造のジブでは，一般に，上部ジブと下部ジブの間に継ぎジブを挿入し，作業に必要な長さを確保する．図 1.6-2 参照．

(5) 適切．複索式二線型のグラブバケットの開閉は，開閉ロープの巻取りおよび巻戻しによって行う．なお，グラブバケットの昇降は，支持ロープで行われる．図 1.6-5 参照．

▶答（2）

問題 6 【平成 30 年春 問 6】

移動式クレーンのフロントアタッチメントに関する記述として，適切でないものは次のうちどれか．

(1) ペンダントロープは，上部ブライドルと下部ブライドルの滑車を通して両ブライドルを接続し，ジブを支えるワイヤロープである．

(2) グラブバケットは，ばら物の荷をつかむ装置で，複索式二線型にはタグラインを備えることが多い．

(3) 箱形構造のジブは，ジブ起伏シリンダの伸縮によってジブの傾斜角を変える．

(4) ジブバックストップは，ジブが後方へ倒れるのを防止するための支柱で，ラチス構造のジブに装備されている．

(5) リフティングマグネットは，電磁石を応用したつり具で，フックに掛けて鋼材などの荷役に使用することが多い．

解説 (1) 不適切．ペンダントロープ（pendant rope：吊り下げロープ）は，ジブ上端と上部ブライドル（bridle：馬勒《ばろく》）をつなぐワイヤロープである．図 1.6-2 参照．

(2) 適切．グラブバケット（grab bucket）は，ばら物の荷をつかむ装置で，複索式二線型のグラブバケット（図 1.6-5 参照：支持ロープと開閉ロープのあるグラブバケット）は，複索のため旋回してもグラブバケットの振れや回転を制御するためにタグライン（tagline）を備えていることが多い．タグラインはグラブバケット等をワイヤロープで軽く引っ張る装置である．

(3) 適切．箱形構造のジブは，ジブの下面に取り付けられたジブ起伏シリンダ（油圧シリンダ）の伸縮によってジブの傾斜角を変える．図 1.6-6 参照．

(4) 適切．ジブバックストップは，ジブが後方へ倒れるのを防止するための支柱で，ラチス構造のジブに装備されている．図1.6-4参照．

(5) 適切．リフティングマグネットは，電磁石を応用したつり具で，フックに掛けて鋼材などの荷役に使用することが多い．図1.6-1参照．

▶答（1）

問題7 【平成29年秋 問6】

移動式クレーンのフロントアタッチメントに関し，誤っているものは次のうちどれか．

(1) ペンダントロープは，上部ブライドルと下部ブライドルの滑車を通して両ブライドルを接続し，ジブを支えるワイヤロープである．

(2) グラブバケットは，ばら物の荷をつかむ装置で，複索式二線型にはタグラインを備えることが多い．

(3) 箱形構造のジブは，ジブ起伏シリンダの伸縮によってジブの傾斜角を変える．

(4) ジブバックストップは，ジブが後方へ倒れるのを防止するための支柱で，ラチス構造のジブに装備されている．

(5) リフティングマグネットは，電磁力を応用したつり具で，フックに掛けて鋼材などの荷役に使用することが多い．

解説 (1) 誤り．ペンダントロープ（pendant rope：ジブ支持用ワイヤロープ）は，ジブ上端と上部ブライドルとを接続し，ジブを支えるワイヤロープである．なお，上部ブライドルと下ブライドルの滑車を通して両ブライドルを接続するものは，ジブ起伏ロープである．図1.6-2参照．

(2) 正しい．グラブバケット（grab bucket）は，ばら物の荷をつかむ装置で，複索式二線型のグラブバケット（図1.6-5参照）支持ロープと開閉ロープのあるグラブバケット）は，複索のため旋回してもグラブバケットの振れや回転を制御するためにタグライン（tagline）を備えていることが多い．タグラインはグラブバケット等をワイヤロープで軽く引っ張る装置である．

(3) 正しい．箱形構造のジブは，ジブの伸縮によって巻上げ巻下げ状態になるため，ジブの下面に取り付けられたジブ起伏シリンダ（油圧シリンダ）の伸縮によってジブの傾斜角を変える．図1.6-6参照．

(4) 正しい．ジブバックストップは，ジブが後方へ倒れるのを防止するための支柱で，ラチス構造のジブに装備されている．図1.6-4参照．

(5) 正しい．リフティングマグネットは，電磁力を応用したつり具で，フックに掛けて鋼材などの荷役に使用することが多い．図1.6-1参照．

▶答（1）

問題8

【平成29年春 問6】

移動式クレーンのフロントアタッチメントに関し，誤っているものは次のうちどれか．

(1) ペンダントロープは，上部ブライドルと下部ブライドルの滑車を通して両ブライドルを接続し，ジブを支えるワイヤロープである．

(2) グラブバケットは，ばら物の荷をつかむ装置で，複索式二線型にはタグラインを備えることが多い．

(3) 箱形構造のジブは，ジブ起伏シリンダの伸縮によってジブの傾斜角を変える．

(4) ジブバックストップは，ジブが後方へ倒れるのを防止するための支柱で，ラチス構造のジブに装備されている．

(5) リフティングマグネットは，電磁力を応用したつり具で，フックに掛けて鋼材などの荷役に使用することが多い．

解説 (1) 誤り．ペンダントロープ（pendant rope：ジブ支持用ワイヤロープ）は，ジブ上端と上部ブライドルとを接続し，ジブを支えるワイヤロープである．なお，上部ブライドルと下ブライドルの滑車を通して両ブライドルを接続するものは，ジブ起伏ロープである．図1.6-2参照．

(2) 正しい．グラブバケット（grab bucket）は，ばら物の荷をつかむ装置で，複索式二線型のグラブバケット（図1.6-5参照：支持ロープと開閉ロープのあるグラブバケット）は，複索のため旋回してもグラブバケットの振れや回転を制御するためにタグライン（tagline）を備えていることが多い．タグラインはグラブバケット等をワイヤロープで軽く引っ張る装置である．

(3) 正しい．箱形構造のジブは，ジブの伸縮によって巻上げ巻下げ状態になるため，ジブの下面に取り付けられたジブ起伏シリンダ（油圧シリンダ）の伸縮によってジブの傾斜角を変える．図1.6-3参照．

(4) 正しい．ジブバックストップは，ジブが後方へ倒れるのを防止するための支柱で，ラチス構造（部材同士を三角形につなぎ合わせた構造形式）のジブに装備されている．図1.6-4参照．

(5) 正しい．リフティングマグネットは，電磁力を応用したつり具で，フックに掛けて鋼材などの荷役に使用することが多い．図1.6-1参照．

▶答 (1)

問題9

【平成28年秋 問6】

移動式クレーンのフロントアタッチメントに関し，誤っているものは次のうちどれか．

(1) 補助ジブは，揚程を増すために最上段のジブの先端に取り付ける小型のジブで，取付角が固定のものと可変のものがある．
(2) リフティングマグネットは，電磁力を応用したつり具で，フックに掛けて鋼材などの荷役に使用することが多い．
(3) ペンダントロープは，ジブ上端と上部ブライドルをつなぐワイヤロープである．
(4) ジブバックストップは，ジブが後方へ倒れようとするとき，その全質量を受け止めて倒れるのを防止する支柱で，箱形構造のジブに装備されている．
(5) 箱形構造のジブは，ジブ起伏シリンダの伸縮によってジブの傾斜角を変える．

解説 (1) 正しい．補助ジブ（図 1.6-2 参照）は，揚程を増すために最上段のジブの先端に取り付ける小型のジブで，取付角が固定のものと可変のものがある．
(2) 正しい．リフティングマグネット（lifting magnet）は，電磁力を応用したつり具で，フックに掛けて鋼材などの荷役に使用することが多い．図 1.6-1 参照．
(3) 正しい．ペンダントロープ（ジブ支持用ワイヤロープ）は，ジブ上端と上部ブライドルをつなぐワイヤロープである．図 1.6-2 参照．
(4) 誤り．ジブバックストップは，ジブが後方へ倒れるのを防止するための支柱で，ラチス構造（部材同士を三角形につなぎ合わせた構造形式）のジブに装備されている．図 1.6-4 参照．
(5) 正しい．箱形構造のジブは，ジブの伸縮によって巻上げ巻下げ状態になるため，ジブの下面に取り付けられたジブ起伏シリンダ（油圧シリンダ）の伸縮によってジブの傾斜角を変える．図 1.6-3 参照．

▶答 (4)

問題10 【平成 28 年春 問 2】

移動式クレーンのフロントアタッチメントに関し，次のうち誤っているものはどれか．
(1) リフティングマグネットは，電磁力を応用したつり具で，フックに掛けて鋼材などの荷役に使用することが多い．
(2) 複索式二線型のグラブバケットは，複索のため旋回してもグラブバケットの振れや回転はほとんどなく，タグラインを必要としない．
(3) ペンダントロープは，ジブ上端と上部ブライドルをつなぐワイヤロープである．
(4) ジブバックストップは，ジブが後方へ倒れるのを防止するための支柱で，ラチス構造のジブに装備されている．
(5) ラチス構造のジブは，ジブ起伏用ワイヤロープの巻取り・巻戻しによってジブの傾斜角を変える．

解説 (1) 正しい．リフティングマグネットは，電磁力を応用したつり具で，フックに掛けて鋼材などの荷役に使用することが多い．図 1.6-1 参照．

(2) 誤り．昇降ロープと開閉ロープを持つ複索式二線型のグラブバケット（図 1.6-5）は，複索のため旋回することがあり，グラブバケットの振れや回転を防ぐためにグラブバケット等を軽く引っ張るタグラインを必要とすることが多い．

(3) 正しい．ペンダントロープ（ジブ支持用ワイヤロープ）は，ジブ上端と上部ブライドルをつなぐワイヤロープである．図 1.6-2 参照．

(4) 正しい．ジブバックストップは，ジブが後方へ倒れるのを防止するための支柱で，ラチス構造のジブに装備されている．図 1.6-4 参照．

(5) 正しい．ラチス構造のジブは，ジブ起伏用ワイヤロープの巻取り・巻戻しによってジブの傾斜角を変える．

▶答 (2)

1.7 ワイヤロープに関する事項

問題 1 【令和 2 年秋 問 7】

ワイヤロープに関する記述として，適切でないものは次のうちどれか．

(1)「Z より」のワイヤロープは，ロープを縦にして見たとき，右上から左下へストランドがよられている．

(2)「ラングより」のワイヤロープは，ロープのよりの方向とストランドのよりの方向が同じである．

(3) ワイヤロープの谷断線の点検は，ロープを小さな半径に曲げると断線した素線がはみ出すので，これを目視により確認する．

(4) 巻上げ用ワイヤロープを交換したときは，定格荷重の半分程度の荷をつって，巻上げ及び巻下げの操作を数回行い，ワイヤロープを慣らす．

(5) ストランド 6 よりのワイヤロープの径の測定は，ワイヤロープの同一断面の外接円の直径を 3 方向から測定し，その最大値をとる．

解説 (1) 適切．「Z より」のワイヤロープ（図 1.7-1 参照）は，ロープを縦にして見たとき，右上から左下へストランド（strand：小なわ，図 1.7-2 参照）がよられている．

(2) 適切．「ラングより」のワイヤロープは，ロープのよりの方向とストランドのよりの方向が同じである（図 1.7-1 参照）．

(3) 適切．ワイヤロープの谷断線の点検は，ロープを小さな半径に曲げると断線した素線がはみ出すので，これを目視により確認する．なお，谷断線とは，ストランド間の接触（素線相互の接触）で損傷し断線することをいう．図 1.7-3，図 1.7-4 参照．

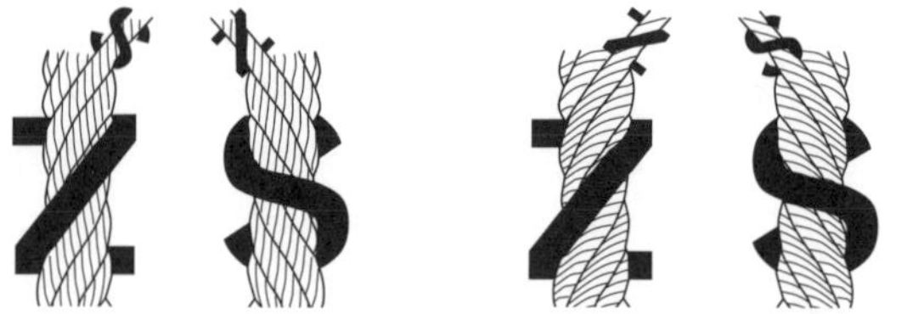

図 1.7-1　より方向とより方

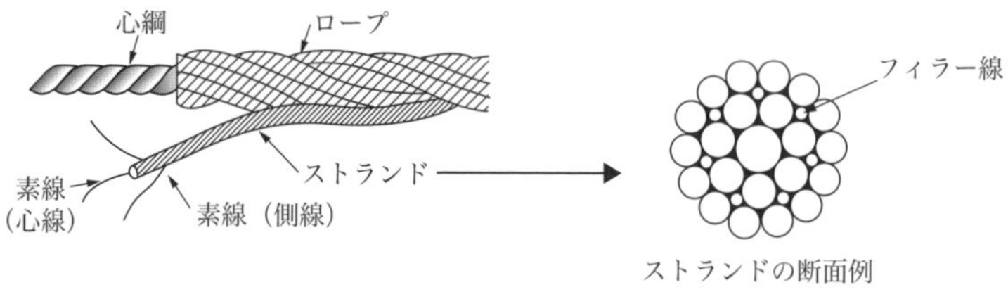

図 1.7-2　ワイヤロープの構造

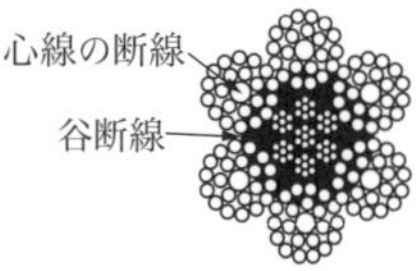

図 1.7-3　ワイヤロープの断線

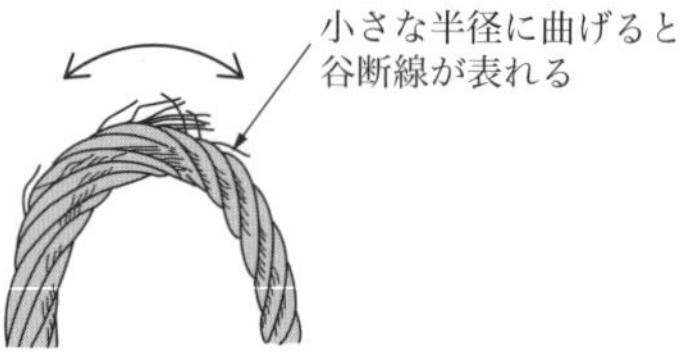

図 1.7-4　ワイヤロープの谷断線の点検要領

(4) 適切．巻上げ用ワイヤロープを交換したときは，定格荷重の半分程度の荷をつって，巻上げおよび巻下げの操作を数回行い，ワイヤロープを慣らす．

(5) 不適切．ストランド6（心綱の周囲に6個のストランドがあるワイヤロープ）よりのワイヤロープの径の測定は，ワイヤロープの同一断面の外接円の直径を3方向から測定し，その平均値をとる．図1.7-5参照．

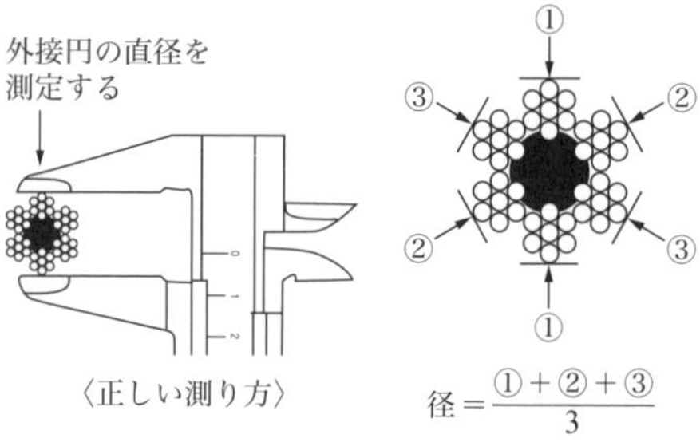

図 1.7-5　ワイヤロープ直径の測り方

▶答（5）

問題2 【令和2年春 問7】

ワイヤロープに関する記述として，適切でないものは次のうちどれか．

(1) ワイヤロープのより方には，「Sより」と「Zより」があり，一般に「Sより」が多く用いられている．

(2)「ラングより」のワイヤロープは，素線が平均に摩耗を受けるので，「普通より」のワイヤロープより耐摩耗性に優れている．

(3) 巻上げ用ワイヤロープを巻上げドラムに取り付けるときは，ワイヤロープの端を針金で巻き，くさびを用いてワイヤロープ端がドラム外周から出ないよう取り付ける．

(4) ワイヤロープは，数十本の素線をより合わせてストランドを作り，このストランド数本を一定のピッチで心綱の周りに巻き付けるようによったものである．

(5) ストランド6よりのワイヤロープの径の測定は，ワイヤロープの同一断面の外接円の直径を3方向から測定し，その平均値を算出する．

解説 (1) 不適切．ワイヤロープのより方（図1.7-1参照）には，「Sより」と「Zより」があり，一般に「Zより」が多く用いられている．「Sより」はストランドを左上から右下に巻く方式で，「Zより」は右上から左下に巻く方式である．なお，ストランド（Strand）は，小なわで図1.7-2参照．

(2) 適切．「ラングより」のワイヤロープは，素線が平均に摩耗を受けるので，「普通より」のワイヤロープより耐摩耗性に優れている．「ラングより」は，ワイヤロープのよりとストランドのよりが図1.7-1に示すように同じ方向によられたものをいう．なお，反対の方向によられたものは「普通より」という．

(3) 適切．巻上げ用ワイヤロープを巻上げドラムに取り付けるときは，ワイヤロープの端を針金で巻き，くさびを用いてワイヤロープ端がドラム外周から出ないよう取り付ける．図1.7-6，図1.7-7参照．

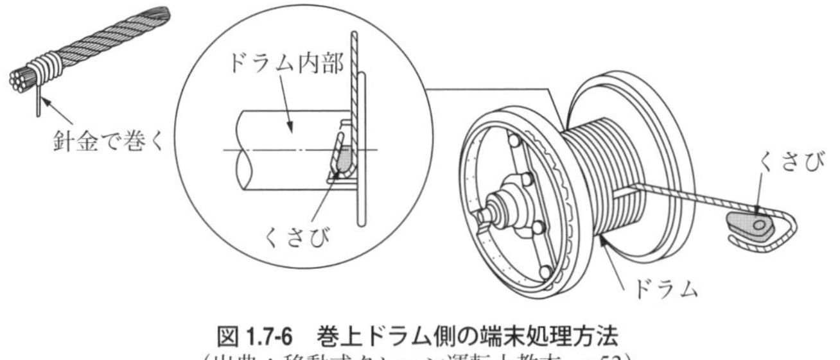

図1.7-6 巻上ドラム側の端末処理方法
（出典：移動式クレーン運転士教本，p53）

図 1.7-7　クリップの取付け
（出典：移動式クレーン運転士教本，p54）

(4) 適切．ワイヤロープは，数十本の素線をより合わせてストランドを作り，このストランド数本を一定のピッチで心綱の周りに巻き付けるようによったものである．図 1.7-2 および次の図 1.7-8 参照．

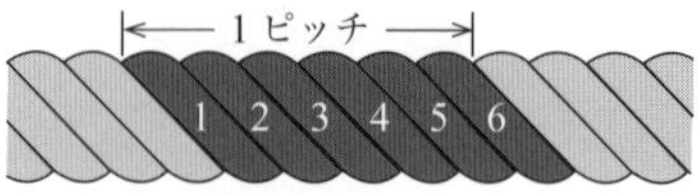

図 1.7-8　6 ストランドロープの 1 より

(5) 適切．ストランド 6 よりのワイヤロープの径の測定は，ワイヤロープの同一断面の外接円の直径を 3 方向から測定し，その平均値を算出する．図 1.7-5 参照．

▶答 (1)

問題 3　【令和元年秋 問 7】

ワイヤロープに関する記述として，適切でないものは次のうちどれか．

(1) ストランドとは，複数の素線などをより合わせたロープの構成要素のことで，子なわ又はより線ともいう．

(2) 心綱は，ストランドの中心にある素線のことで，良質の炭素鋼を線引きして作られる．

(3) フィラー形 29 本線 6 よりロープ心入りは，「IWRC6 × Fi(29)」と表示される．

(4)「普通より」のワイヤロープは，ロープのよりの方向とストランドのよりの方向が反対である．

(5) ストランド 6 よりのワイヤロープの径の測定は，ワイヤロープの同一断面の外接円の直径を 3 方向から測定し，その平均値を算出する．

解説 (1) 適切．ストランドとは，複数の素線などをより合わせたロープの構成要素のことで，子なわまたはより線ともいう．図 1.7-2 参照．

(2) 不適切．心線は，ストランドの中心にある素線のことで，良質の炭素鋼を線引きして作られる．心綱（しんづな）は，ワイヤロープの中心にあるもので繊維心（麻など天然繊維またはポリプロピレン繊維）またはワイヤロープ心などで構成されたものをいう．図 1.7-2 参照．

(3) 適切．フィラー形 29 本線 6 よりロープ心入りは，「IWRC6 × Fi(29)」と表示される．

図1.7-9参照.

(4) 適切.「普通より」のワイヤロープは，ロープのよりの方向とストランドのよりの方向が反対である．図1.7-1参照．なお，同一方向は「ラングより」という．またワイヤロープのより方において，右より（Sより）と左より（Zより）がある．

呼　称	フィラー形29本線 6より ロープ心入り
構成記号	IWRC6×Fi（29）
断　面	

図1.7-9　ワイヤロープの呼称，構成記号および断面

(5) 適切．ストランド6よりのワイヤロープの径の測定は，ワイヤロープの同一断面の外接円の直径を3方向から測定し，その平均値を算出する．図1.7-5参照．

▶答（2）

問題4　【令和元年春 問7】

ワイヤロープに関する記述として，適切でないものは次のうちどれか．

(1) ワイヤロープのより方には，「Sより」と「Zより」があり，一般に「Zより」が多く用いられている．

(2) 同じ径のワイヤロープでも，素線が細く数の多いものほど柔軟性がある．

(3) フィラー形29本線6よりロープ心入りは，「IWRC6×Fi(29)」と表示される．

(4)「普通より」のワイヤロープは，ロープのよりの方向とストランドのよりの方向が反対である．

(5) フィラー形のワイヤロープは，繊維心の代わりにフィラー線を心綱としたものである．

解説　(1) 適切．ワイヤロープのより方（図1.7-1参照）には，「Sより」と「Zより」があり，一般に「Zより」が多く用いられている．「Sより」はストランドを左上から右下に巻く方式で，「Zより」は右上から左下に巻く方式である．なお，ストランド（Strand）は，小なわで図1.7-2参照．

(2) 適切．同じ径のワイヤロープでも，素線（ストランドを構成する鋼線）が細く数の多いものほど柔軟性がある．なお，ストランドの外側の素線を側線，内側の素線を心線という．図1.7-2参照．

(3) 適切．フィラー形29本線6よりロープ心入りは，「IWRC6×Fi(29)」と表示される．IWRCは，Independent Wire Rope Coreの略である．フィラー（filler）形とは，素線の間にさらに細い線を挿入したもので，素線とフィラー線の合計が29本となる．図1.7-9参照．

(4) 適切．「普通より」のワイヤロープは，ロープのよりの方向とストランドのよりの方向が反対である．ロープのよりの方向とストランドのよりの方向が同じ方向によられたものは「ラングより」という．図1.7-1参照．

(5) 不適切．フィラー形のワイヤロープは，素線間により細いフィラー線を加えたストランド用いて心綱の回りに巻き付くようによったものである．図1.7-2参照． ▶答 (5)

問題5 【平成30年秋 問7】

ワイヤロープに関する記述として，適切でないものは次のうちどれか．

(1)「ラングより」のワイヤロープは，ロープのよりの方向とストランドのよりの方向が同じである．

(2)「Sより」のワイヤロープは，ロープを縦にして見たとき，左上から右下へストランドがよられている．

(3) フィラー形29本線6よりロープ心入りは，「IWRC6 × Fi(29)」と表示される．

(4) クレーンに多く用いられるストランド6よりのワイヤロープの径の測定は，ワイヤロープの同一断面の外接円の直径を3方向から測定し，その平均値を算出する．

(5) 心綱は，ストランドを構成する素線のうち，ストランドの中心にある素線をより合わせたロープの構成要素のことで，より線ともいう．

解説 (1) 適切．「ラングより」のワイヤロープは，ロープのよりの方向とストランドのよりの方向が同じである．図1.7-1参照．なお，ストランドとは小なわである．図1.7-2参照．

(2) 適切．「Sより」のワイヤロープは，ロープを縦にして見たとき，左上から右下へストランドがよられている．図1.7-1参照．

(3) 適切．フィラー形29本線6よりロープ心入りは，「IWRC6 × Fi(29)」と表示される．なお，フィラー（filler）形とは，素線の間にさらに細い線を挿入したもので，素線とフィラー線の合計が29本となる．図1.7-9参照．

(4) 適切．クレーンに多く用いられるストランド6よりのワイヤロープの径の測定は，ワイヤロープの同一断面の外接円の直径を3方向から測定し，その平均値を算出する．図1.7-5参照．

(5) 不適切．心綱（しんづな）は，ワイヤロープの中心にあるもので繊維心（麻など天然繊維またはポリプロピレン繊維）またはワイヤロープ心などで構成されたものをいう（図1.7-2参照）．なお，ストランドを構成する素線のうち，ストランドの中心にある素線は，心線という． ▶答 (5)

問題6 【平成30年春 問7】

次の図はワイヤロープの構造を示したものであるが，AからCに示す部分の名称の組合せとして，正しいものは（1）～（5）のうちどれか．

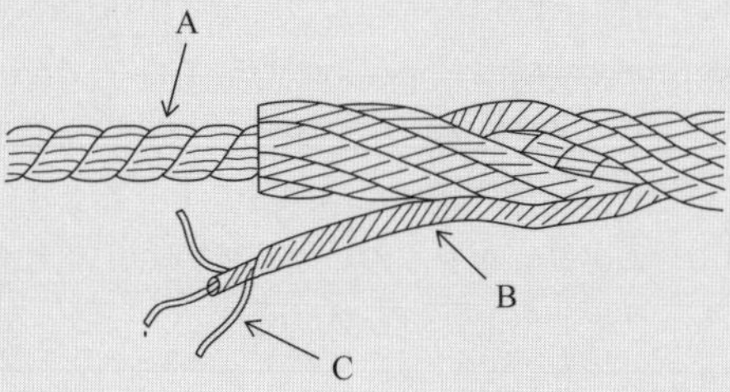

	A	B	C
(1)	心綱	素線	ストランド
(2)	心綱	ストランド	素線
(3)	ストランド	素線	心綱
(4)	ストランド	心綱	素線
(5)	素線	ストランド	心綱

解説 A 「心綱」で，「しんづな」と読む．繊維またはワイヤロープである．

B 「ストランド」で，「小縄」である．

C 「素線」である．

以上から（2）が正解．

▶答（2）

問題7

【平成29年秋 問7】

ワイヤロープに関し，誤っているものは次のうちどれか．

(1) ストランドとは，複数の素線などをより合わせたロープの構成要素のことで，子なわ又はより線という．

(2) フィラー形のワイヤロープは，ストランドを構成する素線の間に細い素線を組み合わせたものである．

(3) フィラー形29本線6よりロープ心入りは，「IWRC29 × Fi(6)」と表示される．

(4) ワイヤロープのより方には，「Sより」と「Zより」があり，一般に「Zより」が多く用いられている．

(5) 巻上げ用ワイヤロープを交換したときは，定格荷重の半分程度の荷をつって，巻上げ・巻下げの操作を数回行い，ワイヤロープを慣らす．

解説 (1) 正しい．ストランドとは，複数の素線などをより合わせたロープの構成要素のことで，子なわまたはより線という．図1.7-2参照．

(2) 正しい．フィラー形のワイヤロープは，ストランドを構成する素線の間に細い素線を組み合わせたものである．図 1.7-2 参照．

(3) 誤り．フィラー形 29 本線 6 よりロープ心入りは，「IWRC6 × Fi(29)」と表示される．なお，IWRC は，Independent Wire Rope Core の略である．図 1.7-9 参照．

(4) 正しい．ワイヤロープのより方（図 1.7-1 参照）には，「S より」（ロープを縦にして見たとき，左上から右下へストランドがよられる）と「Z より」（右上から左下へよられる）があり，一般に「Z より」が多く用いられている．なお，「普通より」とは，ワイヤロープのよりとストランドのよりの方向が反対になっているものをいい，同じ方向によられたものを「ラングより」という．

(5) 正しい．巻上げ用ワイヤロープを交換したときは，定格荷重の半分程度の荷をつって，巻上げ・巻下げの操作を数回行い，ワイヤロープを慣らす．

▶ 答 (3)

問題 8 【平成 29 年春 問 7】

次の図はワイヤロープの構造を示したものであるが，A から C に示す部分の名称の組合せとして，正しいものは (1) ～ (5) のうちどれか．

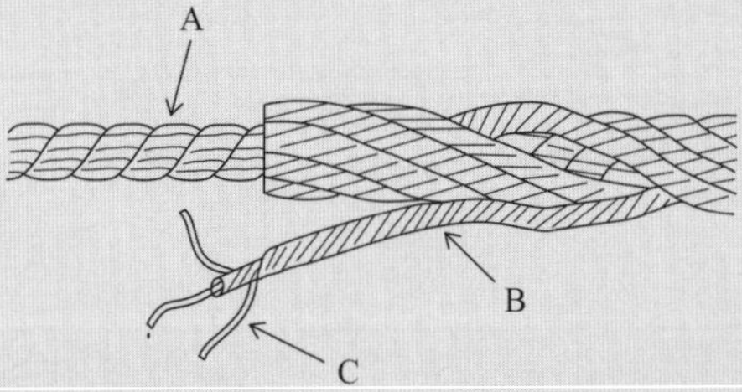

	A	B	C
(1)	心綱	素線	ストランド
(2)	心綱	ストランド	素線
(3)	ストランド	素線	心綱
(4)	ストランド	心綱	素線
(5)	素線	ストランド	心綱

解説 A 「心綱」で，「しんづな」と読む．繊維またはワイヤロープである．

B 「ストランド」で，「小縄」である．

C 「素線」である．

以上から (2) が正解．

▶ 答 (2)

問題 9 【平成 28 年秋 問 3】

ワイヤロープに関し，誤っているものは次のうちどれか．

(1) ストランドとは，複数の素線などをより合わせたロープの構成要素のことで，子なわ又はより線ともいう．

(2) フィラー形のワイヤロープは，ストランドを構成する素線の間に細い素線を組み合わせたものである．

(3) フィラー形29本線6よりロープ心入りは，「IWRC29 × Fi(6)」と表示される．

(4) ワイヤロープのより方には，「Sより」と「Zより」があり，一般に「Zより」が多い．

(5) 巻上げ用ワイヤロープを交換したときは，定格荷重の半分程度の荷をつって，巻上げ・巻下げの操作を数回行い，ワイヤロープを慣らす．

解説 (1) 正しい．ストランド（strand：小なわ）とは，複数の素線などをより合わせたロープの構成要素のことで，子なわまたはより線ともいう．図1.7-2参照．

(2) 正しい．フィラー（filler）形のワイヤロープは，ストランドを構成する素線の間に細い素線を組み合わせたものである．

(3) 誤り．フィラー形29本線6よりロープ心入りは，「IWRC6 × Fi(29)」と表示される．なお，IWRCは，Independent Wire Rope Coreの略である．図1.7-9参照．

(4) 正しい．ワイヤロープのより方（図1.7-1参照）には，「Sより」（ロープを縦にして見たとき，左上から右下へストランドがよられる）と「Zより」（右上から左下へよられる）があり，一般に「Zより」が多く用いられている．なお，「普通より」とは，ワイヤロープのよりとストランドのよりの方向が反対になっているものをいい，同じ方向によられたものを「ラングより」という．

(5) 正しい．巻上げ用ワイヤロープを交換したときは，定格荷重の半分程度の荷をつって，巻上げ・巻下げの操作を数回行い，ワイヤロープを慣らす． ▶答 (3)

問題10 【平成28年春 問7】

ワイヤロープに関し，次のうち誤っているものはどれか．

(1)「Zより」のワイヤロープは，ロープを縦にして見たとき，右上から左下へストランドがよられている．

(2)「ラングより」のワイヤロープは，ロープのよりの方向とストランドのよりの方向が同じである．

(3) ワイヤロープをクリップ止めするときは，クリップのナットがロープの引張側にくるようにする．

(4)「ラングより」のワイヤロープは，「普通より」のワイヤロープに比べてキンクしにくい．

(5) 巻上げ用ワイヤロープを交換したときは，定格荷重の半分程度の荷をつって，巻上げ・巻下げの操作を数回行いワイヤロープをならす.

解説 (1) 正しい.「Zより」のワイヤロープは，ロープを縦にして見たとき，右上から左下へストランド（strand：小縄）がよられている．図1.7-1参照.

(2) 正しい.「ラングより」のワイヤロープは，ロープのよりの方向とストランドのよりの方向が同じである．方向が反対である場合は，「普通より」という.

(3) 正しい．ワイヤロープをクリップ止めするときは，クリップのナットがロープの引張側にくるようにする．図1.7-7参照.

(4) 誤り.「ラングより」のワイヤロープは，「普通より」のワイヤロープに比べてキンク（kink：よじれ，こぶ（瘤））しやすい．図1.7-10参照.

(5) 正しい．巻上げ用ワイヤロープを交換したときは，定格荷重の半分程度の荷をつって，巻上げ・巻下げの操作を数回行い，ワイヤロープを慣らす.

図1.7-10　形くずれ，キンク，腐食の例
（出典：移動式クレーン運転士教本，p53）

▶ 答（4）

1.8 移動式クレーンの安全装置

問題1　【令和2年秋 問9】

移動式クレーンの安全装置などに関する記述として，適切なものは次のうちどれか.

(1) 過負荷防止装置は，ジブの各傾斜角において，つり荷の荷重が定格荷重を超えようとしたときに警報を発して注意を喚起し，定格荷重を超えたときに転倒する危険性が高くなるつり荷の巻上げ，ジブの起こし及び伸ばしの作動を自動的に停止させる装置である.

(2) ジブ起伏停止装置は，ジブの起こし過ぎによるジブの折損や後方への転倒を防止するための装置で，ジブの起こし角が操作限界になったとき，そのまま操作レバーを引いてもジブの作動を自動的に停止させる装置である.

(3) 玉掛け用ワイヤロープの外れ止め装置は，シーブから玉掛け用ワイヤロープが外れるのを防止するための装置である.

(4) 油圧回路の安全弁は，起伏シリンダへの油圧ホースが破損した場合に，油圧回路内の油圧の急激な低下によるつり荷の落下を防止するための装置である.

(5) 移動式クレーンの旋回時などに周囲の作業員に危険を知らせるための警報装置は，通常，運転室内に設けられた足踏み式スイッチにより操作し，運転者が任意の場所で警報を発することができるものである.

解説 (1) 不適切. 過負荷防止装置は，ジブの各傾斜角において，転倒モーメントの大きさが安定モーメントの大きさに近づくと，警報を発して注意を喚起し，転倒する危険性が高くなるつり荷の巻上げ，転倒モーメントが大きくなるジブの起こしおよび伸ばしの作動を自動的に停止させる装置である.

(2) 適切. ジブ起伏停止装置は，ジブの起こし過ぎによるジブの折損や後方への転倒を防止するための装置で，ジブの起こし角が操作限界になったとき，そのまま操作レバーを引いてもジブの作動を自動的に停止させる装置である.

(3) 不適切. 玉掛け用ワイヤロープの外れ止め装置（図1.8-1参照）は，フックから玉掛け用ワイヤロープが外れるのを防止するための装置である.「シーブ」（滑車）が誤り.

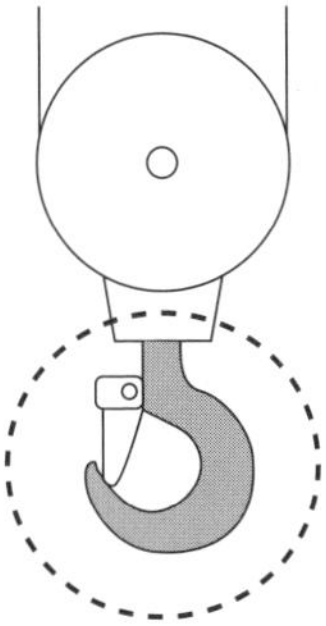

図 1.8-1　玉掛け用ロープの外れ止め装置例

(4) 不適切. 油圧回路の安全弁は，過負荷や衝撃荷重がかかったとき，油圧回路に異常に高い圧力が発生し，機器を破損させるおそれがあることから各油圧回路に取り付けられ，設定以上の圧力になった場合，安全弁が開き圧油を油タンクに戻し常に回路内の圧力を設定圧力以下にしている.

(5) 不適切. 移動式クレーンの旋回時などに周囲の作業員に危険を知らせるための警報装置（警報スイッチ）は，通常，運転室内に設けられた旋回操作レバーに取り付けられ，運転者が任意の場所で警報を発することができるものである. 図1.8-2参照.

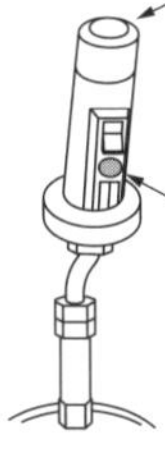

図 1.8-2　警報スイッチ（例）

▶答（2）

問題2　【令和2年春 問9】

移動式クレーンの安全装置などに関する記述として，適切でないものは次のうちどれか.

(1) 玉掛け用ワイヤロープの外れ止め装置は，フックから玉掛け用ワイヤロープが外れるのを防止するための装置である.

(2) 油圧回路の安全弁は，起伏シリンダへの油圧ホースが破損した場合に，油圧回路内の油圧の急激な低下によるつり荷の落下を防止するための装置である.

(3) 旋回中に挟まれる災害などを防止するための警報装置は，周囲の作業者に危険を知らせる装置であって，通常，そのスイッチは旋回操作レバーに取り付けられている.

(4) 巻過防止装置は，巻上げなどの作動時にフックブロックが上限の高さまで上がると，自動的にその作動を停止させる装置である.

(5) 作業領域制限装置は，ジブの起伏角度，作業半径，揚程，旋回角度などの作業可能範囲をあらかじめ設定し，範囲外への作動に対し自動的に停止させる装置である.

解説 (1) 適切. 玉掛け用ワイヤロープの外れ止め装置（図 1.8-1 参照）は，フックから玉掛け用ワイヤロープが外れるのを防止するための装置である.

(2) 不適切. 油圧回路の安全弁は，過負荷や衝撃荷重で油圧回路に異常に高い圧力が発生し機器を破損されるおそれがあることから回路内の圧力が設定以上になると安全弁が開き圧油を油タンクに戻す弁である. 図 1.8-3 参照. なお，起伏シリンダへの油圧ホースが破損した場合に，油圧回路内の油圧の急激な低下によるつり荷の落下を防止するための装置は，逆止め弁（順方向には流体を流し，逆方向に流れようとすると自動的に閉弁するバルブ：図 1.8-4 参照）やカウンタバランス弁（図 1.8-5 参照：一方向の流れに設定された背圧（下流側の圧力）を与え逆方向の流れは自由に流れさせる弁）である.

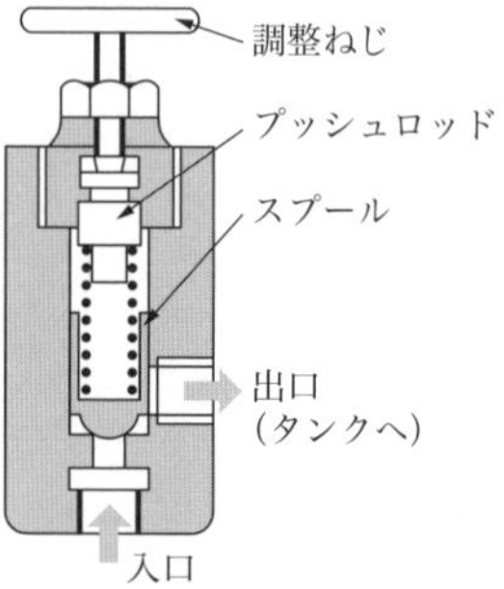

図 1.8-3 リリーフ弁（安全弁）
（出典：移動式クレーン運転士教本，p151）

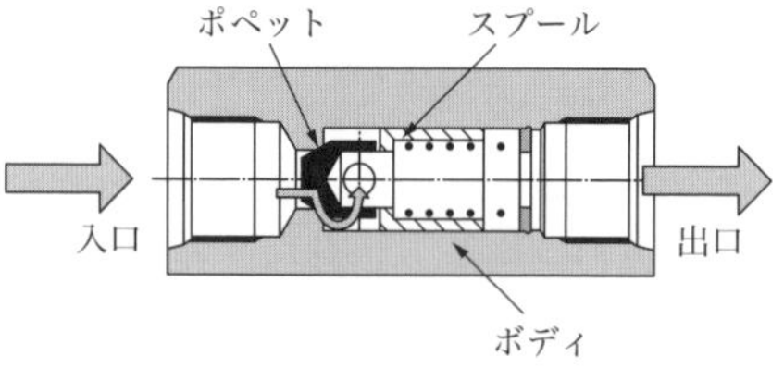

図 1.8-4 逆止め弁
（出典：移動式クレーン運転士教本，p64）

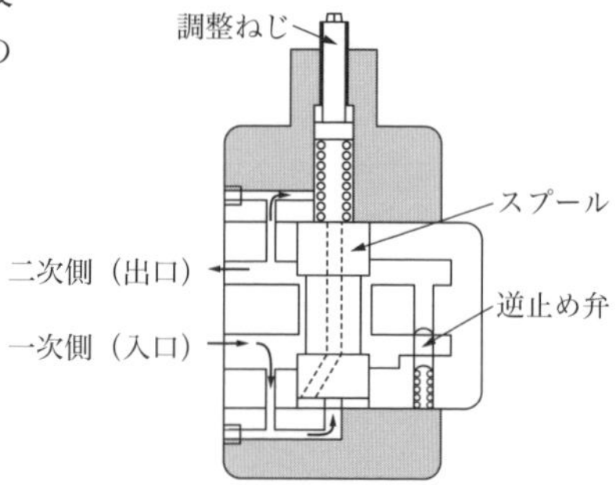

図 1.8-5 カウンタバランス弁
（出典：移動式クレーン運転士教本，p64）

(3) 適切. 旋回中に挟まれる災害などを防止するための警報装置は，周囲の作業者に危険を知らせる装置であって，通常，そのスイッチは旋回操作レバーに取り付けられている. 図 1.8-2 参照.

(4) 適切．巻過防止装置は，巻上げなどの作動時にフックブロックが上限の高さまで上がると，自動的にその作動を停止させる装置である．

(5) 適切．作業領域制限装置は，ジブの起伏角度，作業半径，揚程，旋回角度などの作業可能範囲をあらかじめ設定し，範囲外への作動に対し自動的に停止させる装置である．

▶答 (2)

問題3

【令和元年秋 問9】

移動式クレーンの安全装置などに関する記述として，適切なものは次のうちどれか．

(1) ジブ起伏停止装置は，ジブの起こし過ぎによるジブの折損や後方への転倒を防止するための装置で，ジブの起こし角が操作限界になったとき，ジブの伏せの作動を自動的に停止させる装置である．

(2) 移動式クレーンの旋回時などに周囲の作業員に危険を知らせるための警報装置は，通常，運転室内に設けられた足踏み式スイッチにより操作し，運転者が任意の場所で警報を発することができるものである．

(3) 巻上げなどの作動時にフックブロックの巻過ぎによる巻上げ用ワイヤロープの切断などを防止するため，フックブロックが上限の高さまで上がると自動的にその作動を停止させる装置を巻過防止装置といい，フックブロックが上限の高さまで上がると警報を発する装置を巻過警報装置という．

(4) 過負荷防止装置は，ジブの各傾斜角において，つり荷の荷重が定格荷重を超えようとしたときに警報を発して注意を喚起し，定格荷重を超えたときに転倒する危険性が高くなるつり荷の巻下げ及びジブの起こしの作動を自動的に停止させる装置である．

(5) 玉掛け用ワイヤロープの外れ止め装置は，シーブから玉掛け用ワイヤロープが外れるのを防止するための装置である．

解説 (1) 不適切．ジブ起伏停止装置は，ジブの起こし過ぎによるジブの折損や後方への転倒を防止するための装置で，ジブの起こし角が操作限界になったとき，そのまま操作レバーを引いてもジブの作動を自動的に停止させる装置である．

(2) 不適切．移動式クレーンの旋回時などに周囲の作業員に危険を知らせるための警報装置（警報スイッチ）は，通常，運転室内に設けられた旋回操作レバーに取り付けられ，運転者が任意の場所で警報を発することができるものである．図1.8-2参照．

(3) 適切．巻上げなどの作動時にフックブロックの巻過ぎによる巻上げ用ワイヤロープの切断などを防止するため，フックブロックが上限の高さまで上がると自動的にその作動を停止させる装置を巻過防止装置といい，フックブロックが上限の高さまで上がると警報を発する装置を巻過警報装置という．

(4) 不適切．過負荷防止装置は，ジブの各傾斜角において，転倒モーメントの大きさが安定モーメントの大きさに近づくと，警報を発して注意を喚起し，転倒する危険性が高くなるつり荷の巻上げ，転倒モーメントが大きくなるジブの起こしおよび伸ばしの作動を自動的に停止させる装置である．

(5) 不適切．玉掛け用ワイヤロープの外れ止め装置はフックから玉掛け用ワイヤロープが外れるのを防止するための装置である．「シーブ」が誤り．図1.8-1参照．　▶答 (3)

問題4　【令和元年春 問8】

移動式クレーンの安全装置などに関する記述として，適切なものは次のうちどれか．

(1) ジブ起伏停止装置は，ジブの起こし過ぎによるジブの折損や後方への転倒を防止するための装置で，ジブの起こし角が操作限界になったとき，ジブの伏せの作動を自動的に停止させる装置である．

(2) 警報装置は，移動式クレーンの旋回時に挟まれる災害などを防止するため，周囲の作業者に危険を知らせる装置で，通常，運転室内に設けられた足踏み式スイッチにより操作する．

(3) 巻上げなどの作動時にフックブロックの巻過ぎによる巻上げ用ワイヤロープの切断などを防止するため，フックブロックが上限の高さまで上がると自動的にその作動を停止させる装置を巻過防止装置といい，フックブロックが上限の高さまで上がると警報を発する装置を巻過警報装置という．

(4) 過負荷防止装置は，ジブの各傾斜角において，つり荷の荷重が定格荷重を超えようとしたときに警報を発して注意を喚起し，定格荷重を超えたときに転倒する危険性が高くなるつり荷の巻下げ及びジブの起こしの作動を自動的に停止させる装置である．

(5) 玉掛け用ワイヤロープの外れ止め装置は，シーブから玉掛け用ワイヤロープが外れるのを防止するための装置である．

解説 (1) 不適切．ジブ起伏停止装置は，ジブの起こし過ぎによるジブの折損や後方への転倒を防止するための装置で，ジブの起こし角が操作限界になったとき，そのまま操作レバーを引いてもジブの作動を自動的に停止させる装置である．

(2) 不適切．警報装置は，移動式クレーンの旋回時に挟まれる災害などを防止するため，周囲の作業者に危険を知らせる装置で，通常，運転室内に設けられた旋回操作レバーに取り付けられ，運転者が任意の場所で警報を発することができるものである．図1.8-2参照．

(3) 適切．巻上げなどの作動時にフックブロックの巻過ぎによる巻上げ用ワイヤロープの切断などを防止するため，フックブロックが上限の高さまで上がると自動的にその作動を停止させる装置を巻過防止装置といい，フックブロックが上限の高さまで上がると警報を発する装置を巻過警報装置という．

(4) 不適切．過負荷防止装置は，ジブの各傾斜角において，転倒モーメントの大きさが安定モーメントの大きさに近づくと，警報を発して注意を喚起し，転倒する危険性が高くなるつり荷の巻上げ，転倒モーメントが大きくなるジブの起こしおよび伸ばしの作動を自動的に停止させる装置である．

(5) 不適切．玉掛け用ワイヤロープの外れ止め装置はフックから玉掛け用ワイヤロープが外れるのを防止するための装置である．「シーブ」が誤り．図 1.8-1 参照． ▶答 (3)

問題 5 【平成 30 年秋 問 8】

移動式クレーンの安全装置などに関する記述として，適切なものは次のうちどれか．

(1) 油圧回路の逆止め弁は，過負荷や衝撃荷重により油圧回路内に異常に高い圧力が発生するのを防止するための装置である．

(2) ジブ起伏停止装置は，荷をつっているときに玉掛け用ワイヤロープが切断した場合，ジブが反動であおられるのを防止する装置である．

(3) 移動式クレーンの旋回時に周囲の作業員に危険を知らせるための警報装置は，通常，運転室内に設けられた足踏み式スイッチにより操作し，運転者が任意の場所で警報を発することができるものである．

(4) アウトリガーの張出し状態及びジブの状態を移動式クレーン運転士がスイッチボタンなどで入力するようになっている過負荷防止装置については，実際と異なった状態を入力すると，誤ったデータを基にして比較演算し，誤った表示を行うため，機体の転倒，ジブの折損などにつながるおそれがある．

(5) 玉掛け用ワイヤロープの外れ止め装置は，シーブから玉掛け用ワイヤロープが外れるのを防止するための装置である．

解説 (1) 不適切．油圧回路の逆止め弁は，所定の圧力に達すると，スプール（一種の円筒状の弁）を押しのけて一方方向に流れを自由に通過させ，逆方向の流れを止めてしまう弁である（図 1.8-4 参照）．過負荷や衝撃荷重により油圧回路内に異常に高い圧力が発生するのを防止するための装置は，リリーフ弁（安全弁）で，設定圧力以上になるとスプールが上に押し上げられ，圧油の一部は出口からタンクに流れ圧力上昇を防止する．図 1.8-3 参照．

(2) 不適切．ジブ起伏停止装置は，ジブの起こし過ぎによるジブの折損や後方への転倒を防止するための装置で，ジブの起こし角が操作限界になったとき，そのまま操作レバーを引いてもジブの作動を自動的に停止させる装置である．

(3) 不適切．移動式クレーンの旋回時に周囲の作業員に危険を知らせるための警報装置は，通常，運転室内に設けられた旋回操作レバーに取り付けられ，運転者が任意の場所で警報を発することができるものである．図 1.8-2 参照．

(4) 適切．アウトリガーの張出し状態およびジブの状態を移動式クレーン運転士がスイッチボタンなどで入力するようになっている過負荷防止装置については，実際と異なった状態を入力すると，誤ったデータを基にして比較演算し，誤った表示を行うため，機体の転倒，ジブの折損などにつながるおそれがある．

(5) 不適切．玉掛け用ワイヤロープの外れ止め装置はフックから玉掛け用ワイヤロープが外れるのを防止するための装置である．「シーブ」が誤り．図 1.8-1 参照．　▶答 (4)

問題 6　【平成 30 年春 問 8】

移動式クレーンの安全装置などに関する記述として，適切なものは次のうちどれか．

(1) 過負荷防止装置は，ジブの各傾斜角において，つり荷の荷重が定格荷重を超えようとしたときに警報を発して注意を喚起し，定格荷重を超えたときに転倒する危険性が高くなるつり荷の巻上げ，ジブの起こし及び伸ばしの作動を自動的に停止させる装置である．

(2) ジブ起伏停止装置は，ジブの起こし過ぎによるジブの折損や後方への転倒を防止するための装置で，ジブの起こし角が操作限界になったとき，そのまま操作レバーを引いてもジブの作動を自動的に停止させる装置である．

(3) 玉掛け用ワイヤロープの外れ止め装置は，シーブから玉掛け用ワイヤロープが外れるのを防止するための装置である．

(4) 油圧回路の安全弁は，起伏シリンダへの油圧ホースが破損した場合に，油圧回路内の油圧の急激な低下によるつり荷の落下を防止するための装置である．

(5) 移動式クレーンの旋回時に周囲の作業員に危険を知らせるための警報装置は，通常，運転室内に設けられた足踏み式スイッチにより操作し，運転者が任意の場所で警報を発することができるものである．

解説 (1) 不適切．過負荷防止装置は，ジブの各傾斜角において，転倒モーメントの大きさが安定モーメントの大きさに近づくと，警報を発して注意を喚起し，転倒する危険性が高くなるつり荷の巻上げ，転倒モーメントが大きくなるジブの起こしおよび伸ばしの作動を自動的に停止させる装置である．

(2) 適切．ジブ起伏停止装置は，ジブの起こし過ぎによるジブの折損や後方への転倒を防止するための装置で，ジブの起こし角が操作限界になったとき，そのまま操作レバーを引いてもジブの作動を自動的に停止させる装置である．

(3) 不適切．玉掛け用ワイヤロープの外れ止め装置（図 1.8-1 参照）は，フックから玉掛け用ワイヤロープが外れるのを防止するための装置である．「シーブ」（滑車）が誤り．

(4) 不適切．油圧回路の安全弁は，過負荷や衝撃荷重がかかったとき，油圧回路に異常に高い圧力が発生し，機器を破損させるおそれがあることから各油圧回路に取り付けられ，設定以上の圧力になった場合，安全弁が開き圧油を油タンクに戻し常に回路内の圧力を設定圧力以下にしている．

(5) 不適切．移動式クレーンの旋回時などに周囲の作業員に危険を知らせるための警報装置（警報スイッチ）は，通常，運転室内に設けられた旋回操作レバーに取り付けられ，運転者が任意の場所で警報を発することができるものである．図 1.8-2 参照．

▶答 (2)

問題 7 【平成 29 年秋 問 8】

移動式クレーンの安全装置などに関する記述として適切なものは次のうちどれか．

(1) 油圧回路の逆止め弁は，過負荷や衝撃荷重により油圧回路内に異常に高い圧力が発生するのを防止するための装置である．

(2) ジブ起伏停止装置は，荷をつっているときに玉掛け用ワイヤロープが切断した場合，ジブが反動であおられるのを防止する装置である．

(3) 移動式クレーンの旋回時に周囲の作業員に危険を知らせるための警報装置は，通常，運転室内に設けられた足踏み式スイッチにより操作し，運転者が任意の場所で警報を発することができるものである．

(4) アウトリガーの張出し状態及びジブの状態を移動式クレーン運転士がスイッチボタンなどで入力するようになっている過負荷防止装置については，実際と異なった状態を入力すると，誤ったデータを基にして比較演算し，誤った表示を行うため，機体の転倒，ジブの折損などにつながるおそれがある．

(5) 玉掛け用ワイヤロープの外れ止め装置は，シーブから玉掛け用ワイヤロープが外れるのを防止するための装置である．

解説 (1) 不適切．油圧回路の逆止め弁は，所定の圧力に達すると，スプール（一種の円筒状の弁）を押しのけて一方方向に流れを自由に通過させ，逆方向の流れを止めてしまう弁である（図 1.8-4 参照）．過負荷や衝撃荷重により油圧回路内に異常に高い圧力が発生するのを防止するための装置は，リリーフ弁（安全弁）で，設定圧力以上になるとスプールが上に押し上げられ，圧油の一部は出口からタンクに流れ圧力上昇が防止する．図 1.8-3 参照．

(2) 不適切．ジブ起伏停止装置は，ジブの起こし過ぎによるジブの折損や後方への転倒を防止するための装置で，ジブの起こし角が操作限界になったとき，そのまま操作レバーを引いてもジブの作動を自動的に停止させる装置である．

(3) 不適切．移動式クレーンの旋回時に周囲の作業員に危険を知らせるための警報装置は，通常，運転室内に設けられた旋回操作レバーに取り付けられ，運転者が任意の場所で警報を発することができるものである．図1.8-2参照．

(4) 適切．アウトリガーの張出し状態およびジブの状態を移動式クレーン運転士がスイッチボタンなどで入力するようになっている過負荷防止装置については，実際と異なった状態を入力すると，誤ったデータを基にして比較演算し，誤った表示を行うため，機体の転倒，ジブの折損などにつながるおそれがある．

(5) 不適切．玉掛け用ワイヤロープの外れ止め装置はフックから玉掛け用ワイヤロープが外れるのを防止するための装置である．「シーブ」が誤り．図1.8-1参照．　▶答 (4)

問題8 【平成29年春 問8】

移動式クレーンの安全装置などに関し，誤っているものは次のうちどれか．

(1) 巻過防止装置は，巻上げなどの作動時にフックブロックが上限の高さまで上がると，自動的にその作動を停止させる装置である．

(2) 過負荷防止装置には，つり荷の荷重が定格荷重を超えようとしたときに警報を発し，定格荷重を超えたときに自動的に作動を停止させる装置がある．

(3) ジブ起伏停止装置は，ジブの起こし過ぎによるジブの折損や後方への転倒を防止するための装置である．

(4) 玉掛け用ワイヤロープの外れ止め装置は，シーブから玉掛け用ワイヤロープが外れるのを防止するための装置である．

(5) 旋回警報装置は，旋回中に挟まれる災害などを防止するため，周囲の作業者に危険を知らせる装置で，通常，そのスイッチは旋回操作レバーに取り付けられている．

解説 (1) 正しい．巻過防止装置（図1.8-6参照）は，巻上げなどの作動時にフックブロックが上限の高さまで上がると，おもりを押し上げ，巻過防止装置用リミットスイッチに当たり自動的にその作動を停止させる装置である．

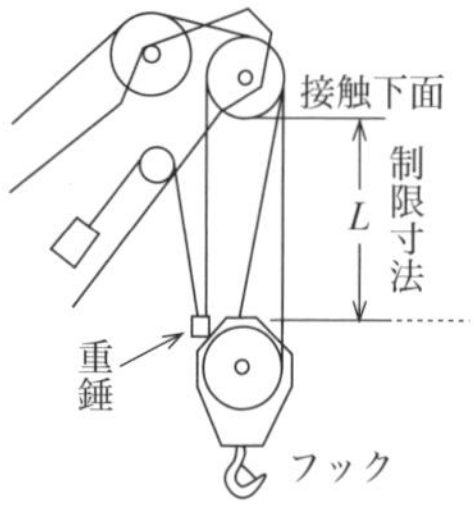

図1.8-6　巻過防止装置の例

(2) 正しい．過負荷防止装置には，つり荷の荷重が定格荷重を超えようとしたときに警報を発し，定格荷重を超えたときに自動的に作動を停止させる装置がある．

(3) 正しい．ジブ起伏停止装置は，ジブの起こし角が操作限界（約70°～80°）になるとストライカがリミットスイッチに当たりスイッチが作用し，ジブの起こし過ぎによるジブの折損や後方への転倒を防止するための装置である．

(4) 誤り．玉掛け用ワイヤロープの外れ止め装置（図1.8-1参照）は，フックから玉掛け用ワイヤロープが外れるのを防止するための装置である．

(5) 正しい．旋回警報装置は，旋回中に挟まれる災害などを防止するため，周囲の作業者に危険を知らせる装置で，通常，そのスイッチは旋回操作レバーに取り付けられている．

▶答（4）

問題9 【平成28年秋 問7】

移動式クレーンの安全装置などに関し，誤っているものは次のうちどれか．

（1）玉掛け用ワイヤロープの外れ止め装置は，フックから玉掛け用ワイヤロープが外れるのを防止するための装置である．

（2）過負荷防止装置には，つり荷の荷重が定格荷重を超えようとしたときに警報を発し，定格荷重を超えたときに直ちに作動を停止させる装置がある．

（3）旋回警報装置は，旋回中に挟まれる災害などを防止するため，周囲の作業者に危険を知らせる装置で，通常，そのスイッチは旋回操作レバーに取り付けられている．

（4）巻過防止装置は，巻上げ，ジブ伸ばしなどの作動時にフックブロックが上限の高さまで上がると，自動的にその作動を停止させる装置である．

（5）油圧回路の逆止め弁は，過負荷や衝撃荷重により油圧回路内に異常に高い圧力が発生するのを防止するための装置である．

解説（1）正しい．玉掛け用ワイヤロープの外れ止め装置は，フックから玉掛け用ワイヤロープが外れるのを防止するための装置である．図1.8-1参照．

（2）正しい．過負荷防止装置には，つり荷の荷重が定格荷重を超えようとしたときに警報を発し，定格荷重を超えたときに直ちに作動を停止させる装置がある．

（3）正しい．旋回警報装置は，旋回中に挟まれる災害などを防止するため，周囲の作業者に危険を知らせる装置で，通常，そのスイッチは旋回操作レバーに取り付けられている．

（4）正しい．巻過防止装置は，巻上げ，ジブ伸ばしなどの作動時にフックブロックが上限の高さまで上がると，おもりとリミットスイッチが当たり自動的にその作動を停止させる装置である．なお，警報を発して自動停止する装置は，巻過警報装置という．図1.8-6参照．

（5）誤り．油圧回路の逆止め弁は，所定の圧力に達すると，スプール（一種の円筒状の弁）を押しのけて一方方向に流れを自由に通過させ，逆方向の流れを止めてしまう弁である（図1.8-4参照）．過負荷や衝撃荷重により油圧回路内に異常に高い圧力が発生するのを防止するための装置は，リリーフ弁（安全弁）で，設定圧力以上になるとスプールが上に押し上げられ，圧油の一部は出口からタンクに流れ圧力上昇が防止する．図1.8-3参照．

▶答（5）

問題10 【平成28年春 問3】

移動式クレーンの安全装置などに関し，次のうち誤っているものはどれか．

(1) 巻過防止装置は，巻上げ，ジブ伸ばしなどの作動時にフックブロックが上限の高さまで上がると，自動的にその作動を停止させる装置である.

(2) 過負荷防止装置には，つり荷の荷重が定格荷重を超えようとしたときに警報を発し，定格荷重を超えたときに直ちに作動を停止させる装置がある.

(3) ジブ起伏停止装置は，ジブの起こし過ぎによるジブの折損や後方への転倒を防止するための装置である.

(4) 玉掛け用ワイヤロープの外れ止め装置は，シーブから玉掛け用ワイヤロープが外れるのを防止するための装置である.

(5) 旋回警報装置は，旋回中に挟まれるなどの災害を防止するため周囲の作業者に危険を知らせる装置で，通常，そのスイッチは旋回操作レバーに取り付けられている.

解説 (1) 正しい. 巻過防止装置は，巻上げ，ジブ伸ばしなどの作動時にフックブロックが上限の高さまで上がると，おもりとリミットスイッチが当たり自動的にその作動を停止させる装置である. なお，警報を発し自動的に停止する装置は，巻過警報装置という. 図 1.8-6 参照.

(2) 正しい. 過負荷防止装置には，つり荷の荷重が定格荷重を超えようとしたときに警報を発し，定格荷重を超えたときに直ちに作動を停止させる装置がある.

(3) 正しい. ジブ起伏停止装置は，ジブの起こし過ぎ（起こし角の操作限界約 70° ～ 80°）によるジブの折損や後方への転倒を防止するための装置（ストライカがリミットスイッチに当たり作動が停止する）である.

(4) 誤り. 玉掛け用ワイヤロープの外れ止め装置（図 1.8-1 参照）は，フックから玉掛け用ワイヤロープが外れるのを防止するための装置である.「シーブ」が誤り.

(5) 正しい. 旋回警報装置は，旋回中に挟まれるなどの災害を防止するため周囲の作業者に危険を知らせる装置で，通常，そのスイッチは旋回操作レバーに取り付けられている.

▶ 答 (4)

1.9 移動式クレーンの取り扱い事項

問題 1 【令和 2 年秋 問 8】

移動式クレーンの取扱いに関する記述として，適切なものは次のうちどれか.

(1) クローラクレーンは，側方領域に比べ前方領域及び後方領域の定格総荷重が小さい.

(2) 箱形構造ジブの場合，ジブを伸ばすとフックブロックが巻下げの状態になるので，ワイヤロープが乱巻きにならないよう，ジブの伸ばしに合わせて巻上げを行う.

(3) 積載形トラッククレーンは，一般に，クレーン装置及びアウトリガーの取付け位置の関係から，後方領域が最も安定が良く，側方領域，前方領域と順に安定が悪くなる.

(4) 巻上げ操作による荷の横引きを行うときは，周囲に人がいないことを確認してから行う.

(5) つり荷を下ろしたときに玉掛け用ワイヤロープが挟まり，手で抜けなくなった場合は，周囲に人がいないことを確認してから，移動式クレーンのフックの巻上げによって荷から引き抜く.

解説 (1) 不適切．クローラクレーン（図 1.9-1 参照）では，全周共通の定格総荷重であるため後方，側方および前方の領域とも同等に安定である.

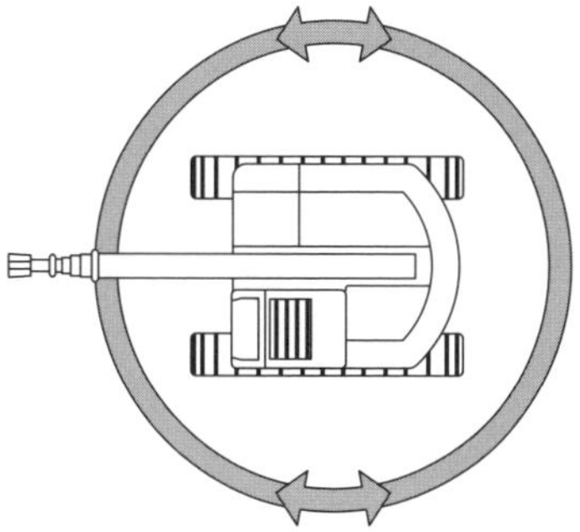

図 1.9-1 クローラクレーンの作業領域
（出典：移動式クレーン運転士教本，p86）

(2) 不適切．箱形構造ジブの場合，ジブを伸ばすとフックブロックが巻上げの状態になるので，ジブの伸ばしに合わせて巻下げを行う.

(3) 適切．積載形トラッククレーン（図 1.9-2 参照）は，一般に，クレーン装置およびアウトリガーの取付け位置の関係から，後方領域が最も安定が良く，側方領域，前方領域と順に安定が悪くなる．なお，トラッククレーン（図 1.9-3 参照）では，後方が最も安定がよく，次に側方で前方が最も悪い.

(4) 不適切．巻上げ操作による荷の横引きは，周囲に人がいないことを確認しても行ってはならない.

(5) 不適切．つり荷を下ろしたときに玉掛け用ワイヤロープが挟まり，手で抜けなくなった場合，周囲に人がいないことを確認しても，移動式クレーンのフックの巻上げによって荷から引き抜いてはならない．荷崩れなどが起こり危険だからである.

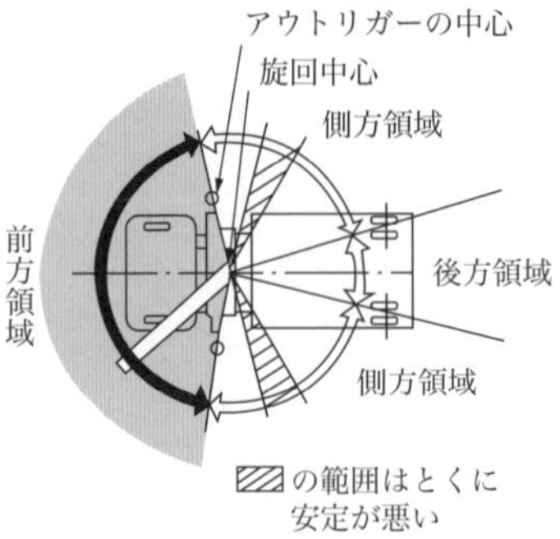

図 1.9-2　積載形トラッククレーンの作業領域

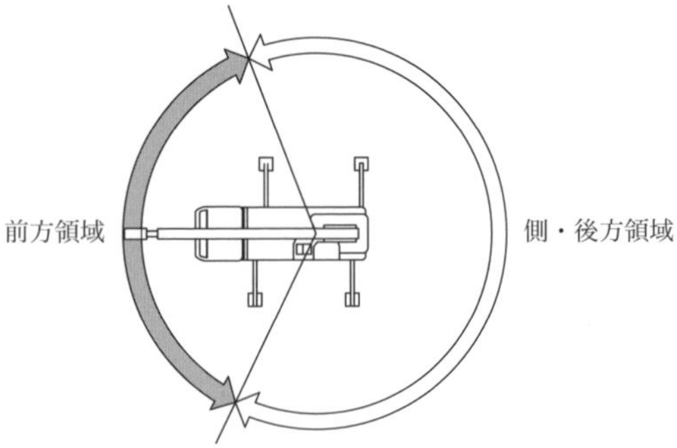

図 1.9-3　トラッククレーンの作業領域

▶答（3）

問題 2　【令和 2 年春 問 8】

移動式クレーンの取扱いに関する記述として，適切なものは次のうちどれか.

(1) ラフテレーンクレーンは，一般に，アウトリガー中間張出し又は最小張出しで使用する場合は，最大張出しの場合に比べて定格総荷重が小さくなる.

(2) つり荷を下ろしたときに玉掛け用ワイヤロープが挟まり手で抜くことができなくなった場合は，周囲に人がいないことを確認してから，移動式クレーンのフックの巻上げによって荷から引き抜く.

(3) クローラクレーンは，側方領域に比べ，前方領域及び後方領域の定格総荷重が小さい.

(4) トラッククレーンは，荷をつって旋回する場合，一般に，前方領域が最も安定が良く，後方領域は側方領域よりも安定が悪い.

(5) 箱形構造ジブの場合は，ジブを伸ばすとフックブロックが巻下げの状態になるので，巻上げドラムでワイヤロープが乱巻きにならないよう，ジブの伸ばしに合わせて巻上げを行う.

解説 (1) 適切．ラフテレーンクレーンは，一般に，アウトリガー（outrigger：張り出し材）中間張出しまたは最小張出しで使用する場合は，最大張出しの場合に比べて定格総荷重が小さくなる．図 1.2-9 参照.

(2) 不適切．つり荷を下ろしたときに玉掛け用ワイヤロープが挟まり手で抜くことができなくなった場合は，周囲に人がいないことを確認しても，移動式クレーンのフックの巻上げによって荷から引き抜いてはならない．荷崩れが起き危険だからである.

(3) 不適切．クローラクレーンは，全周共通の定格総荷重である．したがって，側方領域，前方領域および後方領域の定格総荷重は等しい（図 1.9-1 参照）．なお，積載形トラッククレーン（図 1.9-2 参照）は，一般に，クレーン装置およびアウトリガーの取付け位置の関係から，後方領域が最も安定が良く，側方領域，前方領域と順に安定が悪くなる．またトラッククレーン（図 1.9-3 参照）では，後方が最も安定がよく，次に側方で前方が最も悪い．

(4) 不適切．トラッククレーン（図 1.9-3 参照）は，荷をつって旋回する場合，一般に，後方領域が最も安定が良く，前方領域は側方領域よりも安定が悪い．

(5) 不適切．箱形構造ジブの場合は，ジブを伸ばすとフックブロック（図 1.9-4 参照）が巻上げの状態になるので，ジブの伸ばしに合わせて巻下げを行う．

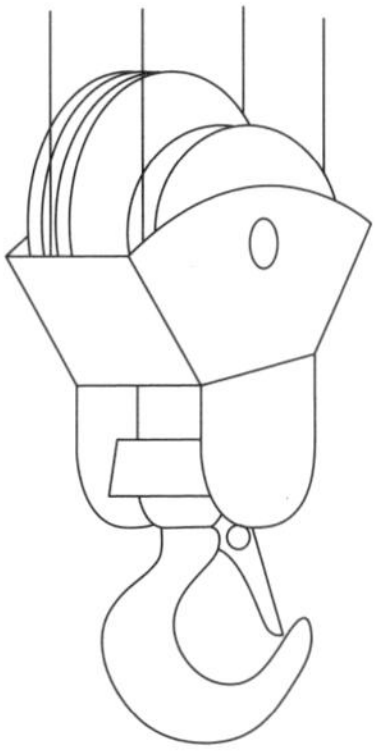

図 1.9-4　主巻用フックブロック

▶答（1）

問題 3　【令和元年秋 問 8】

移動式クレーンの取扱いに関する記述として，適切でないものは次のうちどれか．

(1) クローラクレーンは，クローラ中心距離を最大にした場合は，ジブ長さと作業半径に応じて，全周共通の定格総荷重で作業ができる．

(2) 箱形構造ジブの場合，ジブを伸ばすとフックブロックが巻上げの状態になるので，ジブの伸ばしに合わせて巻下げを行う．

(3) ラフテレーンクレーンは，一般に，アウトリガー中間張出し又は最小張出しで使用する場合は，最大張出しの場合に比べて定格総荷重が小さくなる．

(4) 積載形トラッククレーンは，一般に，クレーン装置及びアウトリガーの取付け位置の関係から，後方領域が最も安定が良く，側方領域，前方領域と順に安定が悪くなる．

(5) つり荷を下ろしたときに玉掛け用ワイヤロープが挟まり手で抜けなくなった場合は，周囲に人がいないことを確認してから，移動式クレーンのフックの巻上げによって荷から引き抜く．

解説 (1) 適切．クローラクレーン（キャタピラ型クレーン）は，クローラ中心距離を最大にした場合は，ジブ長さと作業半径に応じて，全周共通の定格総荷重で作業ができる．図 1.3-3，図 1.9-1 参照．

(2) 適切．箱形構造ジブの場合，ジブを伸ばすとフックブロックが巻上げの状態になるので，ジブの伸ばしに合わせて巻下げを行う．

(3) 適切．ラフテレーンクレーン（rough terrain crane）は，一般に，アウトリガー中間張出しまたは最小張出しで使用する場合は，最大張出しの場合に比べて定格総荷重が小さくなる．

(4) 適切．積載形トラッククレーンは，一般に，クレーン装置およびアウトリガーの取付け位置の関係から，後方領域が最も安定が良く，側方領域，前方領域と順に安定が悪くなる．図 1.9-2 参照．

(5) 不適切．つり荷を下ろしたときに玉掛け用ワイヤロープが挟まり手で抜けなくなった場合は，周囲に人がいないことを確認しても，移動式クレーンのフックの巻上げによって荷から引き抜いてはならない．荷崩れを起こし危険だからである． ▶答（5）

問題 4 【令和元年春 問 9】

移動式クレーンの取扱いに関する記述として，適切なものは次のうちどれか．

(1) トラッククレーンは，荷をつって旋回する場合，一般に，後方領域が最も安定が良く，前方領域は，側方領域及び後方領域よりも安定が悪い．

(2) 箱形構造ジブの場合，ジブを伸ばすとフックブロックが巻下げの状態になるので，ワイヤロープが乱巻きにならないよう，ジブの伸ばしに合わせて巻上げを行う．

(3) クローラクレーンは，側方領域に比べ前方領域及び後方領域の定格総荷重が小さい．

(4) つり荷を下ろしたときに玉掛用ワイヤロープが挟まり手で抜けなくなった場合は，周囲に人がいないことを確認してから，移動式クレーンのフックの巻上げによって荷から引き抜く．

(5) 巻上げ操作による荷の横引きを行うときは，周囲に人がいないことを確認してから行う．

解説 (1) 適切．トラッククレーン（truck crane）は，荷をつって旋回する場合，一般に，後方領域が最も安定が良く，次に側方領域，前方領域と続き，前方領域は，側方領域および後方領域よりも安定が悪い．図 1.9-3 参照．

(2) 不適切．箱形構造ジブの場合，ジブを伸ばすとフックブロックが巻上げの状態になるので，ジブの伸ばしに合わせて巻下げを行う．

(3) 不適切．クローラクレーンは，クローラ中心距離を最大にした場合は，ジブ長さと作業半径に応じて，全周共通の定格総荷重で作業ができる．

(4) 不適切．つり荷を下ろしたときに玉掛用ワイヤロープが挟まり手で抜けなくなった場合は，周囲に人がいないことを確認しても，移動式クレーンのフックの巻上げによって荷から引き抜いてはならない．荷崩れなどが起こり危険だからである．

(5) 不適切．巻上げ操作による荷の横引きは，周囲に人がいないことを確認しても行ってはならない． ▶答（1）

問題5 【平成30年秋 問9】

移動式クレーンの取扱いに関する記述として，適切なものは次のうちどれか．

(1) ラフテレーンクレーンは，一般に，アウトリガー中間張出し又は最小張出しで使用する場合は，最大張出しの場合に比べて定格総荷重が小さくなる．

(2) つり荷を下ろしたときに玉掛用ワイヤロープが挟まり手で抜くことができなくなった場合は，周囲に人がいないことを確認してから，移動式クレーンのフックの巻上げによって荷から引き抜く．

(3) クローラクレーンは，側方領域に比べ，前方領域及び後方領域の定格総荷重が小さい．

(4) トラッククレーンは，荷をつって旋回する場合，一般に，前方領域が最も安定が良く，後方領域は側方領域よりも安定が悪い．

(5) 箱形構造ジブの場合は，ジブを伸ばすとフックブロックが巻下げの状態になるので，巻上ドラムでワイヤロープが乱巻きにならないよう，ジブの伸ばしに合わせて巻上げを行う．

解説 (1) 適切．ラフテレーンクレーン（rough terrain crane）は，一般に，アウトリガー中間張出しまたは最小張出しで使用する場合は，最大張出しの場合に比べて定格総荷重が小さくなる．

(2) 不適切．つり荷を下ろしたときに玉掛用ワイヤロープが挟まり手で抜くことができなくなった場合，周囲に人がいないことを確認しても移動式クレーンのフックの巻上げによって荷から引き抜いてはならない．荷崩れが起こる恐れがあるためである．

(3) 不適切．クローラクレーンは，クローラ中心距離を最大にした場合は，ジブ長さと作業半径に応じて，全周共通の定格総荷重で作業ができる．

(4) 不適切．トラッククレーン（truck crane）は，荷をつって旋回する場合，一般に，後方領域が最も安定が良く，次に側方領域，前方領域と続き，前方領域は，側方領域および後方領域よりも安定が悪い．図1.9-3参照．

(5) 不適切．箱形構造ジブの場合は，ジブを伸ばすとフックブロックが巻上げの状態になるので，ジブの伸ばしに合わせて巻下げを行う．「巻下げ」と「巻上げ」が逆である．

▶ 答（1）

問題6 【平成30年春 問9】

移動式クレーンの取扱いに関する記述として，適切なものは次のうちどれか．

(1) トラッククレーンは，荷をつって旋回する場合，一般に，前方領域が最も安定が良く，後方領域は側方領域よりも安定が悪いが，全周で同じつり上げ性能を確保するため，フロントジャッキを装備している機種もある．

(2) ラフテレーンクレーンは，アウトリガー中間張出し及び最小張出しで荷をつって旋回する場合，一般に，側方領域が最も安定が良く，前方・後方領域は側方領域よりも安定が悪い．

(3) クローラクレーンは，荷をつって旋回する場合，一般に，側方領域が最も安定が良く，後方領域は前方領域よりも安定が悪い．

(4) 箱形構造ジブの場合，ジブを伸ばすとフックブロックが巻上げの状態になるので，ジブの伸ばしに合わせて巻下げを行う．

(5) つり荷を降ろしたときに玉掛用ワイヤロープが挟まり手で抜けなくなった場合は，周囲に人がいないことを確認してから，移動式クレーンのフックの巻上げによって荷から引き抜く．

解説 (1) 不適切．トラッククレーンは，荷をつって旋回する場合，一般に，後方領域が最も安定が良く，前方領域は側方領域よりも安定が悪いが，全周で同じつり上げ性能を確保するため，フロントジャッキを装備している機種もある．図 1.9-3 参照．

(2) 不適切．ラフテレーンクレーン（rough terrain crane）は，アウトリガー中間張出しおよび最小張出しで荷をつって旋回する場合は，最大張出しの場合に比べて定格総荷重が小さくなるが，前方および後方の一定の領域については，最大張出しと同じ定格総荷重としている機種もある．図 1.9-5 参照．

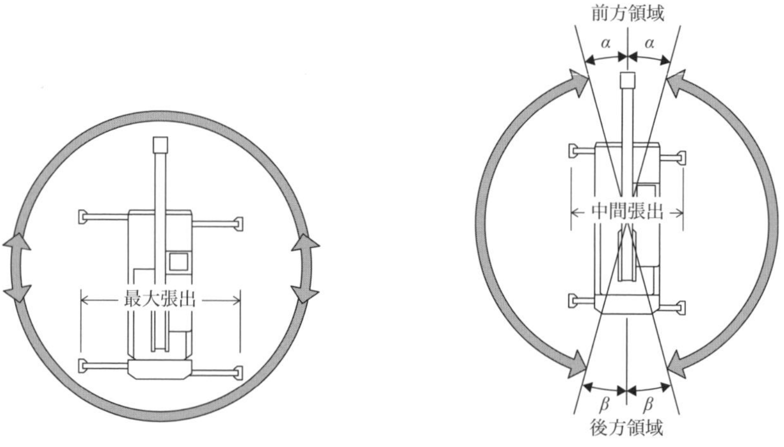

(a) 最大張出し時の作業領域　　(b) 中間張出し時の作業領域

図 1.9-5　ラフテレーンクレーンの作業領域
（出典：移動式クレーン運転士教本，p85）

(3) 不適切．クローラクレーン（crawler crane：キャタピラ型クレーン）は，荷をつって旋回する場合，全周共通の定格総荷重で作業が可能である．図 1.9-1 参照．

(4) 適切．箱形構造ジブの場合，ジブを伸ばすとフックブロックが巻上げの状態になるので，ジブの伸ばしに合わせて巻下げを行う．

(5) 不適切．つり荷を降ろしたときに玉掛用ワイヤロープが挟まり手で抜けなくなった場合，周囲に人がいないことを確認しても，移動式クレーンのフックの巻上げによって荷から引き抜いてはならない．荷崩れの可能性があり危険となるためである．

▶答 (4)

問題7 【平成29年秋 問9】

移動式クレーンの取扱いに関する記述として，適切なものは次のうちどれか．

(1) トラッククレーンは，荷をつって旋回する場合，一般に，前方領域が最も安定が良く，後方領域は側方領域よりも安定が悪い．

(2) ラフテレーンクレーンは，アウトリガー中間張出し及び最小張出しの場合は，最大張出しの場合に比べて定格総荷重が小さくなるが，前方及び後方の一定の領域については最大張出しと同じ定格総荷重としている機種もある．

(3) 箱形構造ジブの場合，ジブを伸ばすとフックブロックが巻下げの状態になるので，ワイヤロープが乱巻きにならないよう，ジブの伸ばしに合わせて巻上げを行う．

(4) 巻上げ操作による荷の横引きを行うときは，周囲に人がいないことを確認してから行う．

(5) つり荷を降ろしたときに玉掛用ワイヤロープが挟まり手で抜けなくなった場合は，周囲に人がいないことを確認してから，移動式クレーンのフックの巻上げによって荷から引き抜く．

解説 (1) 不適切．トラッククレーン（truck crane）は，荷をつって旋回する場合，一般に，後方領域が最も安定が良く，次に側方領域，前方領域と続き，前方領域は，側方領域および後方領域よりも安定が悪い．図1.9-3参照．

(2) 適切．ラフテレーンクレーン（rough terrain crane）は，アウトリガー中間張出しおよび最小張出しの場合は，最大張出しの場合に比べて定格総荷重が小さくなるが，前方および後方の一定の領域については最大張出しと同じ定格総荷重としている機種もある．図1.9-5参照．

(3) 不適切．箱形構造ジブの場合，ジブを伸ばすとフックブロックが巻上げの状態になるので，ジブの伸ばしに合わせて巻下げを行う．「巻下げ」と「巻上げ」の記述が逆である．

(4) 不適切．巻上げ操作による荷の横引きは，脱索によるワイヤロープの損傷，ジブの折損等につながるので周囲に人がいなくても行ってはならない．

(5) 不適切．つり荷を降ろしたときに玉掛用ワイヤロープが挟まり手で抜けなくなった場合は，周囲に人がいないことを確認しても，移動式クレーンのフックの巻上げによって荷から引き抜くと荷崩れが発生する可能性があり危険だから行ってはならない．

▶答（2）

問題 8　【平成 29 年春 問 9】

移動式クレーンの取扱いに関し，正しいものは次のうちどれか．

(1) トラッククレーンは，荷をつって旋回する場合，一般に前方領域が最も安定が良く，後方領域は側方領域よりも安定が悪い．

(2) つり荷を下降させるときは，遠心力，慣性力などが働かないよう，自由降下の方法で行う．

(3) 巻上げ操作による荷の横引きを行うときは，周囲に人がいないことを確認してから行う．

(4) ラフテレーンクレーンは，アウトリガを最大限に張り出した場合は，全周共通の定格総荷重で作業ができる．

(5) 箱形構造ジブの場合，ジブを伸ばすとフックブロックが巻下げの状態になるので，巻上ドラムでワイヤロープが乱巻きにならないよう，ジブの伸ばしに合わせて巻上げを行う．

解説 (1) 誤り．トラッククレーン（truck crane）は，荷をつって旋回する場合，一般に，後方領域が最も安定が良く，次に側方領域，前方領域と続き，前方領域は，側方領域および後方領域よりも安定が悪い．図 1.9-3 参照．

(2) 誤り．つり荷を下降させるときは，遠心力，慣性力などが働かないよう，自由降下の方法で行わない．

(3) 誤り．巻上げ操作による荷の横引きは，周囲に人がいないことを確認しても行ってはならない．荷崩れが起こる可能があり危険だからである．

(4) 正しい．ラフテレーンクレーン（rough terrain crane）は，アウトリガ（out rigger）を最大限に張り出した場合は，全周共通の定格総荷重で作業ができる．図 1.9-5 参照．

(5) 誤り．箱形構造ジブの場合，ジブを伸ばすとフックブロックが巻上げの状態になるので，ジブの伸ばしに合わせて巻下げを行う．「巻下げ」と「巻上げ」の記述が逆である．

▶答（4）

問題 9　【平成 28 年秋 問 9】

移動式クレーンの取扱いに関し，誤っているものは次のうちどれか．

(1) つり荷をおろすときは，遠心力，慣性力などが働かないよう，自由降下の方法で行う．

(2) 地切りの際，ジブ起こし操作による荷の引き込みを行わない．
(3) つり荷を着床させるときは，低速で巻き下げ，床に近づいたところで一旦《たん》停止し，荷を静かに着床させる．
(4) クローラクレーンは，クローラ中心距離を最大にした場合は，全周共通の定格総荷重で作業ができる．
(5) クローラクレーンをトレーラに積み込むときは，荷台の中心線をクレーン本体の中心線に，登坂用具の中心線をクローラの中心線に，それぞれ一致するように置く．

解説 (1) 誤り．つり荷をおろすときは，遠心力，慣性力などが働かないよう，自由降下の方法で行わない．
(2) 正しい．地切り（荷を地面から少し持ち上げること）の際，ジブ起こし操作による荷の引き込みを行わない．
(3) 正しい．つり荷を着床させるときは，低速で巻き下げ，床に近づいたところで一旦《たん》停止し，荷を静かに着床させる．
(4) 正しい．クローラクレーン（crawler crane：キャタピラ型クレーン）は，クローラ中心距離を最大にした場合は，全周共通の定格総荷重で作業ができる．図1.9-1参照．
(5) 正しい．クローラクレーンをトレーラに積み込むときは，荷台の中心線をクレーン本体の中心線に，登坂用具の中心線をクローラの中心線に，それぞれ一致するように置く．

▶答 (1)

問題10 【平成28年春 問9】

移動式クレーンの取扱いに関し，次のうち誤っているものはどれか．
(1) 移動式クレーンによる作業が終了したときは，フックブロックを巻き下げておく．
(2) ラフテレーンクレーンは，アウトリガ最大張出しの場合は，全周で同じ定格総荷重で作業ができる．
(3) 移動式クレーンによる作業中は，機械本体各部の振動，異常な音，臭気，熱などに注意する．
(4) 車両積載形トラッククレーンは，荷をつって旋回する場合，作業領域（前方，後方，側方）により，安定度が異なることに注意する．
(5) クローラクレーンをトレーラに積み込んだ後は，クローラの前後に歯止めをし，ワイヤロープなどで固縛する．

解説 (1) 誤り．移動式クレーンによる作業が終了したときは，フックブロックを巻き上げておく．
(2) 正しい．ラフテレーンクレーン（rough terrain crane）は，アウトリガ最大張出しの場合は，全周で同じ定格総荷重で作業ができる．図 1.9-5 参照．

(3) 正しい．移動式クレーンによる作業中は，機械本体各部の振動，異常な音，臭気，熱などに注意する．

(4) 正しい．車両積載形トラッククレーンは，荷をつって旋回する場合，作業領域（前方，後方，側方）により，安定度が異なることに注意する．前方，側方，後方の順に安定度が大きくなる．図 1.9-2 参照．

(5) 正しい．クローラクレーン（crawler crane：キャタピラ型クレーン）をトレーラに積み込んだ後は，クローラの前後に歯止めをし，ワイヤロープなどで固縛する．▶答 (1)

1.10 移動式クレーンの設置時の留意点

問題1 【令和 2 年春 問 10】

移動式クレーンの設置時の留意事項に関する記述として，適切なものは次のうちどれか．

(1) 移動式クレーンの設置面より下に荷を下ろす場合，巻上げ用ワイヤロープを最大に巻き下げたとき，巻上げドラムに最低 1 巻以上の巻上げ用ワイヤロープを残す．

(2) クローラクレーンを設置する地盤の補強のための鉄板は，シングル敷きの場合は，接地圧を確保するため鉄板の長手方向がクローラクレーンの走行方向と平行になるように敷く．

(3) 荷をつり上げる位置と荷を下ろす位置が異なる場合は，作業半径の小さい方の定格荷重以下で荷をつり上げる．

(4) アウトリガーを伸ばす際は，レベルゲージを見て機体が水平になるようジャッキ操作を行うが，機体の安定性を確保するため，タイヤは地上から浮かさない．

(5) ラフテレーンクレーンのフックブロックを固定用リングから外す作業を，アウトリガーを張り出さずに行うと，不安定な状態となる場合があるので，当該作業を設置の準備段階で行う場合であっても，アウトリガーを張り出した状態で行う．

解説 (1) 不適切．移動式クレーンの設置面より下に荷を下ろす場合，巻上げ用ワイヤロープを最大に巻き下げたとき，巻上げドラムに最低 2 巻以上の巻上げ用ワイヤロープを残す．

(2) 不適切．クローラクレーンを設置する地盤の補強のための鉄板は，シングル敷きの場合は，接地圧を確保するため鉄板の長手方向がクローラクレーンの走行方向と直角に交わるように敷く．

(3) 不適切．荷をつり上げる位置と荷を下ろす位置が異なる場合は，作業半径の大きい方の定格荷重以下で荷をつり上げる．

(4) 不適切．アウトリガーを伸ばす際は，レベルゲージを見て機体が水平になるようジャッキ操作を行うが，機体の安定性を確保するため，タイヤは地上から浮かす．

(5) 適切．ラフテレーンクレーンのフックブロックを固定用リングから外す作業を，アウトリガーを張り出さずに行うと，不安定な状態となる場合があるので，当該作業を設置の準備段階で行う場合であっても，アウトリガーを張り出した状態で行う．▶答 (5)

問題 2　【令和元年秋 問10】

移動式クレーンの設置時の留意事項に関する次のAからEの記述について，適切なもののみをすべて挙げた組み合わせは (1) ～ (5) のうちどれか．

A　クローラクレーンを設置する地盤の補強のための鉄板は，シングル敷きの場合は，接地圧を確保するため鉄板の長手方向がクローラクレーンの走行方向と平行になるように敷く．

B　アウトリガーを有する移動式クレーンをアウトリガー中間張出しの状態で使用する場合は，アウトリガー最大張出しの条件における定格荷重以下で荷をつり上げる．

C　移動式クレーンの設置面より下に荷を下ろす場合，巻上げ用ワイヤロープを最大に巻き下げたとき，巻上げドラムに最低2巻以上の巻上げ用ワイヤロープを残す．

D　荷をつり上げる位置と荷を下ろす位置が異なる場合は，作業半径の大きい方の定格荷重以下で荷をつり上げる．

E　アウトリガーを伸ばす際は，レベルゲージを見て機体が水平になるようジャッキ操作を行うが，機体の安定性を確保するため，タイヤは地上から浮かさない．

(1) A，B　(2) A，C，E　(3) B，C　(4) B，D，E　(5) C，D

解説　A　不適切．クローラクレーンを設置する地盤の補強のための鉄板は，シングル敷きの場合は，接地圧を確保するため鉄板の長手方向がクローラクレーンの走行方向と直角に交わるように敷く．

B　不適切．アウトリガーを有する移動式クレーンをアウトリガー最大の張出しで使用する．

C　適切．移動式クレーンの設置面より下に荷を下ろす場合，巻上げ用ワイヤロープを最大に巻き下げたとき，巻上げドラムに最低2巻以上の巻上げ用ワイヤロープを残す．

D　適切．荷をつり上げる位置と荷を下ろす位置が異なる場合は，作業半径の大きい方の定格荷重以下で荷をつり上げる．

E　不適切．アウトリガーを伸ばす際は，レベルゲージを見て機体が水平になるようジャッキ操作を行うが，機体の安定性を確保するため，タイヤは地上から浮かす．

以上から（5）が正解．

▶答（5）

問題3　【令和元年春 問10】

移動式クレーンの設置時の留意事項に関する記述として，適切でないものは次のうちどれか．

(1) 移動式クレーンの設置面より下に荷を下ろす場合，巻上げ用ワイヤロープを最大に巻き下げたとき，巻上げドラムに最低2巻以上の巻上げ用ワイヤロープを残す．

(2) ラフテレーンクレーンのフックブロックを固定用リングから外す際も，アウトリガーを張り出さずに作業すると不安定な状態での作業となるので，アウトリガーを張り出した状態で行う．

(3) 荷をつり上げる位置と荷を下ろす位置が異なる場合は，作業半径の小さい方の定格荷重以下で荷をつり上げる．

(4) ラフテレーンクレーンのアウトリガーを張り出す際は，レベルゲージを見て機体が水平になるようジャッキ操作を行い，タイヤを地上から浮かす．

(5) クローラクレーンを使用する際に地盤の補強のために設置する鉄板は，シングル敷きの場合は，鉄板の長手方向が走行方向に直角に交わるように敷く．

解説　(1) 適切．移動式クレーンの設置面より下に荷を下ろす場合，巻上げ用ワイヤロープを最大に巻き下げたとき，巻上げドラムに最低2巻以上の巻上げ用ワイヤロープを残す．

(2) 適切．ラフテレーンクレーンのフックブロックを固定用リングから外す際も，アウトリガーを張り出さずに作業すると不安定な状態での作業となるので，アウトリガーを張り出した状態で行う．

(3) 不適切．荷をつり上げる位置と荷を下ろす位置が異なる場合は，作業半径の大きい方の定格荷重以下で荷をつり上げる．

(4) 適切．ラフテレーンクレーンのアウトリガーを張り出す際は，レベルゲージを見て機体が水平になるようジャッキ操作を行い，タイヤを地上から浮かす．

(5) 適切．クローラクレーンを使用する際に地盤の補強のために設置する鉄板は，シングル敷きの場合は，鉄板の長手方向が走行方向に直角に交わるように敷く．

▶答（3）

問題4　【平成30年秋 問10】

移動式クレーンの設置時の留意事項に関する記述として，適切でないものは次のうちどれか．

(1) 移動式クレーンの設置面より下に荷を下ろす場合，巻上げ用ワイヤロープを最大に巻き下げたとき，巻上げドラムに最低2巻以上の巻上げ用ワイヤロープを残す.
(2) ラフテレーンクレーンのフックブロックを固定用リングから外す際も，アウトリガーを張り出さずに作業すると不安定な状態での作業となるので，アウトリガーを張り出した状態で行う.
(3) 荷をつり上げる位置と荷を下ろす位置が異なる場合は，作業半径の小さい方の定格荷重以下で荷をつり上げる.
(4) ラフテレーンクレーンのアウトリガーを張り出す際は，レベルゲージを見て機体が水平になるようジャッキ操作を行い，タイヤを地上から浮かす.
(5) クローラクレーンを使用する際に地盤の補強のために設置する鉄板は，シングル敷きの場合は，鉄板の長手方向が走行方向に直角に交わるように敷く.

解説 (1) 適切．移動式クレーンの設置面より下に荷を下ろす場合，巻上げ用ワイヤロープを最大に巻き下げたとき，巻上げドラムに最低2巻以上の巻上げ用ワイヤロープを残す.

(2) 適切．ラフテレーンクレーン (rough terrain crane) のフックブロック (図1.9-4参照) を固定用リングから外す際も，アウトリガーを張り出さずに作業すると不安定な状態での作業となるので，アウトリガーを張り出した状態で行う.

(3) 不適切．荷をつり上げる位置と荷を下ろす位置が異なる場合は，作業半径の大きい方の定格荷重以下で荷をつり上げる.

(4) 適切．ラフテレーンクレーンのアウトリガーを張り出す際は，レベルゲージを見て機体が水平になるようジャッキ操作を行い，タイヤを地上から浮かす.

(5) 適切．クローラクレーン (crawler crane) を使用する際に地盤の補強のために設置する鉄板は，シングル敷きの場合は，鉄板の長手方向が走行方向に直角に交わるように敷く.

▶答 (3)

問題5 【平成30年春 問10】

移動式クレーンの設置時の留意事項として，適切でないものは次のうちどれか.
(1) 移動式クレーンの設置面より下に荷を降ろす場合，巻上げ用ワイヤロープを最大に巻き下げたとき，巻上げドラムに最低2巻以上の巻上げ用ワイヤロープを残さなければならない.
(2) ラフテレーンクレーンのアウトリガーを張り出さずに作業する場合は，アウトリガーを張り出しての作業に比べ不安定な状態となるので，フックブロックを固定用リングから外す際もアウトリガーを張り出す.
(3) アウトリガーを有する移動式クレーンをアウトリガー中間張出しで使用する場

合は，アウトリガー最大張出しの条件における定格荷重以下で荷をつり上げる．

(4) クローラクレーンを使用する際に地盤の補強のために設置する鉄板は，シングル敷きの場合は，鉄板の長手方向が走行方向に直角に交わるように敷く．

(5) 荷をつり上げる位置と荷を降ろす位置が異なる場合は，作業半径の大きい方の定格荷重以下で荷をつり上げる．

解説 (1) 適切．移動式クレーンの設置面より下に荷を降ろす場合，巻上げ用ワイヤロープを最大に巻き下げたとき，巻上げドラムに最低2巻以上の巻上げ用ワイヤロープを残さなければならない．

(2) 適切．ラフテレーンクレーン（rough terrain crane）のアウトリガーを張り出さずに作業する場合は，アウトリガーを張り出しての作業に比べ不安定な状態となるので，フックブロックを固定用リングから外す際もアウトリガーを張り出す．

(3) 不適切．アウトリガーを有する移動式クレーンはアウトリガー中間張出しではなく，最大張出しで使用する．

(4) 適切．クローラクレーン（crawler crane：キャタピラ型クレーン）を使用する際に地盤の補強のために設置する鉄板は，シングル敷きの場合は，鉄板の長手方向が走行方向に直角に交わるように敷く．

(5) 適切．荷をつり上げる位置と荷を降ろす位置が異なる場合は，作業半径の大きい方の定格荷重以下で荷をつり上げる．

▶答 (3)

問題6　【平成29年秋 問10】

次の文中の［　　］内に入れるAの語句及びBの数値の組合せとして，正しいものは (1)～(5) のうちどれか．

「アウトリガーのフロート4点で支える移動式クレーンで，荷をつり上げてジブを旋回すると，ジブの向いた側のフロートにかかる［A］は，全装備質量と実際につり上げた荷の質量の合計の［B］%に相当する力になるといわれている．」

	A	B
(1)	最大の荷重	40～50
(2)	最大の荷重	70～80
(3)	平均の荷重	40～50
(4)	定格総荷重	40～50
(5)	定格総荷重	70～80

解説 A 「最大の荷重」である．

B 「70～80」である．

以上から（2）が正解.　▶答（2）

問題7　【平成29年春 問10】

ラフテレーンクレーンの設置時の留意事項として，適切なものは次のうちどれか.

（1）アウトリガを張り出す際は，レベルゲージを見て機体が水平になるようジャッキ操作を行うが，機体の安定性を確保するため，タイヤを地上から浮かせてはならない.

（2）過負荷防止装置にアウトリガの状態を入力するときは，中間張出しの状態であっても，安全のため，「最大張出し」の設定を選択する.

（3）荷をつり上げる際，側方でつり上げ，かつ旋回が90°以内であれば，荷をつり上げる側のアウトリガを最大張出しとすれば，反対側のアウトリガは最小張出しでも良い.

（4）荷をつり上げる位置と荷を降ろす位置が異なる場合，作業半径の小さい方の定格荷重以下で荷をつり上げれば安全である.

（5）ラフテレーンクレーンの設置面より下に荷を降ろす場合，巻上げ用ワイヤロープを最大に巻き下げたとき，巻上げドラムに最低2巻以上の巻上げ用ワイヤロープを残さなければならない.

解説　（1）不適切．アウトリガーを張り出す際は，レベルゲージを見て機体が水平になるようジャッキ操作を行うが，機体の安定性を確保するため，タイヤを地上から浮かせなければならない．タイヤを地上から浮かせないと不安定になるからである．図1.10-1参照.

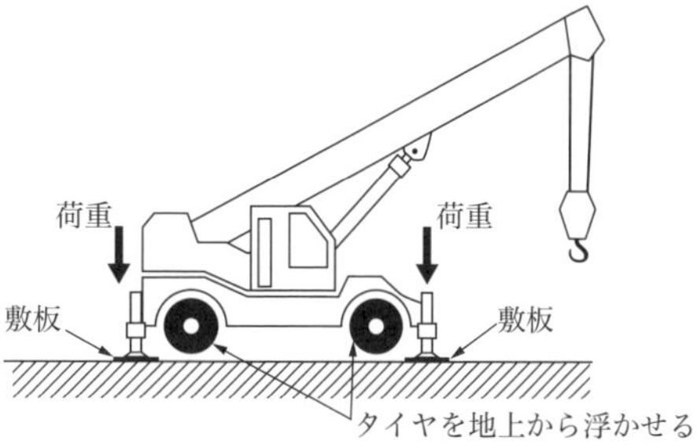

図1.10-1　アウトリガーの設置

（2）不適切．過負荷防止装置にアウトリガーの状態を入力するときは，中間張出しの状態であれば，「中間張出し」の設定を選択する.

（3）不適切．荷をつり上げる際，側方でつり上げ，かつ旋回が90°以内であっても，荷をつり上げる側のアウトリガーを最大張出しとすれば，反対側のアウトリガーも最大張出しとする.

（4）不適切．荷をつり上げる位置と荷を降ろす位置が異なる場合，作業半径の大きい方の定格荷重以下で荷をつり上げれば安全である.

（5）適切．ラフテレーンクレーンの設置面より下に荷を降ろす場合，巻上げ用ワイヤロープを最大に巻き下げたとき，巻上げドラムに最低2巻以上の巻上げ用ワイヤロープを残さなければならない．

▶答（5）

問題8 【平成28年秋 問10】

ラフテレーンクレーンの設置時の留意事項として，適切でないものは次のうちどれか．

(1) 設置する地盤が強固であるかを確認し，軟弱な所では地盤の補強などを行う．
(2) アウトリガのフロートの下には，広くて丈夫な敷板を敷く．
(3) 荷をつり上げる側のアウトリガを最大張出しとし，反対側のアウトリガを最小張出しとする．
(4) フックブロックを固定用リングから外すときは，アウトリガが張り出されていることを確認する．
(5) 荷をつり上げる位置と荷を降ろす位置を比較し，遠い方を作業半径の基準にする．

解説 (1) 適切．設置する地盤が強固であるかを確認し，軟弱な所では地盤の補強などを行う．

(2) 適切．アウトリガー（outrigger）のフロートの下には，広くて丈夫な敷板を敷く．

(3) 不適切．荷をつり上げる側のアウトリガーを最大張出しとし，反対側のアウトリガーも最大張出しとする．

(4) 適切．フックブロックを固定用リングから外すときは，アウトリガーが張り出されていることを確認する．

(5) 適切．荷をつり上げる位置と荷を降ろす位置を比較し，遠い方を作業半径の基準にする．

▶答（3）

1.11 ジブ長さと作業半径

問題1 【令和2年秋 問10】

下に掲げる表は，一般的なラフテレーンクレーンのアウトリガー最大張出しの場合における定格総荷重表を模したものであるが，定格総荷重表中に当該ラフテレーンクレーンの強度（構造部材が破損するかどうか）によって定められた荷重の値と，機体の安定（転倒するかどうか）によって定められた荷重の値の境界線が階段状の太線で示されている．

下表を用いて定格総荷重を求める場合，(1)～(5)のジブ長さと作業半径の組み合わせのうち，その組み合わせによって定まる定格総荷重の値が，機体の安定によって定められた値であるものはどれか.

	ジブ長さ	作業半径
(1)	9.35 m	6.5 m
(2)	16.4 m	8.0 m
(3)	23.45 m	9.0 m
(4)	30.5 m	10.0 m
(5)	30.5 m	11.0 m

ラフテレーンクレーン定格総荷重表

アウトリガー最大張出（6.5 m）（全周）					
		ジブの長さ			
		9.35 m	16.4 m	23.45 m	30.5 m
作業半径	6.0 m	16.3	15.0	12.0	8.0
	6.5 m	15.1	15.0	11.6	8.0
	7.0 m		14.0	10.6	8.0
	8.0 m	境界線	11.3	9.6	8.0
	9.0 m		9.2	8.6	7.6
	10.0 m		7.5	7.6	6.9
	11.0 m		6.3	6.5	6.3
	12.0 m		5.35	5.5	5.6
	13.0 m		4.6	4.75	4.9

（単位：t）

解説 (1) 該当せず．ジブの長さ9.35 mと作業半径6.5 mでは，表から15.1 tとなるが，この値は機体の安定によって定められた荷重の値の境界線の上にあるから，定格総荷重の値が，機体の安定によって定められた値ではない．境界線の下にあることが必要である．

(2) 該当．ジブの長さ16.4 mと作業半径8.0 mでは，表から11.3 tとなるが，この値は機体の安定によって定められた荷重の値の境界線の下にあるから，定格総荷重の値が，機体の安定によって定められた値である．

(3) 該当せず．ジブの長さ23.45 mと作業半径9.0 mでは，表から8.6 tとなるが，この値は機体の安定によって定められた荷重の値の境界線の上にあるから，定格総荷重の値が，機体の安定によって定められた値ではない．

(4) 該当せず．ジブの長さ30.5 mと作業半径10.0 mでは，表から6.9 tとなるが，この値は機体の安定によって定められた荷重の値の境界線の上にあるから，定格総荷重の値が，機体の安定によって定められた値ではない．

(5) 該当せず．ジブの長さ30.5 mと作業半径11.0 mでは，表から6.3 tとなるが，この値は機体の安定によって定められた荷重の値の境界線の上にあるから，定格総荷重の値が，機体の安定によって定められた値ではない．

▶ 答 (2)

第 2 章

原動機及び電気に関する知識

2.1 エンジンに関する記述

問題1 【令和2年秋 問11】

エンジンに関する記述として，適切なものは次のうちどれか．

(1) エンジンは，吸入，燃焼，圧縮，排気の行程順の1循環で1回の動力を発生する．

(2) 4サイクルエンジンは，クランク軸が2回転するごとに1回の動力を発生する．

(3) 4サイクルエンジンの排気行程では，吸気バルブと排気バルブは，ほぼ同時に開く．

(4) ディーゼルエンジンは，常温常圧の空気の中に高温高圧の軽油や重油を噴射して燃焼させる．

(5) ディーゼルエンジンは，ガソリンエンジンに比べ，一般に，運転経費は安いが熱効率が悪い．

解説 (1) 不適切．エンジンは，吸入，圧縮，燃焼，排気の行程順の1循環で1回の動力を発生する．図2.1-1参照．

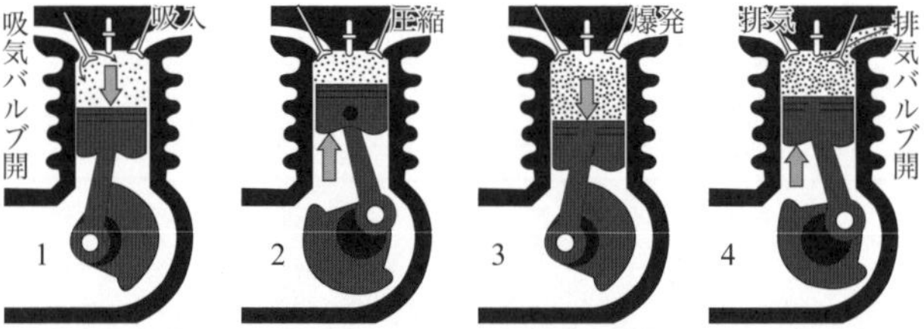

行　程	1	2	3	4
シリンダ内	吸入	圧縮	爆発	排気

図2.1-1　4サイクルディーゼルエンジンの作動

(2) 適切．4サイクルエンジンは，クランク軸が2回転するごとに1回の動力を発生する．

(3) 不適切．4サイクルエンジンの排気行程では，吸気バルブと排気バルブは同時ではなく，排気バルブが開いて排気が終わり，次に吸気バルブが開く．図2.1-1参照．

(4) 不適切．ディーゼルエンジンは，高温高圧の空気の中に高圧の軽油や重油を噴射して燃焼させる．

(5) 不適切．ディーゼルエンジンは，ガソリンエンジンに比べ，一般に，燃料代による運転経費は安く，また高温高圧であるため熱効率が良い．

▶答 (2)

問題2　【令和2年春 問11】

エンジンに関する記述として，適切なものは次のうちどれか.

(1) ディーゼルエンジンやガソリンエンジンなどの内燃機関は，燃料の燃焼エネルギーを機械力に変える装置である.

(2) ディーゼルエンジンは，燃焼室に送った高温高圧の軽油や重油を電気火花によって着火，燃焼させて，ピストンを往復運動させる.

(3) エンジンは，吸入，燃焼，圧縮，排気の順の1循環の行程で1回の動力を発生する.

(4) ディーゼルエンジンは，ガソリンエンジンに比べ，一般に，運転経費は安いが熱効率が悪い.

(5) 4サイクルエンジンは，クランク軸が1回転するごとに1回の動力を発生する.

解説 (1) 適切．ディーゼルエンジンやガソリンエンジンなどの内燃機関は，燃料の燃焼エネルギーを機械力に変える装置である.

(2) 不適切．ディーゼルエンジンは，燃焼室に送った高温高圧の軽油や重油を電気火花なしで着火，燃焼させて，ピストンを往復運動させる．電気花火で着火させるのはガソリンエンジンである.

(3) 不適切．エンジンは，吸入，圧縮，燃焼，排気の順の1循環の行程で1回の動力を発生する．図2.1-1参照.

(4) 不適切．ディーゼルエンジンは，ガソリンエンジンに比べ，一般に，運転経費は安く，エンジン内の圧力が高いので熱効率も良い.

(5) 不適切．4サイクルエンジンは，クランク軸が2回転するごとに1回の動力を発生する.

▶答 (1)

問題3　【令和元年秋 問11】

ディーゼルエンジンに関する記述として，適切でないものは次のうちどれか.

(1) ディーゼルエンジンは，高温高圧の空気の中に軽油や重油を噴射して燃焼させる.

(2) 移動式クレーンには，直接噴射式ディーゼルエンジンが多く搭載されている.

(3) ディーゼルエンジンは，ガソリンエンジンに比べ，一般に，熱効率が悪く運転経費が高い.

(4) 4サイクルエンジンは，吸入，圧縮，燃焼，排気の1循環をピストンの4行程で行う.

(5) 2サイクルエンジンは，ピストンが1往復するごとに1回の動力を発生する.

解説 (1) 適切．ディーゼルエンジンは，高温高圧の空気の中に軽油や重油を噴射して燃焼させる.

(2) 適切. 移動式クレーンには, 直接噴射式ディーゼルエンジンが多く搭載されている.

(3) 不適切. ディーゼルエンジンは, ガソリンエンジンに比べ, 一般に, 高圧であるため熱効率がよく, またガソリンより安い軽油を使用するため運転経費が低い.

(4) 適切. 4サイクルエンジンは, 吸入, 圧縮, 燃焼, 排気の1循環をピストンの2往復（4行程）で行う.

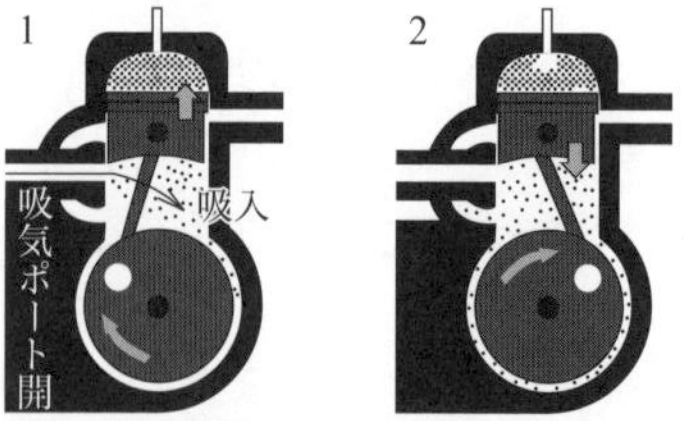

行　程	1	2
シリンダ内	吸入・圧縮	爆発・排気
クランク室内	混合気流入	圧縮

図 2.1-2　2サイクルディーゼルエンジンの作動

(5) 適切. 2サイクルエンジンは, ピストンが1往復（2工程）するごとに1回の動力を発生する. 図2.1-2参照.

▶答 (3)

問題4　【令和元年春 問11】

エンジンに関する記述として, 適切でないものは次のうちどれか.

(1) ディーゼルエンジンやガソリンエンジンなどの内燃機関は, 燃料の燃焼エネルギーを機械力に変える装置である.

(2) 移動式クレーンには, 燃費の面で有利な直接噴射式ディーゼルエンジンが多く搭載されている.

(3) ディーゼルエンジンは, 常温常圧の空気の中に高温高圧の軽油や重油を噴射して燃焼させる.

(4) ディーゼルエンジンは, ガソリンエンジンに比べ, 一般に, 熱効率が良く運転経費が安い.

(5) ディーゼルエンジンの燃料は引火点が高いため, ガソリンエンジンに比べ, 火災による危険度は少ないが, 冬期の始動性はやや悪い.

解説 (1) 適切. ディーゼルエンジンやガソリンエンジンなどの内燃機関は, 燃料の燃焼エネルギーを機械力に変える装置（気体が高温で膨張するのでその膨張の力を利用する装置）である.

(2) 適切. 移動式クレーンには, 燃費の面で有利な直接噴射式ディーゼルエンジン（シリンダに燃料を直接噴射する方式）が多く搭載されている.

(3) 不適切. ディーゼルエンジンは, 高温高圧の空気の中に軽油や重油を噴射して燃焼させる. なお, ガソリンエンジンより圧縮比が高いため, より高温で高圧である.

(4) 適切. ディーゼルエンジンは, ガソリンエンジンに比べ, 一般に, 高温高圧であるため熱効率が良く運転経費が安い．その上，軽油はガソリンより安価である．

(5) 適切．ディーゼルエンジンの燃料は引火点（点火源を近づけて着火する最低の温度）が高いため，ガソリンエンジンに比べ，火災による危険度は少ないが，粘度が大きくなる冬期の始動性はやや悪い．

▶答（3）

問題5 【平成30年秋 問11】

エンジンに関する記述として，適切でないものは次のうちどれか．

(1) 移動式クレーンには，燃費の面で有利な直接噴射式ディーゼルエンジンが多く搭載されている．

(2) ディーゼルエンジンは，高温高圧の空気の中に軽油や重油を噴射して燃焼させる．

(3) エンジンは，吸入，圧縮，燃焼，排気の1循環の行程で1回の動力を発生する．

(4) ディーゼルエンジンの燃料は，引火点が高いため，火災による危険度は少ないが，冬期の始動性はガソリンエンジンに比べやや悪い．

(5) ディーゼルエンジンは，ガソリンエンジンに比べ，一般に，運転経費は安いが熱効率が悪い．

解説 (1) 適切．移動式クレーンには，燃費の面で有利なシリンダに直接燃料を噴霧する直接噴射式ディーゼルエンジンが多く搭載されている．

(2) 適切．ディーゼルエンジンは，高温高圧の空気の中に軽油や重油を噴射して着火燃焼させる．そのため点火源はガソリンエンジンと異なり不必要である．

(3) 適切．エンジンは，吸入，圧縮，燃焼，排気の1循環の行程で1回の動力（燃焼行程で発生）を発生する．

(4) 適切．ディーゼルエンジンの燃料は，引火点（点火源なしで着火する最低温度）が高いため，火災による危険度は少ないが，冬期の始動性は粘度が大きくなるためガソリンエンジンに比べやや悪い．

(5) 不適切．ディーゼルエンジンは，ガソリンエンジンに比べ，一般に，安い軽油を使用するため運転経費は安く，また高圧であるため熱効率も良い．

▶答（5）

問題6 【平成30年春 問11】

エンジンに関する記述として，適切でないものは次のうちどれか．

(1) ディーゼルエンジンやガソリンエンジンなどの内燃機関は，燃料の燃焼エネルギーを機械力に変える装置である．

(2) エンジンは，吸入，圧縮，燃焼，排気の1循環の行程で1回の動力を発生する．

(3) ディーゼルエンジンの燃料は，引火点が高いため，火災による危険度は少ないが，冬期の始動性はガソリンエンジンに比べやや悪い．

(4) ディーゼルエンジンは，常温常圧の空気の中に高温高圧の軽油や重油を噴射して燃焼させる.

(5) ディーゼルエンジンは，ガソリンエンジンに比べ，一般に，熱効率が良く運転経費が安い.

解説 (1) 適切．ディーゼルエンジンやガソリンエンジンなどの内燃機関は，燃料の燃焼エネルギーを機械力に変える装置である.

(2) 適切．エンジンは，吸入，圧縮，燃焼，排気の1循環の行程で1回の動力（燃焼行程で発生する熱で気体を膨張させ機械力に変換）を発生する.

(3) 適切．ディーゼルエンジンの燃料は，引火点（点火源のない状態で加熱したとき着火する最低温度）が高いため，火災による危険度は少ないが，冬期の始動性は粘度が大きくなるのでガソリンエンジンに比べやや悪い.

(4) 不適切．ディーゼルエンジンは，高温高圧の空気の中に高圧の軽油や重油を噴射して燃焼させる.

(5) 適切．ディーゼルエンジンは，ガソリンエンジンに比べ，一般に，高圧のため熱効率が良く軽油もガソリンより安価なため運転経費が安い.

▶答 (4)

問題7 【平成29年秋 問11】

ディーゼルエンジンに関し，誤っているものは次のうちどれか.

(1) ディーゼルエンジンは，常温常圧の空気の中に高温高圧の軽油や重油を噴射して燃焼させる.

(2) 4サイクルエンジンは，吸入，圧縮，燃焼，排気の1循環をピストンの4行程で行う.

(3) 4サイクルエンジンは，カム軸が1回転するごとに1回の動力を発生する.

(4) 2サイクルエンジンは，クランク軸が1回転するごとに1回の動力を発生する.

(5) 2サイクルエンジンは，ピストンが1往復するごとに1回の動力を発生する.

解説 (1) 誤り．ディーゼルエンジンは，高温高圧の空気の中に高圧の軽油や重油を噴射して燃焼させる.

(2) 正しい．4サイクルエンジンは，吸入，圧縮，燃焼，排気の1循環をピストンの4行程で行う.

(3) 正しい．4サイクルエンジンは，タイミングギヤを使用しクランク軸が2回転し，カム軸が1回転するごとに1回の動力を発生する．図2.2-2参照.

(4) 正しい．2サイクルエンジンは，クランク軸が1回転するごとに1回の動力を発生する．図2.1-2参照.

(5) 正しい．2サイクルエンジンは，ピストンが1往復するごとに1回の動力を発生する．

▶答 (1)

問題8 【平成29年春 問11】

ディーゼルエンジンに関し，誤っているものは次のうちどれか．

(1) ディーゼルエンジンは，燃焼室に送った高圧の燃料を電気火花によって着火，燃焼させて，ピストンを往復運動させる．

(2) 4サイクルエンジンは，カム軸が1回転するごとに1回の動力を発生する．

(3) 4サイクルエンジンは，クランク軸が2回転するごとに1回の動力を発生する．

(4) 2サイクルエンジンは，吸入，圧縮，燃焼，排気の1循環をピストンの2行程で行う．

(5) 2サイクルエンジンは，ピストンが1往復するごとに1回の動力を発生する．

解説 (1) 誤り．ディーゼルエンジンは，燃焼室に送った高圧の燃料を電気火花なしで着火，燃焼させて，ピストンを往復運動させる．電気花火によって着火させるのは，ガソリンエンジンである．

(2) 正しい．4サイクルエンジンは，カム軸が1回転（ピストンは2往復）するごとに1回の動力を発生する．

(3) 正しい．4サイクルエンジンは，クランク軸が2回転（ピストンも2往復）するごとに1回の動力を発生する．

(4) 正しい．2サイクルエンジンは，吸入，圧縮，燃焼，排気の1循環をピストンの2行程で行う．図2.1-2参照．

(5) 正しい．2サイクルエンジンは，ピストンが1往復するごとに1回の動力を発生する．

▶答 (1)

問題9 【平成28年秋 問11】

ディーゼルエンジンに関し，誤っているものは次のうちどれか．

(1) ディーゼルエンジンは，燃焼室に送った高圧の燃料を電気火花によって着火，燃焼させて，ピストンを往復運動させる．

(2) 4サイクルエンジンは，カム軸が1回転するごとに1回の動力を発生する．

(3) 4サイクルエンジンは，クランク軸が2回転するごとに1回の動力を発生する．

(4) 2サイクルエンジンは，吸入，圧縮，燃焼，排気の1循環をピストンの2行程で行う．

(5) 2サイクルエンジンは，ピストンが1往復するごとに1回の動力を発生する．

解説 (1) 誤り．ディーゼルエンジンは，燃焼室に送った高圧の燃料を電気火花なしで着火，燃焼させて，ピストンを往復運動させる．

(2) 正しい．4サイクルエンジンは，カム軸が1回転するごとに1回の動力を発生する．

(3) 正しい．4サイクルエンジン（吸収，圧縮，燃焼，排気）は，4行程で行い，クランク軸が2回転するごとに1回の動力を発生する．

(4) 正しい．2サイクルエンジンは，吸入，圧縮，燃焼，排気の1循環をピストンの2行程で行う．図2.1-2参照．

(5) 正しい．2サイクルエンジンは，ピストンが1往復するごとに1回の動力を発生する．

▶答 (1)

問題10 【平成28年春 問16】

ディーゼルエンジンに関し，次のうち誤っているものはどれか．

(1) ディーゼルエンジンは，高温高圧の空気の中に軽油や重油を噴射して燃焼させる．

(2) 4サイクルエンジンは，吸入，圧縮，燃焼，排気の1循環をピストンの4行程で行う．

(3) 2サイクルエンジンは，ピストンが2往復するごとに1回の動力を発生する．

(4) 4サイクルエンジンは，クランク軸が2回転するごとに1回の動力を発生する．

(5) 4サイクルエンジンは，カム軸が1回転するごとに1回の動力を発生する．

解説 (1) 正しい．ディーゼルエンジンは，高温高圧の空気の中に軽油や重油を噴射して燃焼させる．

(2) 正しい．4サイクルエンジンは，吸入，圧縮，燃焼，排気の1循環（2往復）をピストンの4行程で行う．

(3) 誤り．2サイクルエンジンは，ピストンが1往復するごとに1回の動力を発生する．

(4) 正しい．4サイクルエンジンは，クランク軸が2回転するごとに1回の動力を発生する．

(5) 正しい．4サイクルエンジンは，タイミングギヤを使用しカム軸が1回転するごとに1回の動力を発生する．図2.2-2参照．

▶答 (3)

2.2 移動式クレーンのディーゼルエンジンの補機，装置及び部品

問題1 【令和2年秋 問12】

移動式クレーンのディーゼルエンジンに取り付けられる補機，装置及びその部品に関する記述として，適切でないものは次のうちどれか．

(1) 燃料噴射ノズルは，燃料の噴射量を加減して負荷の変動による回転速度を調整するものである．

(2) フライホイールは，燃焼行程のエネルギーを一時的に蓄えてクランク軸の回転を円滑にするもので，クランク軸の後端部に取り付けられる．

(3) エアクリーナは，燃料の燃焼に必要な空気をシリンダに吸い込むとき，じんあいを吸い込まないようにろ過するものである．

(4) タイミングギヤは，カム軸とクランク軸の間に組み込まれたギヤで，エンジンの各行程が必要とする時期に吸排気バルブの開閉や燃料の噴射を行わせるためのものである．

(5) 4サイクルエンジンの過給器は，エンジンの出力を増加するため，高い圧力の空気をシリンダ内に強制的に送り込むものである．

解説 (1) 不適切．燃料噴射ポンプは，燃料の噴射量を加減して負荷の変動による回転速度を調整するものである．なお，燃料噴射ノズルは，燃料噴射ポンプから送られた高圧の燃料を燃焼室内へ噴射させるものである．

(2) 適切．フライホイールは，燃焼行程のエネルギーを一時的に蓄えてクランク軸の回転を円滑にするもので，クランク軸の後端部に取り付けられる．図2.2-1参照．

(3) 適切．エアクリーナは，燃料の燃焼に必要な空気をシリンダに吸い込むとき，じんあいを吸い込まないようにろ過するものである．

(4) 適切．タイミングギヤ（クランクシャフトの回転の2分の1の速度でカムシャフトを調時駆動させるためのギヤ）は，カム軸とクランク軸の間に組み込まれたギヤで，エンジンの各行程が必要とする時期に吸排気バルブの開閉や燃料の噴射を行わせるためのものである．燃料噴射ポンプの噴射時期も，このタイミングギヤによって制御されている．図2.2-2参照．

(5) 適切．4サイクルエンジンの過給器は，エンジンの出力を増加するため，高い圧力の空気をシリンダ内に強制的に送り込むもので，動力は排気の圧力により回転するタービンまたはクランク軸からなる．図2.2-3参照．

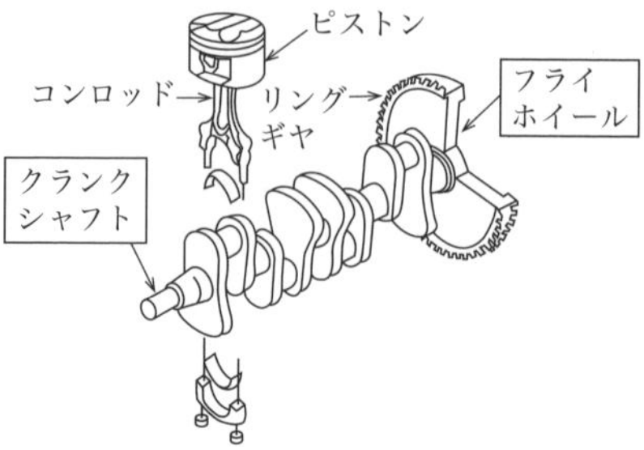

図 2.2-1　フライホイール

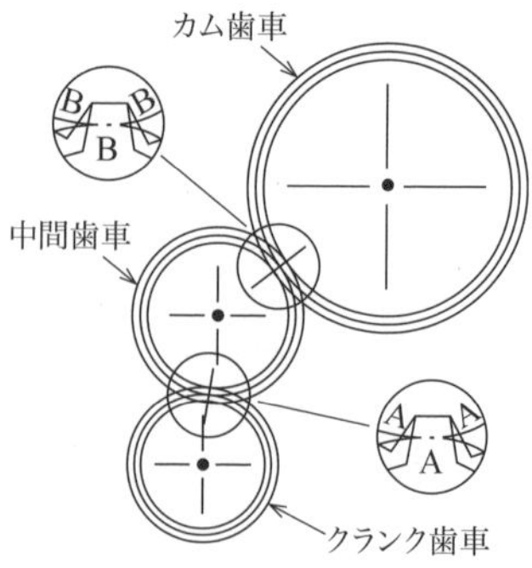

図 2.2-2　タイミングギヤ

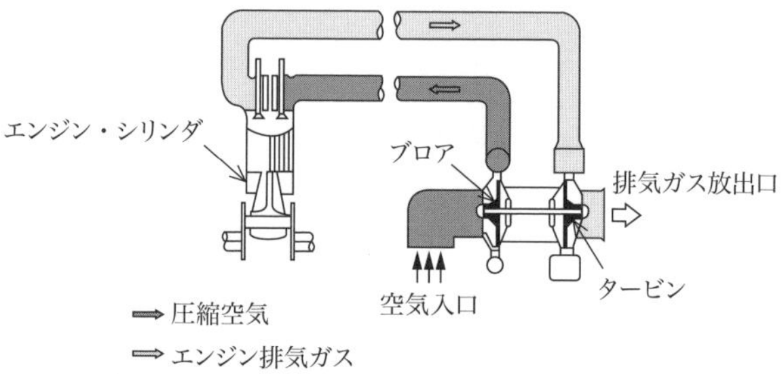

図 2.2-3　過給器

▶答（1）

問題 2　【令和 2 年春 問 12】

ディーゼルエンジンに取り付けられる補機，装置及びその部品に関する記述として，適切でないものは次のうちどれか．

(1) 潤滑装置は，軸受，ピストンリングなどの摩擦部分に潤滑油を与え，摩擦損失，焼付きなどを防止するためのものである．

(2) 燃料フィルタは，燃料に混入しているじんあいや水分を除去するものである．

(3) 燃料噴射ポンプは，燃料タンクから燃料フィルタを経て供給された燃料をキャブレタに送り，高圧にして燃焼室に噴射するものである．

(4) エンジン停止装置には，燃料噴射ポンプへの燃料供給をカットする方式，空気の吸込みを停止する方式などがある．

(5) 水冷式の冷却装置は，シリンダの外側にジャケットを設け，これに水を通してシリンダを冷やすものである．

解説　(1) 適切．潤滑装置は，軸受，ピストンリングなどの摩擦部分に潤滑油を与え，摩擦損失，焼付きなどを防止するためのものである．

(2) 適切．燃料フィルタは，燃料に混入しているじんあいや水分を除去するものである．

(3) 不適切．燃料噴射ポンプは，燃料タンクから燃料フィルタを経て供給された燃料の噴射量を調整し，高圧にして燃焼室に噴射するものである．キャブレタは，ガソリンエンジンにおいてガソリンと空気を混合してエンジンのシリンダに供給する装置である．

(4) 適切．エンジン停止装置には，燃料噴射ポンプへの燃料供給をカットする方式，空気の吸込みを停止する方式などがある．

(5) 適切．水冷式の冷却装置は，シリンダの外側にジャケットを設け，これに水を通してシリンダを冷やすものである．

▶答 (3)

問題3 【令和元年秋 問12】

ディーゼルエンジンに取り付けられる補機，装置及びその部品に関する記述として，適切でないものは次のうちどれか．

(1) フライホイールは，燃焼行程のエネルギーを一時的に蓄えてクランク軸の回転を円滑にするもので，クランク軸の後端部に取り付けられる．

(2) 燃料噴射ノズルは，燃料の噴射量を加減して負荷の変動による回転速度を調整するものである．

(3) エアクリーナは，燃料の燃焼に必要な空気をシリンダに吸い込むとき，じんあいを吸い込まないようにろ過するものである．

(4) 冷却装置は，燃焼が行われて高温になったシリンダを冷却するもので，空冷式と水冷式がある．

(5) タイミングギヤは，カム軸とクランク軸の間に組み込まれたギヤで，エンジンの各行程が必要とする時期に吸排気バルブの開閉や燃料の噴射を行わせるためのものである．

解説 (1) 適切．フライホイールは，燃焼行程のエネルギーを一時的に蓄えてクランク軸の回転を円滑にするもので，クランク軸の後端部に取り付けられる．図2.2-1参照．

(2) 不適切．燃料噴射ノズルは，燃料噴射ポンプから送られた高圧の燃料を燃焼室へ噴射するものである．燃料の噴射量を加減して負荷の変動による回転速度を調整するものは，ガバナである．

(3) 適切．エアクリーナは，燃料の燃焼に必要な空気をシリンダに吸い込むとき，じんあいを吸い込まないようにろ過するものである．

(4) 適切．冷却装置は，燃焼が行われて高温になったシリンダを冷却するもので，空冷式と水冷式がある．

(5) 適切．タイミングギヤは，カム軸とクランク軸の間に組み込まれたギヤで，エンジンの各行程が必要とする時期に吸排気バルブの開閉や燃料の噴射を行わせるためのものである．図 2.2-2 参照．

▶答（2）

問題 4 【令和元年春 問 12】

ディーゼルエンジンに取り付けられる補機，装置及びその部品に関する記述として，適切なものは次のうちどれか．

（1）始動補助装置の電熱式エアヒータは，保護金属管の中にヒートコイルが組み込まれ，これに電流が流れることで副室内を加熱するものである．

（2）タイミングギヤは，クランク軸の後端に取り付けられたギヤで，エンジンの燃焼行程のエネルギーを一時的に蓄えてクランク軸の回転を円滑にするためのものである．

（3）ガバナは，エンジンの出力を増加させるために，空気をシリンダ内に強制的に送り込むものである．

（4）エンジン停止装置には，燃料噴射ポンプへの燃料供給をカットする方式，空気の吸込みを停止する方式などがある．

（5）レギュレータは，交流出力発電機と呼ばれ，各電気装置に電力を供給するものである．

解説（1）不適切．始動補助装置の電熱式エアヒータは，直接式噴射エンジンのマニホールド（燃焼室に空気を導入する多岐管）の吸気通路に取り付けられ，発熱体に電流が通ることで吸気が均一に加熱するものである（図 2.2-4 参照）．なお，保護金属管の中にヒートコイルが組み込まれ，これに電流が流れることで副室式エンジンを加熱するものは，グロープラグである．図 2.2-5 参照．

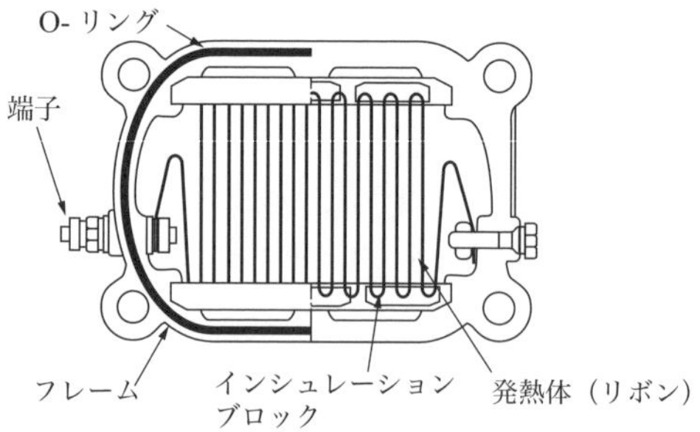

図 2.2-4 電熱式エアヒータ（リボン式）
（出典：移動式クレーン運転士教本，p135）

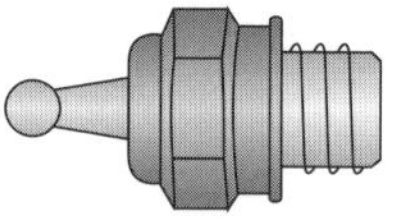

図 2.2-5 グロープラグ

（2）不適切．タイミングギヤは，カム軸とクランク軸の間に組み込まれたギヤで，エンジンの各行程が必要とする時期に吸排気バルブの開閉や燃料の噴射を行わせるためのものである．図 2.2-2 参照．

（3）不適切．ガバナは，燃料の噴射量を加減して負荷の変動による回転速度を調整するものである．

(4) 適切．エンジン停止装置には，燃料噴射ポンプへの燃料供給をカットする方式，空気の吸込みを停止する方式などがある．

(5) 不適切．レギュレータ（電圧調整器）は，発電電圧を調整し，各電気装置に適正電力を供給するものである．

▶答 (4)

問題5 【平成30年秋 問12】

ディーゼルエンジンに取り付けられる補機，装置及びその部品に関する記述として，適切でないものは次のうちどれか．

(1) 潤滑装置は，軸受，ピストンリングなどの摩擦部分に潤滑油を与え，摩擦損失，焼付きなどを防止するためのものである．

(2) 燃料フィルタは，燃料に混入しているじんあいや水分を除去するものである．

(3) 燃料噴射ポンプは，燃料タンクから燃料フィルタを経て供給された燃料をキャブレタに送り，高圧にして燃焼室に噴射するものである．

(4) エンジン停止装置には，燃料噴射ポンプへの燃料供給をカットする方式，空気の吸込みを停止する方式などがある．

(5) 水冷式の冷却装置は，シリンダの外側にジャケットを設け，これに水を通してシリンダを冷やすものである．

解説 (1) 適切．潤滑装置は，軸受，ピストンリングなどの摩擦部分に潤滑油を与え，摩擦損失，焼付きなどを防止するためのものである．

(2) 適切．燃料フィルタは，燃料に混入しているじんあいや水分を除去するものである．

(3) 不適切．燃料噴射ポンプは，燃料の噴射量を加減して負荷の変動による回転速度を調整するものである．なお，燃料噴射ノズルは，燃料噴射ポンプから送られた高圧の燃料を燃焼室内へ噴射させるものである．なお，燃料タンクから燃料フィルタを経て供給された燃料をキャブレタ（燃料と空気比を調整する装置）に送り，気化して燃焼室に噴射するものは，ガソリンエンジンである．

(4) 適切．エンジン停止装置には，燃料噴射ポンプへの燃料供給をカットする方式，空気の吸込みを停止する方式などがある．

(5) 適切．水冷式の冷却装置は，シリンダの外側にジャケットを設け，これに水を通してシリンダを冷やすものである．

▶答 (3)

問題6 【平成30年春 問12】

ディーゼルエンジンに取り付けられる補機，装置及びその部品に関する記述として，適切でないものは次のうちどれか．

(1) エアクリーナは，燃料の燃焼に必要な空気をシリンダに吸い込むとき，じんあいを吸い込まないようにろ過するものである.
(2) ガバナは，空気の吸入量を負荷に応じて加減し，自動的に回転速度を調整するものである.
(3) 冷却装置は，燃焼が行われて高温になったシリンダを冷却するもので，空冷式と水冷式がある.
(4) タイミングギヤは，カム軸とクランク軸の間に組み込まれたギヤで，エンジンの各行程が必要とする時期に吸・排気バルブの開閉や燃料の噴射を行わせるためのものである.
(5) フライホイールは，燃焼行程のエネルギーを一時的に蓄えてクランク軸の回転を円滑にするもので，クランク軸の後端部に取り付けられる.

解説 (1) 適切. エアクリーナは，燃料の燃焼に必要な空気をシリンダに吸い込むとき，じんあいを吸い込まないようにろ過するものである.
(2) 不適切. ガバナは，燃料の噴射量を負荷の変動に応じて加減し，回転速度を調整するものである.
(3) 適切. 冷却装置は，燃焼が行われて高温になったシリンダを冷却するもので，空冷式と水冷式がある.
(4) 適切. タイミングギヤは，カム軸とクランク軸の間に組み込まれたギヤ（図 2.2-2 参照.）で，エンジンの各行程が必要とする時期に吸・排気バルブの開閉や燃料の噴射を行わせるためのものである.
(5) 適切. フライホイール（fly-wheel：はずみ車）は，燃焼行程のエネルギーを一時的に蓄えてクランク軸の回転を円滑にするもので，クランク軸の後端部に取り付けられる. 図 2.2-1 参照.

▶ 答 (2)

問題 7 【平成 29 年秋 問 12】

ディーゼルエンジンの電装品に関する記述として，適切なものは次のうちどれか.
(1) レギュレータは，交流出力発電機と呼ばれ，各電気装置に電力を供給するものである.
(2) 始動補助装置の電熱式エアヒータは，保護金属管の中にヒートコイルが組み込まれ，これに電流が流れることで副室内を加熱するものである.
(3) グロープラグは，直接噴射式エンジンのマニホールドの吸気通路に取り付けられ，発熱体に電流が流れることで吸気を均一に加熱するものである.
(4) オルタネータは，エンジンの回転をファンベルトから受けて駆動し，直流電気を発生させるものである.

(5) ディーゼルエンジンは，圧縮力が大きく始動クランキングのトルクが著しく大きいので，バッテリは12Vを用いることが多い．

解説 (1) 不適切．レギュレータは，電圧調整器と呼ばれ，発電電圧を制御し，各電気装置に適正電力を供給するものである．

(2) 不適切．始動補助装置の電熱式エアヒータは，直接式噴射エンジンのマニホールド（燃焼室に空気を導入する多岐管）の吸気通路に取り付けられ，発熱体に電流が通ることで吸気が均一に加熱するものである（図2.2-4参照）．なお，「保護金属管の中にヒートコイルが組み込まれ，これに電流が流れることで副室内を加熱するもの」は，グロープラグである．図2.2-5参照．

(3) 不適切．グロープラグは，保護金属管の中にヒートコイルが組み込まれ，これに電流が流れることで副室式エンジンを加熱するものがある．図2.2-5参照．

(4) 適切．オルタネータ（alternator：交流発電機）は，エンジンの回転をファンベルトから受けて駆動し，交流を発生するものであるが，ダイオードなどを使った整流器で直流へと整流される場合も多く，これらの分野では整流器を含めてオルタネータと呼ばれる．

(5) 不適切．ディーゼルエンジンは，圧縮力が大きく始動クランキング（cranking：回ること）のトルク（始動時にクランク軸を回すのに必須である回転力のこと）が著しく大きいので，バッテリは12Vを用いることが多い．

▶ 答 (4)

問題8 【平成29年春 問12】

ディーゼルエンジンの電装品に関する記述として，適切なものは次のうちどれか．

(1) レギュレータは，交流出力発電機と呼ばれ，各電気装置に電力を供給するものである．

(2) 始動補助装置の電熱式エアヒータは，保護金属管の中にヒートコイルが組み込まれ，これに電流が流れることで副室内を加熱するものである．

(3) グロープラグは，直接噴射式エンジンのマニホールドの吸気通路に取り付けられ，発熱体に電流が流れることで吸気を均一に加熱するものである．

(4) オルタネータは，エンジンの回転をファンベルトから受けて駆動し，直流電気を発生させるものである．

(5) ディーゼルエンジンは，圧縮力が大きく始動クランキングのトルクが著しく大きいので，バッテリは12Vを用いることが多い．

解説 (1) 不適切．レギュレータは，電圧調整器と呼ばれ，発電電圧を制御し，各電気装置に適正電力を供給するものである．

(2) 不適切．始動補助装置の電熱式エアヒータは，直接式噴射エンジンのマニホールド

（燃焼室に空気を導入する多岐管）の吸気通路に取り付けられ，発熱体に電流が通ることで吸気が均一に加熱するものである（図 2.2-4 参照）．なお，「保護金属管の中にヒートコイルが組み込まれ，これに電流が流れることで副室内を加熱するもの」は，グロープラグである．図 2.2-5 参照．

(3) 不適切．グロープラグは，保護金属管の中にヒートコイルが組み込まれ，これに電流が流れることで副室式エンジンを加熱するものある．図 2.2-5 参照．

(4) 適切．オルタネータ（alternator：交流発電機）は，エンジンの回転をファンベルトから受けて駆動し，交流を発生するものであるが，ダイオードなどを使った整流器で直流へと整流される場合も多く，これらの分野では整流器を含めてオルタネータと呼ばれる．

(5) 不適切．ディーゼルエンジンは，圧縮力が大きく始動クランキング（cranking：回ること）のトルク（始動時にクランク軸を回すのに必須である回転力のこと）が著しく大きいので，バッテリは 12 V を用いることが多い．

▶答（4）

問題 9 【平成 28 年秋 問 12】

ディーゼルエンジンに取り付けられている補機，装置及びその部品に関し，誤っているものは次のうちどれか．

(1) 潤滑装置は，軸受，ピストンリングなどの摩擦部分に潤滑油を与え，摩擦損失，焼付きなどを防止するためのものである．

(2) 燃料フィルタは，燃料に混入しているじんあいや水分を除去するものである．

(3) 燃料噴射ポンプは，燃料タンクから燃料フィルタを経て供給された燃料をキャブレタに送り，高圧にして燃焼室に噴射するものである．

(4) エンジン停止装置には，燃料噴射ポンプへの燃料供給をカットする方式，空気の吸込みを停止する方式などがある．

(5) 水冷式の冷却装置では，シリンダの外側にジャケットを設け，これに水を通してシリンダを冷やす．

解説 (1) 正しい．潤滑装置は，軸受，ピストンリングなどの摩擦部分に潤滑油を与え，摩擦損失，焼付きなどを防止するためのものである．

(2) 正しい．燃料フィルタは，燃料に混入しているじんあいや水分を除去するものである．

(3) 誤り．燃料噴射ポンプは，燃料タンクから燃料フィルタを経て供給された燃料噴射ノズルに送り，高圧にして燃焼室に噴射するものである．キャブレタはガソリンエンジンで使用するもので，ガソリンと空気を一定の比率で混合するところである．

(4) 正しい．エンジン停止装置には，燃料噴射ポンプへの燃料供給をカットする方式，空気の吸込みを停止する方式などがある．

(5) 正しい．水冷式の冷却装置では，シリンダの外側にジャケットを設け，これに水を通してシリンダを冷やす．

▶答（3）

問題10

【平成28年春 問20】

ディーゼルエンジンに取り付けられる補機，装置及びその部品に関し，次のうち誤っているものはどれか．

(1) エアクリーナは，燃料の燃焼に必要な空気をシリンダに吸い込むとき，じんあいを吸い込まないようにろ過するものである．

(2) ガバナは，空気の吸入量を負荷に応じて加減し自動的に回転速度を調整するものである．

(3) 冷却装置は，燃焼が行われて高温になったシリンダを冷却するもので，空冷式と水冷式がある．

(4) タイミングギヤは，カム軸とクランク軸の間に組み込まれたギヤで，エンジンの各行程が必要とする時期に吸・排気バルブの開閉や燃料の噴射を行わせるためのものである．

(5) フライホイールは，燃焼行程のエネルギーを一時的に蓄えてクランク軸の回転を円滑にするもので，クランク軸の後端部に取り付けられる．

解説 (1) 正しい．エアクリーナは，燃料の燃焼に必要な空気をシリンダに吸い込むとき，じんあいを吸い込まないようにろ過するものである．

(2) 誤り．ガバナは，燃料の噴射量を負荷に応じて加減し自動的に回転速度を調整するものである．

(3) 正しい．冷却装置は，燃焼が行われて高温になったシリンダを冷却するもので，空冷式と水冷式がある．

(4) 正しい．タイミングギヤは，カム軸とクランク軸の間に組み込まれたギヤで，エンジンの各行程が必要とする時期に吸・排気バルブの開閉や燃料の噴射を行わせるためのものである．図2.2-2参照．

(5) 正しい．フライホイールは，燃焼行程のエネルギーを一時的に蓄えてクランク軸の回転を円滑にするもので，クランク軸の後端部に取り付けられる．図2.2-1参照．

▶答（2）

2.3 ディーゼルエンジンの点検事項

問題1 【平成28年春 問18】

ディーゼルエンジンの運転中に行う点検事項として，不適切なものは次のうちどれか.

(1) 油圧に異常はないか.
(2) 冷却水の温度は適当か.
(3) エンジンオイルの量は低下していないか.
(4) 充電状況は良いか.
(5) エンジンに異音はないか.

解説 (1) 適切．油圧の異常の点検は，適切である.
(2) 適切．冷却水の温度の点検は，適切である.
(3) 不適切．エンジンオイルの量の低下の点検は，定期自主検査で行う.
(4) 適切．充電状況の点検は，適切である.
(5) 適切．エンジンの異音の点検は，適切である.

▶答 (3)

2.4 連結された二つの油圧シリンダに関する計算

問題1 【令和2年秋 問13】

油で満たされた二つのシリンダが連絡している図の装置で，ピストンA（直径1 cm）に9 Nの力を加えるとき，ピストンB（直径3 cm）に加わる力は（1）～（5）のうちどれか.

(1) 3 N
(2) 9 N
(3) 18 N
(4) 27 N
(5) 81 N

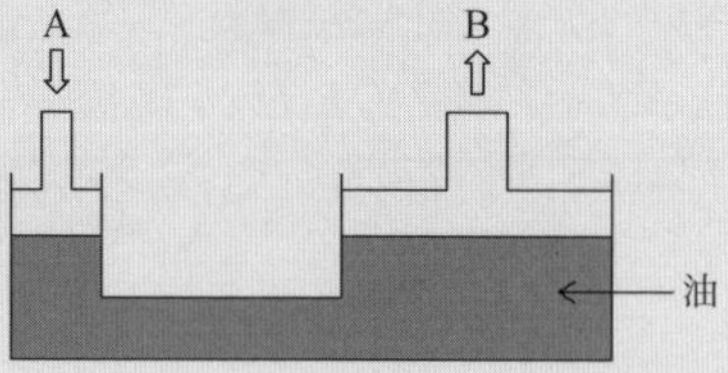

解説 パスカルの原理によって，AとBのピストンに掛かる単位面積当たりの力が等しいとしてピストンBに掛かる力を求める．なお，cmをmの単位で表す必要があるが，計算上は関係しないので，ここではcmの単位で行う.

ピストンAの面積　$\pi \times$ 半径の2乗 $= \pi \times (1\,\mathrm{cm}/2)^2 = \pi/4\,\mathrm{cm}^2$　①

ピストンBの面積　$\pi \times$ 半径の2乗 $= \pi \times (3\,\mathrm{cm}/2)^2 = \pi 9/4\,\mathrm{cm}^2$　②

ピストンBに掛かる力をXNとすれば，式①と式②から次の等式が成立する．

$9\,\mathrm{N}/(\pi/4\,\mathrm{cm}^2) = X\mathrm{N}/(\pi 9/4\,\mathrm{cm}^2)$　③

式③を整理すると，

$9 = X/9$

$X = 81\,\mathrm{N}$

となる．

以上から（5）が正解．

▶答（5）

問題2　【令和2年春 問13】

油で満たされた二つのシリンダが連絡している図の装置で，ピストンA（直径2cm）に7Nの力を加えるとき，ピストンB（直径6cm）に加わる力は（1）～（5）のうちどれか．

（1）21N

（2）32N

（3）42N

（4）63N

（5）84N

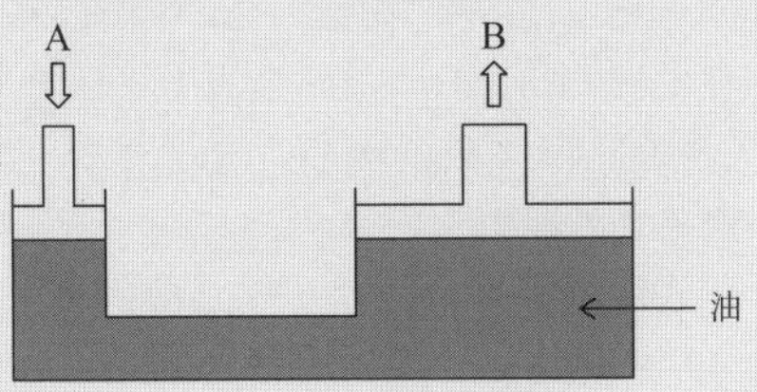

解説　パスカルの原理によって，AとBのピストンに掛かる単位面積当たりの力が等しいとしてピストンBに掛かる力を求める．なお，cmをmの単位で表す必要があるが，計算上は関係しないので，ここではcmの単位で行う．

ピストンAの面積　$\pi \times$ 半径の2乗 $= \pi \times (2\,\mathrm{cm}/2)^2 = \pi\,\mathrm{cm}^2$　①

ピストンBの面積　$\pi \times$ 半径の2乗 $= \pi \times (6\,\mathrm{cm}/2)^2 = \pi 9\,\mathrm{cm}^2$　②

ピストンBに掛かる力をXNとすれば，式①と式②から次の等式が成立する．

$7\,\mathrm{N}/(\pi\,\mathrm{cm}^2) = X\mathrm{N}/(\pi 9\,\mathrm{cm}^2)$　③

式③を整理すると，

$7 = X/9$

$X = 63\,\mathrm{N}$

となる．

以上から（4）が正解．

▶答（4）

問題3　【令和元年春 問13】

油で満たされた二つのシリンダが連絡している図の装置で，ピストンA（直径1cm）に9Nの力を加えるとき，ピストンB（直径2cm）に加わる力は（1）～（5）

のうちどれか.

(1)　9 N

(2)　18 N

(3)　27 N

(4)　36 N

(5)　72 N

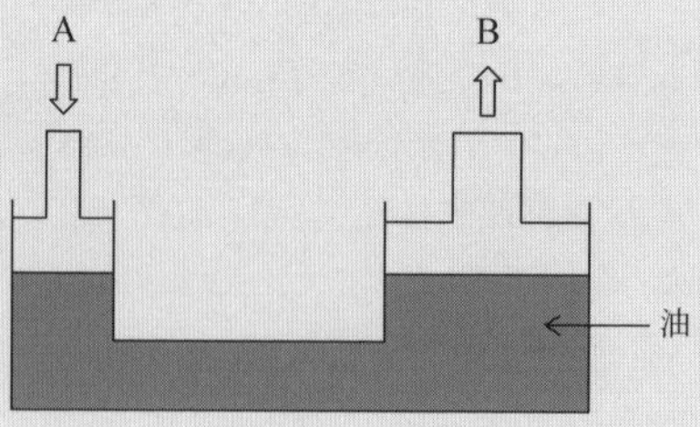

解説　パスカルの原理によって，AとBのピストンに掛かる単位面積当たりの力が等しいとしてピストンBに掛かる力を求める．なお，cmをmの単位で表す必要があるが，計算上は関係しないので，ここではcmの単位で行う．

ピストンAの面積　　$\pi \times$ 半径の2乗 $= \pi \times (1\,\mathrm{cm}/2)^2 = \pi/4\,\mathrm{cm}^2$　　①

ピストンBの面積　　$\pi \times$ 半径の2乗 $= \pi \times (2\,\mathrm{cm}/2)^2 = \pi\,\mathrm{cm}^2$　　②

ピストンBに掛かる力を X Nとすれば，式①と式②から次の等式が成立する．

$9\,\mathrm{N}/(\pi/4\,\mathrm{cm}^2) = X\,\mathrm{N}/(\pi\,\mathrm{cm}^2)$　　③

式③を整理すると，

$9 \times 4 = X$

$X = 36\,\mathrm{N}$

となる．

以上から（4）が正解．

▶答（4）

問題4　【平成30年秋 問13】

油で満たされた二つのシリンダが連絡している図の装置で，ピストンA（直径1 cm）に9 Nの力を加えるとき，ピストンB（直径2 cm）に加わる力は（1）～（5）のうちどれか．

(1)　9 N

(2)　18 N

(3)　27 N

(4)　36 N

(5)　72 N

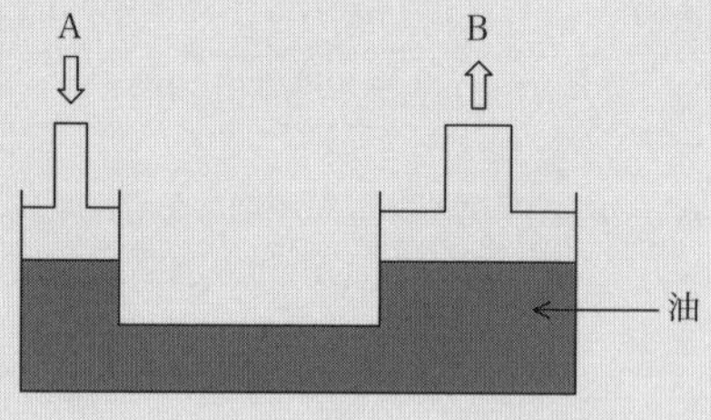

解説　パスカルの原理によって，AとBのピストンに掛かる単位面積当たりの力が等しいとしてピストンBに掛かる力を求める．なお，cmをmの単位で表す必要があるが，計算上は関係しないので，ここではcmの単位で行う．

ピストンAの面積　$\pi \times$ 半径の2乗 $= \pi \times (1\,\mathrm{cm}/2)^2 = \pi/4\,\mathrm{cm}^2$　①

ピストンBの面積　$\pi \times$ 半径の2乗 $= \pi \times (2\,\mathrm{cm}/2)^2 = \pi\,\mathrm{cm}^2$　②

ピストンBに掛かる力を XN とすれば，式①と式②から次の等式が成立する．

$9\,\mathrm{N}/(\pi/4\,\mathrm{cm}^2) = X\mathrm{N}/(\pi\,\mathrm{cm}^2)$　③

式③を整理すると，

$$\frac{9}{\frac{1}{4}} = X$$

$$X = 9 \times 4 = 36\,\mathrm{N}$$

となる．

以上から（4）が正解．　▶答（4）

問題5　【平成30年春 問13】

油で満たされた2つのシリンダが連絡している図の装置で，ピストンA（直径2cm）に7Nの力を加えるとき，ピストンB（直径6cm）に加わる力は（1）～（5）のうちどれか．

(1) 21N
(2) 32N
(3) 42N
(4) 63N
(5) 84N

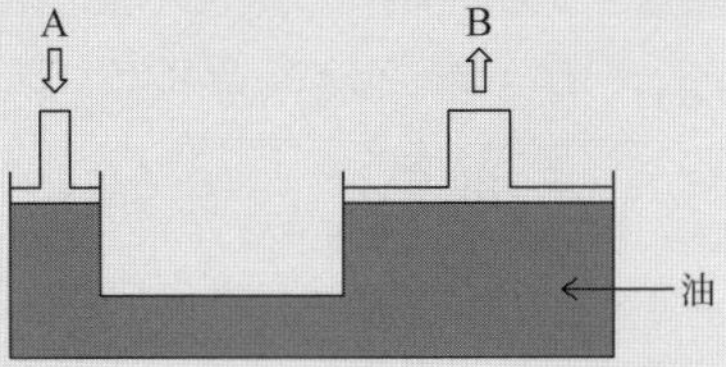

解説 パスカルの原理によって，AとBのピストンに掛かる単位面積当たりの力が等しいとしてピストンBに掛かる力を求める．なお，cmをmの単位で表す必要があるが，計算上は関係しないので，ここではcmの単位で行う．

ピストンAの面積　$\pi \times$ 半径の2乗 $= \pi \times (2\,\mathrm{cm}/2)^2 = \pi\,\mathrm{cm}^2$　①

ピストンBの面積　$\pi \times$ 半径の2乗 $= \pi \times (6\,\mathrm{cm}/2)^2 = 9\pi\,\mathrm{cm}^2$　②

ピストンBに掛かる力を XN とすれば，式①と式②から次の等式が成立する．

$7\,\mathrm{N}/(\pi\,\mathrm{cm}^2) = X\mathrm{N}/(9\pi\,\mathrm{cm}^2)$　③

式③を整理すると，

$$7 = X/9$$

$$X = 7 \times 9\,\mathrm{N} = 63\,\mathrm{N}$$

となる．

以上から（4）が正解．　▶答（4）

問題6 【平成29年秋 問13】

油で満たされた2つのシリンダが連絡している図の装置で，ピストンA（直径2 cm）に8 Nの力を加えるとき，ピストンB（直径5 cm）に加わる力は（1）～（5）のうちどれか．

（1）16 N
（2）20 N
（3）25 N
（4）40 N
（5）50 N

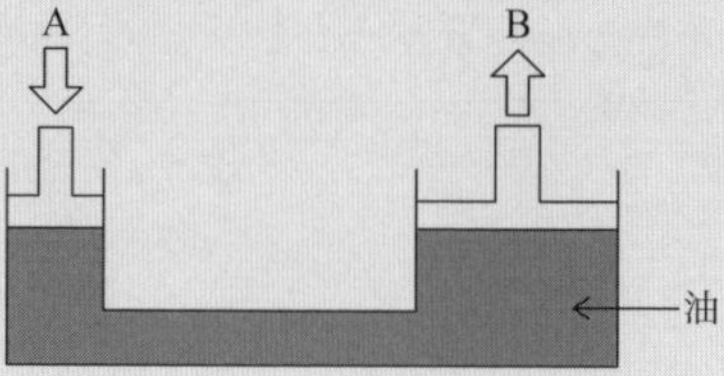

解説 パスカルの原理によって，AとBのピストンに掛かる単位面積当たりの力が等しいとしてピストンBに掛かる力を求める．なお，cmをmの単位で表す必要があるが，計算上は関係しないので，ここではcmの単位で行う．

ピストンAの面積　$\pi \times$ 半径の2乗 $= \pi \times (2\,\mathrm{cm}/2)^2 = \pi\,\mathrm{cm}^2$　①

ピストンBの面積　$\pi \times$ 半径の2乗 $= \pi \times (5\,\mathrm{cm}/2)^2 = \pi \times 25/4\,\mathrm{cm}^2$　②

ピストンBに掛かる力をX Nとすれば，式①と式②から次の等式が成立する．

$8\,\mathrm{N}/(\pi\,\mathrm{cm}^2) = X\,\mathrm{N}/(\pi \times 25/4\,\mathrm{cm}^2)$　③

式③を整理すると，

$8 = X/(25/4) = 4X/25$

$X = 8 \times 25/4\,\mathrm{N} = 50\,\mathrm{N}$

となる．

以上から（5）が正解．

▶答（5）

問題7 【平成29年春 問13】

油で満たされた2つのシリンダが連絡している図の装置で，ピストンA（直径2 cm）に8 Nの力を加えるとき，ピストンB（直径3 cm）に加わる力は（1）～（5）のうちどれか．

（1）8 N
（2）12 N
（3）18 N
（4）24 N
（5）40 N

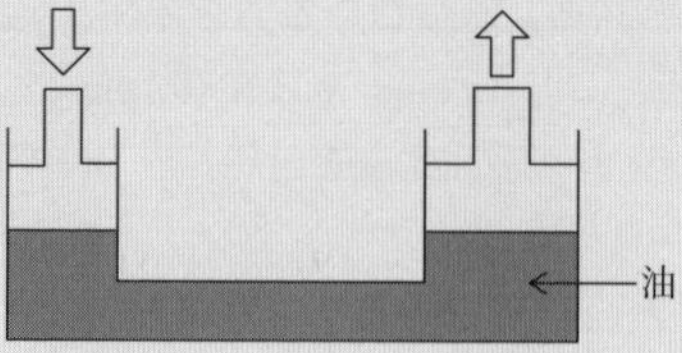

解説 パスカルの原理によって，AとBのピストンに掛かる単位面積当たりの力が等しいとしてピストンBに掛かる力を求める．なお，cmをmの単位で表す必要があるが，計

算上は関係しないので，ここではcmの単位で行う．

ピストンAの面積　$\pi \times$ 半径の2乗 $= \pi \times (2\,\text{cm}/2)^2 = \pi\,\text{cm}^2$　①

ピストンBの面積　$\pi \times$ 半径の2乗 $= \pi \times (3\,\text{cm}/2)^2 = \pi \times 9/4\,\text{cm}^2$　②

ピストンBに掛かる力をXNとすれば，式①と式②から次の等式が成立する．

$8\,\text{N}/(\pi\,\text{cm}^2) = X\text{N}/(\pi \times 9/4\,\text{cm}^2)$　③

式③を整理すると，

$8 = X/(9/4) = 4X/9$

$X = 8 \times 9/4\,\text{N} = 18\,\text{N}$

となる．

以上から（3）が正解．　▶答（3）

問題8　【平成28年秋 問15】

油で満たされた2つのシリンダが連絡している図の装置で，ピストンA（直径1cm）に9Nの力を加えるとき，ピストンB（直径3cm）に加わる力は（1）～（5）のうちどれか．

(1)　3N
(2)　9N
(3)　18N
(4)　27N
(5)　81N

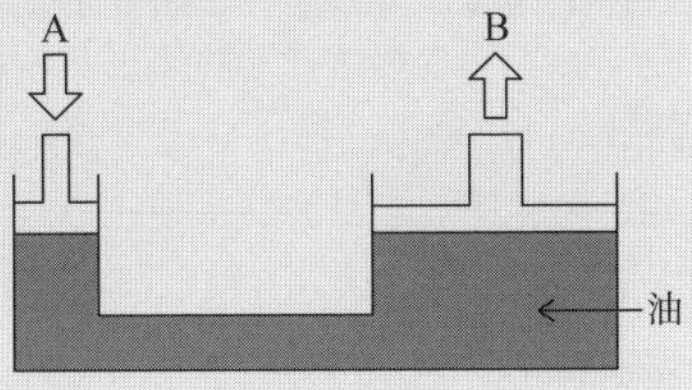

解説　パスカルの原理によって，AとBのピストンに掛かる単位面積当たりの力が等しいとしてピストンBに掛かる力を求める．なお，cmをmの単位で表す必要があるが，計算上は関係しないので，ここではcmの単位で行う．

ピストンAの面積　$\pi \times$ 半径の2乗 $= \pi \times (1\,\text{cm}/2)^2 = \pi/4\,\text{cm}^2$　①

ピストンBの面積　$\pi \times$ 半径の2乗 $= \pi \times (3\,\text{cm}/2)^2 = \pi \times 9/4\,\text{cm}^2$　②

ピストンBに掛かる力をXNとすれば，式①と式②から次の等式が成立する．

$9\,\text{N}/(\pi/4\,\text{cm}^2) = X\text{N}/(\pi \times 9/4\,\text{cm}^2)$　③

式③を整理すると，

$9 \times 4 = 4X/9$

$X = 9 \times 4 \times 9/4\,\text{N} = 81\,\text{N}$

となる．

以上から（5）が正解．　▶答（5）

2.5 油圧駆動装置に関する事項

問題1 【令和2年秋 問14】

油圧駆動装置に関する記述として，適切でないものは次のうちどれか．

(1) 油圧シリンダには，単動型と複動型があり，複動型には，片ロッド式，両ロッド式及び差動式がある．

(2) ラジアル形プランジャモータは，プランジャが回転軸と同一方向に配列されている．

(3) 油圧モータは，圧油を油圧モータに押し込むことにより駆動軸を回転させる装置である．

(4) 移動式クレーンでは，荷の巻上げ用，旋回用及び走行用の油圧モータには，一般にプランジャモータが使用されている．

(5) 複動型シリンダでは，シリンダの両側に作動油の出入口を設け，そこから作動油を流入，流出させて往復運動を行わせる．

解説 (1) 適切．油圧シリンダには，単動型と複動型があり，複動型には，片ロッド式，両ロッド式および差動式がある．図2.5-1に示したものは複動式シリンダ（片ロッド式）の両側に出入り口を設け，方向切換え弁によって交互に油の流入，排出させて往復運動を行う．

なお，単動型（図2.5-2参照）は，作動油の出入口がシリンダの一方にしかなく，シリンダは圧油で伸ばし，縮める時にはジブの自重またはスプリングの力等を利用する．

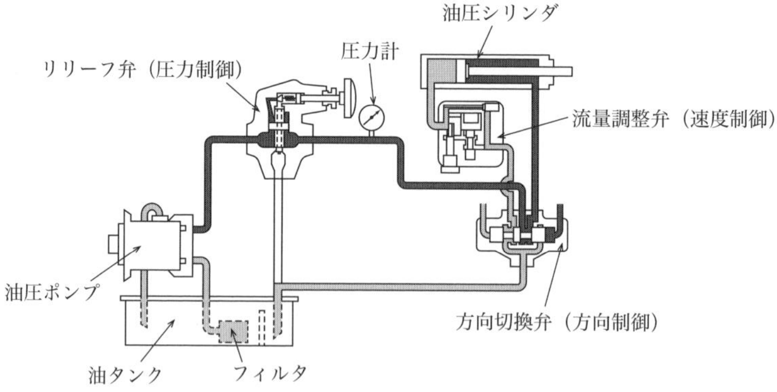

図2.5-1　複動型油圧シリンダ

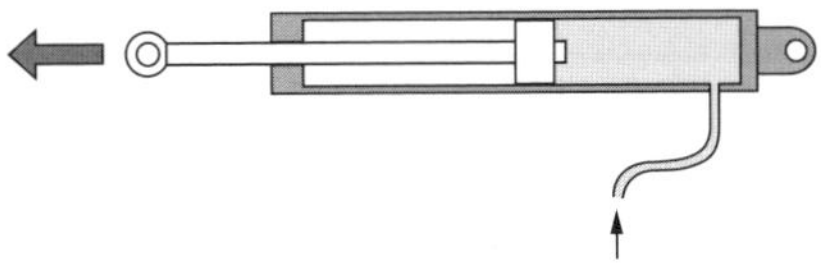

図 2.5-2　単動型油圧シリンダ

(2) 不適切．ラジアル形プランジャモータは，プランジャが回転軸と直角方向に配列されている（図2.5-3参照）．なお，プランジャ（ピストン）が回転軸と同一方向に配列されているものは，アキシャル形プランジャモータである．

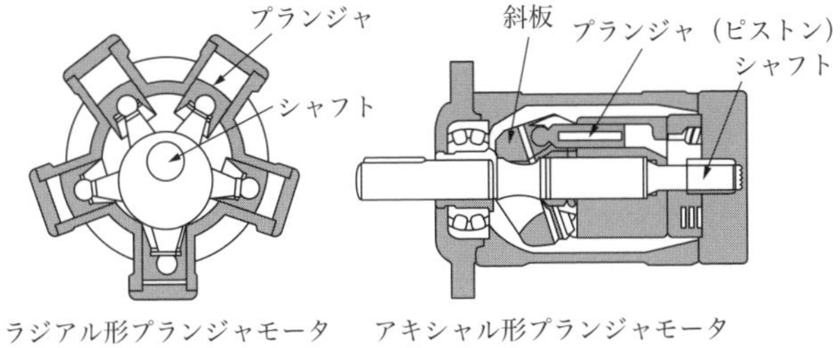

プランジャモータ	
ラジアル形	プランジャが回転軸に直角方向に配列
アキシャル形	プランジャが回転軸と同一方向に配列

図 2.5-3　プランジャモータ
（出典：移動式クレーン運転士教本，p150）

(3) 適切．油圧モータは，圧油を油圧モータに押し込むことにより駆動軸を回転させる装置である．油圧ポンプとは逆である．

- 油圧モータ
  - ベーンモータ
  - プランジャモータ（ピストンモータ）
    - ラジアル形
    - アキシャル形

(4) 適切．移動式クレーンでは，荷の巻上げ用，旋回用および走行用の油圧モータには，一般に高圧が容易に得られるプランジャモータ（ピストンモータ）が使用されている．図2.5-3参照．

(5) 適切．複動型シリンダでは，シリンダの両側に作動油の出入口を設け，そこから作動油を流入，流出させて往復運動を行わせる．図2.5-1参照．　▶答（2）

問題 2　【令和2年春 問14】

油圧駆動装置に関する記述として，適切でないものは次のうちどれか．

(1) 油圧モータは，圧油を押し込むことにより駆動軸を回転させる装置である．

(2) 油圧モータには，ベーンモータやプランジャモータがある．

(3) アキシャル型プランジャモータは，プランジャが回転軸と同一方向に配列されている．

(4) 油圧シリンダは，油圧ポンプから送られてきた圧油の力でピストンを往復させる装置である.
(5) 単動型油圧シリンダは，一般に大型の移動式クレーンで使用されている.

解説 (1) 適切. 油圧モータは，圧油を押し込むことにより駆動軸を回転させる装置である.

(2) 適切. 油圧モータには，ベーンモータ（vane motor：翼型モータ）やプランジャモータ（plunger motor：ピストン型モータ）がある. なお，プランジャは通常より高圧で使用されるピストンである.

油圧モータ ─┬ ベーンモータ
　　　　　　└ プランジャモータ（ピストンモータ）─┬ ラジアル形
　　　　　　　　　　　　　　　　　　　　　　　　　└ アキシャル形

(3) 適切. アキシャル（axial：軸の）型プランジャモータは，プランジャが回転軸と同一方向に配列されている. 図 2.5-3 参照.

(4) 適切. 油圧シリンダは，油圧ポンプから送られてきた圧油の力でピストンを往復させる装置である. 図 2.5-4 参照.

(5) 不適切. 単動型油圧シリンダは，一般に小型の移動式クレーンで使用されている. 図 2.5-4 参照.

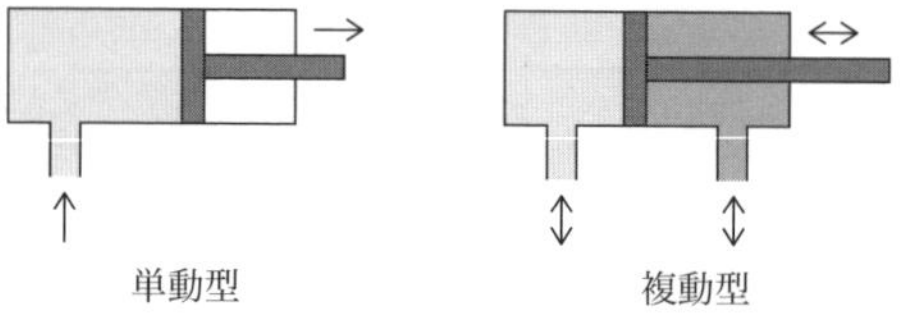

図 2.5-4　油圧シリンダの種類

▶ 答 (5)

問題 3　【令和元年秋 問 13】

次の文中の [　　] 内に入れる A から D の語句の組合せとして，正しいものは (1) ～ (5) のうちどれか.

「油圧装置は，他の動力などによって油圧 [A] を駆動し，これで [B] された作動油が方向切換弁を経て油圧シリンダ又は油圧 [C] に流れ，油圧シリンダが伸縮又は油圧 [C] が回転して各装置を駆動させる.

油圧シリンダ又は油圧 [C] を駆動させた作動油は [D] となり，配管などを経て作動油タンクに戻る.」

	A	B	C	D
(1)	モータ	減圧	ポンプ	高圧
(2)	ポンプ	減圧	モータ	高圧
(3)	モータ	加圧	ポンプ	高圧
(4)	ポンプ	加圧	モータ	低圧
(5)	モータ	加圧	ポンプ	低圧

解説 A 「ポンプ」である.

B 「加圧」である.

C 「モータ」である.

D 「低圧」である.

以上から (4) が正解.

▶答 (4)

問題4

【令和元年秋 問14】

油圧発生装置，油圧駆動装置の機構及び特徴に関する記述として，適切なものは次のうちどれか.

(1) 移動式クレーンでは，油圧シリンダは，一般に複動型片ロッド式シリンダが使用されている.

(2) プランジャポンプは，プランジャの回転運動により油の吸込み及び吐出しを行う機構である.

(3) 歯車ポンプには，内接形と外接形があり，移動式クレーンでは内接形が使用されている.

(4) アキシャル型プランジャモータは，プランジャが回転軸に対して直角方向に配列されている.

(5) 歯車ポンプは，キャビテーションが発生しない構造で，騒音，振動が少ないため，プランジャポンプに比べて，大容量で脈動の少ない圧油が効率良く得られる.

解説 (1) 適切. 移動式クレーンでは，油圧シリンダは，一般に複動型片ロッド式シリンダが使用されている. 図2.5-1参照.

(2) 不適切. プランジャポンプは，プランジャの往復運動（ピストン運動）により油の吸込みおよび吐出しを行う機構である. 図2.5-5参照.

(3) 不適切. 歯車ポンプには，内接形と外接形があり，移動式クレーンでは外接形が使用されている. 図2.5-6参照.

(4) 不適切. アキシャル型プランジャモータは，プランジャが回転軸に対して平行方向に配列されている. 図2.5-5参照.

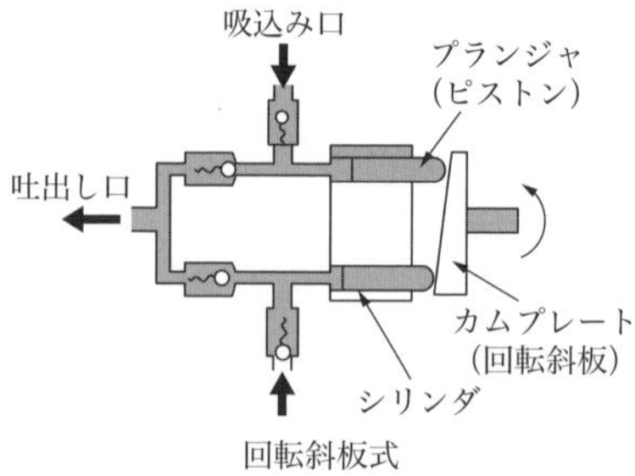

図 2.5-5　プランジャポンプ
(ピストンポンプ) 作動原理図

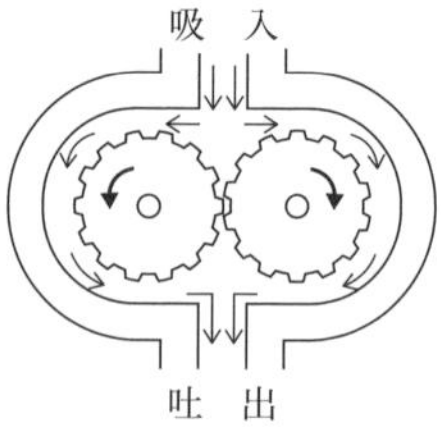

図 2.5-6　外接形歯車ポンプ
作動の原理図

(5) 不適切. 歯車ポンプは，キャビテーション（減圧の部分で生成する気泡）が発生して騒音，振動が発生することがある．またプランジャポンプに比べて，小容量で脈動の少ない圧油が効率良く得られる．図 2.5-6 参照.

▶答 (1)

問題 5

【令和元年春 問 14】

油圧駆動装置に関する記述として，適切でないものは次のうちどれか.

(1) 油圧モータは，圧油を押し込むことにより駆動軸を回転させる装置である.

(2) 油圧シリンダは，油圧ポンプから送られてきた圧油の力でピストンを往復させる装置である.

(3) 移動式クレーンでは，荷の巻上げ用，旋回用及び走行用の油圧モータには，一般にプランジャモータが使用されている.

(4) 移動式クレーンでは，油圧シリンダは，一般に複動型片ロッド式シリンダが使用されている.

(5) アキシャル型プランジャモータは，プランジャが回転軸に対して直角方向に配列されている.

解説 (1) 適切. 油圧モータは，圧油を押し込むことにより駆動軸を回転させる装置である．油圧ポンプとは逆である.

(2) 適切. 油圧シリンダには，単動型と複動型があり，複動型には，片ロッド式，両ロッド式および差動式がある．図 2.5-1 に示したものは複動式シリンダ（片ロッド式）の両側に出入り口を設け，方向切換え弁によって交互に油を流入，排出させて往復運動を行う.

なお，単動型（図 2.5-2 参照）は，作動油の出入口がシリンダの一方にしかなく，シリンダは圧油で伸ばし，縮める時にはジブの自重またはスプリングの力等を利用する.

(3) 適切. 移動式クレーンでは，荷の巻上げ用，旋回用および走行用の油圧モータには，一般にプランジャモータ（ピストンモータ）が使用されている．

(4) 適切．移動式クレーンでは，油圧シリンダは，一般に複動型片ロッド式シリンダが使用されている．図2.5-1参照．

(5) 不適切．アキシャル型プランジャモータは，プランジャが回転軸と同一方向に配列されている．

▶答 (5)

問題6 【平成30年秋 問14】

油圧発生装置のプランジャポンプに関する記述として，適切でないものは次のうちどれか．

(1) プランジャポンプは，歯車ポンプに比べて，より高圧の圧油が得られる．

(2) プランジャポンプは，歯車ポンプに比べて，構造が複雑で部品数が多い．

(3) プランジャポンプは，歯車ポンプに比べて，大容量の脈動が少ない圧油が得られる．

(4) プランジャポンプは，シリンダとプランジャの摺《しゅう》動部分が長いため，油漏れが多い．

(5) 可変容量形のプランジャポンプは，吐出量を加減することができる．

解説 (1) 適切．プランジャポンプ（plunger pump：ピストンポンプ）は，歯車ポンプに比べて，より高圧の圧油（シリンダとプランジャの摺動部分が長く油漏れが少ないため）が得られる．

(2) 適切．プランジャポンプは，歯車ポンプに比べて，構造が複雑で部品数が多い．

(3) 適切．プランジャポンプは，歯車ポンプに比べて，大容量の脈動が少ない圧油が得られる．

(4) 不適切．プランジャポンプは，シリンダとプランジャの摺《しゅう》動部分が長いため，油漏れが少ない．そのため高圧が可能である．

(5) 適切．可変容量形のプランジャポンプ（図2.5-5参照）は，プランジャポンプの斜板（カムプレート）の角度を変えることによって吐出量を加減することができる．

▶答 (4)

問題7 【平成30年春 問14】

油圧駆動装置に関する記述として，適切でないものは次のうちどれか．

(1) 油圧モータは，圧油を押し込むことにより駆動軸を回転させる装置である．

(2) 油圧モータには，ベーンモータやプランジャモータがある．

(3) アキシャル型プランジャモータは，プランジャが回転軸と同一方向に配列されている．

(4) 油圧シリンダは，油圧ポンプから送られてきた圧油の力でピストンを往復させる装置である.

(5) 単動型油圧シリンダは，一般に，大型の移動式クレーンで使用されている.

解説 (1) 適切．油圧モータは，圧油を押し込むことにより駆動軸を回転させる装置で，油圧によりピストンを往復させる油圧ポンプとは逆である.

(2) 適切．油圧モータには，ベーンモータ（vane motor：翼型モータ）やプランジャモータ（plunger motor：ピストン型モータ）がある.

(3) 適切．アキシャル（axial：軸の）型プランジャモータは，プランジャが回転軸と同一方向に配列されている.

(4) 適切．油圧シリンダは，油圧ポンプから送られてきた圧油の力でピストンを往復させる装置である.

(5) 不適切．単動型油圧シリンダは，小型の移動式クレーンで使用されている．大型の移動式クレーンでは複動形片ロッド式シリンダ（図2.5-1参照）が使用されている.

▶答 (5)

問題8 【平成29年秋 問14】

油圧発生装置及び油圧駆動装置の機構及び特徴に関し，正しいものは次のうちどれか.

(1) プランジャポンプは，プランジャの回転運動により油の吸込み・吐出しを行う機構である.

(2) 歯車ポンプは，ケーシング内でかみ合う歯車によって，吸込み口から吸い込んだ油を吐出し口に押し出す機構である.

(3) 歯車ポンプは，プランジャポンプに比べて，より高圧の圧油が得られる.

(4) 大型の移動式クレーンでは，油圧シリンダは，一般にスプリングによる戻り機構の単動型シリンダが使用されている.

(5) アキシャル型プランジャモータは，プランジャが回転軸に対して直角方向に配列されている.

解説 (1) 誤り．プランジャポンプ（plunger pump：ピストンポンプ）は，プランジャの往復運動により油の吸込み・吐出しを行う機構である.

(2) 正しい．歯車ポンプは，ケーシング内でかみ合う歯車によって，吸込み口から吸い込んだ油を吐出し口に押し出す機構である．図2.5-6参照.

(3) 誤り．歯車ポンプは，プランジャポンプに比べて，より高圧の圧油が得られない．プランジャポンプは，シリンダとプランジャの摺動部分が長く油漏れが少ないため高圧の圧油が得られる.

(4) 誤り. 大型の移動式クレーンでは, 油圧シリンダは, 一般に複動形片ロッド式シリンダが使用されている. 図2.5-1参照.

(5) 誤り. アキシャル型プランジャモータは, プランジャが回転軸と同一方向に配列されている. なお, プランジャが回転軸に対して直角方向に配列されているものは, ラジアル形プランジャモータである.

▶答 (2)

問題9 【平成29年春 問14】

油圧発生装置及び油圧駆動装置の機構及び特徴に関し, 正しいものは次のうちどれか.

(1) プランジャポンプは, プランジャの回転運動により, 油の吸込み・吐出しを行う機構である.

(2) 歯車ポンプは, ケーシング内でかみ合う歯車によって, 吸込み口から吸い込んだ油を吐出し口に押し出す機構である.

(3) 歯車ポンプは, プランジャポンプに比べて, より高圧の圧油が得られる.

(4) 大型の移動式クレーンでは, 油圧シリンダは, 一般にスプリングによる戻り機構の単動形シリンダが使用されている.

(5) アキシャル形プランジャモータは, プランジャが回転軸に対して直角方向に配列されている.

解説 (1) 誤り. プランジャポンプ (plunger pump：ピストンポンプ) は, プランジャ (ピストン棒) の往復運動により, 油の吸込み・吐出しを行う機構である. 図2.5-4参照.

(2) 正しい. 歯車ポンプは, ケーシング内でかみ合う歯車によって, 吸込み口から吸い込んだ油を吐出し口に押し出す機構である. 図2.5-6参照.

(3) 誤り. プランジャポンプは, シリンダとプランジャの摺《しゅう》動部分が長く, 油漏れが少ないため歯車ポンプに比べて, より高圧の圧油が得られる.

(4) 誤り. 大型の移動式クレーンでは, 油圧シリンダは, 一般に油圧によるピストンを往復させる複動形片ロッド式シリンダが使用されている.

(5) 誤り. アキシャル形プランジャモータは, プランジャが回転軸と同一方向に配列されている. なお, 回転軸に対して直角方向に配列されているのは, ラジアル形プランジャモータである. 図2.5-3参照.

▶答 (2)

問題10 【平成28年秋 問14】

油圧駆動装置に関し, 誤っているものは次のうちどれか.

(1) 油圧シリンダには, 単動形と複動形があり, 複動形には, 片ロッド形, 両ロッド形及び差動式がある.

(2) ラジアル形プランジャモータは，プランジャが回転軸と同一方向に配列されている.

(3) 油圧モータは，圧油をこれに押し込むことにより，駆動軸を回転させる装置である.

(4) 荷の巻上げ用，旋回用及び走行用の油圧モータには，一般にプランジャモータが使用されている.

(5) 複動形シリンダでは，シリンダの両側に作動油の出入口を設け，そこから作動油を流入，流出させて往復運動を行わせる.

解説 (1) 正しい．油圧シリンダには，単動形と複動形があり，複動形には，片ロッド形（図2.5-1，図2.5-2参照），両ロッド形および差動式がある．

(2) 誤り．ラジアル（radial）形プランジャモータは，プランジャが回転軸に対し直角方向に配列されている．同一方向に配列されているものは，アキシャル（axial）形プランジャポンプである．

(3) 正しい．油圧モータは，圧油をこれに押し込むことにより，駆動軸を回転させる装置である．

(4) 正しい．荷の巻上げ用，旋回用および走行用の油圧モータには，一般にプランジャモータが使用されている．

(5) 正しい．複動形シリンダでは，シリンダの両側に作動油の出入口を設け，そこから作動油を流入，流出させて往復運動を行わせる．図2.5-4参照．

▶答 (2)

問題11 【平成28年春 問17】

次の文中の[　　]内に入れるAからDまでの語句の組合せとして，正しいものは(1)～(5)のうちどれか.

「油圧装置は，他の動力などによって油圧[A]を回し，これで[B]された作動油が方向切換弁を経て油圧シリンダ又は油圧[C]に流れ，油圧シリンダが伸縮又は油圧[C]が回転して各装置を駆動させる．油圧シリンダ又は油圧[C]を駆動させた作動油は[D]となり，配管などを経て作動油タンクに戻る.」

	A	B	C	D
(1)	モータ	減圧	ポンプ	高圧
(2)	ポンプ	減圧	モータ	高圧
(3)	モータ	加圧	ポンプ	高圧
(4)	ポンプ	加圧	モータ	低圧
(5)	モータ	加圧	ポンプ	低圧

解説 A 「ポンプ」である.
B 「加圧」である.
C 「モータ」である.
D 「低圧」である.
以上から (4) が正解.
▶答 (4)

問題12 【平成28年春 問19】

油圧発生装置のプランジャポンプの機構及び特徴に関し，次のうち誤っているものはどれか.

(1) プランジャポンプは，歯車ポンプに比べて，構造が簡単で保守が容易である.
(2) プランジャポンプは，歯車ポンプに比べて，より高圧の圧油が得られる.
(3) プランジャポンプは，歯車ポンプに比べて，大容量の脈動が少ない圧油が得られる.
(4) プランジャポンプは，歯車ポンプに比べて，ポンプ効率がよい.
(5) プランジャポンプは，シリンダとプランジャの摺《しゅう》動部分が長いため油漏れが少ない.

解説 (1) 誤り. プランジャポンプ (plunger pump：ピストンポンプ) は，歯車ポンプに比べて，構造が複雑で部品数が多いため保守が容易ではない.
(2) 正しい. プランジャポンプは，歯車ポンプに比べて，シリンダとプランジャの摺動部分が長く，油漏れが少ないため，より高圧の圧油が得られる.
(3) 正しい. プランジャポンプは，歯車ポンプに比べて，大容量の脈動が少ない圧油が得られる.
(4) 正しい. プランジャポンプは，歯車ポンプに比べて，ポンプ効率がよい.
(5) 正しい. プランジャポンプは，シリンダとプランジャの摺《しゅう》動部分が長いため油漏れが少ない.
▶答 (1)

2.6 油圧制御装置に関する事項

問題1 【令和2年秋 問15】

次の文中の ＿＿ 内に入れるAからCの語句の組合せとして，正しいものは (1) ～ (5) のうちどれか.

「移動式クレーンに使われる油圧制御弁を機能別に分類すると，圧力制御弁，流量制御弁及び方向制御弁の3種類がある. その例を挙げると，圧力制御弁には [A]

があり，流量制御弁には [B] があり，方向制御弁には [C] がある.」

	A	B	C
(1)	シーケンス弁	絞り弁	逆止め弁
(2)	アンロード弁	減圧弁	方向切換弁
(3)	減圧弁	絞り弁	リリーフ弁
(4)	逆止め弁	リリーフ弁	シーケンス弁
(5)	リリーフ弁	逆止め弁	アンロード弁

解説 A「シーケンス弁」である．図2.6-1に示すように，作動油によって一次側（入口）圧力がばねの設定圧力以下であれば，スプール（spool：方向切換え弁）はそのままで二次側（出口）は閉じているが，一次側の圧力がばねの設定圧力以上になると，作動油によってスプールが持ち上がり二次側が開く．この弁は，ジブの伸縮回路のように一方がその工程を完了すると他方の油圧シリンダが動き始めるという順次に制御する方式である．

B「絞り弁」である．図2.6-2に示すように調整ねじで絞り部の開きを変えて流量（作動油）の調整を行う方式である．

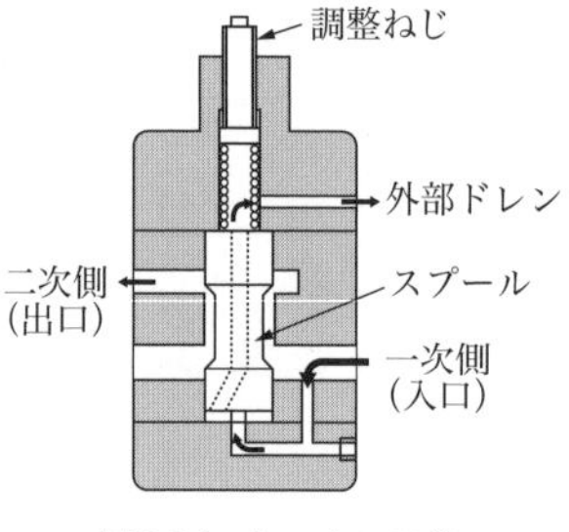

図2.6-1 シーケンス弁
（出典：移動式クレーン運転士教本，p152）

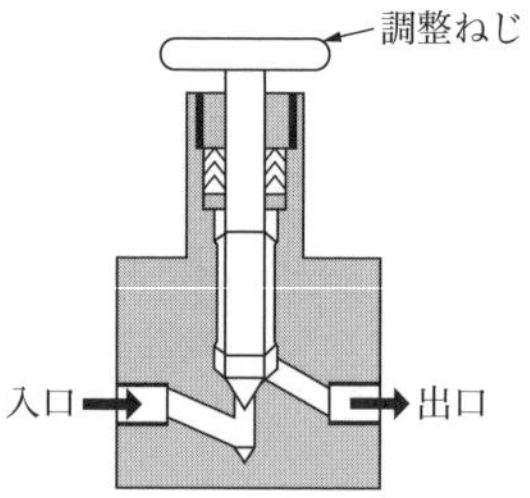

図2.6-2 絞り弁
（出典：移動式クレーン運転士教本，p153）

C「逆止め弁」である．図1.8-4に示すように作動油が逆流になると，ポペット（poppet）が弁座に押し付けられ弁が締まり逆流は停止する．なお，ポペットとは，語源は人形であるが，弁体が弁座シート面から直角方向に移動する形式のバルブを意味している．

以上から（1）が正解.

▶答（1）

問題2 【令和2年春 問15】

油圧装置の油圧制御弁に関する記述として，適切でないものは次のうちどれか.

(1) パイロットチェック弁は，ある条件のときに逆方向にも流せるようにしたもので，アウトリガー油圧回路の配管破損時の垂直シリンダの縮小防止に用いられる.

(2) 減圧弁は，油圧回路の一部を他より低い圧力にして使用するために用いられる.
(3) リリーフ弁は，油圧回路の油圧が設定した圧力以上になるのを防ぐために用いられる.
(4) シーケンス弁は，油の流れの方向を切り換えて油圧シリンダの運動方向を変えるために用いられる.
(5) カウンタバランス弁は，一方向の流れには設定された背圧を与えて流量を制御し，逆方向の流れは自由にさせるものである.

解説 (1) 適切．パイロットチェック弁は，ある条件のときに逆方向にも流せるようにしたもので，アウトリガー油圧回路の配管破損時の垂直シリンダの縮小防止に用いられる.

(2) 適切．減圧弁は，油圧回路の一部を他より低い圧力にして使用するために用いられる．ウインチのクラッチ回路などに用いられている.

(3) 適切．リリーフ弁（安全弁）は，油圧回路の油圧が設定した圧力以上になるのを防ぐために用いられる（図 1.8-3 参照)．図において入口の油圧がばねの力より大きくなると，スプール（一種の円筒状の弁）が上に押し上げられ油圧の一部は出口からタンクに流れ圧力上昇が防止される.

(4) 不適切．シーケンス弁は，別々に行動する二つの油圧シリンダにおいて，一方がその工程を完了すると，他方の油圧シリンダが動き始めるというように順次に制御する弁である．ジブの伸縮回路に使用されている．なお，油の流れの方向を切り換えて油圧シリンダの運動方向を変えるために用いられる弁は，方向切換弁である．図 2.6-1 参照.

(5) 適切．カウンタバランス弁は，ピストンに対し一定の下降速度を得るために，一方向の流れには設定された背圧を与えて流量を制御し，逆方向の流れは自由にさせるものである．ジブ起伏用のシリンダ回路に使用されている．図 1.8-5 参照.

▶答 (4)

問題 3 【令和元年秋 問 15】

油圧装置の油圧制御弁に関する記述として，適切でないものは次のうちどれか.

(1) リリーフ弁は，油圧回路の油圧が設定した圧力以上になるのを防ぐために用いられる.
(2) 絞り弁は，自動的に絞り部の開きを変えて流量及び油圧の調整を行うものである.
(3) パイロットチェック弁は，ある条件のときに逆方向にも流せるようにしたもので，アウトリガー油圧回路の配管破損時の垂直シリンダの縮小防止に用いられる.
(4) 逆止め弁は，所定の圧力に達すると，一方向には流れを通過させるが，逆方向への流れを止めてしまうものである.
(5) 方向切換弁は，油の流れの方向を切り換えるもので，油圧シリンダの運動方向などを変えるために用いられる.

解説 (1) 適切．リリーフ弁（図1.8-3参照）は，油圧回路の油圧が設定した圧力以上になると，ばねを押し上げ圧油の一部がタンクに行き，圧力がそれ以上になるのを防ぐために用いられる．なお，スプール（spool）とは円筒状の弁の一種である．

(2) 不適切．絞り弁は，流量調整ハンドルを操作することによって絞り部の開きを変えて流量および油圧の調整を行うものである．「自動的」が誤り．図2.6-2参照．

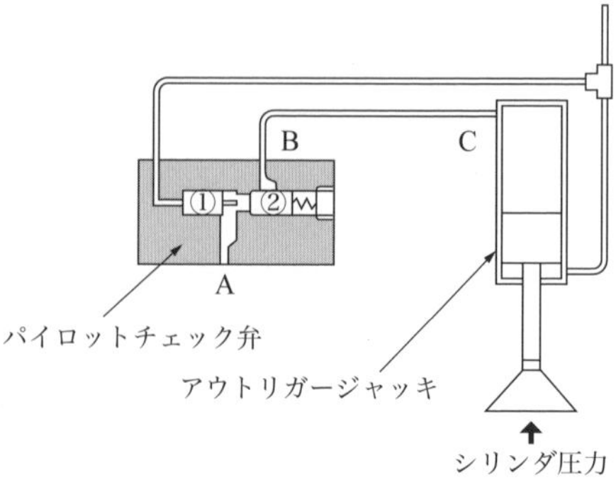

図 2.6-3　パイロットチェック弁
（出典：移動式クレーン運転士教本，p154）

(3) 適切．パイロットチェック弁（図2.6-3参照）は，ある条件のときに逆方向にも流せるようにしたもので，アウトリガー油圧回路の配管破損時の垂直シリンダの縮小防止に用いられる．例えば，シリンダを伸ばしていたとき，配管破損でAに圧油が供給されなくなった場合，ばねがスプール②を左に押しCB間を閉鎖し縮小を止める．

(4) 適切．逆止め弁は，所定の圧力に達すると，一方向には流れを通過させるが，逆方向への流れを止めてしまうものである．図1.8-4参照．

(5) 適切．方向切換弁は，油の流れの方向を切り換えるもので，油圧シリンダの運動方向などを変えるために用いられる．

▶答 (2)

問題4　【令和元年春 問15】

次の文中の［　　］内に入れるAからCの語句の組合せとして，正しいものは(1)～(5)のうちどれか．

「移動式クレーンに使われる油圧制御弁を機能別に分類すると，圧力制御弁，流量制御弁及び方向制御弁の3種類がある．その例を挙げると，圧力制御弁には［A］があり，流量制御弁には［B］があり，方向制御弁には［C］がある．」

	A	B	C
(1)	シーケンス弁	絞り弁	逆止め弁
(2)	アンロード弁	減圧弁	方向切換弁
(3)	減圧弁	絞り弁	リリーフ弁
(4)	逆止め弁	リリーフ弁	シーケンス弁
(5)	リリーフ弁	逆止め弁	アンロード弁

解説 A「シーケンス弁」である．図2.6-1の例では，一次側（入口）の油圧がばね圧

力以下では二次側（出口）は閉じているが，一次側がばね圧力以上になると二次側が開く．このように一方がその工程を完了すると，他方の油圧シリンダが稼働するように順次に制御する方式で，ジブの伸縮回路に用いられる．

B 「絞り弁」である．図2.6-2に示すようにハンドルを操作して絞り部の開きを変えて流量の調整を行う．

C 「逆止め弁」である．図1.8-4は，一方方向には自由に通過するが，逆方向は完全に止めてしまう．

以上から（1）が正解.

▶答（1）

問題5

【平成30年秋 問15】

油圧装置の油圧制御弁に関する記述として，適切でないものは次のうちどれか．

(1) リリーフ弁は，油圧回路の油圧が設定した圧力以上になるのを防ぐために用いられる．

(2) 絞り弁は，自動的に絞り部の開きを変えて流量及び油圧の調整を行うものである．

(3) パイロットチェック弁は，ある条件のときに逆方向にも流せるようにしたもので，アウトリガー回路破損時の垂直シリンダの縮小防止に用いられる．

(4) 逆止め弁は，所定の圧力に達すると，一方向には流れを通過させるが，逆方向への流れを止めてしまうものである．

(5) 方向切換弁は，油の流れの方向を切り換えるもので，油圧シリンダの運動方向などを変えるために用いられる．

解説 (1) 適切．リリーフ弁（安全弁）は，油圧回路の油圧が設定した圧力以上になるのを防ぐために用いられる（図1.8-3参照）．図において入口の油圧がばねの力より大きくなると，スプール（一種の円筒状の弁）が上に押し上げられ油圧の一部は出口からタンクに流れ圧力上昇が防止される．

(2) 不適切．絞り弁は，流量調整ハンドルを操作することによって絞り部の開きを変えて流量および油圧の調整を行うものである．「自動的」が誤り．図2.6-2参照.

(3) 適切．パイロットチェック弁（図2.6-3参照）は，ある条件のときに逆方向にも流せるようにしたもので，アウトリガー油圧回路の配管破損時の垂直シリンダの縮小防止に用いられる．例えば，シリンダを伸ばしていたとき，配管破損でAに圧油が供給されなくなった場合，ばねがスプール②を左に押しCB間を閉鎖し縮小を止める．

(4) 適切．逆止め弁は，所定の圧力に達すると，一方向には流れを通過させるが，逆方向への流れを止めてしまうものである．図1.8-4参照.

(5) 適切．方向切換弁は，油の流れの方向を切り換えるもので，油圧シリンダの運動方

向などを変えるために用いられる.　▶答（2）

問題6　【平成30年春 問15】

次の文中の［　　］内に入れるAからCの語句の組合せとして，正しいものは（1）～（5）のうちどれか.

「移動式クレーンに使われる油圧制御弁を機能別に分類すると，圧力制御弁，流量制御弁及び方向制御弁の3種類がある．その例を挙げると，圧力制御弁には［ A ］があり，流量制御弁には［ B ］があり，方向制御弁には［ C ］がある.」

	A	B	C
（1）	シーケンス弁	絞り弁	リリーフ弁
（2）	アンロード弁	減圧弁	逆止め弁
（3）	減圧弁	絞り弁	方向切換弁
（4）	逆止め弁	リリーフ弁	シーケンス弁
（5）	リリーフ弁	逆止め弁	アンロード弁

解説　A 「減圧弁」である（図2.6-4参照）．図において，一次側（入口）から入った圧油は二次側（出口）に出るが，一部スプール（一種の円筒形の弁）の下部を通ってニードル弁に作用する．二次側圧力が設定以上になろうとすれば，ニードル弁を左側に押しているばねが反対（右側）に押されて圧油がドレンからタンクに流出する．するとスプールが押し上げられ，弁として作用し二次側に出る圧油が減少し二次側（出口）が減圧となる.

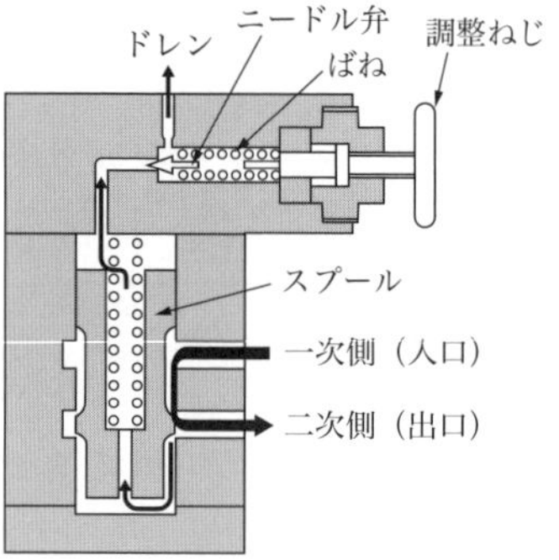

図2.6-4　減圧弁
（出典：移動式クレーン運転士教本，p151）

B 「絞り弁」である（図2.6-2参照）．図において，流量調整ハンドル（調整ねじ）を操作することによって絞り弁の開きを変えて流量を調整する.

C 「方向切換弁」である.

以上から（3）が正解.　▶答（3）

問題7　【平成29年秋 問15】

油圧装置の油圧制御弁に関し，誤っているものは次のうちどれか.

（1）パイロットチェック弁は，ある条件のときに逆方向にも流せるようにしたもので，アウトリガー回路破損時の垂直シリンダの縮小防止に用いられる.

(2) 減圧弁は，油圧回路の一部を他より低い圧力にして使用するために用いられる.
(3) リリーフ弁は，油圧回路の油圧が設定した圧力以上になるのを防ぐために用いられる.
(4) シーケンス弁は，油の流れの方向を切り換えて油圧シリンダの運動方向を変えるために用いられる.
(5) カウンタバランス弁は，一方向の流れには設定された背圧を与えて流量を制限し，逆方向の流れは自由にさせるものである.

解説 (1) 正しい．パイロットチェック弁（図2.6-3参照）は，ある条件のときに逆方向にも流せるようにしたもので，アウトリガー油圧回路の配管破損時の垂直シリンダの縮小防止に用いられる．例えば，シリンダを伸ばしていたとき，配管破損でAに圧油が供給されなくなった場合，ばねがスプール②を左に押しCB間を閉鎖し縮小を止める.

(2) 正しい．減圧弁（図2.6-4参照）は，油圧回路の一部を他より低い圧力にして使用するために用いられる．図において，一次側（入口）から入った圧油二次側（出口）に出るが，一部スプール（一種の円筒形の弁）の下部を通ってニードル弁に作用する．二次側圧力が設定以上になろうとすれば，ニードル弁を左側に押しているばねが反対（右側）に押されて圧油がドレンからタンクに流出する．するとスプールが押し上げられ，弁として作用し二次側に出る圧油が減少し二次側（出口）が減圧となる.

(3) 正しい．リリーフ弁（安全弁：図1.8-3参照）は，油圧回路の油圧が設定した圧力以上になるのを防ぐために用いられる.

(4) 誤り．シーケンス弁について図2.6-1の例では，一次側（入口）の油圧がばね圧力以下では二次側（出口）は閉じているが，一次側がばね圧力以上になると二次側が開く．このように一方がその工程を完了すると，他方の油圧シリンダが稼働するように順次に制御する方式で，ジブの伸縮回路に用いられる．なお，油の流れの方向を切り換えて油圧シリンダの運動方向を変えるために用いられるものは，方向切換弁である.

(5) 正しい．カウンタバランス弁（図1.8-5参照）は，荷重がかかったままジブ起伏用シリンダのピストンが下降してくる場合，速度制御をするため，カウンタバランス弁の一次側（入口）をシリンダの油戻り側に接続して戻油圧（一次圧）を与えれば，二次側（出口）へ流れる湯量が制御されるからピストンは一定の下降速度となる．なお，逆方向の流れは自由にさせるものである.

▶答 (4)

問題8 【平成29年春 問15】

次の文中の ＿＿＿ 内に入れるAからCまでの語句の組合せとして，正しいものは(1)～(5)のうちどれか.

「移動式クレーンに使われる油圧制御弁を機能別に分類すると，圧力制御弁，流量制御弁及び方向制御弁の3種類がある．その例をあげると，圧力制御弁には，[A]があり，流量制御弁には，[B]があり，方向制御弁には[C]がある.」

	A	B	C
(1)	シーケンス弁	絞り弁	リリーフ弁
(2)	アンロード弁	減圧弁	逆止め弁
(3)	減圧弁	絞り弁	方向切換弁
(4)	逆止め弁	リリーフ弁	シーケンス弁
(5)	リリーフ弁	逆止め弁	アンロード弁

解説 A「減圧弁」である（図2.6-4参照）．図において，一次側（入口）から入った圧油は二次側（出口）に出るが，一部スプール（一種の円筒形の弁）の下部を通ってニードル弁に作用する．二次側圧力が設定以上になろうとすれば，ニードル弁を左側に押しているばねが反対（右側）に押されて圧油がドレンからタンクに流出する．するとスプールが押し上げられ，弁として作用し二次側に出る圧油が減少し二次側（出口）が減圧となる．

B「絞り弁」である（図2.6-2参照）．図において，流量調整ハンドル（調整ねじ）を操作することによって絞り弁の開きを変えて流量を調整する．

C「方向切換弁」である．

以上から（3）が正解．

▶答（3）

問題9 【平成28年秋 問13】

次の文中の[　]内に入れるAからCまでの語句の組合せとして，正しいものは(1)～(5)のうちどれか．

「移動式クレーンに使われる油圧制御弁を機能別に分類すると，圧力制御弁，流量制御弁及び方向制御弁の3種類がある．その例をあげると，圧力制御弁には[A]があり，流量制御弁には[B]があり，方向制御弁には[C]がある.」

	A	B	C
(1)	シーケンス弁	絞り弁	逆止め弁
(2)	アンロード弁	減圧弁	方向切換弁
(3)	減圧弁	絞り弁	リリーフ弁
(4)	逆止め弁	リリーフ弁	シーケンス弁
(5)	リリーフ弁	逆止め弁	アンロード弁

解説 A「シーケンス弁」である．図2.6-1の例では，一次側（入口）の油圧がばね圧力以下では二次側（出口）は閉じているが，一次側がばね圧力以上になると二次側が開

く．このように一方がその工程を完了すると，他方の油圧シリンダが稼働するように順次に制御する方式で，ジブの伸縮回路に用いられる．

B 「絞り弁」である．図 2.6-2 に示すようにハンドルを操作して絞り部の開きを変えて流量の調整を行う．

C 「逆止め弁」である．図 1.8-4 は，一方方向には自由に通過するが，逆方向は完全に止めてしまう．

以上から (1) が正解．

▶答 (1)

問題 10 【平成28年春 問12】

次の文中の［　　］内に入れるAからCまでの語句の組合せとして，正しいものは(1)～(5) のうちどれか．

「移動式クレーンに使われる油圧制御弁を機能別に分類すると，圧力制御弁，流量制御弁及び方向制御弁の 3 種類がある．その例をあげると，圧力制御弁には［ A ］があり，流量制御弁には［ B ］があり，方向制御弁には［ C ］がある．」

	A	B	C
(1)	シーケンス弁	逆止め弁	アンロード弁
(2)	アンロード弁	減圧弁	方向切換弁
(3)	減圧弁	絞り弁	リリーフ弁
(4)	逆止め弁	リリーフ弁	シーケンス弁
(5)	リリーフ弁	絞り弁	逆止め弁

解説 A 「リリーフ弁」である．リリーフ弁（安全弁）は，油圧回路の油圧が設定した圧力以上になるのを防ぐために用いられる（図 1.8-3 参照）．図において入口の油圧がばねの力より大きくなると，スプール（一種の円筒状の弁）が上に押し上げられ油圧の一部は出口からタンクに流れ圧力上昇が防止される．

B 「絞り弁」である．図 2.6-2 に示すようにハンドルを操作して絞り部の開きを変えて流量の調整を行う．

C 「逆止め弁」である．図 1.8-4 は，一方方向には自由に通過するが，逆方向は完全に止めてしまう．

以上から (5) が正解．

▶答 (5)

2.7 油圧装置の付属機器に関する事項

問題1 【令和2年秋 問16】

油圧装置の付属機器に関する記述として，適切でないものは次のうちどれか．

(1) 作動油をためておく作動油タンクには，適切な作動油が供給されるようにエアブリーザ，吸込みフィルタなどが取り付けられている．

(2) 作動油の油温が高温になると障害が起こるので，発熱量が多い使用状況の場合は，強制的に冷却するためにオイルクーラーが用いられる．

(3) アキュムレータは，シェル内をゴム製の隔壁（ブラダ）などにより油室とガス室に分け，ガス室に窒素ガスを封入することによって，圧油を貯蔵する機能を有している．

(4) ラインフィルタは，作動油をろ過するための金網式のエレメントを備えたもので，ポンプ吸込み側に取り付けられる．

(5) 圧力計は，一般にブルドン管圧力計が用いられている．

解説 (1) 適切．作動油をためておく作動油タンクには，適切な作動油が供給されるようにエアブリーザ（air breather)，吸込みフィルタなどが取り付けられている．なお，エアブリーザは作動油タンクの上部に設けられ，通気可能なフィルタ（粉じん除去）が取り付けてある．

(2) 適切．作動油の油温が高温になると障害が起こるので，発熱量が多い使用状況の場合は，強制的に冷却するためにオイルクーラーが用いられる．

(3) 適切．アキュムレータは，シェル内をゴム製の隔壁（ブラダ：bladder）などにより油室とガス室に分け，ガス室に窒素ガスを封入することによって，圧油を貯蔵する機能を有している．図2.7-1参照．

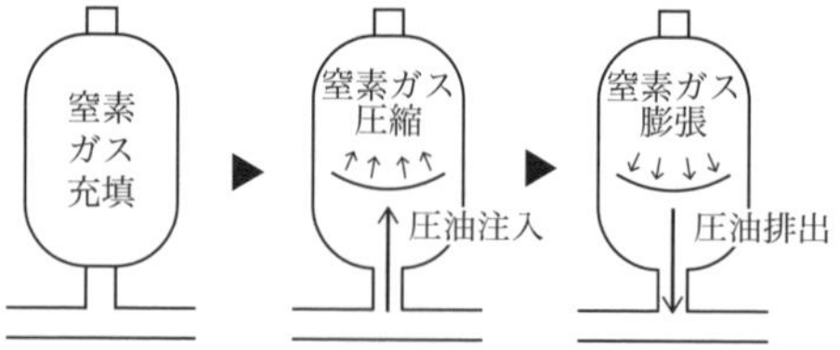

図2.7-1 アキュムレータの作動概要

(4) 不適切．ラインフィルタは，作動油をろ過するためろ過紙，ノッチワイヤ（ワイヤを凸凹に成型しその隙間でろ過)，焼結合金（金属や合金の粉末を原料として，融解せずに焼結によって固形体につくられた合金）などのエレメントを備えたもので，ポンプ吐出側に取り付けられる．なお，吸込み側に取り付けられるフィルタはサクションフィルタという．

(5) 適切．圧力計は，一般にブルドン管圧力計が用いられている（図2.7-2参照）．ブルドン管は，断面が楕円形のブルドン管と呼ばれる管に圧力が加わると変形し，レバーと大歯車を介して小歯車と指針が目盛板を回り圧力を指示するものである．

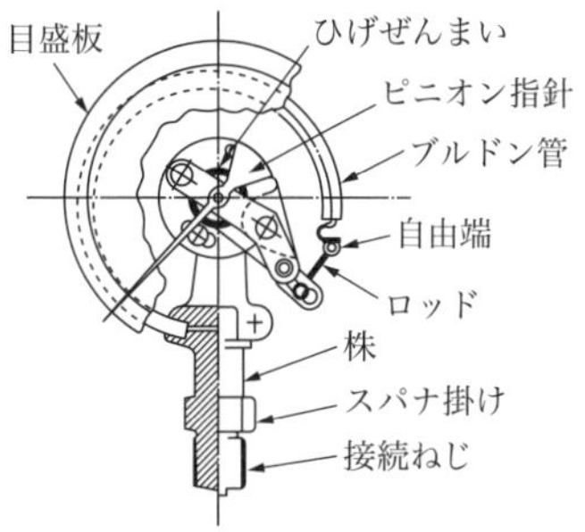

図2.7-2　ブルドン管式圧力計
（出典：移動式クレーン運転士教本，p159）

▶答（4）

問題2 【令和2年春 問16】

油圧装置の付属機器に関する記述として，適切でないものは次のうちどれか．

(1) 作動油タンクは，作動油をためておくもので，油面計などが取り付けられている．
(2) 圧力計は，一般にブルドン管圧力計が用いられている．
(3) アキュムレータは，シェル内をゴム製の隔壁（ブラダ）などにより油室とガス室に分け，ガスの圧縮性により作動油の油圧を調整する部品で，衝撃圧の吸収のため，油室にリターンフィルタを備えている．
(4) 作動油の油温が高温になると障害が起こるので，発熱量が多い使用状況の場合は，強制的に冷却するためにオイルクーラーが用いられる．
(5) ラインフィルタは，油圧回路を流れる作動油をろ過してごみを取り除くもので，圧力管路用のものと戻り管路用のものがある．

解説 (1) 適切．作動油タンクは，作動油をためておくもので，油面計などが取り付けられている．

(2) 適切．圧力計は，一般にブルドン管圧力計（圧力によって中空のブルドン管が変動するのでそれを拡大して目盛板で読む方式）が用いられている（図2.7-2参照）．ブルドン管は，断面が楕円形のブルドン管と呼ばれる管に圧力が加わると変形し，レバーと大歯車を介して小歯車と指針が目盛板を回り圧力を指示するものである．

(3) 不適切．アキュムレータ（accumulator：蓄圧器）は，シェル内をゴム製の隔壁（ブラダ：bladder）などにより油室とガス室（窒素ガス）に分け，ガスの圧縮性により作動油の油圧を調整する部品で，衝撃圧の吸収のために使用される．なお，リターンフィルタ（戻り管路用フィルタ）は圧油が油タンクに入る前に設置するフィルタで圧油中のごみを除去するためである．図2.7-1参照．

(4) 適切．作動油の油温が高温になると障害が起こるので，発熱量が多い使用状況の場合は，強制的に冷却するためにオイルクーラーが用いられる．

(5) 適切．ラインフィルタは，油圧回路を流れる作動油をろ過してごみを取り除くもので，圧力管路用のものと戻り管路用（リターンフィルタ）のものがある． ▶答 (3)

問題3 【令和元年秋 問16】

油圧装置の付属機器に関する記述として，適切でないものは次のうちどれか．

(1) 作動油をためておく作動油タンクには，適切な作動油が供給されるようにエアブリーザ，吸込みフィルタなどが取り付けられている．

(2) 圧力計は，一般にブルドン管圧力計が用いられている．

(3) ラインフィルタは，作動油をろ過するための金網式のエレメントを備えたもので，ポンプ吸込み側に取り付けられる．

(4) アキュムレータは，シェル内をゴム製の隔壁（ブラダ）などにより油室とガス室に分け，ガス室に窒素ガスを封入することによって，圧油を貯蔵する機能を有している．

(5) 作動油の油温が高温になると障害が起こるので，発熱量が多い使用状況の場合は，強制的に冷却するためにオイルクーラーが用いられる．

解説 (1) 適切．作動油をためておく作動油タンクには，適切な作動油が供給されるようにエアブリーザ（タンク内に出入りする空気のろ過），吸込みフィルタ（作動油のろ過）などが取り付けられている．

(2) 適切．圧力計は，一般にブルドン管圧力計（圧力によって金属製の中空のブルドン管が伸縮変動するのでそれを拡大して目盛板で読む方式）が用いられている．図2.7-2参照．

(3) 不適切．ラインフィルタは，作動油をろ過するためのろ過紙，ノッチワイヤ，焼合金等のエレメントを備えたもので，ポンプ吐出し側に取り付けられる．なお，金網式のエレメントは吸込み側に取り付けられる．

(4) 適切．アキュムレータ（図2.7-1参照）は，シェル内をゴム製の隔壁（ブラダ：bladder）などにより油室とガス室に分け，ガス室に窒素ガスを封入することによって，圧油を貯蔵する機能を有している．

(5) 適切．作動油の油温が高温になると障害が起こるので，発熱量が多い使用状況の場合は，強制的に冷却するためにオイルクーラーが用いられる． ▶答 (3)

問題4 【令和元年春 問16】

油圧装置の付属機器に関する記述として，適切でないものは次のうちどれか．

(1) 作動油をためておく作動油タンクには，適切な作動油が供給されるようにエアブリーザ，吸込フィルタなどが取り付けられている．
(2) 作動油を発熱量が多い状況で使用する場合は，強制的に冷却する必要があるため，オイルクーラーが用いられる．
(3) アキュムレータは，ブラダにより油室とガス室に分け，ガスの圧縮性により圧油を貯蔵する部品で，衝撃圧の吸収のため，リターンフィルタを備えている．
(4) ラインフィルタは，油圧回路を流れる作動油をろ過してごみを取り除くもので，圧力管路用のものと戻り管路用のものがある．
(5) 吸込フィルタには，そのエレメントが金網式のものとノッチワイヤ式のものがある．

解説 (1) 適切．作動油をためておく作動油タンクには，適切な作動油が供給されるようにエアブリーザ（air breather：タンク内に出入りする空気のろ過），吸込みフィルタ（作動油のろ過）などが取り付けられている．

(2) 適切．作動油を発熱量が多い状況で使用する場合は，強制的に冷却する必要があるため，オイルクーラーが用いられる．

(3) 不適切．アキュムレータは，ブラダ（bladder：ゴム製の隔壁）により油室とガス室に分け，ガスの圧縮性により圧油を貯蔵する部品で，衝撃圧の吸収，油圧脈動の減衰，油圧ポンプ停止時の油圧源などの機能を持つ．なお，リターンフィルタは，ポンプの戻り管路に備えるものである．図2.7-1参照．

(4) 適切．ラインフィルタは，油圧回路を流れる作動油をろ過してごみを取り除くもので，圧力管路用のものと戻り管路用のものがある．

(5) 適切．吸込フィルタには，そのエレメントが金網式のものとノッチワイヤ式（ステンレス製のワイヤを凹凸に成型しその隙間でろ過を行う）のものがある． ▶答 (3)

問題5 【平成30年秋 問16】

油圧装置の付属機器に関する記述として，適切でないものは次のうちどれか．
(1) 作動油をためておく作動油タンクには，適切な作動油が供給されるようにエアブリーザ，吸込フィルタなどが取り付けられている．
(2) 圧力計は，一般にブルドン管圧力計が用いられている．
(3) ラインフィルタは，作動油をろ過するための金網式のエレメントを備えたもので，ポンプ吸込み側に取り付けられる．
(4) アキュムレータは，シェル内をブラダにより油室とガス室に分け，ガス室に窒素ガスを封入することによって，圧油を貯蔵する機能を有している．
(5) 作動油の油温が高温になると障害が起こるので，強制的に冷却する必要があるときはオイルクーラーが用いられる.

解説 (1) 適切. 作動油をためておく作動油タンクには，適切な作動油が供給されるようにエアブリーザ（タンク内に出入りする空気のろ過），吸込みフィルタ（作動油のろ過）などが取り付けられている.

(2) 適切. 圧力計は，一般にブルドン管圧力計（圧力によって金属製の中空のブルドン管が伸縮変動するのでそれを拡大して目盛板で読む方式）が用いられている. 図2.7-2参照.

(3) 不適切. ラインフィルタは，作動油をろ過するためのろ過紙，ノッチワイヤ（ステンレス製のワイヤを凹凸に成型しその隙間でろ過を行うもの），焼合金等のエレメントを備えたもので，ポンプ吐出し側に取り付けられる. なお，金網式のエレメントは吸込み側に取り付けられる.

(4) 適切. アキュムレータ（accumulator：蓄圧器）は，シェル（shell：容器）内をブラダ（bladder：ゴム製の隔壁）により油室とガス室に分け，ガス室に窒素ガスを封入することによって，圧油を蔵する機能を有している. 図2.7-1参照.

(5) 適切. 作動油の油温が高温になると障害が起こるので，強制的に冷却する必要があるときはオイルクーラーが用いられる.

▶答 (3)

問題6 【平成30年春 問16】

油圧装置の付属機器に関する記述として，適切でないものは次のうちどれか.

(1) 作動油をためておく作動油タンクには，常に浄化・冷却された適切な作動油が供給されるようにエアブリーザ，油面計などが取り付けられている.

(2) 作動油を発熱量が多い状況で使用する場合は，強制的に冷却する必要があるため，オイルクーラーが用いられる.

(3) アキュムレータは，作動油タンク内にちりやごみが入らないようにするための部品で，ろ過エレメントを備えている.

(4) ラインフィルタは，油圧回路を流れる作動油をろ過してごみを取り除くもので，圧力管路用のものと戻り管路用のものがある.

(5) 吸込み用フィルタには，そのエレメントが金網式のものとノッチワイヤ式のものがある.

解説 (1) 適切. 作動油をためておく作動油タンクには，常に浄化・冷却された適切な作動油が供給されるようにエアブリーザ（air breather：タンク内に出入りする空気のろ過），吸込みフィルタ（作動油のろ過），油面計などが取り付けられている.

(2) 適切. 作動油を発熱量が多い状況で使用する場合は，強制的に冷却する必要があるため，オイルクーラーが用いられる．

(3) 不適切．アキュムレータ（accumulator：蓄圧器）は，作動油タンク内にちりやごみが入らないようにするための部品で，ろ過エレメントを備えている．図2.7-1参照．

(4) 適切．ラインフィルタ（line filter）は，油圧回路を流れる作動油をろ過してごみを取り除くもので，圧力管路用のものと戻り管路用のものがある．

(5) 適切．吸込み用フィルタには，そのエレメントが金網式のものとノッチワイヤ式（ステンレス製のワイヤを凹凸に成型しその隙間でろ過を行う）のものがある．▶答（3）

問題7 【平成29年秋 問16】

油圧装置の付属機器に関し，誤っているものは次のうちどれか．

(1) 作動油タンクは，作動油をためておくもので，油面計などが取り付けられている．

(2) 圧力計は，一般にブルドン管式圧力計が用いられている．

(3) アキュムレータは，作動油タンク内にちりやごみが入らないようにするための部品で，ろ過エレメントを備えている．

(4) 作動油を発熱量が多い状況で使用する場合は，強制的に冷却する必要があるため，オイルクーラーが用いられる．

(5) ラインフィルタは，油圧回路を流れる作動油をろ過してごみを取り除くもので，圧力管路用のものと戻り管路用のものがある．

解説 (1) 正しい．作動油タンクは，作動油をためておくもので，油面計などが取り付けられている．

(2) 正しい．圧力計は，一般にブルドン管圧力計（圧力によって金属製の中空のブルドン管が伸縮変動するのでそれを拡大して目盛板で読む方式）が用いられている．図2.7-2参照．

(3) 誤り．アキュムレータ（accumulator：蓄圧器）は，シェル（shell：容器）内をブラダ（bladder：ゴム製の隔壁）により油室とガス室に分け，ガス室に窒素ガスを封入することによって，圧油を蔵する機能を有している．図2.7-1参照．

(4) 正しい．作動油を発熱量が多い状況で使用する場合は，強制的に冷却する必要があるため，オイルクーラーが用いられる．

(5) 正しい．ラインフィルタは，油圧回路を流れる作動油をろ過してごみを取り除くもので，圧力管路用のもの（ポンプ吐出し側）とポンプ戻り管路用のものがある．

▶答（3）

問題8 【平成29年春 問16】

油圧装置の付属機器に関し，誤っているものは次のうちどれか．

(1) 作動油タンクは，作動油をためておくもので，油面計などが取り付けられている.
(2) 圧力計は，一般にブルドン管式圧力計が用いられている.
(3) 吸込み用フィルタには，そのエレメントが金網式のものとノッチワイヤ式のものがあり，また，マグネットを内蔵し鉄粉を吸引させる方式のものもある.
(4) ラインフィルタは，圧力管路用のものと戻り管路用のものがあり，そのエレメントとしてノッチワイヤ，ろ過紙，焼結合金などが用いられている.
(5) クーラーは，発熱量の多い使用状況のときに，作動油の油温を120°C程度以下に冷却するために用いられている.

解説 (1) 正しい. 作動油タンクは，作動油をためておくもので，油面計などが取り付けられている.

(2) 正しい. 圧力計は，一般にブルドン管圧力計（圧力によって金属製の中空のブルドン管が伸縮変動するのでそれを拡大して目盛板で読む方式）が用いられている. 図2.7-2参照.

(3) 正しい. 吸込み用フィルタには，そのエレメントが金網式のものとノッチワイヤ式（ステンレス製のワイヤを凹凸に成型しその隙間でろ過を行う）のものがあり，また，マグネットを内蔵し鉄粉を吸引させる方式のものもある.

(4) 正しい. ラインフィルタは，油圧ポンプの出口側の圧力管路用のものと入口側の戻り管路用のものがあり，そのエレメントとしてノッチワイヤ，ろ過紙，焼結合金などが用いられている.

(5) 誤り. クーラーは，発熱量の多い使用状況のときに，作動油の油温を120°C程度以下に冷却するために用いられている.

▶答 (5)

問題9 【平成28年秋 問16】

油圧装置の付属機器及び配管類に関し，誤っているものは次のうちどれか.

(1) ガスケットは，板状のシールで，容器のふたなどの合せ目などの密封に用いられる.
(2) 圧力計は，油圧回路内の圧力を計る計器で，一般にブルドン管式圧力計が用いられている.
(3) Oリングは，合成ゴムを成形したもので，固定部分や摺《しゅう》動部分に用いられるが，中速・高速回転部分には適さない.
(4) クーラーは，発熱量の多い使用状況のときに，作動油の油温を110～120°C以下に冷却するために用いられている.
(5) ラインフィルタは，油圧回路を流れる作動油をろ過してごみを取り除くもので，圧力管路用のものと戻り管路用のものがある.

解説 (1) 正しい．ガスケットは，板状のシールで，容器のふたなどの合せ目などの密封に用いられる．なお，一般に静止接合面に挿入するものをガスケット，往復運動や回転運動の摺《しゅう》動部に使用するものをパッキングと呼んでいる．

(2) 正しい．圧力計は，一般にブルドン管圧力計（圧力によって金属製の中空のブルドン管が伸縮変動するのでそれを拡大して目盛板で読む方式）が用いられている．図 2.7-2 参照．

(3) 正しい．O リングは，合成ゴムを成形したもので，固定部分や摺《しゅう》動部分に用いられるが，中速・高速回転部分には適さない．

(4) 誤り．クーラーは，発熱量の多い使用状況のときに，作動油の油温を 70 ～ 90℃ 以下に冷却するために用いられている．

表　作動油の使用限界温度

ISO VG No	32	46	68
選択基準（外気温度：℃）	−15 ～ +15	−10 ～ +25	−5 ～ +35
使用限界温度（℃）	+70	+80	+90

(5) 正しい．ラインフィルタは，油圧回路を流れる作動油をろ過してごみを取り除くもので，油圧ポンプの出口用の圧力管路用のものと油圧ポンプの戻り管路用のものがある．

▶答 (4)

問題 10 【平成 28 年春 問 13】

油圧装置の付属機器に関し，次のうち誤っているものはどれか．

(1) 作動油タンクは，作動油をためておくもので，油面計などが取り付けられている．

(2) 圧力計は，油圧回路内の圧力を計る計器で，一般にブルドン管式圧力計が用いられている．

(3) アキュムレータは，作動油の冷却の機能のほか，衝撃圧の吸収，圧油の脈動の減衰及び油圧ポンプ停止時の油圧源の機能を有する．

(4) 吸込み用フィルタには，そのエレメントが金網式のものとノッチワイヤ式のものがあり，また，マグネットを内蔵し鉄粉を吸引させる方式のものもある．

(5) ラインフィルタは，油圧回路を流れる作動油をろ過してごみを取り除くもので，圧力管路用のものと戻り管路用のものがある．

解説 (1) 正しい．作動油タンクは，作動油をためておくもので，油面計などが取り付けられている．

(2) 正しい．圧力計は，一般にブルドン管圧力計（圧力によって金属製の中空のブルドン管が伸縮変動するのでそれを拡大して目盛板で読む方式）が用いられている．図 2.7-2

参照.

(3) 誤り. アキュムレータ（accumulator：蓄圧器）は，シェル（shell：容器）内をブラダ（bladder：ゴム製の隔壁）により油室とガス室に分け，ガス室に窒素ガスを封入することによって，衝撃圧の吸収，圧油の脈動の減衰および油圧ポンプ停止時の油圧源の機能を有する.「作動油の冷却の機能」が誤り. 図 2.7-1 参照.

(4) 正しい. 吸込み用フィルタには，そのエレメントが金網式のものとノッチワイヤ式（ステンレス製のワイヤを凹凸に成型しその隙間でろ過を行う）のものがあり，また，マグネットを内蔵し鉄粉を吸引させる方式のものもある.

(5) 正しい. ラインフィルタは，油圧回路を流れる作動油をろ過してごみを取り除くもので，油圧ポンプの出口に設置する圧力管路用のものと油圧ポンプ入口に設置する戻り管路用のものがある.

▶答（3）

2.8 油圧装置の作動油

問題1 【令和2年秋 問17】

油圧装置の作動油に関する記述として，適切でないものは次のうちどれか.

(1) 作動油の粘性とは，油が管路を流れるのを妨げようとする性質をいい，この粘性の程度を表す値を粘度という.

(2) 作動油の比重は，一般に 0.85 ～ 0.95 程度である.

(3) 作動油は，運転中，高温で空気などに接し，かくはん状態で使用されるので酸化しやすい.

(4) 正常な作動油は，通常 1% 程度の水分を含んでいるが，オイルクーラーの水漏れなどにより更に水分が混入すると，作動油は泡立つようになる.

(5) 作動油の引火点は，180 ～ 240°C 程度である.

解説 (1) 適切. 作動油の粘性とは，油が管路を流れるのを妨げようとする性質をいい，この粘性の程度を表す値を粘度という. 粘性の単位は Pa·s または $N \cdot s/m^2$ である. なお，粘度を密度で割った値を動粘度といい，単位は m^2/s である.

(2) 適切. 作動油の比重は，一般に 0.85 ～ 0.95 程度である. 水の比重（1.0）よりも小さいので水に浮かぶことになる.

(3) 適切. 作動油は，運転中，高温で空気などに接し，かくはん状態で使用されるので酸化しやすい.

(4) 不適切. 正常な作動油は，通常 0.05% 程度の水分を含んでいるが，オイルクーラーの水漏れなどにより更に水分が混入すると，乳白色に変化する．作動油は泡立つようになるのはグリースの混合が原因である．

(5) 適切．作動油の引火点は，180 ～ 240°C 程度である．なお，引火点は，点火源を近づけたときに燃焼する最低温度をいう．点火源を使用せず作動油の温度を上げたときに燃焼し始める最低温度を着火点という．　▶答 (4)

問題 2 【令和 2 年春 問 18】

油圧装置の作動油に関する記述として，適切なものは次のうちどれか．

(1) 粘度が高い油を使用すると，ポンプの運転を始動する際に大きな力を要する．

(2) 一般に用いられる作動油の引火点は，110 ～ 140°C 程度である．

(3) 作動油は，運転中，高温で空気などに接し，かくはん状態で使用されるので蒸発しやすい．

(4) 正常な作動油は，通常 1% 程度の水分を含んでいるが，オイルクーラーの水漏れなどにより更に水分が混入すると，作動油は泡立つようになる．

(5) 一般に用いられる作動油の比重は，1.35 ～ 1.45 程度である．

解説 (1) 適切．粘度が高い油を使用すると，ポンプの運転を始動する際に大きな力を要する．

粘性の単位は Pa·s または N·s/m^2 である．なお，粘度を密度で割った値を動粘度といい，単位は m^2/s である．

(2) 不適切．一般に用いられる作動油の引火点は，180 ～ 240°C 程度である．なお，引火点とは，点火源を近づけたときに着火する最低の温度である．着火点は点火源なしで温度が上がって自然に着火する温度をいう．

(3) 不適切．作動油は，運転中，高温で空気，湿気，金属などに接し，かくはん状態で使用されるので酸化しやすい．「蒸発」が誤り．

(4) 不適切．正常な作動油は，通常 0.05% 程度の水分を含んでいるが，オイルクーラーの水漏れなどにより更に水分が混入すると，乳白色に変化する．作動油は泡立つようになるのはグリースの混合が原因である．

(5) 不適切．一般に用いられる作動油の比重は，0.85 ～ 0.95 程度である．　▶答 (1)

問題 3 【令和元年秋 問 18】

油圧装置の作動油に関する記述として，適切なものは次のうちどれか．

(1) 作動油の粘度は，温度によって変化し，温度が上がると高くなる．

(2) 作動油の粘性とは，油が管路を流れるのを妨げようとする性質をいい，この粘性の程度を表す値を粘度という．

(3) 一般に用いられる作動油の引火点は，250 ～ 350°C 程度である.

(4) 一般に用いられる作動油の比重は，1.35 ～ 1.45 程度である.

(5) 正常な作動油は，通常 1% 程度の水分を含んでいるが，オイルクーラーの水漏れなどにより更に水分が混入すると，作動油は泡立つようになる.

解説 (1) 不適切．作動油の粘度は，温度によって変化し，温度が上がると低下する.

(2) 適切．作動油の粘性とは，油が管路を流れるのを妨げようとする性質をいい，単位は Pa·s または N·s/m^2 である．なお，粘度を密度で割った値を動粘度といい，単位は m^2/s である.

(3) 不適切．作動油の引火点は，180 ～ 240°C 程度である．なお，引火点は，点火源を近づけたときに燃焼する最低温度をいう．点火源を使用せず作動油の温度を上げたときに燃焼し始める最低温度を着火点という.

(4) 不適切．一般に用いられる作動油の比重は，0.85 ～ 0.95 程度である.

(5) 不適切．正常な作動油は，通常 0.05% 程度の水分を含んでいるが，オイルクーラーの水漏れなどにより更に水分が混入すると，乳白色に変化する．「作動油は泡立つようになる」のはグリースの混合が原因である.

▶ 答 (2)

問題 4 【令和元年春 問 18】

油圧装置の作動油に関する記述として，適切でないものは次のうちどれか.

(1) 正常な作動油は，通常 0.05% 程度の水分を含んでいるが，オイルクーラーの水漏れなどにより更に水分が混入すると乳白色に変化する.

(2) 作動油は，運転中，高温で空気などに接し，かくはん状態で使用されるので蒸発しやすい.

(3) 作動油の粘性とは，油が管路を流れるのを妨げようとする性質をいい，この粘性の程度を表す値を粘度という.

(4) 作動油の温度が使用限界温度の下限より低くなると，油の粘度が高くなり，ポンプの運転に大きな力が必要となる.

(5) 作動油の使用限度の判定方法には，作動油を目で見て判定する方法と，性状試験を行って判定する方法がある.

解説 (1) 適切．正常な作動油は，通常 0.05% 程度の水分を含んでいるが，オイルクーラーの水漏れなどにより更に水分が混入すると乳白色に変化する.

(2) 不適切．作動油は，運転中，高温で空気，湿気，金属などに接し，かくはん状態で使用されるので酸化しやすい．「蒸発」が誤り.

(3) 適切．作動油の粘性とは，油が管路を流れるのを妨げようとする性質をいい，この粘性の程度を表す値を粘度という．粘性の単位はPa·sまたは$N\cdot s/m^2$である．なお，粘度を密度で割った値を動粘度といい，単位はm^2/sである．

(4) 適切．作動油の温度が使用限界温度の下限より低くなると，油の粘度が高くなり，ポンプの運転に大きな力が必要となる．

(5) 適切．作動油の使用限度の判定方法には，作動油を目で見て判定する方法（色，におい，状態等で判断）と，性状試験を行って判定する方法がある．　▶答 (2)

問題5　【平成30年秋 問18】

油圧装置の作動油に関する記述として，適切なものは次のうちどれか．

(1) 作動油の引火点は，80～110℃程度である．

(2) 一般に用いられる作動油の比重は，1.35～1.45程度である．

(3) 作動油は，運転中，高温で空気などに接し，かくはん状態で使用されるので蒸発しやすい．

(4) 正常な作動油は，通常1%程度の水分を含んでいるが，オイルクーラーの水漏れなどでこれ以上の水分が混入すると，作動油は泡立つようになる．

(5) 作動油の温度が使用限界温度の下限より低くなると，油の粘度が高くなり，ポンプの運転に大きな力が必要となる．

解説 (1) 不適切．作動油の引火点（点火源を近づけたときに燃焼する最低温度）は，180～240℃程度である．

(2) 不適切．一般に用いられる作動油の比重は，0.85～0.95程度である．

(3) 不適切．作動油は，運転中，高温で空気などに接し，かくはん状態で使用されるので酸化しやすい．

(4) 不適切．正常な作動油は，通常0.05%程度の水分を含んでいるが，オイルクーラーの水漏れなどでこれ以上の水分が混入すると，乳白色（エマルジョン状態）に変化する．作動油が泡立つようになるのは，グリースが混入したためである．

(5) 適切．作動油の温度が使用限界温度の下限より低くなると，油の粘度が高くなり，ポンプの運転に大きな力が必要となる．　▶答 (5)

問題6　【平成30年春 問18】

油圧装置の作動油に関する記述として，適切なものは次のうちどれか．

(1) 作動油の引火点は，80～110℃程度である．

(2) 一般に用いられる作動油の比重は，1.35～1.45程度である．

(3) 作動油は，運転中，高温で空気などに接し，かくはん状態で使用されるので蒸発しやすい．

(4) 正常な作動油は，通常 1% 程度の水分を含んでいるが，オイルクーラーの水漏れなどでこれ以上の水分が混入すると作動油は泡立つようになる.
(5) 作動油の温度が使用限界温度の下限より低くなると，油の粘度が高くなり，ポンプの運転に大きな力が必要となる.

解説 (1) 不適切．作動油の引火点（点火源を近づけたときに燃焼する最低温度）は，180 ～ 240°C 程度である.
(2) 不適切．一般に用いられる作動油の比重は，0.85 ～ 0.95 程度である.
(3) 不適切．作動油は，運転中，高温で空気などに接し，かくはん状態で使用されるので酸化しやすい.
(4) 不適切．正常な作動油は，通常 0.05% 程度の水分を含んでいるが，オイルクーラーの水漏れなどでこれ以上の水分が混入すると，乳白色（エマルジョン状態）に変化する．作動油が泡立つようになるのは，グリースが混入したためである.
(5) 適切．作動油の温度が使用限界温度の下限より低くなると，油の粘度が高くなり，ポンプの運転に大きな力が必要となる.

▶ 答 (5)

問題 7 【平成 29 年秋 問 18】

油圧装置の作動油に関する記述として，適切なものは次のうちどれか.
(1) 粘度が高い油を使用すると，ポンプの運転を始動する際に大きな力を要する.
(2) 作動油の引火点は，110 ～ 140°C 程度である.
(3) 作動油は，運転中，高温で空気などに接し，かくはん状態で使用されるので蒸発しやすい.
(4) 正常な作動油は，通常 1% 程度の水分を含んでいるが，オイルクーラーの水漏れなどでこれ以上の水分が混入すると泡立つようになる.
(5) 一般に用いられる作動油の比重は，1.35 ～ 1.45 程度である.

解説 (1) 適切．粘度が高い油を使用すると，ポンプの運転を始動する際に大きな力を要する.
(2) 不適切．作動油の引火点（点火源を近づけたときに燃焼する最低温度）は，180 ～ 240°C 程度である.
(3) 不適切．作動油は，運転中，高温で空気などに接し，かくはん状態で使用されるので酸化しやすい.
(4) 不適切．正常な作動油は，通常 0.05% 程度の水分を含んでいるが，オイルクーラーの水漏れなどでこれ以上の水分が混入すると乳白色（エマルジョン状態）に変化する．作動油が泡立つようになるのは，グリースが混入したためである.

(5) 不適切．一般に用いられる作動油の比重は，0.85 ～ 0.95 程度である．　▶答（1）

問題 8　【平成 29 年春 問 18】

油圧装置の作動油に関し，正しいものは次のうちどれか．

(1) 作動油の粘度は，温度によって変化し，温度が上がると高くなる．

(2) 作動油の粘性とは，油が管路を流れるのを妨げようとする性質をいい，この粘性の程度を表す値を粘度という．

(3) 作動油の引火点は，250 ～ 350°C 程度である．

(4) 一般に用いられる作動油の比重は，1.35 ～ 1.45 程度である．

(5) 正常な作動油は，通常 1% 程度の水分を含んでいるが，オイルクーラーの水漏れなどでこれ以上の水分が混入すると泡立つようになる．

解説 (1) 誤り．作動油の粘度は，温度によって変化し，温度が上がると低下する．

(2) 正しい．作動油の粘性とは，油が管路を流れるのを妨げようとする性質をいい，この粘性の程度を表す値を粘度という．

(3) 誤り．作動油の引火点は，180 ～ 240°C 程度である．

(4) 誤り．一般に用いられる作動油の比重は，0.85 ～ 0.95 程度である．

(5) 誤り．正常な作動油は，通常 0.05% 程度の水分を含んでいるが，オイルクーラーの水漏れなどでこれ以上の水分が混入すると，乳白色（エマルジョン状態）に変化する．作動油が泡立つようになるのは，グリースが混入したためである．　▶答（2）

問題 9　【平成 28 年秋 問 18】

油圧装置の作動油に関し，誤っているものは次のうちどれか．

(1) 作動油の劣化とは，作動油中の成分が化学反応を起こし，その生成物がたまることである．

(2) 正常な作動油は，通常 1% 程度の水分を含んでいるが，オイルクーラーの水漏れなどでこれ以上の水分が混入すると泡立ちするようになる．

(3) 油が管路を流れようとするのを妨げようとする性質を粘性という．

(4) 作動油は，水や金属粉が混入したり，油温が高いと劣化しやすい．

(5) 作動油を目で見て判定する方法では，検査する作動油と，同種・同一銘柄の新しい作動油をそれぞれ試験管に入れて比較し判定する．

解説 (1) 正しい．作動油の劣化とは，作動油中の成分が化学反応を起こし，その生成物がたまることである．

(2) 誤り．正常な作動油は，通常 0.05% 程度の水分を含んでいるが，オイルクーラーの水漏れなどでこれ以上の水分が混入すると乳白色に変化する．「泡立ちするようになる」のは，グリースが混入が原因である．

(3) 正しい．油が管路を流れようとするのを妨げようとする性質を粘性という．

(4) 正しい．作動油は，水や金属粉が混入したり，油温が高いと酸化し劣化しやすい．

(5) 正しい．作動油を目で見て判定する方法では，検査する作動油と，同種・同一銘柄の新しい作動油をそれぞれ試験管に入れて比較し判定する．

表　作動油の外観における判別方法

（出典：移動式クレーン運転士教本，p165）

外　観	におい	状　態	対　策
透明で色彩変化なし	変化がない	良	そのまま使用してよい
透明であるが色が薄い	〃	異種油が混入	粘度を調べ，良好であればそのまま使用してよい
乳白色に変化している	〃	気泡や水分が混入している	油を交換する
黒褐色に変化している	悪臭	劣化している	油を交換する
透明であるが小さな黒点がある	変化がない	異物が混入	油を交換する．または，油をろ過して再使用する
泡立ち	—	グリースが混入	油を交換する

▶答 (2)

問題10　【平成28年春 問14】

油圧装置の作動油に関し，次のうち誤っているものはどれか．

(1) 作動油の温度が使用限界温度の上限より高くなると，潤滑性が悪くなるほか，劣化を促進する．

(2) 作動油の体積は，温度によって変化し，温度が下がると小さくなる．

(3) 作動油は，運転中，高温で空気などに接し，かくはん状態で使用されるので酸化しやすい．

(4) 油圧装置の故障で作動油が吹き出したとき，近くに火気があれば引火する危険がある．

(5) 一般に用いられる作動油の比重は，1.85 ～ 1.95 程度である．

解説 (1) 正しい．作動油の温度が使用限界温度の上限より高くなると，潤滑性が悪くなるほか，酸化するなど劣化を促進する．

(2) 正しい．作動油の体積は，温度によって変化し，温度が下がると小さくなる．

(3) 正しい．作動油は，運転中，高温で空気などに接し，かくはん状態で使用されるので酸化しやすい．

(4) 正しい．油圧装置の故障で作動油が吹き出したとき，近くに火気があれば引火する危険がある．

(5) 誤り．一般に用いられる作動油の比重は，0.85 ～ 0.95 程度である．　▶答 (5)

2.9 油圧装置の保守

問題1　【令和2年秋 問18】

油圧装置の保守に関する次のAからEの記述について，適切でないもののみを全て挙げた組み合わせは (1) ～ (5) のうちどれか．

A　作動油中に異物が混入すると，異物が摺《しゅう》動面などにかみ込み，異常摩耗により金属粉などが更に発生し作動油中の異物となり傷を広げるため，結果として速度低下，圧力上昇不良，油漏れなどの原因となる．

B　油圧ポンプの点検項目としては，ポンプを停止した状態での異音及び発熱の有無，接合部及びシール部の油漏れの有無の検査などが挙げられる．

C　油圧配管系統の接続部は，特に緩みやすいので，圧油の漏れを6か月に1回程度点検する．

D　油圧配管系統の分解整備後，配管内に空気が残った場合は，ポンプの焼き付きを防止するため，油圧ポンプを全負荷運転し配管内の空気を除去する．

E　フィルタエレメントの洗浄は，一般的には，溶剤に長時間浸した後，ブラシ洗いをして，エレメントの内側から外側へ圧縮空気で吹く．

(1) A，B，C

(2) A，E

(3) B，C，D

(4) B，C，D，E

(5) C，E

解説　A　適切．作動油中に異物が混入すると，異物が摺《しゅう》動面などにかみ込み，異常摩耗により金属粉などが更に発生し作動油中の異物となり傷を広げるため，結果として速度低下，圧力上昇不良，油漏れなどの原因となる．

B　不適切．油圧ポンプの点検項目としては，ポンプを稼働した状態での異音および発熱の有無，接合部およびシール部の油漏れの有無の検査などが挙げられる．「停止」が誤り．

C　不適切．油圧配管系統の接続部は，特に緩みやすいので，圧油の漏れを毎日1回程度点検する．

D　不適切．油圧配管系統の分解整備後，配管内に空気が残った場合は，油圧ポンプを高速回転し全負荷運転すると，ポンプの焼き付きの原因となるため，配管を取り外した後は，配管内の空気を十分除去する．

E　適切．フィルタエレメントの洗浄は，一般的には，溶剤に長時間浸した後，ブラシ洗いをして，エレメントの内側から外側へ圧縮空気で吹く．

以上から（3）が正解．

▶答（3）

問題2　【令和2年春 問17】

油圧装置の保守に関する次のAからDの記述について，適切なもののみを全て挙げた組み合わせは（1）～（5）のうちどれか．

A　油圧ポンプの点検項目としては，ポンプを作動させた状態での異音及び発熱の有無，接合部及びシール部の油漏れの有無の検査などが挙げられる．

B　油圧配管系統の接続部は，特に緩みやすいので，圧油の漏れを6か月に1回程度点検する．

C　配管を取り外した後，配管内に空気が残ったまま組み立てて，エンジンを高速回転し全負荷運転すると，ポンプの焼付きの原因となる．

D　フィルタエレメントの洗浄は，一般的には，溶剤を含ませたブラシで異物を払い落とし，エレメントの外側から内側へ圧縮空気で吹く．

（1）A，B，C
（2）A，C
（3）B，C，D
（4）B，D
（5）C，D

解説　A　適切．油圧ポンプの点検項目としては，ポンプを作動させた状態での異音および発熱の有無，接合部およびシール部の油漏れの有無の検査などが挙げられる．

B　不適切．油圧配管系統の接続部は，特に緩みやすいので，圧油の漏れを毎日1回程度点検する．

C　適切．配管を取り外した後，配管内に空気が残ったまま組み立てて，エンジンを高速回転し全負荷運転すると，ポンプの焼付きの原因となる．

D　不適切．フィルタエレメントの洗浄は，一般的には，溶剤に長時間浸した後，ブラシ洗いをして，エレメントの内側から外側へ圧縮空気で吹く．

以上から（2）が正解．

▶答（2）

問題3　【令和元年秋 問17】

油圧装置の保守に関する次のAからEの記述について，適切でないもののみを全て挙げた組み合わせは（1）～（5）のうちどれか．

A　作動油中に異物が混入すると，異物が摺《しゅう》動面などにかみ込み，異常摩耗により金属粉などが更に発生し作動油中の異物となり傷を広げるため，結果として速度低下，圧力上昇不良，油漏れなどの原因となる．

B　油圧配管系統の接続部は，特に緩みやすいので，圧油の漏れを6か月に1回程度点検する．

C　油圧ポンプ，油圧駆動装置及び弁類は，工作精度の高い部品で構成されており，現場で簡単に分解できないので，修理工場などで分解整備を行う．

D　油圧配管系統の分解整備後，配管内に空気が残った場合は，ポンプの焼き付きを防止するため，油圧ポンプを全負荷運転し配管内の空気を除去する．

E　フィルタエレメントの洗浄は，一般的には，溶剤を含ませたブラシで異物を払い落とし，エレメントの外側から内側へ圧縮空気で吹く．

（1）A，B，D
（2）A，C
（3）B，C，E
（4）B，D，E
（5）C，E

解説　A　適切．作動油中に異物が混入すると，異物が摺《しゅう》動面などにかみ込み，異常摩耗により金属粉などが更に発生し作動油中の異物となり傷を広げるため，結果として速度低下，圧力上昇不良，油漏れなどの原因となる．

B　不適切．油圧配管系統の接続部は，特に緩みやすいので，圧油の漏れを毎日1回程度点検する．

C　適切．油圧ポンプ，油圧駆動装置および弁類は，工作精度の高い部品で構成されており，現場で簡単に分解できないので，修理工場などで分解整備を行う．

D　不適切．油圧配管系統の分解整備後，配管内に空気が残った場合は，油圧ポンプを高速回転し全負荷運転すると，ポンプの焼き付きの原因となるため，配管を取り外した後，配管内の空気を十分除去する．

E　不適切．フィルタエレメントの洗浄は，一般的には，溶剤を含ませたブラシで異物を払い落とし，エレメントの内側から外側へ圧縮空気で吹く．外側と内側が逆である．

以上から（4）が正解．　▶答（4）

問題4 【令和元年春 問17】

油圧装置の保守に関する記述として，適切でないものは次のうちどれか．

(1) フィルタは，一般的には，3か月に1回程度，エレメントを取り外して洗浄するが，洗浄してもごみや汚れが除去できない場合は新品と交換する．

(2) フィルタエレメントの洗浄は，一般的には，溶剤を含ませたブラシで異物を払い落とし，エレメントの外側から内側へ圧縮空気で吹く．

(3) 作動油中の異物混入，取付け部の緩み，劣化などによりシールが破損すると，作動油漏れ，圧力降下などを引き起こす．

(4) 配管を取り外した後，配管内に空気が残ったまま組み立てて，エンジンを高速回転し全負荷運転すると，ポンプの焼付きの原因となる．

(5) 油圧配管系統の接続部は，特に緩みやすいので，圧油の漏れを毎日点検する．

解説 (1) 適切．フィルタは，一般的には，3か月に1回程度，エレメントを取り外して洗浄するが，洗浄してもごみや汚れが除去できない場合は新品と交換する．

(2) 不適切．フィルタエレメントの洗浄は，一般的には，溶剤を含ませたブラシで異物を払い落とし，エレメントの内側から外側へ圧縮空気で吹く．

(3) 適切．作動油中の異物混入，取付け部の緩み，劣化などによりシールが破損すると，作動油漏れ，圧力降下などを引き起こす．

(4) 適切．配管を取り外した後，配管内に空気が残ったまま組み立てて，エンジンを高速回転し全負荷運転すると，ポンプの焼付きの原因となる．配管を取り外した後，配管内の空気を十分除去する．

(5) 適切．油圧配管系統の接続部は，特に緩みやすいので，圧油の漏れを毎日点検する．

▶答 (2)

問題5 【平成30年秋 問17】

油圧装置の保守に関する記述として，適切でないものは次のうちどれか．

(1) 作動油中に異物が混入すると，異物が摺《しゅう》動面などにかみ込み，異常摩耗により金属粉などが更に発生し作動油中の異物となり傷を広げるため，結果として速度低下，圧力上昇不良，油漏れなどの原因となる．

(2) 油圧ポンプの点検項目としては，ポンプを作動させた状態での異音及び発熱の有無，接合部及びシール部の油漏れの有無の検査などが挙げられる．

(3) フィルタは，一般的には，3か月に1回程度，エレメントを取り外して洗浄するが，洗浄してもごみや汚れが除去できない場合は新品と交換する．

(4) フィルタエレメントの洗浄は，一般的には，溶剤に長時間浸した後，ブラシ洗いをして，エレメントの内側から外側へ圧縮空気で吹く．

(5) 油圧配管系統の接続部は特に緩みやすいので，圧油の漏れを6か月に1回程度点検する．

解説 (1) 適切．作動油中に異物が混入すると，異物が摺《しゅう》動面などにかみ込み，異常摩耗により金属粉などが更に発生し作動油中の異物となり傷を広げるため，結果として速度低下，圧力上昇不良，油漏れなどの原因となる．

(2) 適切．油圧ポンプの点検項目としては，ポンプを作動させた状態での異音および発熱の有無，接合部およびシール部の油漏れの有無の検査などが挙げられる．

(3) 適切．フィルタは，一般的には，3か月に1回程度，エレメントを取り外して洗浄するが，洗浄してもごみや汚れが除去できない場合は新品と交換する．

(4) 適切．フィルタエレメントの洗浄は，一般的には，溶剤に長時間浸した後，ブラシ洗いをして，エレメントの内側から外側へ圧縮空気で吹く．

(5) 不適切．油圧配管系統の接続部は特に緩みやすいので，圧油の漏れを毎日点検する．

▶答 (5)

問題6 【平成30年春 問17】

油圧装置の保守に関する記述として，適切でないものは次のうちどれか．

(1) フィルタエレメントの洗浄は，一般には，溶剤に長時間浸した後，ブラシ洗いをして，エレメントの内側から外側へ圧縮空気で吹く．

(2) フィルタは，一般に，3年に1回程度，フィルタエレメントを取り外して洗浄すればよいが，洗浄してもごみや汚れが除去できない場合は新品と交換する．

(3) 作動油中の異物混入，取付け部のゆるみ，劣化などによりシールが破損すると，作動油漏れ，圧力降下などを引き起こす．

(4) 油圧配管系統を分解した後，配管内に空気が残ったまま組み立てて，エンジンを高速回転し全負荷運転すると，ポンプの焼付きの原因となる．

(5) 油圧配管系統の接続部は特に緩みやすいので，圧油の漏れを毎日点検する．

解説 (1) 適切．フィルタエレメントの洗浄は，一般には，溶剤に長時間浸した後，ブラシ洗いをして，エレメントの内側から外側へ圧縮空気で吹く．

(2) 不適切．フィルタは，一般に，3か月に1回程度，フィルタエレメントを取り外して洗浄すればよいが，洗浄してもごみや汚れが除去できない場合は新品と交換する．「3年」が誤り．

(3) 適切．作動油中の異物混入，取付け部のゆるみ，劣化などによりシールが破損すると，作動油漏れ，圧力降下などを引き起こす．

(4) 適切．油圧配管系統を分解した後，配管内に空気が残ったまま組み立てて，エンジンを高速回転し全負荷運転すると，ポンプの焼付きの原因となる．配管を取り外した後，配管内の空気を十分除去する．

(5) 適切．油圧配管系統の接続部は特に緩みやすいので，圧油の漏れを毎日点検する．

▶答 (2)

問題7 【平成29年秋 問17】

油圧装置の保守に関する記述として，適切でないものは次のうちどれか．

(1) 作動油中に異物が混入すると，異物が摺《しゅう》動面などにかみ込み，異常摩耗により金属粉などが更に発生し作動油中の異物となり傷を広げるため，結果として速度低下，圧力上昇不良，油漏れなどの原因となる．

(2) 作動油が使用限度に達したかどうかを判定する方法には，目視による作動油の外観判別方法及び物理的・化学的に分析して判定する性状試験がある．

(3) フィルタは，一般に，3か月に1回程度，エレメントを取り外して洗浄するが，洗浄してもごみや汚れが除去できない場合は新品と交換する．

(4) フィルタエレメントの洗浄は，一般には，溶剤に長時間浸した後，ブラシ洗いをして，エレメントの内側から外側へ圧縮空気で吹く．

(5) 油圧配管系統の接続部は特にゆるみやすいので，圧油の漏れを6か月に1回程度，目視で点検する．

解説 (1) 適切．作動油中に異物が混入すると，異物が摺《しゅう》動面などにかみ込み，異常摩耗により金属粉などが更に発生し作動油中の異物となり傷を広げるため，結果として速度低下，圧力上昇不良，油漏れなどの原因となる．

(2) 適切．作動油が使用限度に達したかどうかを判定する方法には，目視による作動油の外観判別方法および物理的・化学的に分析して判定する性状試験がある．

(3) 適切．フィルタは，一般に，3か月に1回程度，エレメントを取り外して洗浄するが，洗浄してもごみや汚れが除去できない場合は新品と交換する．

(4) 適切．フィルタエレメントの洗浄は，一般には，溶剤に長時間浸した後，ブラシ洗いをして，エレメントの内側から外側へ圧縮空気で吹く．

(5) 不適切．油圧配管系統の接続部は特にゆるみやすいので，圧油の漏れを毎日点検する．

▶答 (5)

問題8 【平成29年春 問17】

油圧装置の保守に関する記述として，適切でないものは次のうちどれか．

(1) 油圧ポンプ，油圧駆動装置及び弁類は，工作精度の高い部品で構成されているので，安易に分解・組立てを行わず，修理工場などで分解整備を行う．

(2) 作動油中の異物混入，取付け部のゆるみ，劣化などによりシールが破損すると，作動油漏れ，圧力降下などを引き起こす.

(3) フィルタエレメントの洗浄は，一般には，溶剤に長時間浸した後，ブラシ洗いをして，エレメントの内側から外側へ圧縮空気で吹く.

(4) フィルタは，一般に3か月に1回程度，エレメントを取り外して洗浄するが，洗浄してもごみや汚れが除去できない場合は新品と交換する.

(5) 油圧配管系統の分解整備後，配管内に空気が残った場合，ポンプの焼き付きを防止するため，油圧ポンプを高速回転し配管内の空気を除去する.

解説 (1) 適切．油圧ポンプ，油圧駆動装置および弁類は，工作精度の高い部品で構成されているので，安易に分解・組立てを行わず，修理工場などで分解整備を行う.

(2) 適切．作動油中の異物混入，取付け部のゆるみ，劣化などによりシールが破損すると，作動油漏れ，圧力降下などを引き起こす.

(3) 適切．フィルタエレメントの洗浄は，一般には，溶剤に長時間浸した後，ブラシ洗いをして，エレメントの内側から外側へ圧縮空気で吹く.

(4) 適切．フィルタは，一般に3か月に1回程度，エレメントを取り外して洗浄するが，洗浄してもごみや汚れが除去できない場合は新品と交換する.

(5) 不適切．油圧配管系統の分解整備後，配管内に空気が残った場合，ポンプの焼き付きを防止するため，配管を取り外した後，配管内の空気を十分除去する.

▶答 (5)

問題9 【平成28年秋 問17】

油圧装置の保守に関し，誤っているものは次のうちどれか.

(1) フィルタエレメントの洗浄は，水に長時間浸した後，ブラシ洗いをして，エレメントの外側から内側へ圧縮空気で吹く.

(2) 配管を取り外した後，配管内に空気が残ったまま組み立てて，高速回転し全負荷運転すると，ポンプの焼付きの原因となる.

(3) 油圧ポンプ，油圧駆動装置及び弁類は，工作精度の高い部品で構成されているので，安易に分解・組立てを行ってはならない.

(4) フィルタは，一般に3か月に1回程度，エレメントを取り外して洗浄するが，洗浄してもごみや汚れが除去できない場合はエレメントを新品と交換する.

(5) 油圧ホースは，ねじれ，変形などの有無や継手部の油漏れの有無について点検する.

解説 (1) 誤り．フィルタエレメントの洗浄は，水に長時間浸した後，ブラシ洗いをして，エレメントの内側から外側へ圧縮空気で吹く．「外側」と「内側」の記述が逆である.

(2) 正しい. 配管を取り外した後, 配管内に空気が残ったまま組み立てて, 高速回転し全負荷運転すると, ポンプの焼付きの原因となる. 配管を取り外した後, 配管内の空気を十分除去する.

(3) 正しい. 油圧ポンプ, 油圧駆動装置および弁類は, 工作精度の高い部品で構成されているので, 安易に分解・組立てを行ってはならない.

(4) 正しい. フィルタは, 一般に3か月に1回程度, エレメントを取り外して洗浄するが, 洗浄してもごみや汚れが除去できない場合はエレメントを新品と交換する.

(5) 正しい. 油圧ホースは, ねじれ, 変形などの有無や継手部の油漏れの有無について毎日点検する.

▶答 (1)

2.10 電気一般に関する事

問題1 【令和2年秋 問19】

電気に関する記述として, 適切でないものは次のうちどれか.

(1) 交流は, 電流及び電圧の大きさ及び方向が周期的に変化する.

(2) 直流はAC, 交流はDCと表される.

(3) 電力会社から電源として供給される交流の周波数には, 地域によって50 Hzと60 Hzがある.

(4) 工場の動力用電源には, 一般に, 200 V級又は400 V級の三相交流が使用されている.

(5) 発電所から変電所までは, 特別高圧で電力が送られている.

解説 (1) 適切. 交流は, 電流および電圧の大きさおよび方向が周期的に変化する. 図2.10-1参照.

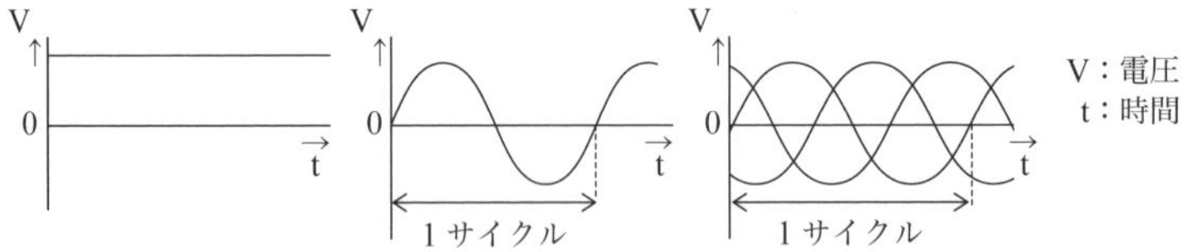

図2.10-1 直流・単相交流・三相交流

(2) 不適切. 直流はDC (Direct Current), 交流はAC (Alternating Current) と表される.

(3) 適切. 電力会社から電源として供給される交流の周波数には, およそ, 富士川 (静岡県）と糸魚川（新潟県）を境に東側は50 Hz（ヘルツ），西側が60 Hzとなっている．

(4) 適切．工場の動力用電源には，一般に，200 V級または400 V級の三相交流が使用されている．図2.10-1参照．

(5) 適切．発電所から変電所までは，特別高圧で電力が送られている．▶答 (2)

問題2 【令和2年春 問19】

電気に関する記述として，適切でないものは次のうちどれか．

(1) 直流は，常に一定の方向に電流が流れる．

(2) 工場の動力用電源には，一般に，200 V級又は400 V級の単相交流が使用されている．

(3) 電力会社から電源として供給される交流の周波数には，地域によって50 Hzと60 Hzがある．

(4) 直流はDC，交流はACと表される．

(5) 発電所から消費地の変電所や開閉所などへの送電には，電力の損失を少なくするため，特別高圧の交流が使用されている．

解説 (1) 適切．直流は，常に一定の方向（＋極から－極）に電流が流れる．図2.10-1参照．

(2) 不適切．工場の動力用電源には，一般に，200 V級または400 V級の三相交流が使用されている．図2.10-1参照．

(3) 適切．電力会社から電源として供給される交流の周波数には，およそ，富士川（静岡県）と糸魚川（新潟県）を境に東側は50 Hz（ヘルツ），西側が60 Hzとなっている．

(4) 適切．直流はDC（Direct Current），交流はAC（Alternating Current）と表される．

(5) 適切．発電所から消費地の変電所や開閉所などへの送電には，電力の損失を少なくするため，特別高圧の交流が使用されている．▶答 (2)

問題3 【令和元年秋 問19】

電気抵抗が2,000 Ωの回路に100 Vの電圧をかけたときに流れる電流の値は(1)～(5)のうちどれか．

(1) 20 mA　(2) 30 mA　(3) 40 mA　(4) 50 mA　(5) 60 mA

解説 電圧E，電流Iおよび抵抗Ωに次の関係があることを利用して算出する．

$$I = E/\Omega \quad ①$$

式①に与えられた数値を代入する．

$$I = 100\,\mathrm{V}/2{,}000\,\Omega = 0.05\,\mathrm{A} = 0.05 \times 1{,}000\,\mathrm{mA} = 50\,\mathrm{mA}$$

以上から（4）が正解.

▶答（4）

問題4

【令和元年春 問19】

電気などに関する記述として，適切でないものは次のうちどれか.

（1）交流は，電流及び電圧の大きさ並びにそれらの方向が周期的に変化する.

（2）直流はDC，交流はACと表される.

（3）電力会社から電源として供給される交流の周波数には，地域によって50 Hzと60 Hzがある.

（4）工場の動力用電源には，一般に，200 V級又は400 V級の三相交流が使用されている.

（5）発電所から消費地の変電所までの送電には，電力の損失を少なくするため，6,600 Vの交流が使用されている.

解説 （1）適切. 交流は，電流および電圧の大きさならびにそれらの方向が周期的に変化する. 図2.10-1参照.

（2）適切. 直流はDC（Direct Current），交流はAC（Alternating Current）と表される.

（3）適切. 電力会社から電源として供給される交流の周波数には，およそ，富士川（静岡県）と糸魚川（新潟県）を境に東側は50 Hz（ヘルツ），西側が60 Hzとなっている.

（4）適切. 工場の動力用電源には，一般に，200 V級または400 V級の三相交流が使用されている.

（5）不適切. 発電所から50万～27万5,000 Vの超高圧で超高圧変電所に送電し，15万4,000 Vに下げ，一次変電所に送り，ここで6万6,000 Vに下げる. さらに中間変電所で2万2,000 Vに下げ大規模工場やコンビナートに送電する. 次に中間変電所から配電変電所で6,600 Vに下げ大規模ビルや中規模工場に送電する. 配電変電所から柱上変圧器（トランス）で100 Vまたは200 Vに下げる. 一度に電圧を下げないのは送電ロスを避けるためである.

▶答（5）

問題5

【平成30年秋 問19】

電気に関する記述として，適切でないものは次のうちどれか.

（1）直流は，常に一定の方向に電流が流れる.

（2）工場の動力用電源には，一般に，200 V級又は400 V級の単相交流が使用されている.

（3）電力会社から電源として供給される交流の周波数には，地域によって50 Hzと60 Hzがある.

（4）直流はDC，交流はACと表される.

(5) 発電所から消費地の変電所や開閉所などへの送電には，電力の損失を少なくするため，特別高圧の交流が使用されている.

解説 (1) 適切．直流は，常に一定の方向に電流が流れる．図2.10-1参照.

(2) 不適切．工場の動力用電源には，一般に，200 V 級または400 V 級の三相交流が使用されている．図2.10-1参照.

(3) 適切．電力会社から電源として供給される交流の周波数には，およそ，富士川（静岡県）と糸魚川（新潟県）を境に東側は50 Hz（ヘルツ），西側が60 Hz となっている.

(4) 適切．直流はDC（Direct Current），交流はAC（Alternating Current）と表される.

(5) 適切．発電所から50万～27万5,000 V の超高圧で超高圧変電所に送電し，15万4,000 V に下げ，一次変電所に送電し6万6,000 V に下げる．さらに中間変電所に送電し2万2,000 V に下げ大規模工場やコンビナートに送電する．次に配電変電所に送電し6,600 V に下げ大規模ビルや中規模工場に送電する．さらに柱上変圧器（トランス）に送電し100 V または200 V に下げる．一度に電圧を下げないのは送電ロスを避けるためである．なお，開閉所は，何らかの原因で送電線に大電流が流れた際などに，他のエリアに影響が出ないように，その原因のエリアを他の系統から切り離す設備である.

▶答 (2)

問題6 【平成30年春 問19】

電気に関する記述として，適切でないものは次のうちどれか.

(1) 発電所から変電所までは，6,600 V の高圧で電力が送られている.

(2) 工場の動力用電源には，一般に，200 V 級又は400 V 級の三相交流が使用されている.

(3) 電力会社から電源として供給される交流の周波数には，地域によって50 Hz と60 Hz がある.

(4) 変電所，開閉所などから家庭，工場などに電力を送ることを配電という.

(5) 交流は，電流及び電圧の大きさ並びにそれらの方向が時間の経過に従い周期的に変化する.

解説 (1) 不適切．発電所から50万～27万5,000 V の超高圧で超高圧変電所に送電し，15万4,000 V に下げ，一次変電所に送り，ここで6万6,000 V に下げる．さらに中間変電所で2万2,000 V に下げ大規模工場やコンビナートに送電する．次に中間変電所から配電変電所で6,600 V に下げ大規模ビルや中規模工場に送電する．配電変電所から柱上変圧器（トランス）で100 V または200 V に下げる．一度に電圧を下げないのは送電ロスを避けるためである.

（2）適切．工場の動力用電源には，一般に，200 V 級または 400 V 級の三相交流が使用されている．

（3）適切．電力会社から電源として供給される交流の周波数には，およそ，富士川（静岡県）と糸魚川（新潟県）を境に東側は 50 Hz（ヘルツ），西側が 60 Hz となっている．

（4）適切．変電所，開閉所などから家庭，工場などに電力を送ることを配電という．なお，開閉所は，何らかの原因で送電線に大電流が流れた際などに，他のエリアに影響が出ないように，その原因のエリアを他の系統から切り離す設備である．

（5）適切．交流は，電流および電圧の大きさならびにそれらの方向が時間の経過に従い周期的に変化する．

▶答（1）

問題 7 【平成 29 年秋 問 19】

電気に関し，誤っているものは次のうちどれか．

（1）直流は，常に一定の方向に電流が流れる．

（2）工場の動力用電源には，一般に 200 V 級又は 400 V 級の単相交流が使用されている．

（3）電力会社から供給される交流電力の周波数には，地域によって 50 Hz と 60 Hz がある．

（4）直流は DC，交流は AC と表される．

（5）変電所から柱上変圧器までは，6,600 V の高圧で電力が送られている．

解説（1）適切．直流は，常に一定の方向に電流が流れる．

（2）不適切．工場の動力用電源には，一般に，200 V 級または 400 V 級の三相交流が使用されている．

（3）適切．電力会社から電源として供給される交流の周波数には，およそ，富士川（静岡県）と糸魚川（新潟県）を境に東側は 50 Hz（ヘルツ），西側が 60 Hz となっている．

（4）適切．直流は DC（Direct Current），交流は AC（Alternating Current）と表される．

（5）適切．発電所から 50 万～27 万 5,000 V の超高圧で超高圧変電所に送電し，15 万 4,000 V に下げ，一次変電所に送電し 6 万 6,000 V に下げる．さらに中間変電所に送電し 2 万 2,000 V に下げ大規模工場やコンビナートに送電する．次に配電変電所に送電し 6,600 V に下げ大規模ビルや中規模工場に送電する．さらに柱上変圧器（トランス）に送電し 100 V または 200 V に下げる．一度に電圧を下げないのは送電ロスを避けるためである．

▶答（2）

問題 8 【平成 29 年春 問 19】

電気などに関し，正しいものは次のうちどれか．

(1) 発電所から消費地の変電所までの送電には，電力の損失を少なくするため，特別高圧の交流が使用されている.
(2) 工場の動力用電源には，一般に 200 V 級又は 400 V 級の単相交流が使用されている.
(3) 直流は AC，交流は DC と表される.
(4) 交流は，常に一定の方向に電流が流れる.
(5) 電力として配電される交流は，地域によらず，家庭用は 50 Hz，工場の動力用は 60 Hz の周波数で供給されている.

解説 (1) 正しい．発電所から消費地の変電所までの送電には，電力の損失を少なくするため，特別高圧の交流が使用されている.
(2) 誤り．工場の動力用電源には，一般に 200 V 級または 400 V 級の三相交流が使用されている.
(3) 誤り．直流は DC（Direct Current），交流は AC（Alternating Current）と表される.
(4) 誤り．交流は，一定の時間的周期をもって電流の流れる方向や大きさが変化する．なお，直流は電流の流れる方向が変わらず，大きさが一定である.
(5) 誤り．電力会社から電源として供給される交流の周波数には，およそ，富士川（静岡県）と糸魚川（新潟県）を境に東側は 50 Hz（ヘルツ），西側が 60 Hz となっている.

▶答 (1)

問題 9 【平成 28 年秋 問 19】

電気に関し，誤っているものは次のうちどれか.
(1) 変電所から柱上変圧器までは，6,600 V の高圧で電力が送られている.
(2) 直流は DC，交流は AC と表される.
(3) 工場の動力用電源には，一般に 200 V 級又は 400 V 級の単相交流が使用されている.
(4) 電力会社から供給される交流電力の周波数には，50 Hz と 60 Hz がある.
(5) 変電所，開閉所などから家庭，工場などに電力を送ることを配電という.

解説 (1) 正しい．変電所から柱上変圧器までは，6,600 V の高圧で電力が送られている.
(2) 正しい．直流は DC（Direct Current），交流は AC（Alternating Current）と表される.
(3) 誤り．工場の動力用電源には，一般に 200 V 級または 400 V 級の三相交流が使用されている.
(4) 正しい．電力会社から電源として供給される交流の周波数には，およそ，富士川（静岡県）と糸魚川（新潟県）を境に東側は 50 Hz（ヘルツ），西側が 60 Hz となっている．
(5) 正しい．変電所，開閉所などから家庭，工場などに電力を送ることを配電という．

▶答 (3)

問題 10 【平成 28 年春 問 11】

電気に関し，次のうち誤っているものはどれか．

(1) 変電所から柱上変圧器までは，6,600 V の高圧で電力が送られている．
(2) 直流は DC，交流は AC と表される．
(3) 電力会社から供給される交流電力の周波数には，50 Hz と 60 Hz がある．
(4) 工場の動力用電源には，一般に 200 V 級又は 400 V 級の単相交流が使用されている．
(5) 変電所，開閉所などから家庭，工場などに電力を送ることを配電という．

解説 (1) 正しい．変電所から柱上変圧器までは，6,600 V の高圧で電力が送られている．
(2) 正しい．直流は DC（Direct Current），交流は AC（Alternating Current）と表される．
(3) 正しい．電力会社から電源として供給される交流の周波数には，およそ，富士川（静岡県）と糸魚川（新潟県）を境に東側は 50 Hz（ヘルツ），西側が 60 Hz となっている．
(4) 誤り．工場の動力用電源には，一般に 200 V 級または 400 V 級の三相交流が使用されている．
(5) 正しい．変電所，開閉所などから家庭，工場などに電力を送ることを配電という．なお，発電所から変電所や開閉所等に電力を送ることを送電という．

▶答 (4)

2.11 導体・絶縁体

問題 1 【令和 2 年秋 問 20】

一般的に電気をよく通す導体及び電気を通しにくい絶縁体に区分されるものの組合せとして，適切なものは (1) ～ (5) のうちどれか．

	導体	絶縁体
(1)	鋳鉄	海水
(2)	雲母	空気
(3)	鋼	黒鉛
(4)	ステンレス	鉛
(5)	アルミニウム	磁器

解説 (1) 不適切．鋳鉄は金属であるから導体，海水も導体である．

(2) 不適切．雲母は絶縁体，空気も絶縁体である．

(3) 不適切．鋼は金属であるから導体，黒鉛は導体である．

(4) 不適切．ステンレスは金属であるから導体，鉛も金属で導体である．

(5) 適切．アルミニウムは金属であるから導体，磁器は絶縁体である．　▶答 (5)

問題 2　【令和 2 年春 問 20】

一般的に電気をよく通す導体及び電気を通しにくい絶縁体に区分されるものの組合せとして，適切なものは (1) ～ (5) のうちどれか．

	導体	絶縁体
(1)	鋳鉄	海水
(2)	雲母	空気
(3)	鋼	黒鉛
(4)	ステンレス	鉛
(5)	アルミニウム	磁器

解説 (1) 不適切．鋳鉄は金属であるから導体，海水も塩分を含んでいるから導体である．

(2) 不適切．雲母は絶縁体，空気も絶縁体である．

(3) 不適切．鋼は金属であるから導体，黒鉛も炭素元素からなる鉱物であるから導体である．

(4) 不適切．ステンレスは金属であるから導体，鉛も金属であるから導体である．

(5) 適切．アルミニウムは金属であるから導体，磁器は絶縁体である．　▶答 (5)

2.12 感電に関する事項

問題 1　【令和元年秋 問 20】

感電に関する記述として，適切なものは次のうちどれか．

(1) 感電による危険を電流と時間の積によって評価する場合，50 ミリアンペアの電流が 1 秒間人体を流れると，心室細動を起こすおそれがあるとされている．

(2) 人体は身体内部の電気抵抗が皮膚の電気抵抗よりも大きいため，電気火傷の影響は，皮膚深部には及ばないものの，皮膚表面は極めて大きな傷害を受ける．

(3) 22,000 V 以下の架空送電線は，移動式クレーンのジブ，巻上げ用ワイヤロープなどが送電線表面に直接接触しなければ放電しないので，感電災害を防止するための離隔距離は 10 cm 以上とされている.

(4) 移動式クレーンのジブが電路に接触しても，運転席に乗っている運転士は運転席から離れない限り身体には電気が流れないので感電しないが，ジブが電路に接触した状態で移動式クレーンを離れなければならないときは，機体からの放電による感電を防ぐため，機体から身体が離れないよう慎重に地上に降りなければならない.

(5) 市街地の電柱上に設けられた 6,600 V の高圧架空配電線の直近で移動式クレーンを用いた作業を行う場合であっても，移動式クレーンのジブが電線に直接接触するおそれの少ない作業方法であれば，電線防護管を設ける必要はない.

解説 (1) 適切．感電による危険を電流と時間の積によって評価する場合，50 ミリアンペア（50 mA）の電流が 1 秒間人体を流れると，心室細動を起こすおそれがあるとされている.

(2) 不適切．人体は身体内部（500 Ω程度）の電気抵抗が皮膚の電気抵抗よりも大きいとは限らず，皮膚の乾湿や電極の接触面積によって大幅に変動する．100 V 以上では皮膚が破壊して内部組織だけの抵抗となり，皮膚深部にも影響が及ぶ.

(3) 不適切．22,000 V 以下の架空送電線は，移動式クレーンのジブ，巻上げ用ワイヤロープなどが送電線表面に直接接触しなくても放電して電流が流れ感電する可能性がある．感電災害を防止するための離隔距離または安全距離は公称電圧によって 3.0 m ～ 2.0 m 以上とされている.

(4) 不適切．移動式クレーンのジブが電路に接触しても，運転席に乗っている運転士は運転席から離れない限り身体には電気が流れないので感電しないが，ジブが電路に接触した状態で移動式クレーンを離れなければならないときは，機体からの放電による感電を防ぐため，機体と地面と同時に接しないようにできるだけ離れて地上に飛び下りる.

(5) 不適切．市街地の電柱上に設けられた 6,600 V の高圧架空配電線の直近で移動式クレーンを用いた作業を行う場合，移動式クレーンのジブが電線に直接接触するおそれの少ない作業方法であっても，電線防護管を設ける必要がある.

▶ 答 (1)

問題 2 【令和元年春 問 20】

感電に関する記述として，適切なものは次のうちどれか.

(1) 感電による危険を電流と時間の積によって評価する場合，50 ミリアンペアの電流が 1 秒間人体を流れると，心室細動を起こすおそれがあるとされている.

(2) 人体は身体内部の電気抵抗が皮膚の電気抵抗よりも大きいため，電気火傷の影響は，皮膚深部には及ばないものの，皮膚表面は極めて大きな傷害を受ける.

(3) 22,000 V 以下の架空送電線は，ジブ，巻上用ワイヤロープなどが送電線表面に直接接触しなければ放電しないので，感電災害を防止するための離隔距離は 10 cm

以上とされている.

(4) 移動式クレーンのジブが電路に接触しても，運転席に乗っている運転士は運転席から離れない限り身体には電気が流れないので感電しないが，移動式クレーンを離れなければならないときは，機体からの放電による感電を防ぐため，機体から身体が離れないよう慎重に地上に降りなければならない.

(5) 市街地の電柱上に設けられた6,600Vの高圧架空配電線の直近で移動式クレーンを用いた作業を行う場合であっても，移動式クレーンのジブが電線に直接接触するおそれの少ない作業方法であれば，電線防護管を設ける必要はない.

解説 (1) 適切. 感電による危険を電流と時間の積によって評価する場合，50ミリアンペア（50mA）の電流が1秒間人体を流れると，心室細動を起こすおそれがあるとされている.

(2) 不適切. 人体は身体内部（500Ω程度）の電気抵抗が皮膚の電気抵抗よりも大きいとは限らず，皮膚の乾湿や電極の接触面積によって大幅に変動する. 100V以上では皮膚が破壊して内部組織だけの抵抗となり，皮膚深部にも影響が及ぶ.

(3) 不適切. 22,000V以下の架空送電線は，移動式クレーンのジブ，巻上げ用ワイヤロープなどが送電線表面に直接接触しなくても放電して電流が流れ感電する可能性がある. 感電災害を防止するための離隔距離または安全距離は公称電圧によって3.0m～2.0m以上とされている.

(4) 不適切. 移動式クレーンのジブが電路に接触しても，運転席に乗っている運転士は運転席から離れない限り身体には電気が流れないので感電しないが，ジブが電路に接触した状態で移動式クレーンを離れなければならないときは，機体からの放電による感電を防ぐため，機体と地面と同時に接しないようにできるだけ離れて地上に飛び下りる.

(5) 不適切. 市街地の電柱上に設けられた6,600Vの高圧架空配電線の直近で移動式クレーンを用いた作業を行う場合，移動式クレーンのジブが電線に直接接触するおそれの少ない作業方法であっても，電線防護管を設ける必要がある. ▶答 (1)

問題3 【平成30年秋 問20】

感電に関する記述として，適切なものは次のうちどれか.

(1) 感電による危険を電流と時間の積によって評価する場合，50ミリアンペアの電流が1秒間人体を流れると，心室細動を起こすおそれがあるとされている.

(2) 人体は身体内部の電気抵抗が皮膚の電気抵抗よりも大きいため，電気火傷の影響は，皮膚深部には及ばないものの，皮膚表面は極めて大きな傷害を受ける.

(3) 22,000V以下の架空送電線は，ジブ，巻上用ワイヤロープなどが送電線表面に直接接触しなければ放電しないので，感電災害を防止するための離隔距離は10cm

以上とされている．

(4) 移動式クレーンのジブが電路に接触しても，運転席に乗っている運転士は運転席から離れない限り身体には電気が流れないので感電しないが，移動式クレーンを離れなければならないときは，機体からの放電による感電を防ぐため，機体から身体が離れないよう慎重に地上に降りなければならない．

(5) 市街地の電柱上に設けられた6,600Vの高圧架空配電線の直近で移動式クレーンを用いた作業を行う場合であっても，移動式クレーンのジブが電線に直接接触するおそれの少ない作業方法であれば，電線防護管を設ける必要はない．

解説 (1) 適切．感電による危険を電流と時間の積によって評価する場合，50ミリアンペア（50mA）の電流が1秒間人体を流れると，心室細動を起こすおそれがあるとされている．

(2) 不適切．人体は身体内部（500Ω程度）の電気抵抗が皮膚の電気抵抗よりも大きいとは限らず，皮膚の乾湿や電極の接触面積によって大幅に変動する．100V以上では皮膚が破壊して内部組織だけの抵抗となり，皮膚深部にも影響が及ぶ．

(3) 不適切．22,000V以下の架空送電線は，移動式クレーンのジブ，巻上げ用ワイヤロープなどが送電線表面に直接接触しなくても放電して電流が流れ感電する可能性がある．感電災害を防止するための離隔距離または安全距離は公称電圧によって3.0m～2.0m以上とされている．

(4) 不適切．移動式クレーンのジブが電路に接触しても，運転席に乗っている運転士は運転席から離れない限り身体には電気が流れないので感電しないが，ジブが電路に接触した状態で移動式クレーンを離れなければならないときは，機体からの放電による感電を防ぐため，機体と地面と同時に接しないようにできるだけ離れて地上に飛び下りる．

(5) 不適切．市街地の電柱上に設けられた6,600Vの高圧架空配電線の直近で移動式クレーンを用いた作業を行う場合，移動式クレーンのジブが電線に直接接触するおそれの少ない作業方法であっても，電線防護管を設ける必要がある．

▶答 (1)

問題4　【平成30年春 問20】

感電に関する記述として，適切でないものは次のうちどれか．

(1) 感電による人体への影響の程度は，電流の大きさ，通電時間，電流の種類，体質などの条件により異なる．

(2) 感電による危険を電流と時間の積によって評価する場合，50ミリアンペアの電流が1秒間人体を流れると，心室細動を起こすおそれがあるとされている．

(3) 人体は身体内部の電気抵抗が皮膚の電気抵抗よりも大きいため，電気火傷の影響は，皮膚深部には及ばないが，皮膚表面は極めて大きな傷害を受ける．

(4) 送配電線に近接した場所で移動式クレーンを用いて作業を行う場合の感電災害防止対策には，柵を設ける，ポールを立てるなどにより危険範囲を明示した上で，監視員を配置し，その者の監視下で作業する方法がある.

(5) 移動式クレーンのジブが電路に接触しても，運転席から離れない限り運転士の人体には電気が流れないので感電しないが，移動式クレーンを離れようとして身体が機体と地面に同時に接すると，感電するおそれがある.

解説 (1) 適切．感電による人体への影響の程度は，電流の大きさ，通電時間，電流の種類，体質などの条件により異なる.

(2) 適切．感電による危険を電流と時間の積によって評価する場合，50ミリアンペア（50 mA）の電流が1秒間人体を流れると，心室細動を起こすおそれがあるとされている.

(3) 不適切．人体は身体内部（500 Ω程度）の電気抵抗が皮膚の電気抵抗よりも大きいとは限らず，皮膚の乾湿や電極の接触面積によって大幅に変動する．100 V以上では皮膚が破壊して内部組織だけの抵抗となり，皮膚深部にも影響が及ぶ.

(4) 適切．送配電線に近接した場所で移動式クレーンを用いて作業を行う場合の感電災害防止対策には，柵を設ける，ポールを立てるなどにより危険範囲を明示した上で，監視員を配置し，その者の監視下で作業する方法がある.

(5) 適切．移動式クレーンのジブが電路に接触しても，運転席から離れない限り運転士の人体には電気が流れないので感電しないが，移動式クレーンを離れようとして身体が機体と地面に同時に接すると，感電するおそれがある．その場合，機体からの放電による感電を防ぐため，機体と地面と同時に接しないようにできるだけ離れて地上に飛び下りる.

▶答 (3)

問題5 【平成29年秋 問20】

感電に関する記述として，適切でないものは次のうちどれか.

(1) 感電による傷害の程度は，人体への通電時間が長いほど大きくなる.

(2) 電気による火傷は，高圧の電源に接触した際のアークなどの高熱による熱傷のほか，電流通過によるジュール熱によって皮膚や内部組織に傷害を起こす.

(3) 人体に100ミリアンペアの交流電流が流れた場合，通電時間がおよそ3秒以内であれば心室細動を起こすおそれはない.

(4) 送配電線に近接した場所で移動式クレーンを用いて作業を行う場合の感電災害防止対策には，柵を設ける，ポールを立てるなどにより危険範囲を明示した上で，監視員を配置し，その者の監視下で作業する方法がある.

(5) 移動式クレーンのジブが電路に接触しても，運転席から離れない限り運転士の人体には電気が流れないので感電しないが，移動式クレーンを離れようとして身体が機体と地面に同時に接すると，感電するおそれがある.

解説 (1) 適切．感電による傷害の程度は，人体への通電時間が長いほど大きくなる．
(2) 適切．電気による火傷は，高圧の電源に接触した際のアークなどの高熱による熱傷のほか，電流通過によるジュール熱によって皮膚や内部組織に傷害を起こす．
(3) 不適切．人体に50ミリアンペア（50 mA）の電流が1秒間流れると，心室細動を起こすおそれがあるとされているので，100 mAの交流電流が流れた場合，通電時間がおよそ0.5秒以内であれば心室細動を起こすおそれはない．
(4) 適切．送配電線に近接した場所で移動式クレーンを用いて作業を行う場合の感電災害防止対策には，柵を設ける，ポールを立てるなどにより危険範囲を明示した上で，監視員を配置し，その者の監視下で作業する方法がある．
(5) 適切．移動式クレーンのジブが電路に接触しても，運転席から離れない限り運転士の人体には電気が流れないので感電しないが，移動式クレーンを離れようとして身体が機体と地面に同時に接すると，感電するおそれがある．この場合，機体からの放電による感電を防ぐため，機体と地面と同時に接しないようにできるだけ離れて地上に飛び下りる．

▶答 (3)

問題6 【平成29年春 問20】

感電の危険性及び災害防止対策に関する記述として，適切なものは次のうちどれか．

(1) 6,600 Vの高圧架空電線は，防護カバーが取り付けられていれば，移動式クレーンのジブが直接接触しても感電の危険はない．
(2) 移動式クレーンのジブが，特別高圧の架空送電線に接触しても，運転席から離れない限り運転士の人体には電気が流れないので感電しないが，移動式クレーンを離れなければならないときは，機体からの放電による感電を防ぐため，機体から身体が離れないよう慎重に地上に降りる．
(3) 人体は身体内部の電気抵抗が皮膚の電気抵抗よりも大きいため，電気火傷による傷害の影響は，皮膚深部には及ばないものの，皮膚表面は極めて大きい傷害を受ける．
(4) 送配電線に近接した場所で移動式クレーンを用いて作業を行う場合の感電災害防止対策には，柵を設ける，ポールを立てるなどにより危険範囲を明示した上で，監視員を配置し，その者の監視下で作業する方法がある．
(5) 人体に100ミリアンペアの交流電流が流れた場合，通電時間がおよそ3秒以内であれば心室細動を起こすおそれはない．

解説 (1) 不適切．6,600 Vの高圧架空電線は，防護カバー（高圧電線の保護のため）

が取り付けられていても，移動式クレーンのジブが直接接触すると感電の危険がある．

(2) 不適切．移動式クレーンのジブが，特別高圧の架空送電線に接触しても，運転席から離れない限り運転士の人体には電気が流れないので感電しないが，移動式クレーンを離れようとして身体が機体と地面に同時に接すると，感電するおそれがある．その場合，機体からの放電による感電を防ぐため，機体と地面と同時に接しないようにできるだけ離れて地上に飛び下りる．

(3) 不適切．人体は身体内部（500 Ω程度）の電気抵抗が皮膚の電気抵抗よりも大きいとは限らず，皮膚の乾湿や電極の接触面積によって大幅に変動する．100 V以上では皮膚が破壊して内部組織だけの抵抗となり，皮膚深部にも影響が及ぶ．

(4) 適切．送配電線に近接した場所で移動式クレーンを用いて作業を行う場合の感電災害防止対策には，柵を設ける，ポールを立てるなどにより危険範囲を明示した上で，監視員を配置し，その者の監視下で作業する方法がある．

(5) 不適切．人体に50ミリアンペア（50 mA）の電流が流れた場合，通電時間がおよそ1秒間であれば心室細動を起こすおそれがあるとされている．したがって，100 mAで3秒間流れた場合，100 mA × 3秒 = 300 mA·sであるから50 mA × 1秒 = 50 mA·sよりはるかに大きいため，心室細動を起こすおそれがある．

▶答 (4)

問題7 【平成28年秋 問20】

感電の危険性及び災害防止対策に関し，誤っているものは次のうちどれか．

(1) 感電による傷害の程度は，電流値が大きいほど大きくなる．

(2) 100 V以下の電圧であっても，感電によって人体を流れる電流が大きいと死亡することがある．

(3) 感電によって人体に10～20 mA以上の電流が流れると，筋肉がけいれんを起こして身体の自由がきかなくなる．

(4) 移動式クレーンのジブが，特別高圧の架空送電線から10 cm以上離れていれば感電する危険はないが，直接接触したときには感電し，死亡する危険がある．

(5) 夏期は，身体の露出部分が多く，汗でぬれている場合が多いので，感電災害が多い．

解説 (1) 正しい．感電による傷害の程度は，電流値が大きいほど受けるエネルギーが大きくなるので大きくなる．

(2) 正しい．100 V以下の電圧であっても，50 mAと1秒を掛けた値以上であれば心室細動を起こし死亡するおそれがあるので，感電によって人体を流れる電流が大きいと死亡することがある．なお，心室細動とは，左心室で痙攣《けいれん》（小刻みの振動）がおこり，その結果血液を全身に送れなくなる症状である．

(3) 正しい．感電によって人体に 10 ～ 20 mA 以上の電流が流れると，筋肉がけいれんを起こして身体の自由がきかなくなる．

(4) 誤り．移動式クレーンのジブが，特別高圧（11,000 ～ 500,000 V）の架空送電線から安全距離（2.0 m ～ 11.0 m で，公称電圧によって異なる）以上離れている必要がある．安全距離以内では放電により感電する危険がある．また，直接接触したときには感電し，死亡する危険がある．

(5) 正しい．夏期は，身体の露出部分が多く，汗でぬれている場合が多いので，感電災害が多い．

▶答（4）

問題 8 【平成 28 年春 問 15】

感電の危険性及び災害防止対策に関し，次のうち誤っているものはどれか．

(1) 電気火傷は，身体の内部深くまで及ぶことがあるので危険である．

(2) 100 V 以下の電圧では，感電しても死亡する危険はないが，負傷する危険はある．

(3) 夏期は，身体の露出部分が多く，汗でぬれている場合が多いので，感電災害が多い．

(4) 特別高圧の架空電路は，電路に直接接触しなくても，近くに接近しただけで感電する危険がある．

(5) 送配電線に近接した場所に移動式クレーンを設置する場合は，通電電圧に応じて決められた電線からの離隔距離を保つ必要がある．

解説 (1) 正しい．電気火傷は，身体の内部深くまで及ぶことがあるので危険である．

(2) 誤り．100 V 以下の電圧では，感電しても死亡する危険がある．一般に左手から両足に電流が流れた場合であるが，50 mA を 1 秒間で心室細動が起こり死亡のおそれがあるとされている．

(3) 正しい．夏期は，身体の露出部分が多く，汗でぬれている場合が多いので，感電災害が多い．

(4) 正しい．特別高圧の架空電路は，電路に直接接触しなくても，放電による感電があるため近くに接近しただけで感電する危険がある．

(5) 正しい．送配電線に近接した場所に移動式クレーンを設置する場合は，通電電圧に応じて決められた電線からの離隔距離を保つ必要がある．

▶答（2）

第 3 章

関係法令

3.1 許可又は各種検査に関する事

問題1 【令和2年秋 問21】

つり上げ荷重3t以上の移動式クレーンに係る許可又は検査に関する記述として，法令上，誤っているものは次のうちどれか．

(1) 移動式クレーンを製造しようとする者は，原則として，あらかじめ，所轄都道府県労働局長の製造許可を受けなければならない．

(2) 使用検査は，所轄労働基準監督署長が行う．

(3) 性能検査は，原則として登録性能検査機関が行う．

(4) 移動式クレーンの台車に変更を加えた者は，原則として，変更検査を受けなければならない．

(5) 移動式クレーン検査証の有効期間をこえて使用を休止した移動式クレーンを再び使用しようとする者は，使用再開検査を受けなければならない．

解説 (1) 正しい．移動式クレーンを製造しようとする者は，原則として，あらかじめ，所轄都道府県労働局長の製造許可を受けなければならない．クレ規則第53条（製造許可）第1項及び安衛令第12条（特定機械等）第1項第四号参照．

(2) 誤り．使用検査は，都道府県労働局長が行う．クレ規則第57条（使用検査）第1項本文参照．

(3) 正しい．性能検査は，原則として登録性能検査機関が行う．安衛法第41条（検査証の有効期間等）第2項参照．

(4) 正しい．移動式クレーンの台車に変更を加えた者は，原則として，変更検査を受けなければならない．クレ規則第85条（変更届）第七号及び第86条（変更検査）第1項参照．

(5) 正しい．移動式クレーン検査証の有効期間をこえて使用を休止した移動式クレーンを再び使用しようとする者は，使用再開検査を受けなければならない．クレ規則第89条（休止の報告）及びクレ規則第90条（使用再開検査）第1項参照．

▶答 (2)

問題2 【令和2年春 問21】

つり上げ荷重3t以上の移動式クレーンの検査に関する記述として，法令上，誤っているものは次のうちどれか．

(1) 移動式クレーンを製造した者は，製造検査を受けなければならない．

(2) 移動式クレーンのブレーキに変更を加えた者は，変更検査を受けなければならない．

(3) 性能検査は，原則として登録性能検査機関が行う．

(4) 使用検査は，都道府県労働局長が行う．
(5) 使用再開検査は，所轄労働基準監督署長が行う．

解説 (1) 正しい．移動式クレーンを製造した者は，製造検査を受けなければならない．クレ規則第55条（製造検査）第1項参照．

(2) 誤り．移動式クレーンのブレーキに変更を加えた者は，変更検査を受けなくてもよい．変更検査が必要な部分は「ジブその他の構造部分」と「台車」である．クレ規則第86条（変更検査）第1項及び準用する第85条（変更届）第三号参照．

(3) 正しい．性能検査は，原則として登録性能検査機関が行う．安衛法第41条（検査証の有効期間等）第2項参照．

(4) 正しい．使用検査は，都道府県労働局長が行う．クレ規則第57条（使用検査）第1項本文参照．

(5) 正しい．使用再開検査は，所轄労働基準監督署長が行う．クレ規則第90条（使用再開検査）第1項参照．

▶答 (2)

問題3 【令和元年秋 問21】

つり上げ荷重3t以上の移動式クレーンの検査に関する記述として，法令上，誤っているものは次のうちどれか．

(1) 移動式クレーンを輸入した者は，製造検査を受けなければならない．
(2) 使用検査は，都道府県労働局長が行う．
(3) 性能検査は，原則として登録性能検査機関が行う．
(4) 変更検査は，所轄労働基準監督署長が行う．
(5) 移動式クレーン検査証の有効期間をこえて使用を休止した移動式クレーンを再び使用しようとする者は，使用再開検査を受けなければならない．

解説 (1) 誤り．移動式クレーンを輸入した者は，使用検査を受けなければならない．「製造検査」が誤り．クレ規則第57条（使用検査）第1項第一号，安衛令第12条（特定機械等）第1項第四号参照．

(2) 正しい．使用検査は，都道府県労働局長が行う．クレ規則第57条（使用検査）第1項本文参照．

(3) 正しい．性能検査は，原則として登録性能検査機関が行う．安衛法第41条（検査証の有効期間等）第2項参照．

(4) 正しい．変更検査は，所轄労働基準監督署長が行う．クレ規則第85条（変更届）本文参照．

(5) 正しい．移動式クレーン検査証の有効期間をこえて使用を休止した移動式クレーンを再び使用しようとする者は，使用再開検査を受けなければならない．クレ規則第89条（休止の報告）及び第90条（使用再開検査）第1項参照．

▶答（1）

問題4 【令和元年春 問21】

つり上げ荷重3t以上の移動式クレーンの検査に関する記述として，法令上，誤っているものは次のうちどれか．

（1）移動式クレーンを製造した者は，製造検査を受けなければならない．

（2）移動式クレーンのブレーキに変更を加えた者は，変更検査を受けなければならない．

（3）性能検査は，原則として登録性能検査機関が行う．

（4）使用検査は，都道府県労働局長が行う．

（5）使用再開検査は，所轄労働基準監督署長が行う．

解説 （1）正しい．移動式クレーンを製造した者は，製造検査を受けなければならない．クレ規則第55条（製造検査）第1項参照．

（2）誤り．移動式クレーンのブレーキに変更を加えた者は，変更届は必要であるが，変更検査を受けなくてもよい．クレ規則第86条（変更検査）第1項で準用する第85条（変更届）第三号参照．

（3）正しい．性能検査は，原則として登録性能検査機関が行う．安衛法第41条（検査証の有効期間等）第2項参照．

（4）正しい．使用検査は，都道府県労働局長が行う．クレ規則第57条（使用検査）第1項本文参照．

（5）正しい．使用再開検査は，所轄労働基準監督署長が行う．クレ規則第90条（使用再開検査）第1項参照．

▶答（2）

問題5 【平成30年秋 問21】

つり上げ荷重3t以上の移動式クレーンの検査に関する記述として，法令上，誤っているものは次のうちどれか．

（1）移動式クレーンを製造した者は，製造検査を受けなければならない．

（2）移動式クレーンのブレーキに変更を加えた者は，変更検査を受けなければならない．

（3）性能検査は，原則として登録性能検査機関が行う．

（4）使用検査は，都道府県労働局長が行う．

（5）使用再開検査は，所轄労働基準監督署長が行う．

解説 (1) 正しい．移動式クレーンを製造した者は，製造検査を受けなければならない．クレ規則第55条（製造検査）第1項参照．

(2) 誤り．移動式クレーンのブレーキに変更を加えた者は，変更届は必要であるが，変更検査を受けなくてもよい．クレ規則第86条（変更検査）第1項で準用する第85条（変更届）第三号参照．

(3) 正しい．性能検査は，原則として登録性能検査機関が行う．安衛法第41条（検査証の有効期間等）第2項参照．

(4) 正しい．使用検査は，都道府県労働局長が行う．クレ規則第57条（使用検査）第1項本文参照．

(5) 正しい．使用再開検査は，所轄労働基準監督署長が行う．クレ規則第90条（使用再開検査）第1項参照．

▶答 (2)

問題6 【平成30年春 問21】

つり上げ荷重3t以上の移動式クレーンの検査に関する記述として，法令上，誤っているものは次のうちどれか．

(1) 製造検査は，所轄都道府県労働局長が行う．

(2) 移動式クレーンを輸入した者は，原則として使用検査を受けなければならない．

(3) 性能検査は，原則として登録性能検査機関が行う．

(4) 移動式クレーンのジブに変更を加えた者は，原則として変更検査を受けなければならない．

(5) 使用再開検査は，所轄都道府県労働局長が行う．

解説 (1) 正しい．製造検査は，所轄都道府県労働局長が行う．クレ規則第55条（製造検査）第1項参照．

(2) 正しい．移動式クレーンを輸入した者は，原則として使用検査を受けなければならない．クレ規則第57条（使用検査）第1項第一号参照．

(3) 正しい．性能検査は，原則として登録性能検査機関が行う．安衛法第41条（検査証の有効期間等）第2項参照．

(4) 正しい．移動式クレーンのジブに変更を加えた者は，原則として変更検査を受けなければならない．クレ規則第86条（変更検査）第1項で準用する第85条（変更届）第一号参照．

(5) 誤り．使用再開検査は，所轄労働基準監督署長が行う．クレ規則第90条（使用再開検査）第1項参照．

▶答 (5)

問題7 【平成29年秋 問21】

つり上げ荷重3t以上の移動式クレーンの検査に関し，法令上，誤っているものは次のうちどれか.

(1) 移動式クレーンを製造した者は，製造検査を受けなければならない.

(2) 移動式クレーンのブレーキに変更を加えた者は，変更検査を受けなければならない.

(3) 性能検査は，原則として登録性能検査機関が行う.

(4) 使用検査は，都道府県労働局長が行う.

(5) 使用再開検査は，所轄労働基準監督署長が行う.

解説 (1) 正しい．移動式クレーンを製造した者は，製造検査を受けなければならない．クレ規則第55条（製造検査）第1項参照.

(2) 誤り．移動式クレーンのブレーキに変更を加えた者は，変更届は必要であるが，変更検査を受けなくてもよい．クレ規則第86条（変更検査）第1項で準用する第85条（変更届）第三号参照.

(3) 正しい．性能検査は，原則として登録性能検査機関が行う．安衛法第41条（検査証の有効期間等）第2項参照.

(4) 正しい．使用検査は，都道府県労働局長が行う．クレ規則第57条（使用検査）第1項本文参照.

(5) 正しい．使用再開検査は，所轄労働基準監督署長が行う．クレ規則第90条（使用再開検査）第1項参照.

▶答 (2)

問題8 【平成29年春 問21】

つり上げ荷重3t以上の移動式クレーンの製造及び検査に関し，法令上，誤っているものは次のうちどれか.

(1) 移動式クレーンを製造しようとする者は，原則として，あらかじめ，所轄都道府県労働局長の製造許可を受けなければならない.

(2) 使用検査は，所轄労働基準監督署長が行う.

(3) 性能検査は，原則として登録性能検査機関が行う.

(4) 移動式クレーンの台車に変更を加えた者は，原則として，変更検査を受けなければならない.

(5) 使用再開検査は，所轄労働基準監督署長が行う.

解説 (1) 正しい．移動式クレーンを製造しようとする者は，原則として，あらかじめ，所轄都道府県労働局長の製造許可を受けなければならない．クレ規則第53条（製造許可）第1項参照.

(2) 誤り．使用検査は，都道府県労働局長が行う．クレ規則第57条（使用検査）第1項本文参照.

(3) 正しい．性能検査は，原則として登録性能検査機関が行う．安衛法第41条（検査証の有効期間等）第2項参照.

(4) 正しい．移動式クレーンの台車に変更を加えた者は，原則として，変更検査を受けなければならない．クレ規則第86条（変更検査）第1項で準用する第85条（変更届）第七号参照.

(5) 正しい．使用再開検査は，所轄労働基準監督署長が行う．クレ規則第90条（使用再開検査）第1項参照.

▶答（2）

問題9

【平成28年秋 問22】

つり上げ荷重3t以上の移動式クレーンの検査に関し，法令上，誤っているものは次のうちどれか.

(1) 製造検査は，所轄都道府県労働局長が行う.

(2) 移動式クレーンを輸入した者は，原則として，使用検査を受けなければならない.

(3) 性能検査は，原則として登録性能検査機関が行う.

(4) 変更検査は，所轄労働基準監督署長が行う.

(5) 使用を廃止した移動式クレーンを再び使用しようとする者は，使用再開検査を受けなければならない.

解説 (1) 正しい．製造検査は，所轄都道府県労働局長が行う．クレ規則第55条（製造検査）第1項参照.

(2) 正しい．移動式クレーンを輸入した者は，原則として，使用検査を受けなければならない．クレ規則第57条（使用検査）第1項第一号参照.

(3) 正しい．性能検査は，原則として登録性能検査機関が行う．安衛法第41条（検査証の有効期間等）第2項参照.

(4) 正しい．変更検査は，所轄労働基準監督署長が行う．クレ規則第86条（変更検査）第1項参照.

(5) 誤り．使用を廃止した移動式クレーンを再び使用しようとする者は，使用検査を受けなければならない．クレ規則第57条（使用検査）第1項第三号参照.

▶答（5）

問題10

【平成28年春 問27】

つり上げ荷重3t以上の移動式クレーンの検査に関し，法令上，誤っているものは次のうちどれか.

（1）移動式クレーンを製造した者は，製造検査を受けなければならない．
（2）移動式クレーンのブレーキに変更を加えた者は，変更検査を受けなければならない．
（3）性能検査は，原則として登録性能検査機関が行う．
（4）使用検査は，都道府県労働局長が行う．
（5）使用再開検査は，所轄労働基準監督署長が行う．

解説（1）正しい．移動式クレーンを製造した者は，製造検査を受けなければならない．クレ規則第55条（製造検査）第1項参照．

（2）誤り．移動式クレーンのブレーキに変更を加えた者に変更検査を受ける定めはない．クレ規則第86条（変更検査）第1項参照．

（3）正しい．性能検査は，原則として登録性能検査機関が行う．安衛法第41条（検査証の有効期間等）第2項参照．

（4）正しい．使用検査は，都道府県労働局長が行う．クレ規則第57条（使用検査）第1項本文参照．

（5）正しい．使用再開検査は，所轄労働基準監督署長が行う．クレ規則第90条（使用再開検査）第1項参照．

▶答（2）

3.2 ジブの組み立て等の作業

問題1 【平成28年秋 問27】

移動式クレーンのジブの組立て作業を行うときに講じなければならない措置として，法令に定められていないものは次のうちどれか．

（1）作業を指揮する者を選任し，その者の指揮の下に作業を実施させること．
（2）作業を指揮する者に，材料の欠点の有無並びに器具及び工具の機能を点検させ，不良品を取り除かせること．
（3）強風等の悪天候のため作業の実施について危険が予想されるときは，気象情報を把握した上で当該作業に労働者を従事させること．
（4）作業を行う区域に関係労働者以外の労働者が立ち入ることを禁止すること．
（5）作業を指揮する者に，作業中，安全帯等及び保護帽の使用状況を監視させること．

解説（1）定めあり．作業を指揮する者を選任し，その者の指揮の下に作業を実施させること．クレ規則第75条の2（ジブの組立て等の作業）第1項第一号参照．

(2) 定めあり．作業を指揮する者に，材料の欠点の有無並びに器具及び工具の機能を点検させ，不良品を取り除かせること．クレ規則第75条の2（ジブの組立て等の作業）第2項第二号参照．

(3) 定めなし．強風等の悪天候のため作業の実施について危険が予想されるときは，当該作業を中止しなければならない．クレ規則第74条の3（強風時の作業中止）参照．

(4) 定めあり．作業を行う区域に関係労働者以外の労働者が立ち入ることを禁止すること．クレ規則第75条の2（ジブの組立て等の作業）第1項第二号参照．

(5) 定めあり．作業を指揮する者に，作業中，安全帯等及び保護帽の使用状況を監視させること．クレ規則第75条の2（ジブの組立て等の作業）第2項第三号参照．▶答（3）

3.3 廃止・届出先

問題1 【令和2年秋 問22】

次の文中の［　　］内に入れるAからCの語句の組合せとして，法令上，正しいものは（1）～（5）のうちどれか．

「つり上げ荷重3t以上の移動式クレーンを設置している者が当該移動式クレーンについて，その使用を［ A ］したとき，又はつり上げ荷重を3t未満に変更したときは，その者は，［ B ］，移動式クレーン検査証を所轄［ C ］に返還しなければならない．」

	A	B	C
（1）	休止	10日以内に	労働基準監督署長
（2）	廃止	遅滞なく	都道府県労働局長
（3）	廃止	10日以内に	都道府県労働局長
（4）	廃止	遅滞なく	労働基準監督署長
（5）	休止	10日以内に	都道府県労働局長

解説 A 「廃止」である．

B 「遅滞なく」である．

C 「労働基準監督署長」である．

クレ規則第93条（検査証の返還）参照．

以上から（4）が正解．　▶答（4）

3.4 移動式クレーンの運転及び玉掛業務

問題1 【令和2年秋 問23】

移動式クレーンの運転（道路上を走行させる運転を除く.）及び玉掛けの業務に関する記述として，法令上，誤っているものは次のうちどれか.

(1) 移動式クレーン運転士免許で，つり上げ荷重100tの浮きクレーンの運転の業務に就くことができる.

(2) 小型移動式クレーン運転技能講習の修了では，つり上げ荷重6tのラフテレーンクレーンの運転の業務に就くことができない.

(3) 移動式クレーンの運転の業務に係る特別の教育の受講で，つり上げ荷重1.5tのホイールクレーンの運転の業務に就くことができる.

(4) 玉掛け技能講習の修了で，つり上げ荷重20tのクローラクレーンで行う5tの荷の玉掛けの業務に就くことができる.

(5) 玉掛けの業務に係る特別の教育の受講では，つり上げ荷重2tの積載形トラッククレーンで行う0.9tの荷の玉掛けの業務に就くことができない.

解説 (1) 正しい．移動式クレーン運転士免許（1t以上で必要）で，つり上げ荷重100tの浮きクレーンの運転の業務に就くことができる（表3.4-1参照）．安衛令第20条（就業制限に係る業務）第七号及びクレ規則第68条（就業制限）参照.

表3.4-1　移動式クレーン運転士免許等

つり上げ荷重	移動クレ免許	移動クレ技能講習	移動クレ特別教育
5t以上	○	×	×
1t以上5t未満	○	○	×
1t未満	○	○	○

移動クレ免許：移動式クレーン運転免許（安衛令第20条（就業制限に係る業務）第七号及び安衛法第61条（就業制限）第1項）

移動クレ技能講習：小型移動式クレーン運転技能講習（クレ規則第68条（就業制限））

移動クレ特別教育：移動式クレーン運転の業務特別教育（クレ規則第67条（特別の教育）第1項）

(2) 正しい．小型移動式クレーン運転技能講習の修了では，つり上げ荷重6tのラフテレーンクレーンの運転の業務に就くことができない．なお，つり上げ荷重が1t以上5t未満では小型移動式クレーン運転技能講習の修了で運転の業務に就くことができる．クレ規則第68条（就業制限）参照.

(3) 誤り．移動式クレーンの運転の業務に係る特別の教育の受講で，つり上げ荷重1.5tのホイールクレーンの運転の業務に就くことができない．特別の教育の受講で就くことができるつり上げ荷重は，1t未満である．クレ規則第67条（特別の教育）第1項参照．

(4) 正しい．玉掛け技能講習の修了で，すべての荷重の玉掛けの業務に就くことができるからつり上げ荷重20tのクローラクレーンで行う5tの荷の玉掛けの業務に就くことができる（表3.4-2参照）．クレ規則第221条（就業規則）第一号参照．

表3.4-2　玉掛け技能講習等

玉掛のつり上げ荷重	玉掛け技能講習	特別の教育
1t以上	○	×
1t未満	○	○

(5) 正しい．玉掛けの業務に係る特別の教育の受講では，つり上げ荷重1t以上の積載形トラッククレーンで行う荷の玉掛けの業務に就くことができない．したがって，つり上げ荷重2t以上の積載形トラッククレーンで行う荷が0.9tであっても玉掛けの業務に就くことができない．クレ規則第222条（特別の教育）第1項参照．　▶答（3）

問題2　【令和2年春 問23】

移動式クレーンの運転（道路上を走行させる運転を除く．）及び玉掛けの業務に関する記述として，法令上，誤っているものは次のうちどれか．

(1) 移動式クレーン運転士免許で，つり上げ荷重20tの浮きクレーンの運転の業務に就くことができる．

(2) 玉掛け技能講習の修了で，つり上げ荷重7tのラフテレーンクレーンで行う4.9tの荷の玉掛けの業務に就くことができる．

(3) 小型移動式クレーン運転技能講習の修了では，つり上げ荷重6tのトラッククレーンの運転の業務に就くことができない．

(4) 玉掛けの業務に係る特別の教育の受講では，つり上げ荷重2tの積載形トラッククレーンを用いて行う0.9tの荷の玉掛けの業務に就くことができない．

(5) 移動式クレーンの運転の業務に係る特別の教育の受講で，つり上げ荷重1.5tのホイールクレーンの運転の業務に就くことができる．

解説 (1) 正しい．移動式クレーン運転士免許で，全ての荷重の運転業務に就くことができるため，つり上げ荷重20tの浮きクレーンの運転の業務に就くことができる（表3.4-1参照）．安衛令第20条（就業制限に係る業務）第七号及びクレ規則第68条（就業制限）参照．

(2) 正しい．玉掛け技能講習の修了で，全ての荷重の玉掛の業務に就くことができるからつり上げ荷重7tのラフテレーンクレーンで行う4.9tの荷の玉掛けの業務に就くことができる（表3.4-2参照）．クレ規則第221条（就業制限）第一号参照．

(3) 正しい．小型移動式クレーン運転技能講習の修了では，つり上げ荷重6tのトラッククレーンの運転の業務に就くことができない（表3.4-1参照）．クレ規則第68条（就業制限）参照．

(4) 正しい．玉掛けの業務に係る特別の教育の受講では，つり上げ荷重1t未満のみ可能であるから，つり上げ荷重2tの積載形トラッククレーンを用いた場合，0.9tの荷の玉掛けの業務であってもその業務に就くことができない．表3.4-2及びクレ規則第222条（特別の教育）第1項本文参照．

(5) 誤り．移動式クレーンの運転の業務に係る特別の教育の受講で，つり上げ荷重1t以上（設問は1.5t）のホイールクレーンの運転の業務に就くことができない．表3.4-1及びクレ規則第222条（特別の教育）第1項本文参照．

▶答 (5)

問題3 【令和元年秋 問23】

移動式クレーンの運転（道路上を走行させる運転を除く．）及び玉掛けの業務に関する記述として，法令上，正しいものは次のうちどれか．

(1) 移動式クレーン運転士免許では，つり上げ荷重50tの浮きクレーンの運転の業務に就くことができない．

(2) 玉掛け技能講習の修了では，つり上げ荷重20tのクローラクレーンで行う5tの荷の玉掛けの業務に就くことができない．

(3) 玉掛けの業務に係る特別の教育の受講で，つり上げ荷重2tの積載形トラッククレーンで行う0.9tの荷の玉掛けの業務に就くことができる．

(4) 小型移動式クレーン運転技能講習の修了では，つり上げ荷重6tのラフテレーンクレーンの運転の業務に就くことができない．

(5) 移動式クレーンの運転の業務に係る特別の教育の受講では，つり上げ荷重0.9tのホイールクレーンの運転の業務に就くことができない．

解説 (1) 誤り．移動式クレーン運転士免許（1t以上で必要）で50tの浮きクレーンの運転の業務に就くことができる．浮きクレーンは水上を移動するものであるが，移動式クレーンの一種である（表3.4-1参照）．安衛令第20条（就業制限に係る業務）第七号及びクレ規則第68条（就業制限）参照．

(2) 誤り．玉掛け技能講習の修了では，1t以上のつり上げ荷重が可能であるから，20tのクローラクレーンで行う5tの荷の玉掛けの業務に就くことができる．表3.4-2及びクレ規則第221条（就業制限）本文参照．

(3) 誤り．玉掛けの業務に係る特別の教育の受講で，1t未満のつり上げ荷重の業務に就くことが可能であるが，2tの積載形トラッククレーンを使用した業務ができないので，これを使用した0.9tの荷の玉掛けの業務に就くことができない．表3.4-2及びクレ規則第222条（特別の教育）第1項参照．

(4) 正しい．小型移動式クレーン運転技能講習の修了では，つり上げ荷重1t以上5t未満の運転業務に就くことができるが，つり上げ荷重6tのラフテレーンクレーンの運転の業務に就くことができない．表3.4-1及びクレ規則第68条（就業制限）ただし書参照．

(5) 誤り．移動式クレーンの運転の業務に係る特別の教育の受講では，つり上げ荷重1t未満の運転業務に就くことができるので，つり上げ荷重0.9tのホイールクレーンの運転の業務に就くことができる．表3.4-1及びクレ規則第67条（特別の教育）第1項参照．

▶答（4）

問題4 【令和元年春 問23】

移動式クレーンの運転（道路上を走行させる運転を除く．）及び玉掛けの業務に関する記述として，法令上，正しいものは次のうちどれか．

(1) 移動式クレーンの運転の業務に係る特別の教育の受講で，つり上げ荷重0.9tのホイールクレーンの運転の業務に就くことができる．

(2) 玉掛け技能講習の修了では，つり上げ荷重10tのクローラクレーンで行う7tの荷の玉掛けの業務に就くことができない．

(3) 玉掛けの業務に係る特別の教育の受講で，つり上げ荷重2tの積載形トラッククレーンで行う0.9tの荷の玉掛けの業務に就くことができる．

(4) 小型移動式クレーン運転技能講習の修了で，つり上げ荷重6tのラフテレーンクレーンの運転の業務に就くことができる．

(5) 移動式クレーン運転士免許では，つり上げ荷重20tの浮きクレーンの運転の業務に就くことができない．

解説 (1) 正しい．移動式クレーンの運転の業務に係る特別の教育の受講で，つり上げ荷重1t未満（設問では0.9t）のホイールクレーンの運転の業務に就くことができる．表3.4-1及びクレ規則第67条（特別の教育）第1項参照．

(2) 誤り．玉掛け技能講習の修了では，つり上げ荷重1t以上（設問では10t）のクローラクレーンで行う玉掛けの業務に就くことができるから，7tの荷の玉掛けの業務に就くことができる．表3.4-2，クレ規則第221条（就業制限）本文及び準用する安衛令第20条（就業制限に係る業務）第十六号参照．

(3) 誤り．玉掛けの業務に係る特別の教育の受講で，つり上げ荷重1t未満の積載形トラッククレーンで行う玉掛けの業務に就くことができるが，設問は2tの積載形トラッククレーンであるから，0.9tの荷であっても玉掛けの業務に就くことができない．表

3.4-2及びクレ規則第222条（特別の教育）第1項参照.

(4) 誤り．小型移動式クレーン運転技能講習の修了で，1t以上5t未満の小型移動式クレーンの運転の業務に就くことができるが，つり上げ荷重6tのラフテレーンクレーンの運転の業務に就くことができない．表3.4-1及びクレ規則第68条（就業制限）ただし書参照.

(5) 誤り．移動式クレーン運転士免許では，つり上げ荷重1t以上（設問では20t）の浮きクレーンの運転の業務に就くことができる．表3.4-1，クレ規則第68条（就業制限）及び安衛令第20条（就業制限に係る業務）第七号参照.

▶答 (1)

問題5

【平成30年秋 問23】

移動式クレーンの運転（道路上を走行させる運転を除く.）及び玉掛けの業務に関する記述として，法令上，誤っているものは次のうちどれか.

(1) 移動式クレーン運転士免許で，つり上げ荷重20tの浮きクレーンの運転の業務に就くことができる.

(2) 玉掛け技能講習の修了で，つり上げ荷重7tのラフテレーンクレーンで行う4.9tの荷の玉掛けの業務に就くことができる.

(3) 小型移動式クレーン運転技能講習の修了では，つり上げ荷重6tのトラッククレーンの運転の業務に就くことができない.

(4) 玉掛けの業務に係る特別の教育の受講では，つり上げ荷重2tの積載形トラッククレーンを用いて行う0.9tの荷の玉掛けの業務に就くことができない.

(5) 移動式クレーンの運転の業務に係る特別の教育の受講で，つり上げ荷重1.5tのホイールクレーンの運転の業務に就くことができる.

解説 (1) 正しい．移動式クレーン運転士免許（1t以上で必要）で20tの浮きクレーンの運転の業務に就くことができる．浮きクレーンは水上を移動するものであるが，移動式クレーンの一種である．表3.4-1，安衛令第20条（就業制限に係る業務）第七号及びクレ規則第68条（就業制限）参照.

(2) 正しい．玉掛け技能講習の修了では，1t以上のつり上げ荷重が可能であるから，7tのクローラクレーンで行う4.9tの荷の玉掛けの業務に就くことができる．表3.4-2及びクレ規則第221条（就業制限）本文参照.

(3) 正しい．小型移動式クレーン運転技能講習の修了では，つり上げ荷重1t以上5t未満の運転業務に就くことができるが，つり上げ荷重6tのラフテレーンクレーンの運転の業務に就くことができない．表3.4-2及びクレ規則第68条（就業制限）ただし書参照.

(4) 正しい．玉掛けの業務に係る特別の教育の受講で，1t未満のつり上げ荷重の業務に就くことが可能であるが，2tの積載形トラッククレーンを使用した業務ができないので，これを使用した0.9tの荷の玉掛けの業務に就くことができない．表3.4-2及びクレ規則第222条（特別の教育）第1項参照．

(5) 誤り．移動式クレーンの運転の業務に係る特別の教育の受講では，つり上げ荷重1t未満の運転業務に就くことができるが，つり上げ荷重1.5tのホイールクレーンの運転の業務には就くことができない．表3.4-1及びクレ規則第67条（特別の教育）第1項参照．

▶答 (5)

問題6 【平成30年春 問23】

移動式クレーンの運転（道路上を走行させる運転を除く．）及び玉掛けの業務に関する記述として，法令上，誤っているものは次のうちどれか．

(1) 移動式クレーン運転士免許で，つり上げ荷重50tの浮きクレーンの運転の業務に就くことができる．

(2) 小型移動式クレーン運転技能講習の修了では，つり上げ荷重6tのラフテレーンクレーンの運転の業務に就くことができない．

(3) 玉掛け技能講習の修了で，つり上げ荷重10tのクローラクレーンを用いて行う5tの荷の玉掛けの業務に就くことができる．

(4) 玉掛けの業務に係る特別の教育の受講では，つり上げ荷重4tの車両積載形トラッククレーンを用いて行う0.9tの荷の玉掛けの業務に就くことができない．

(5) 移動式クレーンの運転の業務に係る特別の教育の受講で，つり上げ荷重2tのホイールクレーンの運転の業務に就くことができる．

解説 (1) 正しい．移動式クレーン運転士免許（1t以上で必要）で50tの浮きクレーンの運転の業務に就くことができる．浮きクレーンは水上を移動するものであるが，移動式クレーンの一種である．表3.4-1，安衛令第20条（就業制限に係る業務）第七号及びクレ規則第68条（就業制限）参照．

(2) 正しい．小型移動式クレーン運転技能講習の修了では，つり上げ荷重1t以上5t未満の運転業務に就くことができるが，つり上げ荷重6tのラフテレーンクレーンの運転の業務に就くことができない．表3.4-1及びクレ規則第68条（就業制限）ただし書参照．

(3) 正しい．玉掛け技能講習の修了では，1t以上のつり上げ荷重が可能であるから，10tのクローラクレーンで行う5tの荷の玉掛けの業務に就くことができる．表3.4-2及びクレ規則第221条（就業制限）本文参照．

(4) 正しい．玉掛けの業務に係る特別の教育の受講で，1t未満のつり上げ荷重の業務に就くことが可能であるが，4tの積載形トラッククレーンを使用した業務ができないので，これを使用した0.9tの荷の玉掛けの業務に就くことができない．表3.4-2及びクレ規則第222条（特別の教育）第1項参照．

(5) 誤り．移動式クレーンの運転の業務に係る特別の教育の受講では，つり上げ荷重1t未満の運転業務に就くことができるが，つり上げ荷重2tのホイールクレーンの運転の業務には就くことができない．表3.4-1及びクレ規則第67条（特別の教育）第1項参照．

▶答（5）

問題7 【平成29年秋 問22】

移動式クレーンの運転（道路上を走行させる運転を除く．）及び玉掛けの業務に関し，法令上，誤っているものは次のうちどれか．

(1) 移動式クレーン運転士免許の資格で，つり上げ荷重50tの浮きクレーンの運転の業務に就くことができる．

(2) 小型移動式クレーン運転技能講習の修了では，つり上げ荷重5tのラフテレーンクレーンの運転の業務に就くことができない．

(3) 玉掛け技能講習の修了で，つり上げ荷重10tのクローラクレーンを用いて行う5tの荷の玉掛けの業務に就くことができる．

(4) 玉掛けの業務に係る特別の教育の受講では，つり上げ荷重2tの車両積載形トラッククレーンを用いて行う0.9tの荷の玉掛けの業務に就くことができない．

(5) 移動式クレーンの運転の業務に係る特別の教育の受講で，つり上げ荷重1tのホイールクレーンの運転の業務に就くことができる．

解説 (1) 正しい．移動式クレーン運転士免許（1t以上で必要）で20tの浮きクレーンの運転の業務に就くことができる．浮きクレーンは水上を移動するものであるが，移動式クレーンの一種である．表3.4-1，安衛令第20条（就業制限に係る業務）第七号及びクレ規則第68条（就業制限）参照．

(2) 正しい．小型移動式クレーン運転技能講習の修了では，つり上げ荷重1t以上5t未満の運転業務に就くことができるが，つり上げ荷重5tのラフテレーンクレーンの運転の業務に就くことができない．表3.4-1及びクレ規則第68条（就業制限）ただし書参照．

(3) 正しい．玉掛け技能講習の修了で，1t以上のつり上げ荷重が可能であるから，つり上げ荷重10tのクローラクレーンを用いて行う5tの荷の玉掛けの業務に就くことができる．表3.4-2及びクレ規則第221条（就業制限）本文参照．

(4) 正しい．玉掛けの業務に係る特別の教育の受講で，1t未満のつり上げ荷重の業務に就くことが可能であるが，2tの積載形トラッククレーンを使用した業務ができないので，これを使用した0.9tの荷の玉掛けの業務に就くことができない．表3.4-2及びクレ規則第222条（特別の教育）第1項参照．

(5) 誤り．移動式クレーンの運転の業務に係る特別の教育の受講では，つり上げ荷重1t未満の運転業務に就くことができるが，つり上げ荷重1tのホイールクレーンの運転の業務には就くことができない．表3.4-1及びクレ規則第67条（特別の教育）第1項参照．

▶答（5）

問題8 【平成29年春 問23】

移動式クレーンの運転（道路上を走行させる運転を除く．）及び玉掛けの業務に関し，法令上，正しいものは次のうちどれか．

（1）移動式クレーンの運転の業務に係る特別の教育の受講で，つり上げ荷重0.9tのホイールクレーンの運転の業務に就くことができる．

（2）玉掛け技能講習の修了では，つり上げ荷重10tのクローラクレーンで行う7tの荷の玉掛けの業務に就くことができない．

（3）玉掛けの業務に係る特別の教育の受講で，つり上げ荷重2tの車両積載形トラッククレーンで行う0.9tの荷の玉掛けの業務に就くことができる．

（4）小型移動式クレーン運転技能講習の修了で，つり上げ荷重5tのラフテレーンクレーンの運転の業務に就くことができる．

（5）移動式クレーン運転士免許では，つり上げ荷重20tの浮きクレーンの運転の業務に就くことができない．

解説（1）正しい．移動式クレーンの運転の業務に係る特別の教育の受講では，つり上げ荷重1t未満の運転業務に就くことができるので，つり上げ荷重0.9tのホイールクレーンの運転の業務に就くことができる．表3.4-1及びクレ規則第67条（特別の教育）第1項参照．

（2）誤り．玉掛け技能講習の修了で，1t以上のつり上げ荷重が可能であるから，つり上げ荷重10tのクローラクレーンを用いて行う7tの荷の玉掛けの業務に就くことができる．表3.4-2及びクレ規則第221条（就業制限）本文参照．

（3）誤り．玉掛けの業務に係る特別の教育の受講で，1t未満のつり上げ荷重の業務に就くことが可能であるが，2tの積載形トラッククレーンを使用した業務ができないので，これを使用した0.9tの荷の玉掛けの業務には就くことができない．表3.4-2及びクレ規則第222条（特別の教育）第1項参照．

（4）誤り．小型移動式クレーン運転技能講習の修了では，つり上げ荷重1t以上5t未満の運転業務に就くことができるが，つり上げ荷重5tのラフテレーンクレーンの運転の業務に就くことができない．表3.4-1及びクレ規則第68条（就業制限）ただし書参照．

（5）誤り．動式クレーン運転士免許（1t以上で必要）で20tの浮きクレーンの運転の業務に就くことができる．浮きクレーンは水上を移動するものであるが，移動式クレーンの一種である．表3.4-1，安衛令第20条（就業制限に係る業務）第七号及びクレ規則第68条（就業制限）参照．

▶答（1）

問題9 【平成28年秋 問23】

移動式クレーンの運転（道路上を走行させる運転を除く.）及び玉掛けの業務に関し，法令上，誤っているものは次のうちどれか.

(1) 移動式クレーン運転士免許を受けた者は，つり上げ荷重15tの移動式クレーンの運転の業務に就くことができる.

(2) 小型移動式クレーン運転技能講習を修了した者は，つり上げ荷重3tの移動式クレーンの運転の業務に就くことができる.

(3) 移動式クレーンの運転の業務に係る特別の教育を受けた者は，つり上げ荷重1tの移動式クレーンの運転の業務に就くことができる.

(4) 玉掛け技能講習を修了した者は，つり上げ荷重5tの移動式クレーンの玉掛けの業務に就くことができる.

(5) つり上げ荷重0.6tの移動式クレーンの玉掛けの業務に労働者を就かせるときは，玉掛けの業務に係る特別の教育を行わなければならない.

解説 (1) 正しい．移動式クレーン運転士免許（荷重1t以上で必要）を受けた者は，つり上げ荷重15tの移動式クレーンの運転の業務に就くことができる．表3.4-1，安衛令第20条（就業制限に係る業務）第七号及びクレ規則第68条（就業制限）参照.

(2) 正しい．小型移動式クレーン運転技能講習を修了した者（荷重1t以上5t未満で就業可能）は，つり上げ荷重3tの移動式クレーンの運転の業務に就くことができる．表3.4-1及びクレ規則第68条（就業制限）ただし書参照.

(3) 誤り．移動式クレーンの運転の業務に係る特別の教育を受けた者（荷重1t未満で就業可能）は，つり上げ荷重1tの移動式クレーンの運転の業務に就くことができない．表3.4-1及びクレ規則第67条（特別の教育）第1項参照.

(4) 正しい．玉掛け技能講習を修了した者（荷重1t以上に就業可能）は，つり上げ荷重5tの移動式クレーンの玉掛けの業務に就くことができる．表3.4-2，クレ規則第221条（就業制限）本文及び第一号参照.

(5) 正しい．つり上げ荷重0.6tの移動式クレーンの玉掛けの業務に労働者を就かせるときは，玉掛けの業務に係る特別の教育（荷重1t未満で就業可能）を行わなければならない．表3.4-2及びクレ規則第222条（特別の教育）第1項参照.

▶答 (3)

問題10 【平成28年春 問24】

移動式クレーンの運転（道路上を走行させる運転を除く.）及び玉掛けの業務に関し，法令上，誤っているものは次のうちどれか.

(1) 移動式クレーン運転士免許を受けた者は，つり上げ荷重15tの移動式クレーンの運転の業務に就くことができる.

(2) 移動式クレーンの運転の業務に係る特別の教育を受けた者は，つり上げ荷重1.5tの移動式クレーンの運転の業務に就くことができる.

(3) 小型移動式クレーン運転技能講習を修了した者は，つり上げ荷重2.9tの移動式クレーンの運転の業務に就くことができる.

(4) 玉掛け技能講習を修了した者は，つり上げ荷重5tの移動式クレーンの玉掛けの業務に就くことができる.

(5) つり上げ荷重0.6tの移動式クレーンの玉掛けの業務に労働者を就かせるときは，玉掛けの業務に係る特別の教育を行わなければならない.

解説 (1) 正しい．移動式クレーン運転士免許（1t以上の業務可能）を受けた者は，つり上げ荷重15tの移動式クレーンの運転の業務に就くことができる．表3.4-1，安衛令第20条（就業制限に係る業務）第七号及びクレ規則第68条（就業制限）参照.

(2) 誤り．移動式クレーンの運転の業務に係る特別の教育を受けた者（1t未満の業務可能）は，つり上げ荷重1.5tの移動式クレーンの運転の業務に就くことができない．表3.4-1及びクレ規則第67条（特別の教育）第1項参照.

(3) 正しい．小型移動式クレーン運転技能講習を修了した者（1t以上5t未満の業務可能）は，つり上げ荷重2.9tの移動式クレーンの運転の業務に就くことができる．表3.4-1及びクレ規則第68条（就業制限）ただし書参照.

(4) 正しい．玉掛け技能講習を修了した者（1t以上の業務可能）は，つり上げ荷重5tの移動式クレーンの玉掛けの業務に就くことができる．表3.4-2，クレ規則第221条（就業制限）本文及び第一号参照.

(5) 正しい．つり上げ荷重0.6tの移動式クレーンの玉掛けの業務に労働者を就かせるときは，玉掛けの業務に係る特別の教育（1t未満の業務可能）を行わなければならない．表3.4-2及びクレ規則第222条（特別の教育）第1項参照.

▶答 (2)

3.5 移動式クレーンの使用に関する事項

問題1 【令和2年春 問25】

移動式クレーンの使用に関する記述として，法令上，誤っているものは次のうちどれか.

(1) つり上げ荷重0.5t以上の移動式クレーンについては，厚生労働大臣が定める規格（基準）又は安全装置を具備したものでなければ使用してはならない.

(2) 地盤が軟弱であるため移動式クレーンが転倒するおそれのある場所では，原則として，移動式クレーンを用いて作業を行ってはならない.

(3) 移動式クレーンを用いて作業を行うときは，移動式クレーンの運転者及び玉掛けをする者が当該移動式クレーンの定格荷重を常時知ることができるよう，表示その他の措置を講じなければならない.

(4) 油圧を動力として用いる移動式クレーンの安全弁は，原則として，最大の定格荷重に相当する荷重をかけたときの油圧に相当する圧力以下で作用するように調整しておかなければならない.

(5) 移動式クレーン運転士免許を有する労働者は，移動式クレーンの運転の業務に従事中に移動式クレーンの安全装置を臨時に取り外す必要が生じたときは，あらかじめ事業者の許可を受けずに当該安全装置を取り外すことができるが，当該安全装置を取り外したときは，遅滞なく，事業者にその旨を報告しなければならない.

解説 (1) 正しい．つり上げ荷重 0.5 t 以上 3 t 未満の移動式クレーンについては，厚生労働大臣が定める規格（基準）又は安全装置を具備したものでなければ使用してはならない．安衛令第 13 条（厚生労働大臣が定める規格又は安全装置を具備すべき機械等）第 3 項第十五号参照.

(2) 正しい．地盤が軟弱であるため移動式クレーンが転倒するおそれのある場所では，原則として，移動式クレーンを用いて作業を行ってはならない．クレ規則第 70 条の 3（使用の禁止）参照.

(3) 正しい．移動式クレーンを用いて作業を行うときは，移動式クレーンの運転者及び玉掛けをする者が当該移動式クレーンの定格荷重を常時知ることができるよう，表示その他の措置を講じなければならない．クレ規則第 70 条の 2（定格荷重の表示等）参照.

(4) 正しい．油圧を動力として用いる移動式クレーンの安全弁は，原則として，最大の定格荷重に相当する荷重をかけたときの水圧又は油圧に相当する圧力以下で作用するように調整しておかなければならない．クレ規則第 66 条（安全弁の調整）参照.

(5) 誤り．移動式クレーン運転士免許を有する労働者は，移動式クレーンの運転の業務に従事中に移動式クレーンの安全装置を臨時に取り外す必要が生じたときは，あらかじめ事業者の許可を受けて，当該安全装置を取り外すことができる．なお，その必要がなくなったときは，直ちに原状に復しておかなければならない．安衛則第 29 条（安全装置等の有効保持）第 1 項第二号及び第三号参照.

▶答 (5)

問題 2 【令和元年秋 問 22】

移動式クレーンの使用に関する記述として，法令上，誤っているものは次のうちどれか.

(1) つり上げ荷重 0.5 t 以上の移動式クレーンについては，厚生労働大臣が定める規格又は安全装置を具備したものでなければ使用してはならない.

(2) 移動式クレーンを用いて作業を行うときは，移動式クレーンの運転者及び玉掛けをする者が当該移動式クレーンの定格荷重を常時知ることができるよう，表示その他の措置を講じなければならない.

(3) 地盤が軟弱であるため移動式クレーンが転倒するおそれのある場所においては，原則として，移動式クレーンを用いて作業を行ってはならない.

(4) 原則として，移動式クレーンにより，労働者を運搬し，又は労働者をつり上げて作業させてはならない.

(5) 移動式クレーン運転士免許を有する労働者は，移動式クレーンの運転の業務に従事中に移動式クレーンの安全装置を臨時に取り外す必要が生じたときは，あらかじめ事業者の許可を受けずに当該安全装置を取り外すことができるが，当該安全装置を取り外したときは，遅滞なく，事業者にその旨を報告しなければならない.

解説 (1) 正しい．つり上げ荷重0.5t以上3t未満の移動式クレーンについては，厚生労働大臣が定める規格又は安全装置を具備したものでなければ使用してはならない．安衛令第13条（厚生労働大臣が定める規格又は安全装置を具備すべき機械等）第3項第十五号参照.

(2) 正しい．移動式クレーンを用いて作業を行うときは，移動式クレーンの運転者及び玉掛けをする者が当該移動式クレーンの定格荷重を常時知ることができるよう，表示その他の措置を講じなければならない．クレ規則第70条の2（定格荷重の表示等）参照.

(3) 正しい．地盤が軟弱であるため移動式クレーンが転倒するおそれのある場所においては，原則として，移動式クレーンを用いて作業を行ってはならない．クレ規則第70条の3（使用の禁止）参照.

(4) 正しい．原則として，移動式クレーンにより，労働者を運搬し，又は労働者をつり上げて作業させてはならない．クレ規則第72条（搭乗の制限）参照.

(5) 誤り．移動式クレーン運転士免許を有する労働者は，移動式クレーンの運転の業務に従事中に移動式クレーンの安全装置を臨時に取り外す必要が生じたときは，あらかじめ事業者の許可を受けて，当該安全装置を取り外すことができる．なお，その必要がなくなったときは，直ちに原状に復しておかなければならない．安衛則第29条（安全装置等の有効保持）第1項第二号及び第三号参照.

▶答 (5)

問題3 【令和元年春 問24】

移動式クレーンの使用及び就業に関する記述として，法令上，正しいものは次のうちどれか.

(1) 移動式クレーンについては，移動式クレーン明細書に記載されているジブの傾斜角（つり上げ荷重3t未満のものにあっては，これを製造した者が指定した傾斜角）の範囲をこえて使用してはならない．

(2) 移動式クレーンに係る作業を行うときは，移動式クレーンの上部旋回体との接触による危険がある箇所に労働者を立ち入らせてはならないが，作業の性質上やむを得ない場合又は安全な作業の遂行上必要な場合に，監視人を配置し，その者に当該危険がある箇所への労働者の立入りを監視させるときは，この限りでない．

(3) 移動式クレーンにその定格荷重をこえる荷重をかけて使用してはならないが，作業の性質上やむを得ない場合又は安全な作業の遂行上必要な場合に，作業を指揮する者を選任して，その者の直接の指揮のもとに作業させるときは，この限りでない．

(4) 移動式クレーンの運転者を，荷をつったままで運転位置から離れさせてはならないが，作業の性質上やむを得ない場合又は安全な作業の遂行上必要な場合に，電源を切り，かつ，ブレーキをかけるときは，この限りでない．

(5) 強風のため，移動式クレーンに係る作業の実施について危険が予想されるときは，移動式クレーンの転倒により危険が及ぶ恐れのある範囲内を立入禁止とするとともに，作業を指揮する者を選任して，その者の指揮のもとで当該作業を行わなければならない．

解説 (1) 正しい．移動式クレーンについては，移動式クレーン明細書に記載されているジブの傾斜角（つり上げ荷重3t未満のものにあっては，これを製造した者が指定した傾斜角）の範囲をこえて使用してはならない．クレ規則第70条（傾斜角の制限）参照．

(2) 誤り．移動式クレーンに係る作業を行うときは，移動式クレーンの上部旋回体との接触による危険がある箇所に労働者を立ち入らせてはならない．たとえ作業の性質上やむを得ない場合又は安全な作業の遂行上必要な場合に，監視人を配置し，その者に当該危険がある箇所への労働者の立入りを監視させても，同様である．クレ規則第74条（立入禁止）第1項参照．

(3) 誤り．移動式クレーンにその定格荷重をこえる荷重をかけて使用してはならない．たとえ作業の性質上やむを得ない場合又は安全な作業の遂行上必要な場合，作業を指揮する者を選任して，その者の直接の指揮のもとに作業させても，同様である．クレ規則第69条（過負荷の制限）参照．

(4) 誤り．移動式クレーンの運転者を，荷をつったままで運転位置から離れさせてはならない．たとえ作業の性質上やむを得ない場合又は安全な作業の遂行上必要な場合に，電源を切り，かつ，ブレーキをかけても，同様である．クレ規則第75条（運転位置からの離脱の禁止）第1項及び第2項参照．

(5) 誤り．強風のため，移動式クレーンに係る作業の実施について危険が予想されるときは，作業を中止しなければならない．たとえ移動式クレーンの転倒により危険が及ぶ恐れのある範囲内を立入禁止し，作業を指揮する者を選任して，その者の指揮のもとで当該作業を行うとしても，同様である．クレ規則第74条の3（強風時の作業中止）参照．

▶答（1）

問題4 【令和元年春 問25】

移動式クレーンの使用に関する記述として，法令上，誤っているものは次のうちどれか．

(1) 地盤が軟弱であるため移動式クレーンが転倒するおそれのある場所においては，原則として，移動式クレーンを用いて作業を行ってはならない．

(2) 労働者から移動式クレーンの安全装置の機能が失われている旨の申出があったときは，すみやかに，適当な措置を講じなければならない．

(3) 移動式クレーンを用いて作業を行うときは，移動式クレーンの運転者及び玉掛けをする者が当該移動式クレーンのつり上げ荷重を常時知ることができるよう，表示その他の措置を講じなければならない．

(4) 油圧を動力として用いる移動式クレーンの安全弁については，原則として，最大の定格荷重に相当する荷重をかけたときの油圧に相当する圧力以下で作用するように調整しておかなければならない．

(5) 原則として，移動式クレーンにより，労働者を運搬し，又は労働者をつり上げて作業させてはならない．

解説 (1) 正しい．地盤が軟弱であるため移動式クレーンが転倒するおそれのある場所においては，原則として，移動式クレーンを用いて作業を行ってはならない．クレ規則第70条の3（使用の禁止）参照．

(2) 正しい．労働者から移動式クレーンの安全装置の機能が失われている旨の申出があったときは，すみやかに，適当な措置を講じなければならない．安衛則第29条（安全装置等の有効保持）第1項第四号及び第2項参照．

(3) 誤り．事業者は，移動式クレーンを用いて作業を行うときは，移動式クレーンの運転者及び玉掛けをする者が当該移動式クレーンのつり上げ荷重を常時知ることができるよう，表示その他の措置を講じなければならない．「事業者」が措置の義務を負う．クレ規則第70条の2（定格荷重の表示等）参照．

(4) 正しい．油圧を動力として用いる移動式クレーンの安全弁については，原則として，最大の定格荷重に相当する荷重をかけたときの水圧又は油圧に相当する圧力以下で作用するように調整しておかなければならない．クレ規則第66条（安全弁の調整）参照．

(5) 正しい．原則として，移動式クレーンにより，労働者を運搬し，又は労働者をつり上げて作業させてはならない．クレ規則第72条（搭乗の制限）及び第73条第1項参照．

▶答（3）

問題5 【平成30年秋 問22】

移動式クレーンの使用及び就業に関する記述として，法令上，正しいものは次のうちどれか．

(1) 移動式クレーンについては，移動式クレーン明細書に記載されているジブの傾斜角（つり上げ荷重3t未満のものにあっては，これを製造した者が指定した傾斜角）の範囲をこえて使用してはならない．

(2) 移動式クレーンに係る作業を行うときは，移動式クレーンの上部旋回体との接触による危険がある箇所に労働者を立ち入らせてはならないが，作業の性質上やむを得ない場合又は安全な作業の遂行上必要な場合に，監視人を配置し，その者に当該危険がある箇所への労働者の立入りを監視させるときは，この限りでない．

(3) 移動式クレーンにその定格荷重をこえる荷重をかけて使用してはならないが，作業の性質上やむを得ない場合又は安全な作業の遂行上必要な場合に，作業を指揮する者を選任して，その者の直接の指揮のもとに作業させるときは，この限りでない．

(4) 移動式クレーンの運転者を，荷をつったままで運転位置から離れさせてはならないが，作業の性質上やむを得ない場合又は安全な作業の遂行上必要な場合に，電源を切り，かつ，ブレーキをかけるときは，この限りでない．

(5) アウトリガーを有する移動式クレーンを用いて作業を行うときは，当該アウトリガーを最大限に張り出さなければならないが，作業の性質上やむを得ない場合又は安全な作業の遂行上必要な場合に，監視人を配置し，その者に当該作業箇所への労働者の立入りを監視させるときは，この限りでない．

解説 (1) 正しい．移動式クレーンについては，移動式クレーン明細書に記載されているジブの傾斜角（つり上げ荷重3t未満のものにあっては，これを製造した者が指定した傾斜角）の範囲をこえて使用してはならない．クレ規則第70条（傾斜角の制限）参照．

(2) 誤り．移動式クレーンに係る作業を行うときは，移動式クレーンの上部旋回体との接触による危険がある箇所に労働者を立ち入らせてはならない．たとえ作業の性質上やむを得ない場合又は安全な作業の遂行上必要な場合に，監視人を配置し，その者に当該危険がある箇所への労働者の立入りを監視させても，同様である．クレ規則第74条（立入禁止）第1項参照．

(3) 誤り．移動式クレーンにその定格荷重をこえる荷重をかけて使用してはならない．たとえ作業の性質上やむを得ない場合又は安全な作業の遂行上必要な場合，作業を指揮する者を選任して，その者の直接の指揮のもとに作業させても，同様である．クレ規則

第69条（過負荷の制限）参照.

(4) 誤り．移動式クレーンの運転者を，荷をつったままで運転位置から離れさせてはならない．たとえ作業の性質上やむを得ない場合又は安全な作業の遂行上必要な場合に，電源を切り，かつ，ブレーキをかけても，同様である．クレ規則第75条（運転位置からの離脱の禁止）第1項及び第2項参照.

(5) 誤り．アウトリガーを有する移動式クレーンを用いて作業を行うときは，当該アウトリガーを最大限に張り出さなければならないが，作業の性質上やむを得ない場合であって，当該移動式クレーンに掛ける荷重が当該移動式クレーンのアウトリガーの張り出しに応じた定格荷重を下回ることが確実に見込まれるときは，この限りでない．なお，「安全な作業の遂行上必要な場合に，監視人を配置し，その者に当該作業箇所への労働者の立入りを監視させるときは」の定めがなく誤りである．クレ規則第70条の5（アウトリガー等の張り出し）参照.

▶答（1）

問題6 【平成30年秋 問25】

移動式クレーンの使用に関する記述として，法令上，誤っているものは次のうちどれか.

(1) 地盤が軟弱であるため移動式クレーンが転倒するおそれのある場所においては，原則として，移動式クレーンを用いて作業を行ってはならない.

(2) 原則として，移動式クレーンにより，労働者を運搬し，又は労働者をつり上げて作業させてはならない.

(3) 移動式クレーンを用いて作業を行うときは，移動式クレーンの運転者及び玉掛けをする者が当該移動式クレーンの定格荷重を常時知ることができるよう，表示その他の措置を講じなければならない.

(4) 油圧を動力として用いる移動式クレーンの安全弁については，原則として，つり上げ荷重に相当する荷重をかけたときの油圧に相当する圧力で作用するように調整しておかなければならない.

(5) つり上げ荷重0.5t以上の移動式クレーンについては，厚生労働大臣が定める規格又は安全装置を具備したものでなければ使用してはならない.

解説 (1) 正しい．地盤が軟弱であるため移動式クレーンが転倒するおそれのある場所においては，原則として，移動式クレーンを用いて作業を行ってはならない．クレ規則第70条の3（使用の禁止）参照.

(2) 正しい．原則として，移動式クレーンにより，労働者を運搬し，又は労働者をつり上げて作業させてはならない．クレ規則第72条（搭乗の制限）及び第73条第1項参照.

(3) 正しい．移動式クレーンを用いて作業を行うときは，移動式クレーンの運転者及び玉掛けをする者が当該移動式クレーンの定格荷重を常時知ることができるよう，表示その他の措置を講じなければならない．クレ規則第70条の2（定格荷重の表示等）参照．

(4) 誤り．油圧を動力として用いる移動式クレーンの安全弁は，原則として，最大の定格荷重に相当する荷重をかけたときの水圧又は油圧に相当する圧力以下で作用するように調整しておかなければならない．クレ規則第66条（安全弁の調整）参照．

(5) 正しい．つり上げ荷重0.5t以上3t未満の移動式クレーンについては，厚生労働大臣が定める規格（基準）又は安全装置を具備したものでなければ使用してはならない．安衛令第13条（厚生労働大臣が定める規格又は安全装置を具備すべき機械等）第3項第十五号参照．

▶答 (4)

問題7 【平成30年春 問24】

移動式クレーンの使用及び就業に関する記述として，法令上，正しいものは次のうちどれか．

(1) 移動式クレーンに係る作業を行うときは，移動式クレーンの上部旋回体との接触による危険がある箇所に労働者を立ち入らせてはならないが，作業の性質上やむを得ない場合又は安全な作業の遂行上必要な場合に，監視人を配置し，その者に当該危険がある箇所への労働者の立入りを監視させるときは，この限りでない．

(2) アウトリガーを有する移動式クレーンを用いて作業を行うときは，アウトリガーを最大限に張り出さなければならないが，作業の性質上やむを得ない場合又は安全な作業の遂行上必要な場合に，監視人を配置し，その者に当該作業箇所への労働者の立入りを監視させるときは，この限りでない．

(3) 移動式クレーンについては，移動式クレーン明細書に記載されているジブの傾斜角（つり上げ荷重3t未満のものにあっては製造した者が指定した傾斜角）の範囲をこえて使用してはならない．

(4) 移動式クレーンにその定格荷重をこえる荷重をかけて使用してはならないが，作業の性質上やむを得ない場合又は安全な作業の遂行上必要な場合に，作業を指揮する者を選任して，その者の直接の指揮のもとに作業させるときは，定格荷重の1.25倍の荷重まで荷重をかけて使用することができる．

(5) 移動式クレーンの運転者を，荷をつったままで運転位置から離れさせてはならないが，作業の性質上やむを得ない場合又は安全な作業の遂行上必要な場合に，電源を切り，かつ，ブレーキをかけるときは，この限りでない．

解説 (1) 誤り．移動式クレーンに係る作業を行うときは，移動式クレーンの上部旋回体との接触による危険がある箇所に労働者を立ち入らせてはならない．たとえ作業の性質上やむを得ない場合又は安全な作業の遂行上必要な場合に，監視人を配置し，その者に当該危険がある箇所への労働者の立入りを監視させても，同様である．クレ規則第74条（立入禁止）第1項参照．

(2) 誤り．アウトリガーを有する移動式クレーンを用いて作業を行うときは，当該アウトリガーを最大限に張り出さなければならないが，作業の性質上やむを得ない場合であって，当該移動式クレーンに掛ける荷重が当該移動式クレーンのアウトリガーの張り出しに応じた定格荷重を下回ることが確実に見込まれるときは，この限りでない．なお，「安全な作業の遂行上必要な場合に，監視人を配置し，その者に当該作業箇所への労働者の立入りを監視させるときは」の定めがなく誤りである．クレ規則第70条の5（アウトリガー等の張り出し）参照．

(3) 正しい．移動式クレーンについては，移動式クレーン明細書に記載されているジブの傾斜角（つり上げ荷重3t未満のものにあっては製造した者が指定した傾斜角）の範囲をこえて使用してはならない．クレ規則第70条（傾斜角の制限）参照．

(4) 誤り．移動式クレーンにその定格荷重をこえる荷重をかけて使用してはならない．たとえ作業の性質上やむを得ない場合又は安全な作業の遂行上必要な場合，作業を指揮する者を選任して，その者の直接の指揮のもとに作業させても，同様である．クレ規則第69条（過負荷の制限）参照．

(5) 誤り．移動式クレーンの運転者を，荷をつったままで運転位置から離れさせてはならない．たとえ作業の性質上やむを得ない場合又は安全な作業の遂行上必要な場合に，電源を切り，かつ，ブレーキをかけても，同様である．クレ規則第75条（運転位置からの離脱の禁止）第1項及び第2項参照．

▶答（3）

問題8 【平成30年春 問25】

移動式クレーンの使用に関する記述として，法令上，誤っているものは次のうちどれか．

(1) 地盤が軟弱であるため移動式クレーンが転倒するおそれのある場所においては，原則として，移動式クレーンを用いて作業を行ってはならない．

(2) 原則として，移動式クレーンにより，労働者を運搬し，又は労働者をつり上げて作業させてはならない．

(3) 移動式クレーンを用いて作業を行うときは，移動式クレーンの運転者及び玉掛けをする者が当該移動式クレーンの定格荷重を常時知ることができるよう，表示その他の措置を講じなければならない．

(4) 油圧を動力として用いる移動式クレーンの安全弁は，原則として，最大の定格荷重の1.25倍に相当する荷重をかけたときの油圧に相当する圧力で作用するように調整しておかなければならない．

(5) つり上げ荷重0.5t以上の移動式クレーンについては，厚生労働大臣が定める規格（基準）又は安全装置を具備したものでなければ使用してはならない.

解説 (1) 正しい. 地盤が軟弱であるため移動式クレーンが転倒するおそれのある場所においては，原則として，移動式クレーンを用いて作業を行ってはならない. クレ規則第70条の3（使用の禁止）参照.

(2) 正しい. 原則として，移動式クレーンにより，労働者を運搬し，又は労働者をつり上げて作業させてはならない. クレ規則第72条（搭乗の制限）及び第73条第1項参照.

(3) 正しい. 移動式クレーンを用いて作業を行うときは，移動式クレーンの運転者及び玉掛けをする者が当該移動式クレーンの定格荷重を常時知ることができるよう，表示その他の措置を講じなければならない. クレ規則第70条の2（定格荷重の表示等）参照.

(4) 誤り. 油圧を動力として用いる移動式クレーンの安全弁は，原則として，最大の定格荷重に相当する荷重をかけたときの水圧又は油圧に相当する圧力以下で作用するように調整しておかなければならない. クレ規則第66条（安全弁の調整）参照.

(5) 正しい. つり上げ荷重0.5t以上3t未満の移動式クレーンについては，厚生労働大臣が定める規格（基準）又は安全装置を具備したものでなければ使用してはならない. 安衛令第13条（厚生労働大臣が定める規格又は安全装置を具備すべき機械等）第3項第十五号参照.

▶答（4）

問題9 【平成29年秋 問24】

移動式クレーンの使用及び就業に関し，法令の定めと異なっているものは次のうちどれか.

(1) 移動式クレーンを用いて荷をつり上げるときは，玉掛け用ワイヤロープ等がフックから外れることを防止するための装置を使用しなければならない.

(2) 移動式クレーンにその定格荷重をこえる荷重をかけて使用してはならないが，作業の性質上やむを得ない場合又は安全な作業の遂行上必要な場合に，作業を指揮する者を選任して，その者の指揮の下に作業を実施させるときは，この限りでない.

(3) 移動式クレーンについては，移動式クレーン明細書に記載されているジブの傾斜角（つり上げ荷重が3t未満の移動式クレーンにあっては，これを製造した者が指定したジブの傾斜角）の範囲をこえて使用してはならない.

(4) 移動式クレーンに係る作業を行うときは，当該移動式クレーンの上部旋回体と接触することにより労働者に危険が生ずるおそれのある箇所に労働者を立ち入らせてはならない.

(5) 強風のため，移動式クレーンに係る作業の実施について危険が予想されるときは，当該作業を中止しなければならない.

解説 (1) 異ならず．移動式クレーンを用いて荷をつり上げるときは，玉掛け用ワイヤロープ等がフックから外れることを防止するための装置を使用しなければならない．クレ規則第66条の3（外れ止め装置の使用）参照．

(2) 異なる．移動式クレーンにその定格荷重をこえる荷重をかけて使用してはならない．たとえ作業の性質上やむを得ない場合又は安全な作業の遂行上必要な場合，作業を指揮する者を選任して，その者の直接の指揮のもとに作業させても，同様である．クレ規則第69条（過負荷の制限）参照．

(3) 異ならず．移動式クレーンについては，移動式クレーン明細書に記載されているジブの傾斜角（つり上げ荷重が3t未満の移動式クレーンにあっては，これを製造した者が指定したジブの傾斜角）の範囲をこえて使用してはならない．クレ規則第70条（傾斜角の制限）参照．

(4) 異ならず．移動式クレーンに係る作業を行うときは，当該移動式クレーンの上部旋回体と接触することにより労働者に危険が生ずるおそれのある箇所に労働者を立ち入らせてはならない．クレ規則第74条（立入禁止）参照．

(5) 異ならず．強風のため，移動式クレーンに係る作業の実施について危険が予想されるときは，当該作業を中止しなければならない．クレ規則第74条の3（強風時の作業中止）参照．

▶答（2）

問題10 【平成29年秋 問26】

移動式クレーンの使用に関し，法令の定めと異なっているものは次のうちどれか．

(1) 地盤が軟弱であるため移動式クレーンが転倒するおそれのある場所においては，原則として，移動式クレーンを用いて作業を行ってはならない．

(2) 原則として，移動式クレーンにより，労働者を運搬し，又は労働者をつり上げて作業させてはならない．

(3) 移動式クレーンを用いて作業を行うときは，移動式クレーンの運転者及び玉掛けをする者が当該移動式クレーンの定格荷重を常時知ることができるよう，表示その他の措置を講じなければならない．

(4) 油圧を動力として用いる移動式クレーンの安全弁は，原則として，最小の定格荷重に相当する荷重をかけたときの油圧に相当する圧力で作用するように調整しておかなければならない．

(5) つり上げ荷重0.5t以上の移動式クレーンについては，厚生労働大臣が定める規格又は安全装置を具備したものでなければ使用してはならない．

解説 (1) 異ならず．地盤が軟弱であるため移動式クレーンが転倒するおそれのある場所においては，原則として，移動式クレーンを用いて作業を行ってはならない．クレ規則第70条の3（使用の禁止）参照.

(2) 異ならず. 原則として, 移動式クレーンにより, 労働者を運搬し, 又は労働者をつり上げて作業させてはならない. クレ規則第72条（搭乗の制限）及び第73条第1項参照.

(3) 異ならず. 移動式クレーンを用いて作業を行うときは, 移動式クレーンの運転者及び玉掛けをする者が当該移動式クレーンの定格荷重を常時知ることができるよう, 表示その他の措置を講じなければならない. クレ規則第70条の2（定格荷重の表示等）参照.

(4) 異なる. 油圧を動力として用いる移動式クレーンの安全弁は, 原則として, 最大の定格荷重に相当する荷重をかけたときの水圧又は油圧に相当する圧力以下で作用するように調整しておかなければならない.「最小」が誤りである. クレ規則第66条（安全弁の調整）参照.

(5) 異ならず. つり上げ荷重0.5t以上の移動式クレーンについては, 厚生労働大臣が定める規格又は安全装置を具備したものでなければ使用してはならない. 安衛令第13条（厚生労働大臣が定める規格又は安全装置を具備すべき機械等）第3項第十五号参照.

▶答（4）

問題11 【平成29年春 問24】

移動式クレーンの使用に関し, 法令上, 定められていないものは次のうちどれか.

(1) つり上げ荷重0.5t以上の移動式クレーンについては, 厚生労働大臣が定める規格（基準）又は安全装置を具備したものでなければ使用してはならない.

(2) 油圧を動力として用いる移動式クレーンの安全弁は, 原則として, 最大の定格荷重に相当する荷重をかけたときの油圧に相当する圧力以下で作用するように調整しておかなければならない.

(3) 地盤が軟弱であるため移動式クレーンが転倒するおそれのある場所においては, 原則として, 移動式クレーンを用いて作業を行ってはならない.

(4) 原則として, 移動式クレーンにより, 労働者を運搬し, 又は労働者をつり上げて作業させてはならない.

(5) 移動式クレーン運転士免許を有する運転業務従事労働者は, 移動式クレーンの安全装置を臨時に取り外したときは, 遅滞なく, 事業者にその旨を報告しなければならない.

解説 (1) 定めあり. つり上げ荷重0.5t以上3t未満の移動式クレーンについては, 厚生労働大臣が定める規格（基準）又は安全装置を具備したものでなければ使用してはならない. 安衛令第13条（厚生労働大臣が定める規格又は安全装置を具備すべき機械等）第3項第十五号参照.

(2) 定めあり. 油圧を動力として用いる移動式クレーンの安全弁は, 原則として, 最大の定格荷重に相当する荷重をかけたときの水圧又は油圧に相当する圧力以下で作用するように調整しておかなければならない．クレ規則第66条（安全弁の調整）参照．

(3) 定めあり．地盤が軟弱であるため移動式クレーンが転倒するおそれのある場所においては，原則として，移動式クレーンを用いて作業を行ってはならない．クレ規則第70条の3（使用の禁止）参照．

(4) 定めあり．原則として，移動式クレーンにより，労働者を運搬し，又は労働者をつり上げて作業させてはならない．クレ規則第72条（搭乗の制限）及び第73条第1項参照．

(5) 定めなし．移動式クレーン運転士免許を有する労働者は，移動式クレーンの運転の業務に従事中に移動式クレーンの安全装置を臨時に取り外す必要が生じたときは，あらかじめ事業者の許可を受けて，当該安全装置を取り外すことができる．なお，その必要がなくなったときは，直ちに原状に復しておかなければならない．安衛則第29条（安全装置等の有効保持）第1項第二号及び第三号参照．

▶答 (5)

問題12 【平成29年春 問25】

移動式クレーンの使用に関し，法令上，正しいものは次のうちどれか．

(1) 移動式クレーンにその定格荷重をこえる荷重をかけて使用してはならないが，作業の性質上やむを得ない場合又は安全な作業の遂行上必要な場合に，作業を指揮する者を指名して，その者の直接の指揮のもとに作業させるときは，この限りでない．

(2) 移動式クレーンについては，原則として，移動式クレーン明細書に記載されているジブの傾斜角（つり上げ荷重3t未満のものにあっては製造した者が指定した傾斜角）の範囲をこえて使用してはならないが，移動式クレーンのアウトリガーを最大限に張り出し，かつ，作業を指揮する者を指名して，その者の直接の指揮のもとに作業させるときは，この限りでない．

(3) アウトリガーを有する移動式クレーンを用いて作業を行うときは，アウトリガーを最大限に張り出さなければならないが，アウトリガーを最大限に張り出すことができない場合であって，当該移動式クレーンに掛ける荷重が当該移動式クレーンのアウトリガーの張り出し幅に応じた定格荷重を下回ることが確実に見込まれるときは，この限りでない．

(4) 移動式クレーンに係る作業を行うときは，移動式クレーンの上部旋回体との接触による危険がある箇所に労働者を立ち入らせてはならないが，作業の性質上やむを得ない場合又は安全な作業の遂行上必要な場合に，監視人を配置し，その者に当該危険がある箇所への労働者の立入りを監視させるときは，この限りでない．

(5) 移動式クレーンの運転者を，荷をつったままで運転位置から離れさせてはならないが，作業の性質上やむを得ない場合又は安全な作業の遂行上必要な場合に，電源を切り，かつ，ブレーキをかけるときは，この限りでない．

解説 (1) 誤り．移動式クレーンにその定格荷重をこえる荷重をかけて使用してはならない．たとえ作業の性質上やむを得ない場合又は安全な作業の遂行上必要な場合，作業を指揮する者を選任して，その者の直接の指揮のもとに作業させても，同様である．クレ規則第69条（過負荷の制限）参照．

(2) 誤り．移動式クレーンについては，原則として，移動式クレーン明細書に記載されているジブの傾斜角（つり上げ荷重3t未満のものにあっては製造した者が指定した傾斜角）の範囲をこえて使用してはならない．たとえ移動式クレーンのアウトリガーを最大限に張り出し，かつ，作業を指揮する者を指名して，その者の直接の指揮のもとに作業させても同様である．クレ規則第70条（傾斜角の制限）参照．

(3) 正しい．アウトリガーを有する移動式クレーンを用いて作業を行うときは，アウトリガーを最大限に張り出さなければならないが，アウトリガーを最大限に張り出すことができない場合であって，当該移動式クレーンに掛ける荷重が当該移動式クレーンのアウトリガーの張り出し幅に応じた定格荷重を下回ることが確実に見込まれるときは，この限りでない．クレ規則第70条の5（アウトリガー等の張り出し）参照．

(4) 誤り．移動式クレーンに係る作業を行うときは，移動式クレーンの上部旋回体との接触による危険がある箇所に労働者を立ち入らせてはならない．たとえ作業の性質上やむを得ない場合又は安全な作業の遂行上必要な場合に，監視人を配置し，その者に当該危険がある箇所への労働者の立入りを監視させても，同様である．クレ規則第74条（立入禁止）第1項参照．

(5) 誤り．移動式クレーンの運転者を，荷をつったままで運転位置から離れさせてはならない．たとえ作業の性質上やむを得ない場合又は安全な作業の遂行上必要な場合に，電源を切り，かつ，ブレーキをかけても，同様である．クレ規則第75条（運転位置からの離脱の禁止）第1項及び第2項参照．

▶答 (3)

問題13　【平成28年秋 問24】

移動式クレーンの使用に関し，法令上，誤っているものは次のうちどれか．

(1) 移動式クレーンに係る作業を行うときは，移動式クレーンの上部旋回体との接触による危険がある箇所に労働者を立ち入らせてはならない．

(2) 移動式クレーンにその定格荷重をこえる荷重をかけて使用してはならない．

(3) 移動式クレーンを用いて荷をつり上げるときは，外れ止め装置を使用しなければならない．

(4) 強風のため，移動式クレーンに係る作業の実施について危険が予想されるときは，監視人を配置して当該作業を行わなければならない．

(5) 移動式クレーンの運転者を，荷をつったままで運転位置から離れさせてはならない．

解説 (1) 正しい．移動式クレーンに係る作業を行うときは，移動式クレーンの上部旋回体との接触による危険がある箇所に労働者を立ち入らせてはならない．クレ規則第74条（立入禁止）第1項参照．

(2) 正しい．移動式クレーンにその定格荷重をこえる荷重をかけて使用してはならない．クレ規則第69条（過負荷の制限）参照．

(3) 正しい．移動式クレーンを用いて荷をつり上げるときは，外れ止め装置を使用しなければならない．クレ規則第66条の3（外れ止め装置の使用）参照．

(4) 誤り．強風のため，移動式クレーンに係る作業の実施について危険が予想されるときは，当該作業を中止しなければならない．監視人を配置した場合，当該作業を行うことができる定めはない．クレ規則第74条の3（強風時の作業中止）参照．

(5) 正しい．移動式クレーンの運転者を，荷をつったままで運転位置から離れさせてはならない．クレ規則第75条（運転位置からの離脱の禁止）第1項参照．　▶答（4）

問題14　【平成28年秋 問25】

移動式クレーンの使用に関し，法令上，誤っているものは次のうちどれか．

(1) 油圧を動力として用いる移動式クレーンの安全弁は，原則として，最大の定格荷重に相当する荷重をかけたときの油圧に相当する圧力以下で作用するように調整しておかなければならない．

(2) 地盤が軟弱であるため移動式クレーンが転倒するおそれのある場所では，原則として移動式クレーンを用いて作業を行ってはならない．

(3) 移動式クレーンを用いて作業を行うときは，移動式クレーンの運転者及び玉掛けをする者が当該移動式クレーンの定格荷重を常時知ることができるよう，表示その他の措置を講じなければならない．

(4) 原則として，移動式クレーンにより，労働者を運搬し，又は労働者をつり上げて作業させてはならない．

(5) つり上げ荷重0.5t以上3t未満の移動式クレーンについては，厚生労働大臣が定める規格を具備していなくても使用できる．

解説 (1) 正しい．油圧を動力として用いる移動式クレーンの安全弁は，原則として，最大の定格荷重に相当する荷重をかけたときの水圧又は油圧に相当する圧力以下で作用するように調整しておかなければならない．クレ規則第66条（安全弁の調整）参照．

(2) 正しい．地盤が軟弱であるため移動式クレーンが転倒するおそれのある場所では，原則として移動式クレーンを用いて作業を行ってはならない．クレ規則第70条の3（使用の禁止）参照．

(3) 正しい．移動式クレーンを用いて作業を行うときは，移動式クレーンの運転者及び玉掛けをする者が当該移動式クレーンの定格荷重を常時知ることができるよう，表示その他の措置を講じなければならない．クレ規則第70条の2（定格荷重の表示等）参照．

(4) 正しい．原則として，移動式クレーンにより，労働者を運搬し，又は労働者をつり上げて作業させてはならない．クレ規則第72条（搭乗の制限）及び第73条第1項参照．

(5) 誤り．つり上げ荷重0.5t以上3t未満の移動式クレーンについては，厚生労働大臣が定める規格を具備してしなければ使用できない．安衛令第13条（厚生労働大臣が定める規格又は安全装置を具備すべき機械等）第3項第十五号参照．　▶答（5）

問題15　【平成28年春 問23】

移動式クレーンの使用に関し，法令上，誤っているのものは次のうちどれか．

(1) つり上げ荷重2.9tの移動式クレーンは，厚生労働大臣が定める規格を具備したものでなくても使用することができる．

(2) 油圧を動力として用いる移動式クレーンの安全弁は，原則として，最大の定格荷重に相当する荷重をかけたときの油圧に相当する圧力以下で作用するように調整しておかなければならない．

(3) 移動式クレーンを用いて作業を行うときは，移動式クレーンの運転者及び玉掛けをする者が当該移動式クレーンの定格荷重を常時知ることができるよう，表示その他の措置を講じなければならない．

(4) 地盤が軟弱であるため移動式クレーンが転倒するおそれのある場所においては，原則として，移動式クレーンを用いて作業を行ってはならない．

(5) 原則として，移動式クレーンにより，労働者を運搬し，又は労働者をつり上げて作業させてはならない．

解説 (1) 誤り．つり上げ荷重0.5t以上3t未満（設問では2.9t）の移動式クレーンは，厚生労働大臣が定める規格を具備したものを使用しなければならない．安衛令第13条（厚生労働大臣が定める規格又は安全装置を具備すべき機械等）第3項第十五号参照．

(2) 正しい．油圧を動力として用いる移動式クレーンの安全弁は，原則として，最大の定格荷重に相当する荷重をかけたときの水圧又は油圧に相当する圧力以下で作用するように調整しておかなければならない．クレ規則第66条（安全弁の調整）参照．

(3) 正しい．移動式クレーンを用いて作業を行うときは，移動式クレーンの運転者及び玉掛けをする者が当該移動式クレーンの定格荷重を常時知ることができるよう，表示その他の措置を講じなければならない．クレ規則第70条の2（定格荷重の表示等）参照．

(4) 正しい．地盤が軟弱であるため移動式クレーンが転倒するおそれのある場所においては，原則として，移動式クレーンを用いて作業を行ってはならない．クレ規則第70

条の3（使用の禁止）参照.

(5) 正しい．原則として，移動式クレーンにより，労働者を運搬し，又は労働者をつり上げて作業させてはならない．クレ規則第72条（搭乗の制限）及び第73条第1項参照.

▶答（1）

問題16

【平成28年春 問29】

移動式クレーンの使用に関し，法令上，誤っているものは次のうちどれか.

(1) 移動式クレーンを用いて荷をつり上げるときは，外れ止め装置を使用しなければならない.

(2) やむを得ない事由がある場合は，移動式クレーンにその定格荷重をこえる荷重をかけて使用することができる.

(3) アウトリガーを有する移動式クレーンを用いて作業を行うときは，原則として，アウトリガーを最大限に張り出さなければならない.

(4) 移動式クレーンに係る作業を行うときは，移動式クレーンの上部旋回体との接触による危険がある箇所に労働者を立ち入らせてはならない.

(5) 移動式クレーンの運転者を，荷をつったままで運転位置から離れさせてはならない.

解説 (1) 正しい．移動式クレーンを用いて荷をつり上げるときは，外れ止め装置を使用しなければならない．クレ規則第66条の2（外れ止め装置の使用）参照.

(2) 誤り．やむを得ない事由がある場合であっても，移動式クレーンにその定格荷重をこえる荷重をかけて使用することはできない．クレ規則第69条（過負荷の制限）参照.

(3) 正しい．アウトリガーを有する移動式クレーンを用いて作業を行うときは，原則として，アウトリガーを最大限に張り出さなければならない．クレ規則第70条の5（アウトリガー等の張り出し）参照.

(4) 正しい．移動式クレーンに係る作業を行うときは，移動式クレーンの上部旋回体との接触による危険がある箇所に労働者を立ち入らせてはならない．クレ規則第74条（立入禁止）参照.

(5) 正しい．移動式クレーンの運転者を，荷をつったままで運転位置から離れさせてはならない．クレ規則第75条（運転位置からの離脱の禁止）第2項参照.

▶答（2）

3.6 移動式クレーンの傾斜角と使用

問題1 【令和2年秋 問24】

次の文中の［　　］内に入れるA及びBの語句の組合せとして，法令上，正しいものは（1）～（5）のうちどれか.

「事業者は，移動式クレーンについては，移動式クレーン［A］に記載されている［B］（つり上げ荷重が3t未満の移動式クレーンにあっては，これを製造した者が指定した［B］）の範囲をこえて使用してはならない.」

	A	B
（1）	設置報告書	つり上げ荷重
（2）	設置報告書	定格荷重
（3）	明細書	ジブの傾斜角
（4）	検査証	定格速度
（5）	検査証	ジブの傾斜角

解説 A 「明細書」である.

B 「ジブの傾斜角」である.

クレ規則第70条（傾斜角の制限）参照.

以上から（3）が正解.

▶答（3）

問題2 【令和2年春 問24】

次の文中の［　　］内に入れるA及びBの語句の組合せとして，法令上，正しいものは（1）～（5）のうちどれか.

「事業者は，移動式クレーンについては，移動式クレーン［A］に記載されている［B］（つり上げ荷重が3t未満の移動式クレーンにあっては，これを製造した者が指定した［B］）の範囲をこえて使用してはならない.」

	A	B
（1）	設置報告書	つり上げ荷重
（2）	設置報告書	定格荷重
（3）	明細書	ジブの傾斜角
（4）	検査証	定格速度
（5）	検査証	ジブの傾斜角

解説 A 「明細書」である.

B 「ジブの傾斜角」である.

クレ規則第70条（傾斜角の制限）参照.

以上から（3）が正解.　▶答（3）

問題3　【令和元年秋 問24】

次の文中の［　　］内に入れるA及びBの語句の組合せとして，法令上，正しいものは（1）～（5）のうちどれか.

「事業者は，移動式クレーンについては，移動式クレーン［ A ］に記載されている［ B ］（つり上げ荷重が3t未満の移動式クレーンにあっては，これを製造した者が指定した［ B ］）の範囲をこえて使用してはならない.」

	A	B
（1）	設置報告書	つり上げ荷重
（2）	設置報告書	定格荷重
（3）	明細書	ジブの傾斜角
（4）	検査証	定格速度
（5）	検査証	ジブの傾斜角

解説　A 「明細書」である.

B 「ジブの傾斜角」である.

クレ規則第70条（傾斜角の制限）参照.

以上から（3）が正解.　▶答（3）

3.7 安全弁の調整

問題1　【令和2年秋 問25】

次の文中の［　　］内に入れるAからCの語句の組合せとして，法令上，正しいものは（1）～（5）のうちどれか.

「事業者は，油圧を動力として用いる移動式クレーンの［ A ］については，原則として，［ B ］に相当する荷重をかけたときの油圧に相当する［ C ］するように調整しておかなければならない.」

	A	B	C
（1）	安全弁	最大の定格荷重	圧力以下で作用
（2）	安全弁	つり上げ荷重	圧力以下で作用
（3）	減圧弁	つり上げ荷重	圧力以上で作用

(4) ジブ	定格荷重の1.25倍	圧力以上で伸縮
(5) ジブ	最大の定格荷重	圧力以下で伸縮

解説 A 「安全弁」である.
B 「最大の定格荷重」である.
C 「圧力以下で作用」である.
クレ規則第66条（安全弁の調整）参照.
以上から（1）が正解.

▶答（1）

3.8 労働者の立入禁止作業

問題1 【令和2年秋 問26】

移動式クレーンに係る作業を行う場合において，法令上，つり上げられている荷の下に労働者を立ち入らせることが禁止されていないものは，次のうちどれか.

(1) つりチェーンを用いて2箇所に玉掛けをした荷がつり上げられているとき.
(2) つりクランプ1個を用いて玉掛けをした荷がつり上げられているとき.
(3) 陰圧により吸着させるつり具を用いて玉掛けをした荷がつり上げられているとき.
(4) 動力下降以外の方法によって荷を下降させるとき.
(5) 複数の荷が一度につり上げられている場合であって，当該複数の荷が結束され，箱に入れられる等により固定されていないとき.

解説 (1) 禁止無し．つりチェーンを用いて2箇所に玉掛けをした荷がつり上げられているときは，禁止されていない．クレ規則第74条の2（立入禁止）第三号参照.
(2) 禁止．つりクランプ1個を用いて玉掛けをした荷がつり上げられているときは，禁止されている．クレ規則第74条の2（立入禁止）第二号参照.
(3) 禁止．陰圧により吸着させるつり具を用いて玉掛けをした荷がつり上げられているときは，禁止されている．クレ規則第74条の2（立入禁止）第五号参照.
(4) 禁止．動力下降以外の方法によって荷を下降させるときは，禁止されている．クレ規則第74条の2（立入禁止）第六号参照.
(5) 禁止．複数の荷が一度につり上げられている場合であって，当該複数の荷が結束され，箱に入れられる等により固定されていないときは，禁止されている．クレ規則第74条の2（立入禁止）第四号参照.

▶答（1）

問題2　【令和2年春 問26】

移動式クレーンに係る作業を行う場合における労働者の立入禁止に関する記述として，法令上，正しいものは次のうちどれか．

(1) つりクランプ1個を用いて玉掛けをした荷がつり上げられているときは，つり上げられている荷の下への労働者の立入りは禁止されていない．

(2) ハッカー2個を用いて玉掛けをした荷がつり上げられているときは，つり上げられている荷の下への労働者の立入りは禁止されていない．

(3) 陰圧により吸着させるつり具を用いて玉掛けをした荷がつり上げられているときは，つり上げられている荷の下への労働者の立入りは禁止されていない．

(4) 動力下降の方法によってつり具を下降させるときは，つり具の下への労働者の立入りは禁止されていない．

(5) 荷に設けられた穴又はアイボルトにつりチェーンを通さず1箇所に玉掛けをした荷がつり上げられているときは，つり上げられている荷の下への労働者の立入りは禁止されていない．

解説 (1) 禁止．つりクランプ1個を用いて玉掛けをした荷がつり上げられているときは，つり上げられている荷の下への労働者の立入りは禁止されている．つりクランプ2個以上の使用の場合は禁止されていない（図3.8-1参照）．クレ規則第74条の2（立入禁止）第二号参照．

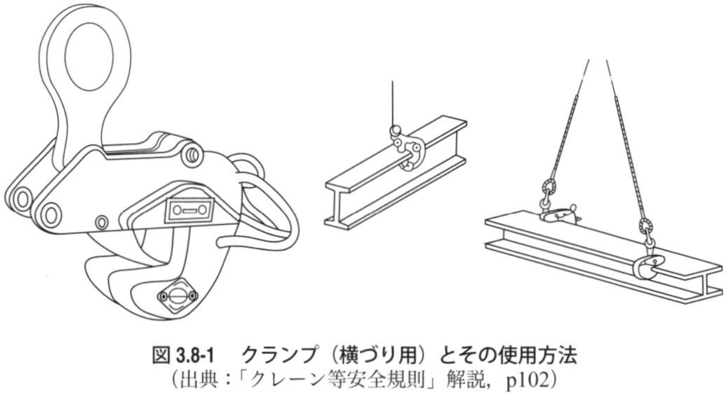

図3.8-1　クランプ（横づり用）とその使用方法
（出典：「クレーン等安全規則」解説，p102）

(2) 禁止．ハッカーを用いて玉掛けをした荷がつり上げられる場合，つり上げられている荷の下への労働者の立入りは禁止されている．ハッカーはいくら用いても禁止されている（図3.8-2参照）．クレ規則第74条の2（立入禁止）第一号参照．

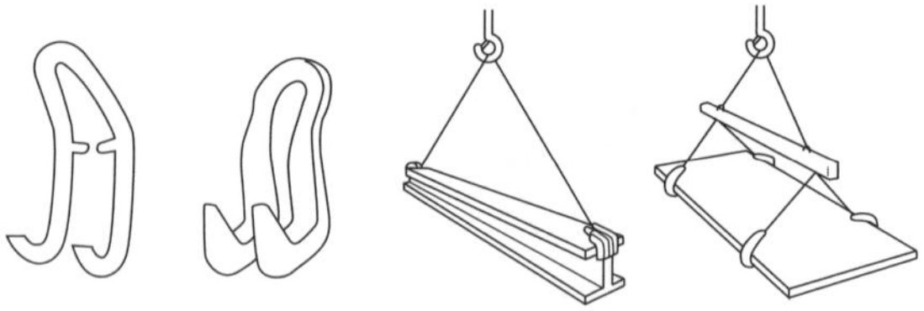

図 3.8-2　ハッカーとその使用方法
（出典：「クレーン等安全規則」解説，p101）

(3) 禁止．陰圧により吸着させるつり具を用いて玉掛けをした荷がつり上げられているときは，つり上げられている荷の下への労働者の立入りは禁止されている．磁力を用いる場合も同様である．クレ規則第 74 条の 2（立入禁止）第五号参照．

(4) 禁止無し．動力下降の方法によってつり具を下降させるときは，つり具の下への労働者の立入りは禁止されていない．なお，動力降下以外の方法では禁止されている．クレ規則第 74 条の 2（立入禁止）第六号参照．

(5) 禁止．荷に設けられた穴又はアイボルト（図 3.8-3 参照）につりチェーンを通さず 1 箇所に玉掛けをした荷がつり上げられているときは，つり上げられている荷の下への労働者の立入りは禁止されている．クレ規則第 74 条の 2（立入禁止）第三号参照．

図 3.8-3　アイボルト

▶答（4）

問題 3　【令和元年秋 問 26】

移動式クレーンに係る作業を行う場合における労働者の立入禁止に関する記述として，法令上，誤っているものは次のうちどれか．

(1) 動力下降の方法によってつり具を下降させるときは，つり具の下への労働者の立入りは禁止されていない．

(2) つりチェーンを用いて荷に設けられた穴又はアイボルトを通さず 1 箇所に玉掛けをした荷がつり上げられているときは，つり上げられている荷の下への労働者の立入りは禁止されている．

(3) つりクランプ 1 個を用いて玉掛けをした荷がつり上げられているときは，つり上げられている荷の下への労働者の立入りは禁止されていない．

(4) 複数の荷が一度につり上げられている場合であって，当該複数の荷が結束され，箱に入れられる等により固定されているときは，つり上げられている荷の下への労働者の立入りは禁止されていない．

(5) 陰圧により吸着させるつり具を用いて玉掛けをした荷がつり上げられているときは，つり上げられている荷の下への労働者の立入りは禁止されている．

解説 (1) 正しい．動力下降の方法によってつり具を下降させるときは，つり具の下への労働者の立入りは禁止されていない．クレ規則第74条の2（立入禁止）第六号参照．

(2) 正しい．つりチェーンを用いて荷に設けられた穴又はアイボルトを通さず1箇所に玉掛けをした荷がつり上げられているときは，つり上げられている荷の下への労働者の立入りは禁止されている．クレ規則第74条の2（立入禁止）第三号参照．

(3) 誤り．つりクランプ1個を用いて玉掛けをした荷がつり上げられているときは，つり上げられている荷の下への労働者の立入りは禁止されている．クレ規則第74条の2（立入禁止）第二号参照．

(4) 正しい．複数の荷が一度につり上げられている場合であって，当該複数の荷が結束され，箱に入れられる等により固定されているときは，つり上げられている荷の下への労働者の立入りは禁止されていない．クレ規則第74条の2（立入禁止）第四号参照．

(5) 正しい．陰圧により吸着させるつり具を用いて玉掛けをした荷がつり上げられているときは，つり上げられている荷の下への労働者の立入りは禁止されている．クレ規則第74条の2（立入禁止）第五号参照．

▶答 (3)

問題4 【令和元年春 問26】

移動式クレーンを用いて作業を行う場合であって，法令上，つり荷の下に労働者を立ち入らせることが禁止されていないのは，次のうちどれか．

(1) 陰圧により吸着させるつり具を用いて玉掛けをした荷がつり上げられているとき．

(2) つりチェーンを用いて，2箇所に玉掛けをした荷がつり上げられているとき．

(3) ハッカー2個を用いて玉掛けをした荷がつり上げられているとき．

(4) 複数の荷が一度につり上げられている場合であって，当該複数の荷が結束され，箱に入れられる等により固定されていないとき．

(5) つりクランプ1個を用いて玉掛けをした荷がつり上げられているとき．

解説 (1) 禁止．陰圧により吸着させるつり具を用いて玉掛けをした荷がつり上げられているときは，いかなる場合も立入り禁止である．クレ規則第74条の2（立入禁止）第五号参照．

(2) 禁止無し．つりチェーンを用いて，2箇所に玉掛けをした荷がつり上げられているときは，立入り可能である．1箇所では禁止である．クレ規則第74条の2（立入禁止）第三号参照．

(3) 禁止．ハッカーは，何個使用しても玉掛けをした荷のつり上げに立入は禁止である．クレ規則第74条の2（立入禁止）第一号参照．

(4) 禁止．複数の荷が一度につり上げられている場合であって，当該複数の荷が結束され，箱に入れられる等により固定されていないときは，立入禁止である．なお，箱に入れられる等により固定されているときは，立入可能である．クレ規則第74条の2（立入禁止）第四号参照．

(5) 禁止．つりクランプ1個を用いて玉掛けをした荷がつり上げられているときは，立入禁止である．なお，2個使用しているときは立入可能である．クレ規則第74条の2（立入禁止）第二号参照．

▶答（2）

問題5 【平成30年秋 問26】

移動式クレーンを用いて作業を行う場合であって，法令上，つり荷の下に労働者を立ち入らせることが禁止されていないのは，次のうちどれか．

(1) 複数の荷が一度につり上げられている場合であって，当該複数の荷が結束され，箱に入れられる等により固定されていないとき．

(2) つりクランプ1個を用いて玉掛けをした荷がつり上げられているとき．

(3) つりチェーンを用いて荷に設けられた穴又はアイボルトを通さず1箇所に玉掛けをした荷がつり上げられているとき．

(4) ハッカー2個を用いて玉掛けをした荷がつり上げられているとき．

(5) 繊維ベルトを用いて2箇所に玉掛けをした荷がつり上げられているとき．

解説 (1) 禁止．複数の荷が一度につり上げられている場合であって，当該複数の荷が結束され，箱に入れられる等により固定されていないときは，立入禁止である．なお，箱に入れられる等により固定されているときは，立入可能である．クレ規則第74条の2（立入禁止）第四号参照．

(2) 禁止．つりクランプ1個を用いて玉掛けをした荷がつり上げられているときは，立入禁止である．なお，2個使用しているときは立入可能である．クレ規則第74条の2（立入禁止）第二号参照．

(3) 禁止．つりチェーンを用いて荷に設けられた穴又はアイボルトを通さず1箇所に玉掛けをした荷がつり上げられているときは，つり上げられている荷の下への労働者の立入りは禁止されている．クレ規則第74条の2（立入禁止）第三号参照．

(4) 禁止．ハッカーは，何個使用しても玉掛けをした荷のつり上げに立入は禁止である．クレ規則第74条の2（立入禁止）第一号参照．

(5) 禁止無し．繊維ベルト（ワイヤロープ等に含まれる）を用いて2箇所に玉掛けをした荷がつり上げられているとき，荷の下への労働者の立入りは禁止されていない．クレ規則第74条の2（立入禁止）第三号参照．

▶答（5）

問題6 【平成30年春 問26】

移動式クレーンを用いて作業を行う場合であって，法令上，つり荷又はつり具の下に労働者を立ち入らせることが禁止されていないのは，次のうちどれか.

(1) 陰圧により吸着させるつり具を用いて玉掛けをした荷がつり上げられているとき.

(2) つりクランプ2個を用いて玉掛けをした荷がつり上げられているとき.

(3) 動力下降以外の方法によってつり具を下降させるとき.

(4) 複数の荷が一度につり上げられている場合であって，当該複数の荷が結束され，箱に入れられる等により固定されていないとき.

(5) 荷に設けられた穴又はアイボルトにつりチェーンを通さず1箇所に玉掛けをした荷がつり上げられているとき.

解説 (1) 禁止．陰圧により吸着させるつり具を用いて玉掛けをした荷がつり上げられているときは，いかなる場合も立入り禁止である．クレ規則第74条の2（立入禁止）第五号参照.

(2) 禁止無し．つりクランプ2個を用いて玉掛けをした荷がつり上げられているときは，立入禁止されていない．なお，1個使用しているときは立入禁止である．クレ規則第74条の2（立入禁止）第二号参照.

(3) 禁止．動力下降以外の方法によってつり具を下降させるときは，禁止である．クレ規則第74条の2（立入禁止）第六号参照.

(4) 禁止．複数の荷が一度につり上げられている場合であって，当該複数の荷が結束され，箱に入れられる等により固定されていないときは，立入禁止である．なお，箱に入れられる等により固定されているときは，立入可能である．クレ規則第74条の2（立入禁止）第四号参照.

(5) 禁止．つりチェーンを用いて荷に設けられた穴又はアイボルトを通さず1箇所に玉掛けをした荷がつり上げられているときは，つり上げられている荷の下への労働者の立入りは禁止されている．クレ規則第74条の2（立入禁止）第三号参照.

▶答（2）

問題7 【平成29年秋 問25】

移動式クレーンに係る作業を行う場合であって，法令上つり上げられている荷又はつり具の下に労働者を立ち入らせてはならないのは，次のうちどれか.

(1) 複数の荷が一度につり上げられている場合であって，当該複数の荷が結束され，箱に入れられる等により固定されているとき.

(2) つりクランプ2個を用いて玉掛けをした荷がつり上げられているとき.

(3) ハッカーを2個用いて玉掛けをした荷がつり上げられているとき.

(4) つりチェーンを用いて2箇所に玉掛けをした荷がつり上げられているとき.

(5) 動力下降の方法によってつり具を下降させるとき.

解説 (1) 立入可能．複数の荷が一度につり上げられている場合であって，当該複数の荷が結束され，箱に入れられる等により固定されているときは，立入可能である．クレ規則第74条の2（立入禁止）第四号参照．

(2) 立入可能．つりクランプ2個を用いて玉掛けをした荷がつり上げられているとき，立入可能である．なお，つりクランプ1個を用いるときは，立入禁止である．クレ規則第74条の2（立入禁止）第二号参照．

(3) 立入禁止．ハッカーを用いて玉掛けをした荷がつり上げられているときは，いくつ用いても立入禁止である．クレ規則第74条の2（立入禁止）第一号参照．

(4) 立入可能．つりチェーン（ワイヤロープ等に含まれる）を用いて2箇所に玉掛けをした荷がつり上げられているときは，立入可能である．なお，つりチェーンを用いて1箇所に玉掛けをする場合は，立入禁止である．クレ規則第74条の2（立入禁止）第三号参照．

(5) 立入可能．動力下降の方法によってつり具を下降させるときは，立入可能である．動力下降以外の方法では，立入禁止である．クレ規則第74条の2（立入禁止）第六号参照．

▶答 (3)

問題8 【平成29年春 問26】

移動式クレーンを用いて作業を行う場合であって，法令上，つり荷又はつり具の下に労働者を立ち入らせることが禁止されていないのは，次のうちどれか．

(1) 陰圧により吸着させるつり具を用いて玉掛けをした荷がつり上げられているとき．

(2) つりクランプ2個を用いて玉掛けをした荷がつり上げられているとき．

(3) ハッカーを2個用いて玉掛けをした荷がつり上げられているとき．

(4) 動力下降以外の方法によってつり具を下降させるとき．

(5) つりチェーンを用いて，荷に設けられた穴又はアイボルトを通さず，1箇所に玉掛けをした荷がつり上げられているとき．

解説 (1) 禁止．陰圧により吸着させるつり具を用いて玉掛けをした荷がつり上げられているときは，いかなる場合も立入り禁止である．クレ規則第74条の2（立入禁止）第五号参照．

(2) 禁止無し．つりクランプ2個を用いて玉掛けをした荷がつり上げられているときは，立入禁止されていない．なお，1個使用しているときは立入禁止である．クレ規則第74条の2（立入禁止）第二号参照．

(3) 禁止．ハッカーを用いて玉掛けをした荷がつり上げられているときは，いくつ用いても立入禁止である．クレ規則第74条の2（立入禁止）第一号参照．

(4) 禁止．動力下降以外の方法によってつり具を下降させるときは，立ち入り禁止である．なお，動力下降の方法によってつり具を下降させるときは，立入可能である．動力下降以外の方法では，立入禁止である．クレ規則第 74 条の 2（立入禁止）第六号参照．

(5) 禁止．つりチェーンを用いて，荷に設けられた穴又はアイボルトを通さず，1 箇所に玉掛けをした荷がつり上げられているときは，立ち入り禁止である．クレ規則第 74 条の 2（立入禁止）第六号参照．

▶答（2）

問題 9

【平成 28 年秋 問 26】

移動式クレーンを用いて作業を行うときの合図及び立入禁止の措置に関し，法令上，誤っているものは次のうちどれか．

(1) 移動式クレーン運転者と玉掛け作業者に作業を行わせるときは，運転について合図を行う者を指名しなければならない．

(2) 移動式クレーン運転者と玉掛け作業者に作業を行わせるときは，運転について一定の合図を定めなければならない．

(3) ハッカーを用いて玉掛けをした荷がつり上げられているとき，つり荷の下に労働者を立ち入らせることは禁止されている．

(4) 動力下降の方法によってつり具を下降させるとき，つり具の下に労働者を立ち入らせることは禁止されている．

(5) 陰圧により吸着させるつり具を用いて玉掛けをした荷がつり上げられているとき，つり荷の下に労働者を立ち入らせることは禁止されている．

解説 (1) 正しい．移動式クレーン運転者と玉掛け作業者に作業を行わせるときは，運転について合図を行う者を指名しなければならない．クレ規則第 71 条（運転の合図）第 1 項参照．

(2) 正しい．移動式クレーン運転者と玉掛け作業者に作業を行わせるときは，運転について一定の合図を定めなければならない．クレ規則第 71 条（運転の合図）第 1 項参照．

(3) 正しい．ハッカーを用いて玉掛けをした荷がつり上げられているとき，つり荷の下に労働者を立ち入らせることは禁止されている．クレ規則第 74 条の 2（立入禁止）第一号参照．

(4) 誤り．動力下降の方法によってつり具を下降させるとき，つり具の下に労働者を立ち入らせることは禁止されていない．なお，動力下降以外の方法では禁止されている．クレ規則第 74 条の 2（立入禁止）第六号参照．

(5) 正しい．陰圧により吸着させるつり具を用いて玉掛けをした荷がつり上げられているとき，つり荷の下に労働者を立ち入らせることは禁止されている．クレ規則第 74 条の 2（立入禁止）第五号参照．

▶答（4）

問題10 【平成28年春 問28】

移動式クレーンを用いて作業を行うときの合図及び立入禁止の措置に関し，法令上，誤っているものは次のうちどれか．

(1) 移動式クレーン運転者と玉掛け作業者に作業を行わせるときは，運転について合図を行う者を指名しなければならない．

(2) 移動式クレーン運転者に単独で作業を行わせるときは，運転についての合図を定めなくてもよい．

(3) 陰圧により吸着させるつり具を用いて玉掛けをした荷がつり上げられているときは，つり荷の下に労働者を立ち入らせてはならない．

(4) ハッカーを用いて玉掛けをした荷がつり上げられているときは，つり荷の下に労働者を立ち入らせてはならない．

(5) 磁力により吸着させるつり具を用いて玉掛けをした荷がつり上げられているとき，つり荷の下に労働者を立ち入らせることは禁止されていない．

解説 (1) 正しい．移動式クレーン運転者と玉掛け作業者に作業を行わせるときは，運転について合図を行う者を指名しなければならない．クレ規則第71条（運転の合図）第1項参照．

(2) 正しい．移動式クレーン運転者に単独で作業を行わせるときは，運転についての合図を定めなくてもよい．クレ規則第71条（運転の合図）第1項ただし書参照．

(3) 正しい．陰圧により吸着させるつり具を用いて玉掛けをした荷がつり上げられているときは，つり荷の下に労働者を立ち入らせてはならない．クレ規則第74条の2（立入禁止）第五号参照．

(4) 正しい．ハッカーを用いて玉掛けをした荷がつり上げられているときは，つり荷の下に労働者を立ち入らせてはならない．クレ規則第74条の2（立入禁止）第一号参照．

(5) 誤り．磁力により吸着させるつり具を用いて玉掛けをした荷がつり上げられているとき，つり荷の下に労働者を立ち入らせることは禁止されている．クレ規則第74条の2（立入禁止）第五号参照．

▶答 (5)

3.9 移動式クレーンの各種検査に関する具体的事項

問題1 【令和2年秋 問27】

つり上げ荷重20tの移動式クレーンの検査に関する記述として，法令上，誤っているものは次のうちどれか．

(1) 製造検査における安定度試験は，定格荷重の1.27倍に相当する荷重の荷をつって，当該移動式クレーンの安定に関し最も不利な条件で地切りすることにより行うものとする.

(2) 使用検査における荷重試験は，定格荷重の1.25倍に相当する荷重の荷をつって，つり上げ，旋回，走行等の作動を行うものとする.

(3) 変更検査を受ける者は，荷重試験及び安定度試験のための荷及び玉掛用具を準備しなければならない.

(4) 性能検査においては，移動式クレーンの各部分の構造及び機能について点検を行うほか，荷重試験及び安定度試験を行うものとする.

(5) 使用再開検査を受ける者は，当該検査に立ち会わなければならない.

解説 (1) 正しい. 製造検査における安定度試験は，定格荷重の1.27倍に相当する荷重の荷をつって，当該移動式クレーンの安定に関し最も不利な条件で地切りすることにより行うものとする. 表3.9-1及びクレ規則第55条（製造検査）第4項参照.

(2) 正しい. 使用検査における荷重試験は，定格荷重の1.25倍に相当する荷重の荷をつって，つり上げ，旋回，走行等の作動を行うものとする. 表3.9-1及びクレ規則第57条（使用検査）第3項で準用する第55条（製造検査）第3項参照.

表3.9-1

試験の種類	荷重の大きさ
1. 製造検査における安定度試験	定格荷重の1.27倍
2. 使用再開検査における安定度試験	定格荷重の1.27倍
3. 変更検査における安定度試験	定格荷重の1.27倍
4. 使用検査における荷重試験	定格荷重の1.25倍
5. 性能検査における荷重試験	定格荷重

(3) 正しい. 変更検査を受ける者は，荷重試験及び安定度試験のための荷及び玉掛用具を準備しなければならない. クレ規則第87条（変更検査を受ける場合の措置）で準用する第56条（製造検査を受ける場合の措置）第1項第二号参照.

(4) 誤り. 性能検査においては，移動式クレーンの各部分の構造及び機能について点検を行うほか，荷重試験を行うものとする. 安定度試験は定められていない. クレ規則第81条（性能検査）参照.

(5) 正しい. 使用再開検査を受ける者は，当該検査に立ち会わなければならない. クレ規則第91条（使用再開検査を受ける場合の措置）で準用する第56条（製造検査を受ける場合の措置）第3項参照.

▶答 (4)

問題2 【令和2年春 問29】

つり上げ荷重20tの移動式クレーンの検査に関する記述として，法令上，誤っているものは次のうちどれか．

(1) 製造検査における安定度試験は，定格荷重の1.27倍に相当する荷重の荷をつって，当該移動式クレーンの安定に関し最も不利な条件で地切りすることにより行うものとする．

(2) 使用検査における荷重試験は，定格荷重の1.25倍に相当する荷重の荷をつって，つり上げ，旋回，走行等の作動を行うものとする．

(3) 変更検査を受ける者は，荷重試験及び安定度試験のための荷及び玉掛用具を準備しなければならない．

(4) 性能検査においては，移動式クレーンの各部分の構造及び機能について点検を行うほか，荷重試験及び安定度試験を行うものとする．

(5) 使用再開検査を受ける者は，当該検査に立ち会わなければならない．

解説 (1) 正しい．製造検査における安定度試験は，定格荷重の1.27倍に相当する荷重の荷をつって，当該移動式クレーンの安定に関し最も不利な条件で地切りすることにより行うものとする．クレ規則第55条（製造検査）第4項参照．

(2) 正しい．使用検査における荷重試験は，定格荷重の1.25倍に相当する荷重の荷をつって，つり上げ，旋回，走行等の作動を行うものとする．クレ規則第57条（使用検査）第3項で準用する第55条（製造検査）第3項参照．

(3) 正しい．変更検査を受ける者は，荷重試験及び安定度試験のための荷及び玉掛用具を準備しなければならない．クレ規則第87条（変更検査を受ける場合の措置）で準用する第56条（製造検査を受ける場合の措置）第1項第二号参照．

(4) 誤り．性能検査においては，移動式クレーンの各部分の構造及び機能について点検を行うほか，荷重試験を行うものとする．「安定度試験」は定められていない．クレ規則第81条（性能検査）第1項参照．

(5) 正しい．使用再開検査を受ける者は，当該検査に立ち会わなければならない．クレ規則第91条（使用再開検査を受ける場合の措置）で準用する第56条（製造検査を受ける場合の措置）第3項参照．

▶答 (4)

問題3 【令和元年秋 問29】

つり上げ荷重20tの移動式クレーンの検査に関する記述として，法令上，誤っているものは次のうちどれか．

(1) 製造検査においては，移動式クレーンの各部分の構造及び機能について点検を行うほか，荷重試験及び安定度試験を行うものとする．

(2) 使用検査を受ける者は，移動式クレーンを検査しやすい位置に移さなければならない．

(3) 性能検査においては，移動式クレーンの各部分の構造及び機能について点検を行うほか，荷重試験を行うものとする．

(4) 変更検査における荷重試験は，定格荷重に相当する荷重の荷をつって，つり上げ，旋回，走行等の作動を定格速度により行うものとする．

(5) 使用再開検査における安定度試験は，定格荷重の1.27倍に相当する荷重の荷をつって，安定に関し最も不利な条件で地切りすることにより行う．

解説 (1) 正しい．製造検査においては，移動式クレーンの各部分の構造及び機能について点検を行うほか，荷重試験及び安定度試験を行うものとする．クレ規則第55条（製造検査）第2項参照．

(2) 正しい．使用検査を受ける者は，移動式クレーンを検査しやすい位置に移さなければならない．クレ規則第58条（使用検査を受ける場合の措置）で準用する第56条（製造検査を受ける場合の措置）第1項第一号参照．

(3) 正しい．性能検査においては，移動式クレーンの各部分の構造及び機能について点検を行うほか，荷重試験を行うものとする．クレ規則第81条（性能検査）第1項参照．

(4) 誤り．変更検査における荷重試験は，定格荷重の1.25倍に相当する荷重の荷をつって，つり上げ，旋回，走行等の作動を定格速度により行うものとする．クレ規則第86条（変更検査）第2項で準用する第55条（製造検査）第3項参照．

(5) 正しい．使用再開検査における安定度試験は，定格荷重の1.27倍に相当する荷重の荷をつって，安定に関し最も不利な条件で地切りすることにより行う．クレ規則第90条（使用再開検査）第2項で準用する第55条（製造検査）第4項参照．

▶答 (4)

問題4 【令和元年春 問29】

つり上げ荷重20tの移動式クレーンの検査に関する記述として，法令上，誤っているものは次のうちどれか．

(1) 製造検査における荷重試験は，定格荷重の1.25倍に相当する荷重の荷をつって，つり上げ，旋回，走行等の作動を行うものとする．

(2) 使用検査を受ける者は，当該検査に立ち会わなければならない．

(3) 性能検査においては，移動式クレーンの各部分の構造及び機能について点検を行うほか，荷重試験及び安定度試験を行うものとする．

(4) 変更検査における安定度試験は，定格荷重の1.27倍に相当する荷重の荷をつって，安定に関し最も不利な条件で地切りすることにより行うものとする．

(5) 使用再開検査を受ける者は，荷重試験及び安定度試験のための荷及び玉掛用具を準備しなければならない.

解説 (1) 正しい. 製造検査における荷重試験は, 定格荷重の1.25倍に相当する荷重の荷をつって, つり上げ, 旋回, 走行等の作動を行うものとする. クレ規則第55条(製造検査)第3項参照.

(2) 正しい. 使用検査を受ける者は, 当該検査に立ち会わなければならない. クレ規則第58条(使用検査を受ける場合の措置)で準用する第56条(製造検査を受ける場合の措置)第3項参照.

(3) 誤り. 性能検査においては, 移動式クレーンの各部分の構造及び機能について点検を行うほか, 荷重試験を行うものとする.「安定度試験」は定められていない. クレ規則第81条(性能検査)第1項参照.

(4) 正しい. 変更検査における安定度試験は, 定格荷重の1.27倍に相当する荷重の荷をつって, 安定に関し最も不利な条件で地切りすることにより行うものとする. クレ規則第86条(変更検査)第1項で準用する第55条(製造検査)第4項参照.

(5) 正しい. 使用再開検査を受ける者は, 荷重試験及び安定度試験のための荷及び玉掛用具を準備しなければならない. クレ規則第91条(使用再開検査を受ける場合の措置)で準用する第56条(製造検査を受ける場合の措置)第1項第二号参照.

▶答 (3)

問題5

【平成30年秋 問29】

つり上げ荷重20tの移動式クレーンの検査に関する記述として, 法令上, 誤っているものは次のうちどれか.

(1) 製造検査における安定度試験は, 定格荷重の1.27倍に相当する荷重の荷をつって, 安定に関し最も不利な条件で地切りすることにより行うものとする.

(2) 使用検査における荷重試験は, 定格荷重の1.25倍に相当する荷重の荷をつって, つり上げ, 旋回, 走行等の作動を行うものとする.

(3) 性能検査においては, 移動式クレーンの各部分の構造及び機能について点検を行うほか, 荷重試験及び安定度試験を行うものとする.

(4) 変更検査を受ける者は, 移動式クレーンを検査しやすい位置に移さなければならない.

(5) 使用再開検査を受ける者は, 荷重試験及び安定度試験のための荷及び玉掛用具を準備しなければならない.

解説 (1) 正しい. 製造検査における安定度試験は, 定格荷重の1.27倍に相当する荷重の荷をつって, 安定に関し最も不利な条件で地切りすることにより行うものとする. クレ規則第55条(製造検査)第4項参照.

(2) 正しい．使用検査における荷重試験は，定格荷重の1.25倍に相当する荷重の荷をつって，つり上げ，旋回，走行等の作動を行うものとする．クレ規則第57条（使用検査）第3項で準用する第55条（製造検査）第3項参照．

(3) 誤り．性能検査においては，移動式クレーンの各部分の構造及び機能について点検を行うほか，荷重試験を行うものとする．「安定度検査」は規定されていない．クレ規則第81条（性能検査）第1項参照．

(4) 正しい．変更検査を受ける者は，移動式クレーンを検査しやすい位置に移さなければならない．クレ規則第87条（変更検査を受ける場合の措置）で準用する第56条（製造検査を受ける場合の措置）第1項第一号参照．

(5) 正しい．使用再開検査を受ける者は，荷重試験及び安定度試験のための荷及び玉掛用具を準備しなければならない．クレ規則第91条（使用再開検査を受ける場合の措置）で準用する第56条（製造検査を受ける場合の措置）第1項第二号参照．

▶答 (3)

問題6 【平成30年春 問29】

つり上げ荷重20tの移動式クレーンの検査に関する記述として，法令上，誤っているものは次のうちどれか．

(1) 製造検査における荷重試験は，定格荷重の1.25倍に相当する荷重の荷をつって，つり上げ，旋回，走行等の作動を行うものとする．

(2) 使用検査を受ける者は，当該検査に立ち会わなければならない．

(3) 性能検査においては，移動式クレーンの各部分の構造及び機能について点検を行うほか，荷重試験及び安定度試験を行うものとする．

(4) 変更検査における安定度試験は，定格荷重の1.27倍に相当する荷重の荷をつって，安定に関し最も不利な条件で地切りすることにより行うものとする．

(5) 使用再開検査を受ける者は，荷重試験及び安定度試験のための荷及び玉掛用具を準備しなければならない．

解説 (1) 正しい．製造検査における荷重試験は，定格荷重の1.25倍に相当する荷重の荷をつって，つり上げ，旋回，走行等の作動を行うものとする．クレ規則第57条（使用検査）第3項で準用する第55条（製造検査）第3項参照．

(2) 正しい．使用検査を受ける者は，当該検査に立ち会わなければならない．クレ規則第58条（使用検査を受ける場合の措置）で準用する第56条（製造検査を受ける場合の措置）第3項参照．

(3) 誤り．性能検査においては，移動式クレーンの各部分の構造及び機能について点検を行うほか，荷重試験を行うものとする．「安定度試験」は定められていない．クレ規則第81条（性能検査）第1項参照．

(4) 正しい．変更検査における安定度試験は，定格荷重の1.27倍に相当する荷重の荷をつって，安定に関し最も不利な条件で地切りすることにより行うものとする．クレ規則第55条（製造検査）第4項参照．

(5) 正しい．使用再開検査を受ける者は，荷重試験及び安定度試験のための荷及び玉掛用具を準備しなければならない．クレ規則第91条（使用再開検査を受ける場合の措置）で準用する第56条（製造検査を受ける場合の措置）第1項第二号参照．　▶答（3）

問題7　【平成29年秋 問29】

つり上げ荷重20tの移動式クレーンの検査に関し，法令上，誤っているものは次のうちどれか．

(1) 製造検査における安定度試験は，定格荷重の1.27倍に相当する荷重の荷をつって，安定に関し最も不利な条件で地切りすることにより行うものとする．

(2) 使用検査における荷重試験は，定格荷重の1.25倍に相当する荷重の荷をつって，つり上げ，旋回，走行等の作動を行うものとする．

(3) 性能検査における荷重試験は，定格荷重の1.25倍に相当する荷重の荷をつって，つり上げ，旋回，走行等の作動を行うものとする．

(4) 変更検査においては，移動式クレーンの各部分の構造及び機能について点検を行うほか，荷重試験及び安定度試験を行うものとする．

(5) 使用再開検査を受ける者は，移動式クレーンを検査しやすい位置に移さなければならない．

解説 (1) 正しい．製造検査における安定度試験は，定格荷重の1.27倍に相当する荷重の荷をつって，安定に関し最も不利な条件で地切りすることにより行うものとする．クレ規則第55条（製造検査）第4項参照．

(2) 正しい．使用検査における荷重試験は，定格荷重の1.25倍に相当する荷重の荷をつって，つり上げ，旋回，走行等の作動を行うものとする．クレ規則第57条（使用検査）第3項で準用する第55条（製造検査）第3項参照．

(3) 誤り．性能検査における荷重試験は，定格荷重に相当する荷重の荷をつって，つり上げ，旋回，走行等の作動を行うものとする．クレ規則第81条（性能検査）第2項で準用する第76条（定期自主検査）第4項参照．

(4) 正しい．変更検査においては，移動式クレーンの各部分の構造及び機能について点検を行うほか，荷重試験及び安定度試験を行うものとする．クレ規則第86条（変更検査）第2項で準用する第55条（製造検査）第2項参照．

(5) 正しい．使用再開検査を受ける者は，移動式クレーンを検査しやすい位置に移さなければならない．クレ規則第91条（使用再開検査を受ける場合の措置）で準用する第

56条（製造検査を受ける場合の措置）第1項第一号参照．　▶答（3）

問題8　【平成29年春 問29】

つり上げ荷重20tの移動式クレーンの検査に関し，法令上，誤っているものは次のうちどれか．

(1) 製造検査を受ける者は，荷重試験及び安定度試験のための荷及び玉掛用具を準備しなければならない．

(2) 使用検査においては，移動式クレーンの各部分の構造及び機能について点検を行うほか，荷重試験及び安定度試験を行う．

(3) 性能検査における荷重試験は，定格荷重に相当する荷重の荷をつって，つり上げ，旋回，走行等の作動を定格速度により行う．

(4) 変更検査における安定度試験は，定格荷重の1.27倍に相当する荷重の荷をつって，安定に関し最も不利な条件で地切りすることにより行う．

(5) 使用再開検査における荷重試験は，定格荷重に相当する荷重の荷をつって，つり上げ，旋回，走行等の作動を定格速度により行う．

解説 (1) 正しい．製造検査を受ける者は，荷重試験及び安定度試験のための荷及び玉掛用具を準備しなければならない．クレ規則第56条（製造検査を受ける場合の措置）第1項第二号参照．

(2) 正しい．使用検査においては，移動式クレーンの各部分の構造及び機能について点検を行うほか，荷重試験及び安定度試験を行う．クレ規則第57条（使用検査）第3項で準用する第55条（製造検査）第2項参照．

(3) 正しい．性能検査における荷重試験は，定格荷重に相当する荷重の荷をつって，つり上げ，旋回，走行等の作動を定格速度により行う．クレ規則第81条（性能検査）第2項で準用する第76条（定期自主検査）第4項参照．

(4) 正しい．変更検査における安定度試験は，定格荷重の1.27倍に相当する荷重の荷をつって，安定に関し最も不利な条件で地切りすることにより行う．クレ規則第86条（変更検査）第2項で準用する第55条（製造検査）第4項参照．

(5) 誤り．使用再開検査における荷重試験は，定格荷重の1.25倍に相当する荷重の荷をつって，つり上げ，旋回，走行等の作動を定格速度により行う．クレ規則第90条（使用再開検査）第2項で準用する第55条（製造検査）第3項参照．　▶答（5）

問題9　【平成28年秋 問29】

つり上げ荷重20tの移動式クレーンの検査に関し，法令上，誤っているものは次のうちどれか．

(1) 製造検査においては，移動式クレーンの各部分の構造及び機能について点検を行うほか，荷重試験及び安定度試験を行う.
(2) 使用検査を受ける者は，移動式クレーンを検査しやすい位置に移さなければならない.
(3) 性能検査における荷重試験は，定格荷重に相当する荷重の荷をつって，つり上げ，旋回，走行等の作動を定格速度により行う.
(4) 変更検査における荷重試験は，定格荷重に相当する荷重の荷をつって，つり上げ，旋回，走行等の作動を定格速度により行う.
(5) 使用再開検査における安定度試験は，定格荷重の1.27倍に相当する荷重の荷をつって，安定に関し最も不利な条件で地切りすることにより行う.

解説 (1) 正しい．製造検査においては，移動式クレーンの各部分の構造及び機能について点検を行うほか，荷重試験及び安定度試験を行う．クレ規則第55条（製造検査）第2項参照.
(2) 正しい．使用検査を受ける者は，移動式クレーンを検査しやすい位置に移さなければならない．クレ規則第58条（使用検査を受ける場合の措置）で準用する第56条（製造検査を受ける場合の措置）第1項第一号参照.
(3) 正しい．性能検査における荷重試験は，定格荷重に相当する荷重の荷をつって，つり上げ，旋回，走行等の作動を定格速度により行う．クレ規則第81条（性能検査）第2項で準用する第76条（定期自主検査）第4項参照.
(4) 誤り．変更検査における荷重試験は，定格荷重の1.25倍に相当する荷重の荷をつって，つり上げ，旋回，走行等の作動を定格速度により行う．クレ規則第86条（変更検査）第2項で準用する第55条（製造検査）第3項参照.
(5) 正しい．使用再開検査における安定度試験は，定格荷重の1.27倍に相当する荷重の荷をつって，安定に関し最も不利な条件で地切りすることにより行う．クレ規則第90条（使用再開検査）第2項で準用する第55条（製造検査）第4項参照.　▶答 (4)

問題10　【平成28年春 問21】

つり上げ荷重20tの移動式クレーンの検査に関し，法令上，誤っているものは次のうちどれか.
(1) 製造検査においては，移動式クレーンの各部分の構造及び機能について点検を行うほか，荷重試験及び安定度試験を行う.
(2) 使用検査における荷重試験は，定格荷重の1.25倍に相当する荷重の荷をつって，つり上げ，旋回，走行等の作動を行う.
(3) 性能検査を受ける者は，荷重試験及び安定度試験のための荷及び玉掛用具を準備しなければならない.

(4) 変更検査における安定度試験は，定格荷重の1.27倍に相当する荷重の荷をつって，安定に関し最も不利な条件で地切りすることにより行う.

(5) 使用再開検査を受ける者は，移動式クレーンを検査しやすい位置に移さなければならない.

解説 (1) 正しい．製造検査においては，移動式クレーンの各部分の構造及び機能について点検を行うほか，荷重試験及び安定度試験を行う．クレ規則第55条（製造検査）第2項参照.

(2) 正しい．使用検査における荷重試験は，定格荷重の1.25倍に相当する荷重の荷をつって，つり上げ，旋回，走行等の作動を行う．クレ規則第57条（使用検査）第3項で準用する第55条（製造検査）第3項参照.

(3) 誤り．性能検査を受ける者は，荷重試験のための荷及び玉掛用具を準備しなければならない．安定度試験は除外されている．クレ規則第83条（性能検査を受ける場合の措置）かっこ書及び第56条（製造検査を受ける場合の措置）第1項第二号参照.

(4) 正しい．変更検査における安定度試験は，定格荷重の1.27倍に相当する荷重の荷をつって，安定に関し最も不利な条件で地切りすることにより行う．クレ規則第86条（変更検査）第2項で準用する第55条（製造検査）第4項参照.

(5) 正しい．使用再開検査を受ける者は，移動式クレーンを検査しやすい位置に移さなければならない．クレ規則第91条（使用再開検査を受ける場合の措置）で準用する第56条（製造検査を受ける場合の措置）第1項第一号参照.

▶答（3）

3.10 定期自主検査及び点検に関する事項

問題1 【令和2年秋 問28】

移動式クレーンの自主検査及び点検に関する記述として，法令上，誤っているものは次のうちどれか.

(1) 1年以内ごとに1回行う定期自主検査における荷重試験では，定格荷重に相当する荷重の荷をつって，つり上げ，旋回，走行等の作動を定格速度により行わなければならない.

(2) 1か月以内ごとに1回行う定期自主検査においては，コントローラーの異常の有無について検査を行わなければならない.

(3) 作業開始前の点検においては，ブレーキの機能について点検を行わなければならない.

(4) 1か月をこえる期間使用せず，当該期間中に1か月以内ごとに1回行う定期自主検査を行わなかった移動式クレーンについては，その使用を再び開始する際に，所定の事項について自主検査を行わなければならない.

(5) 1年以内ごとに1回行う定期自主検査の結果の記録は3年間保存し，1か月以内ごとに1回行う定期自主検査の結果の記録は1年間保存しなければならない.

解説 (1) 正しい．1年以内ごとに1回行う定期自主検査における荷重試験では，定格荷重に相当する荷重の荷をつって，つり上げ，旋回，走行等の作動を定格速度により行わなければならない．クレ規則第76条（定期自主検査）第1項，第3項及び第4項参照.

(2) 正しい．1か月以内ごとに1回行う定期自主検査においては，コントローラーの異常の有無について検査を行わなければならない．クレ規則第77条（定期自主検査）第1項第四号参照.

(3) 正しい．作業開始前の点検においては，ブレーキの機能について点検を行わなければならない．クレ規則第78条（作業開始前の点検）参照.

(4) 正しい．1か月をこえる期間使用せず，当該期間中に1か月以内ごとに1回行う定期自主検査を行わなかった移動式クレーンについては，その使用を再び開始する際に，所定の事項について自主検査を行わなければならない．クレ規則第77条（定期自主検査）第1項ただし書及び第2項参照.

(5) 誤り．1年以内ごとに1回行う定期自主検査の結果の記録は3年間保存し，1か月以内ごとに1回行う定期自主検査の結果の記録も3年間保存しなければならない．クレ規則第79条（自主検査の記録）参照.

▶答 (5)

問題2 【令和2年春 問28】

移動式クレーンの自主検査及び点検に関する記述として，法令上，正しいものは次のうちどれか.

(1) 1年以内ごとに1回行う定期自主検査においては，つり上げ荷重に相当する荷重の荷をつって，つり上げ，旋回，走行等の作動を定格速度により行う荷重試験を実施しなければならない.

(2) 1か月以内ごとに1回行う定期自主検査においては，巻過防止装置その他の安全装置の異常の有無について検査を行わなければならない.

(3) 1か月をこえる期間使用せず，当該期間中に1か月以内ごとに1回行う定期自主検査を行わなかった移動式クレーンについては，その使用を再び開始した後1か月以内に，所定の事項について自主検査を行わなければならない.

(4) 1か月以内ごとに1回行う定期自主検査を実施し，異常を認めたときは，次回の定期自主検査までに補修しなければならない．

(5) 1年以内ごとに1回行う定期自主検査の結果の記録は3年間保存し，1か月以内ごとに1回行う定期自主検査の結果の記録は1年間保存しなければならない．

解説 (1) 誤り．1年以内ごとに1回行う定期自主検査においては，定格荷重に相当する荷重の荷をつって，つり上げ，旋回，走行等の作動を定格速度により行う試験を実施しなければならない．「つり上げ荷重」が誤り．クレ規則第76条（定期自主検査）第4項参照．

(2) 正しい．1か月以内ごとに1回行う定期自主検査においては，巻過防止装置その他の安全装置の異常の有無について検査を行わなければならない．クレ規則第77条（定期自主検査）第1項第一号参照．

(3) 誤り．1か月をこえる期間使用せず，当該期間中に1か月以内ごとに1回行う定期自主検査を行わなかった移動式クレーンについては，その使用を再び開始する際に，所定の事項について自主検査を行わなければならない．「開始した後1か月以内」が誤り．クレ規則第77条（定期自主検査）第2項参照．

(4) 誤り．1か月以内ごとに1回行う定期自主検査を実施し，異常を認めたときは，直ちに補修しなければならない．「次回の定期自主検査までに」が誤り．クレ規則第80条（補修）参照．

(5) 誤り．1年以内ごとに1回行う定期自主検査の結果の記録は3年間保存し，1か月以内ごとに1回行う定期自主検査の結果の記録も同様に3年間保存しなければならない．クレ規則第79条（自主検査の記録）参照．

▶答 (2)

問題3 【令和元年秋 問28】

移動式クレーンの自主検査及び点検に関する記述として，法令上，誤っているものは次のうちどれか．

(1) 1年以内ごとに1回行う定期自主検査における荷重試験では，定格荷重に相当する荷重の荷をつって，つり上げ，旋回，走行等の作動を定格速度により行わなければならない．

(2) 1か月以内ごとに1回行う定期自主検査においては，巻過防止装置の異常の有無について検査を行わなければならない．

(3) 1か月をこえる期間使用せず，当該期間中に1か月以内ごとに1回行う定期自主検査を行わなかった移動式クレーンについては，その使用を再び開始する際に，所定の事項について自主検査を行わなければならない．

(4) 作業開始前の点検においては，クラッチの機能について点検を行わなければならない．

(5) 定期自主検査を行った場合は，移動式クレーン検査証にその結果を記載しなければならない.

解説 (1) 正しい. 1年以内ごとに1回行う定期自主検査における荷重試験では，定格荷重に相当する荷重の荷をつって，つり上げ，旋回，走行等の作動を定格速度により行わなければならない. クレ規則第76条（定期自主検査）第1項及び第4項参照.

(2) 正しい. 1か月以内ごとに1回行う定期自主検査においては，巻過防止装置の異常の有無について検査を行わなければならない. クレ規則第77条（定期自主検査）第1項第一号参照.

(3) 正しい. 1か月をこえる期間使用せず，当該期間中に1か月以内ごとに1回行う定期自主検査を行わなかった移動式クレーンについては，その使用を再び開始する際に，所定の事項について自主検査を行わなければならない. クレ規則第77条（定期自主検査）第1項本文ただし書及び第2項参照.

(4) 正しい. 作業開始前の点検においては，クラッチの機能について点検を行わなければならない. クレ規則第78条（使用開始前の点検）参照.

(5) 誤り. 定期自主検査を行った場合は，移動式クレーン検査証にその結果を記載しなければならない定めはない. 法定必要記載事項を具備しており一定の要件を満たす場合は電子機器を用いた磁気ディスク等で記録することができる. クレ規則第79条（自主検査の記録）及び安衛法第103条（書類の保存等）第1項参照.

▶ 答 (5)

問題4 【令和元年春 問28】

移動式クレーンの自主検査及び点検に関する記述として，法令上，誤っているものは次のうちどれか.

(1) 1年以内ごとに1回行う定期自主検査においては，原則として，定格荷重に相当する荷重による荷重試験を実施しなければならない.

(2) 1か月以内ごとに1回行う定期自主検査においては，巻過防止装置の異常の有無について検査を行わなければならない.

(3) 作業開始前の点検においては，ブレーキの機能について点検を行わなければならない.

(4) 1年以内ごとに1回行う定期自主検査の結果の記録は3年間保存し，1か月以内ごとに1回行う定期自主検査の結果の記録は1年間保存しなければならない.

(5) 1か月をこえる期間使用せず，当該期間中に1か月以内ごとに1回行う定期自主検査を行わなかった移動式クレーンについては，その使用を再び開始する際に，所定の事項について自主検査を行わなければならない.

解説 (1) 正しい．1年以内ごとに1回行う定期自主検査においては，原則として，定格荷重に相当する荷重による荷重試験を実施しなければならない．クレ規則第76条（定期自主検査）第4項参照．

(2) 正しい．1か月以内ごとに1回行う定期自主検査においては，巻過防止装置の異常の有無について検査を行わなければならない．クレ規則第77条（定期自主検査）第1項第一号参照．

(3) 正しい．作業開始前の点検においては，ブレーキの機能について点検を行わなければならない．クレ規則第78条（作業開始前の点検）参照．

(4) 誤り．1年以内ごとに1回行う定期自主検査の結果の記録は3年間保存し，1か月以内ごとに1回行う定期自主検査の結果の記録も3年間保存しなければならない．クレ規則第79条（自主検査の記録）参照．

(5) 正しい．1か月をこえる期間使用せず，当該期間中に1か月以内ごとに1回行う定期自主検査を行わなかった移動式クレーンについては，その使用を再び開始する際に，所定の事項について自主検査を行わなければならない．クレ規則第77条（定期自主検査）第2項参照．

▶答（4）

問題5 【平成30年秋 問28】

移動式クレーンの自主検査に関する記述として，法令上，誤っているものは次のうちどれか．

(1) 1年以内ごとに1回行う定期自主検査の結果の記録は3年間保存し，1か月以内ごとに1回行う定期自主検査の結果の記録は1年間保存しなければならない．

(2) 作業開始前の点検においては，クラッチの機能について点検を行わなければならない．

(3) 1か月以内ごとに1回行う定期自主検査においては，ブレーキの異常の有無について検査を行わなければならない．

(4) 1か月をこえる期間使用せず，当該期間中に1か月以内ごとに1回行う定期自主検査を行わなかった移動式クレーンについては，その使用を再び開始する際に，所定の事項について自主検査を行わなければならない．

(5) 1年以内ごとに1回行う定期自主検査における荷重試験では，定格荷重に相当する荷重の荷をつって，つり上げ，旋回，走行等の作動を定格速度により行わなければならない．

解説 (1) 誤り．1年以内ごとに1回行う定期自主検査の結果の記録は3年間保存し，1か月以内ごとに1回行う定期自主検査の結果の記録も同様に3年間保存しなければならない．クレ規則第79条（自主検査の記録）参照．

(2) 正しい．作業開始前の点検においては，クラッチの機能について点検を行わなければならない．クレ規則第78条（作業開始前の点検）参照．

(3) 正しい．1か月以内ごとに1回行う定期自主検査においては，ブレーキの異常の有無について検査を行わなければならない．クレ規則第77条（定期自主検査）第1項第一号参照．

(4) 正しい．1か月をこえる期間使用せず，当該期間中に1か月以内ごとに1回行う定期自主検査を行わなかった移動式クレーンについては，その使用を再び開始する際に，所定の事項について自主検査を行わなければならない．クレ規則第77条（定期自主検査）第2項参照．

(5) 正しい．1年以内ごとに1回行う定期自主検査における荷重試験では，定格荷重に相当する荷重の荷をつって，つり上げ，旋回，走行等の作動を定格速度により行わなければならない．クレ規則第76条（定期自主検査）第4項参照．

▶答 (1)

問題6　【平成30年春 問28】

移動式クレーンの定期自主検査及び点検に関する記述として，法令上，誤っているものは次のうちどれか．

(1) 1年以内ごとに1回行う定期自主検査においては，つり上げ荷重に相当する荷重の荷をつって行う荷重試験を実施しなければならない．

(2) 1か月以内ごとに1回行う定期自主検査においては，ブレーキの異常の有無について検査を行わなければならない．

(3) 作業開始前の点検においては，コントローラーの機能について点検を行わなければならない．

(4) 定期自主検査の結果は，記録し，これを3年間保存しなければならない．

(5) 定期自主検査又は作業開始前の点検を行い，異常を認めたときは，直ちに補修しなければならない．

解説 (1) 誤り．1年以内ごとに1回行う定期自主検査においては，定格荷重に相当する荷重の荷をつって行う荷重試験を実施しなければならない．クレ規則第76条（定期自主検査）第4項参照．

(2) 正しい．1か月以内ごとに1回行う定期自主検査においては，ブレーキの異常の有無について検査を行わなければならない．クレ規則第77条（定期自主検査）第1項第一号参照．

(3) 正しい．作業開始前の点検においては，コントローラーの機能について点検を行わなければならない．クレ規則第78条（作業開始前の点検）参照．

(4) 正しい．定期自主検査の結果は，記録し，これを3年間保存しなければならない．クレ規則第79条（自主検査の記録）参照.

(5) 正しい．定期自主検査又は作業開始前の点検を行い，異常を認めたときは，直ちに補修しなければならない．クレ規則第80条（補修）参照．▶答（1）

問題7 【平成29年秋 問28】

移動式クレーンの定期自主検査及び点検に関し，法令上，正しいものは次のうちどれか.

(1) 1か月以内ごとに1回行う定期自主検査においては，ブレーキの異常の有無について検査を行わなければならない.

(2) 1か月をこえる期間使用せず，当該期間中に1か月以内ごとに1回行う定期自主検査を行わなかった移動式クレーンについては，その使用を再び開始した後1か月以内に，所定の事項について自主検査を行わなければならない.

(3) 1年以内ごとに1回行う定期自主検査においては，つり上げ荷重に相当する荷重の荷をつって行う荷重試験を実施しなければならない.

(4) 定期自主検査を行った場合は，移動式クレーン検査証にその結果を記載しなければならない.

(5) 作業開始前の点検を行い，異常を認めたときは，その日の作業開始後，遅滞なく補修しなければならない.

解説 (1) 正しい．1か月以内ごとに1回行う定期自主検査においては，ブレーキの異常の有無について検査を行わなければならない．クレ規則第77条（定期自主検査）第1項第一号参照.

(2) 誤り．1か月をこえる期間使用せず，当該期間中に1か月以内ごとに1回行う定期自主検査を行わなかった移動式クレーンについては，その使用を再び開始する際に所定の事項について自主検査を行わなければならない．クレ規則第77条（定期自主検査）第2項参照.

(3) 誤り．1年以内ごとに1回行う定期自主検査においては，定格荷重に相当する荷重の荷をつって行う荷重試験を実施しなければならない．クレ規則第76条（定期自主検査）第4項参照.

(4) 誤り．法定必要記載事項を具備しており一定の要件を満たす場合は電子機器を用いた磁気ディスク等で記録することができる．検査証にその結果を記載する定めはない．クレ規則第79条（自主検査の記録）及び安衛法第103条（書類の保存等）第1項参照.

(5) 誤り．作業開始前の点検を行い，異常を認めたときは，直ちに補修しなければならない．クレ規則第80条（補修）参照．▶答（1）

問題 8

【平成 29 年春 問 28】

移動式クレーンの定期自主検査及び点検に関し，法令上，正しいものは次のうちどれか．

(1) 1か月以内ごとに1回行う定期自主検査においては，ブレーキの異常の有無について検査を行わなければならない．

(2) 1か月をこえる期間使用しなかった移動式クレーンについては，その使用を再び開始した後1か月以内に，所定の事項について自主検査を行わなければならない．

(3) 1年以内ごとに1回行う定期自主検査においては，つり上げ荷重に相当する荷重の荷をつって行う荷重試験を実施しなければならない．

(4) 定期自主検査を行った場合は，移動式クレーン検査証にその結果を記載しなければならない．

(5) 作業開始前の点検を行い，異常を認めたときは，その日の作業開始後，遅滞なく補修しなければならない．

解説 (1) 正しい．1か月以内ごとに1回行う定期自主検査においては，ブレーキの異常の有無について検査を行わなければならない．クレ規則第77条（定期自主検査）第1項第一号参照．

(2) 誤り．1か月をこえる期間使用せず，当該期間中に1か月以内ごとに1回行う定期自主検査を行わなかった移動式クレーンについては，その使用を再び開始する際に所定の事項について自主検査を行わなければならない．クレ規則第77条（定期自主検査）第2項参照．

(3) 誤り．1年以内ごとに1回行う定期自主検査においては，定格荷重に相当する荷重の荷をつって行う荷重試験を実施しなければならない．クレ規則第76条（定期自主検査）第4項参照．

(4) 誤り．法定必要記載事項を具備しており一定の要件を満たす場合は電子機器を用いた磁気ディスク等で記録することができる．検査証にその結果を記載する定めはない．クレ規則第79条（自主検査の記録）及び安衛法第103条（書類の保存等）第1項参照．

(5) 誤り．作業開始前の点検を行い，異常を認めたときは，直ちに補修しなければならない．クレ規則第80条（補修）参照．

▶ 答 (1)

問題 9

【平成 28 年秋 問 28】

移動式クレーンの定期自主検査及び点検に関し，法令上，誤っているものは次のうちどれか．

(1) 1年以内ごとに1回行う定期自主検査において，その実施日の前2か月以内に性能検査における荷重試験を行った移動式クレーンについては，定期自主検査の荷重試験は行わなくてもよい.

(2) 1か月以内ごとに1回行う定期自主検査においては，コントローラーの異常の有無について検査を行わなければならない.

(3) 作業開始前の点検においては，ブレーキの機能について点検を行わなければならない.

(4) 1か月をこえる期間使用しない移動式クレーンの当該使用しない期間は，1か月以内ごとに1回行う定期自主検査を実施しなくてもよい.

(5) 1か月以内ごとに1回行う定期自主検査を実施し，異常を認めたときは，次回の定期自主検査までに補修しなければならない.

解説 (1) 正しい．1年以内ごとに1回行う定期自主検査において，その実施日の前2か月以内に性能検査における荷重試験を行った移動式クレーンについては，定期自主検査の荷重試験は行わなくてもよい．クレ規則第76条（定期自主検査）第3項参照.

(2) 正しい．1か月以内ごとに1回行う定期自主検査においては，コントローラーの異常の有無について検査を行わなければならない．クレ規則第77条（定期自主検査）第1項第四号参照.

(3) 正しい．作業開始前の点検においては，ブレーキの機能について点検を行わなければならない．クレ規則第78条（作業開始前の点検）参照.

(4) 正しい．1か月をこえる期間使用しない移動式クレーンの当該使用しない期間は，1か月以内ごとに1回行う定期自主検査を実施しなくてもよい．クレ規則第77条（定期自主検査）第1項本文ただし書参照.

(5) 誤り．1か月以内ごとに1回行う定期自主検査を実施し，異常を認めたときは，直ちに補修しなければならない．クレ規則第80条（補修）参照.

▶答 (5)

問題10 【平成28年春 問26】

移動式クレーンの定期自主検査及び点検に関し，法令上，誤っているものは次のうちどれか.

(1) 1年以内ごとに1回行う定期自主検査において，その実施日の後2か月以内に移動式クレーン検査証の有効期間が満了する移動式クレーンについては，定期自主検査の荷重試験は行わなくてもよい.

(2) 1か月以内ごとに1回行う定期自主検査においては，つり具の損傷の有無について検査を行わなければならない.

(3) 作業開始前の点検においては，配電盤の異常の有無について点検を行わなければならない.

(4) 定期自主検査又は作業開始前の点検を行い，異常を認めたときは，直ちに補修しなければならない.
(5) 定期自主検査の結果の記録は，3年間保存しなければならない.

解説 (1) 正しい．1年以内ごとに1回行う定期自主検査において，その実施日の後2か月以内に移動式クレーン検査証の有効期間が満了する移動式クレーンについては，定期自主検査の荷重試験は行わなくてもよい．クレ規則第76条（定期自主検査）第3項参照.
(2) 正しい．1か月以内ごとに1回行う定期自主検査においては，つり具の損傷の有無について検査を行わなければならない．クレ規則第77条（定期自主検査）第1項第三号参照.
(3) 誤り．作業開始前の点検においては，配電盤の異常の有無についての点検は，定められていない．クレ規則第78条（作業開始前の点検）参照.
(4) 正しい．定期自主検査又は作業開始前の点検を行い，異常を認めたときは，直ちに補修しなければならない．クレ規則第80条（補修）参照.
(5) 正しい．定期自主検査の結果の記録は，3年間保存しなければならない．クレ規則第79条（自主検査の記録）参照.

▶答 (3)

3.11 移動式クレーンの玉掛用具と使用禁止の定め

問題1 【令和2年秋 問29】

次のうち，法令上，移動式クレーンの玉掛用具として使用禁止とされていないものはどれか.
(1) 伸びが製造されたときの長さの6%のつりチェーン
(2) ワイヤロープ1よりの間において素線（フィラ線を除く．以下同じ.）の数の11%の素線が切断したワイヤロープ
(3) エンドレスでないワイヤロープで，その両端にフック，シャックル，リング又はアイを備えていないもの
(4) 使用する際の安全係数が4となるシャックル
(5) 直径の減少が公称径の6%のワイヤロープ

解説 (1) 禁止．伸びが製造されたときの長さの5%を超える（設問では6%）つりチェーンは，使用禁止である．クレ規則第216条（不適格なつりチェーンの使用禁止）第一号参照.
(2) 禁止．ワイヤロープ1より（図3.11-1 (a) 参照）の間において素線（フィラ線を除く．以下同じ.）の数の10%以上（設問では11%）の素線（図1.7-2参照）が切断した

ワイヤロープは，使用禁止である．なお，フィラ線とはワイヤロープの変形を防止するために主要な素線との間により込んだ細い素線をいい，具体的には図 3.11-1 に示す (b) のようなものである．クレ規則第 215 条（不適格なワイヤロープの使用禁止）第一号参照．

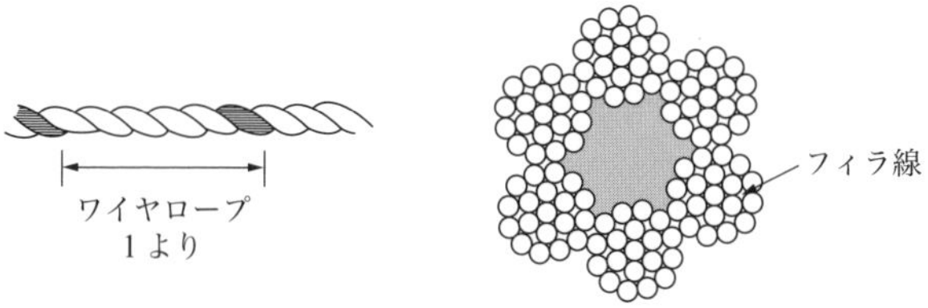

(a)　(b)

図 3.11-1　ワイヤロープの構造

(3) 禁止．エンドレスでないワイヤロープで，その両端にフック，シャックル，リング又はアイを備えていないものは，使用禁止である．クレ規則第 219 条（リングの具備等）第 1 項参照．

(4) 禁止．使用する際の安全係数が 5 以上（設問では 4）となるシャックルでなければ，使用禁止である．クレ規則第 214 条（玉掛け用フック等の安全係数）第 1 項参照．

(5) 禁止無し．直径の減少が公称径の 7% を超えるもの（設問では 6%）のワイヤロープは，使用禁止である．クレ規則第 215 条（不適格なワイヤロープの使用禁止）第二号参照．

▶ **答 (5)**

問題 2　【令和 2 年春 問 27】

次のうち，法令上，移動式クレーンの玉掛用具として使用禁止とされていないものはどれか．

(1) ワイヤロープ 1 よりの間で素線（フィラ線を除く．以下同じ．）の数の 11% の素線が切断したワイヤロープ

(2) 直径の減少が公称径の 9% のワイヤロープ

(3) 伸びが製造されたときの長さの 4% のつりチェーン

(4) 使用する際の安全係数が 5 となるワイヤロープ

(5) エンドレスでないワイヤロープで，その両端にフック，シャックル，リング又はアイのいずれも備えていないもの

解説 (1) 禁止．ワイヤロープ 1 よりの間において素線（フィラ線を除く．以下同じ．）の数の 10% 以上（設問では 11%）の素線が切断したワイヤロープは，使用禁止である（図 3.11-1 参照）．なお，フィラ線とはワイヤロープの変形を防止するために主要な素

線との間により込んだ細い素線をいい，具体的には図3.11-1に示す（b）のようなものである．クレ規則第215条（不適格なワイヤロープの使用禁止）第一号参照．

(2) 禁止．直径の減少が公称径の7%を超えるもの（設問では9%）のワイヤロープは，使用禁止である．クレ規則第215条（不適格なワイヤロープの使用禁止）第二号参照．

(3) 禁止無し．伸びが製造されたときの長さの5%を超える（設問では4%）つりチェーンは，使用禁止である．クレ規則第216条（不適格なつりチェーンの使用禁止）第一号参照．

(4) 禁止．使用する際の安全係数が6以上（設問では5）となるワイヤロープでなければ，使用禁止である．なお，安全係数とは，ワイヤロープの切断荷重の値を，当該ワイヤロープにかかる荷重の最大の値で除した値である．クレ規則第213条（玉掛け用ワイヤロープの安全係数）第1項及び第2項参照．

(5) 禁止．エンドレスでないワイヤロープで，その両端にフック，シャックル，リング又はアイのいずれも備えていないものは使用禁止である．クレ規則第219条（リングの具備等）第1項参照．

▶答（3）

問題3 【令和元年秋 問27】

次のうち，法令上，移動式クレーンの玉掛用具として使用禁止とされているものはどれか．

(1) リンクの断面の直径の減少が，製造されたときの当該直径の9%のつりチェーン

(2) エンドレスでないワイヤロープで，その両端にフック，シャックル，リング又はアイのいずれも備えていないもの

(3) 直径の減少が公称径の6%のワイヤロープ

(4) 使用する際の安全係数が7となるワイヤロープ

(5) ワイヤロープ1よりの間において素線（フィラ線を除く．以下同じ．）の数の9%の素線が切断したワイヤロープ

解説 (1) 禁止無し．リンクの断面の直径の減少が，製造されたときの当該直径の10%を超える（設問では9%）つりチェーンは，使用禁止である．クレ規則第216条（不適格なつりチェーンの使用禁止）第二号参照．

(2) 禁止．エンドレスでないワイヤロープで，その両端にフック，シャックル，リング又はアイのいずれも備えていないものは使用禁止である．クレ規則第219条（リングの具備等）第1項参照．

(3) 禁止無し．直径の減少が公称径の7%を超える（設問では6%）ワイヤロープは，使用禁止である．クレ規則第215条（不適格なワイヤロープの使用禁止）第二号参照．

(4) 禁止無し．使用する際の安全係数が6以上（設問では7）となるワイヤロープでなけ

れば，使用禁止である．なお，安全係数とは，ワイヤロープの切断荷重の値を，当該ワイヤロープにかかる荷重の最大の値で除した値である．クレ規則第213条（玉掛け用ワイヤロープの安全係数）第1項及び第2項参照．

(5) 禁止無し．ワイヤロープ1よりの間において素線（フィラ線を除く．以下同じ．）の数の10%以上（設問では9%）の素線が切断したワイヤロープは，使用禁止である（図3.11-1参照）．なお，フィラ線とはワイヤロープの変形を防止するために主要な素線との間により込んだ細い素線をいい，具体的には図3.11-1に示す（b）のようなものである．クレ規則第215条（不適格なワイヤロープの使用禁止）第一号参照．　▶答（2）

問題4　【令和元年春 問27】

次のうち，法令上，移動式クレーンの玉掛用具として使用禁止とされていないものはどれか．

(1) 伸びが製造されたときの長さの6%のつりチェーン
(2) ワイヤロープ1よりの間において素線（フィラ線を除く．以下同じ．）の数の11%の素線が切断したワイヤロープ
(3) エンドレスでないワイヤロープで，その両端にフック，シャックル，リング又はアイを備えていないもの
(4) 使用する際の安全係数が4となるシャックル
(5) 直径の減少が公称径の6%のワイヤロープ

解説 (1) 禁止．伸びが製造されたときの長さの5%を超える（設問では6%）つりチェーンは，使用禁止である．クレ規則第216条（不適格なつりチェーンの使用禁止）第一号参照．

(2) 禁止．ワイヤロープ1より（図3.11-1参照）の間において素線（フィラ線を除く．以下同じ．）の数の10%以上（設問では11%）の素線が切断したワイヤロープは，使用禁止である．なお，フィラ線とはワイヤロープの変形を防止するために主要な素線との間により込んだ細い素線をいう．クレ規則第215条（不適格なワイヤロープの使用禁止）第一号参照．

(3) 禁止．エンドレスでないワイヤロープで，その両端にフック，シャックル，リング又はアイのいずれも備えていないものは使用禁止である．クレ規則第219条（リングの具備等）第1項参照．

(4) 禁止．使用する際の安全係数が5以上（設問では4）となるシャックルでなければ，使用禁止である．なお，安全係数とは，シャックルの切断荷重の値を，当該シャックルにかかる荷重の最大の値で除した値である．クレ規則第214条（玉掛け用フック等の安全係数）第1項及び第2項参照．

(5) 禁止無し．直径の減少が公称径の7% を超えるもの（設問では6%）のワイヤロープは，使用禁止である．クレ規則第215条（不適格なワイヤロープの使用禁止）第二号参照．

▶答 (5)

問題5 【平成30年秋 問27】

次のうち，法令上，移動式クレーンの玉掛用具として使用禁止とされているものはどれか．

(1) リンクの断面の直径の減少が，製造されたときの当該直径の9% のつりチェーン
(2) エンドレスでないワイヤロープで，その両端にフック，シャックル，リング又はアイのいずれも備えていないもの
(3) 直径の減少が公称径の6% のワイヤロープ
(4) 使用する際の安全係数が7となるワイヤロープ
(5) ワイヤロープ1よりの間において素線（フィラ線を除く．以下同じ.）の数の9% の素線が切断したワイヤロープ

解説 (1) 禁止無し．リンクの断面の直径の減少が，製造されたときの当該直径の10% を超える（設問では9%）つりチェーンは，使用禁止である．クレ規則第216条（不適格なつりチェーンの使用禁止）第二号参照．

(2) 禁止．エンドレスでないワイヤロープで，その両端にフック，シャックル，リング又はアイのいずれも備えていないものは使用禁止である．クレ規則第219条（リングの具備等）第1項参照．

(3) 禁止無し．直径の減少が公称径の7% を超える（設問では6%）ワイヤロープは，使用禁止である．クレ規則第215条（不適格なワイヤロープの使用禁止）第二号参照．

(4) 禁止無し．使用する際の安全係数が6以上（設問では7）となるワイヤロープでなければ，使用禁止である．なお，安全係数とは，ワイヤロープの切断荷重の値を，当該ワイヤロープにかかる荷重の最大の値で除した値である．クレ規則第213条（玉掛け用ワイヤロープの安全係数）第1項及び第2項参照．

(5) 禁止無し．ワイヤロープ1よりの間において素線（フィラ線を除く．以下同じ.）の数の10% 以上（設問では9%）の素線が切断したワイヤロープは，使用禁止である．なお，フィラ線とはワイヤロープの変形を防止するために主要な素線との間により込んだ細い素線をいう．クレ規則第215条（不適格なワイヤロープの使用禁止）第一号参照．

▶答 (2)

問題6 【平成30年春 問27】

次のうち，法令上，移動式クレーンの玉掛用具として使用禁止とされているものは

どれか．
(1) 直径の減少が公称径の6%のワイヤロープ
(2) 伸びが製造されたときの長さの4%のつりチェーン
(3) 使用する際の安全係数が6となるフック
(4) ワイヤロープ1よりの間において素線（フィラ線を除く．以下同じ．）の数の11%の素線が切断したワイヤロープ
(5) エンドレスでないワイヤロープで，その両端にフック，シャックル，リング又はアイを備えているもの

解説 (1) 禁止無し．直径の減少が公称径の7%を超えるもの（設問では6%）のワイヤロープは，使用禁止である．クレ規則第215条（不適格なワイヤロープの使用禁止）第二号参照．

(2) 禁止無し．伸びが製造されたときの長さの5%を超える（設問では4%）つりチェーンは，使用禁止である．クレ規則第216条（不適格なつりチェーンの使用禁止）第一号参照．

(3) 禁止無し．使用する際の安全係数が5以上（設問では6）となるシャックルでなければ，使用禁止である．なお，安全係数とは，シャックルの切断荷重の値を，当該シャックルにかかる荷重の最大の値で除した値である．クレ規則第214条（玉掛け用フック等の安全係数）第1項及び第2項参照．

(4) 禁止．ワイヤロープ1よりの間において素線（フィラ線を除く．以下同じ．）の数の10%以上（設問では11%）の素線が切断したワイヤロープは，使用禁止である．なお，フィラ線とはワイヤロープの変形を防止するために主要な素線との間により込んだ細い素線をいう．クレ規則第215条（不適格なワイヤロープの使用禁止）第一号参照．

(5) 禁止無し．エンドレスでないワイヤロープで，その両端にフック，シャックル，リング又はアイを備えているものは，使用可能である．クレ規則第219条（リングの具備等）第1項参照．

▶答 (4)

問題7 【平成29年秋 問27】

次のうち，法令上，移動式クレーンの玉掛用具として使用禁止とされていないものはどれか．
(1) 伸びが製造されたときの長さの6%のつりチェーン
(2) ワイヤロープ1よりの間において素線（フィラ線を除く．以下同じ．）の数の10%の素線が切断したワイヤロープ
(3) エンドレスでないワイヤロープで，その両端にフック，シャックル，リング又はアイを備えていないもの

(4) 安全係数が4のシャックル
(5) 直径の減少が公称径の6%のワイヤロープ

解説 (1) 禁止．伸びが製造されたときの長さの5%を超える（設問では6%）つりチェーンは，使用禁止である．クレ規則第216条（不適格なつりチェーンの使用禁止）第一号参照．

(2) 禁止．ワイヤロープ1よりの間において素線（フィラ線を除く．以下同じ．）の数の10%以上（設問では10%）の素線が切断したワイヤロープは，使用禁止である．クレ規則第215条（不適格なワイヤロープの使用禁止）第一号参照．

(3) 禁止．エンドレスでないワイヤロープで，その両端にフック，シャックル，リング又はアイを備えていないものは，使用禁止である．クレ規則第219条（リングの具備等）第1項参照．

(4) 禁止．使用する際の安全係数が5以上（設問では4）となるシャックルでなければ，使用禁止である．なお，安全係数とは，シャックルの切断荷重の値を，当該シャックルにかかる荷重の最大の値で除した値である．クレ規則第214条（玉掛け用フック等の安全係数）第1項及び第2項参照．

(5) 禁止無し．直径の減少が公称径の7%を超えるもの（設問では6%）のワイヤロープは，使用禁止である．クレ規則第215条（不適格なワイヤロープの使用禁止）第二号参照．

▶答 (5)

問題8 【平成29年春 問27】

次のうち，法令上，移動式クレーンの玉掛用具として使用禁止とされているものはどれか．

(1) ワイヤロープ1よりの間において素線（フィラ線を除く．以下同じ．）の数の9%の素線が切断したワイヤロープ
(2) 直径の減少が公称径の6%のワイヤロープ
(3) 安全係数が5のシャックル
(4) リンクの断面の直径の減少が，製造されたときの当該直径の11%のつりチェーン
(5) 伸びが製造されたときの長さの4%のつりチェーン

解説 (1) 禁止無し．ワイヤロープ1よりの間において素線（フィラ線を除く．以下同じ．）の数の10%以上（設問では9%）の素線が切断したワイヤロープは，使用禁止である．クレ規則第215条（不適格なワイヤロープの使用禁止）第一号参照．

(2) 禁止無し．直径の減少が公称径の7%を超えるもの（設問では6%）のワイヤロープ

は，使用禁止である．クレ規則第 215 条（不適格なワイヤロープの使用禁止）第二号参照．

(3) 禁止無し．使用する際の安全係数が 5 以上（設問では 4）となるシャックルでなければ，使用禁止である．なお，安全係数とは，シャックルの切断荷重の値を，当該シャックルにかかる荷重の最大の値で除した値である．クレ規則第 214 条（玉掛け用フック等の安全係数）第 1 項及び第 2 項参照．

(4) 禁止．リンクの断面の直径の減少が，製造されたときの当該直径の 10% を超える（設問では 11%）つりチェーンは，使用してはならない．クレ規則第 216 条（不適格なつりチェーンの使用禁止）第二号参照．

(5) 禁止無し．伸びが製造されたときの長さの 5% を超える（設問では 4%）つりチェーンは，使用禁止である．クレ規則第 216 条（不適格なつりチェーンの使用禁止）第一号参照．

▶答（4）

問題 9 【平成 28 年春 問 30】

次のうち，法令上，移動式クレーンの玉掛用具として使用禁止とされていないものはどれか．

(1) エンドレスでないつりチェーンで，その両端にリニングを備えているが，フックを備えていないもの

(2) 直径の減少が公称径の 8% のワイヤロープ

(3) キンクしたワイヤロープ

(4) 安全係数が 4 のフック

(5) ワイヤロープ 1 よりの間で素線（フィラ線を除く．以下同じ．）数の 11% の素線が切断したワイヤロープ

解説 (1) 使用可能．エンドレスでないつりチェーンで，その両端にリングを備えていれば，フックを備えていない場合でも使用可能である．クレ規則第 219 条（リングの具備等）第 1 項参照．

(2) 使用禁止．直径の減少が公称径の 7% を超えるもの（設問では 8%）のワイヤロープは，使用禁止である．クレ規則第 215 条（不適格なワイヤロープの使用禁止）第二号参照．

(3) 使用禁止．キンクしたワイヤロープは，使用禁止である．同上第三号参照．

(4) 使用禁止．使用する際の安全係数が 5 以上（設問では 4）となるフックでなければ，使用禁止である．なお，安全係数とは，フックの切断荷重の値を，当該フックにかかる荷重の最大の値で除した値である．クレ規則第 214 条（玉掛け用フック等の安全係数）第 1 項及び第 2 項参照．

(5) 使用禁止．ワイヤロープ1よりの間で素線（フィラ線を除く．以下同じ．）数の10%以上（設問では11%）の素線が切断したワイヤロープは，使用禁止である．クレ規則第215条（不適格なワイヤロープの使用禁止）第一号参照．

▶答 (1)

3.12 運転免許と免許証に関する事項

問題1 【令和2年秋 問30】

移動式クレーン運転士免許及び免許証に関する記述として，法令上，違反とならないものは次のうちどれか．

(1) つり上げ荷重が10tの移動式クレーンの運転の業務に副担当者として従事しているが，主担当者が免許証を携帯しているので，自らは免許証を携帯していない．

(2) 免許証の書替えを受ける必要のある者が，免許証書替申請書を免許証を交付した都道府県労働局長ではなく，本人の住所を管轄する都道府県労働局長に提出した．

(3) 移動式クレーン運転中に，重大な過失により労働災害を発生させたため，移動式クレーン運転士免許の取消しの処分を受けた者が，免許証の免許の種類の欄に移動式クレーン運転士免許に加えて，他の種類の免許に係る事項が記載されているので，移動式クレーン運転士免許の取消しをした都道府県労働局長に免許証を返還していない．

(4) 移動式クレーンの運転の業務に従事している者が，免許証を滅失したが，当該免許証の写し及び事業者による当該免許証の所持を証明する書面を携帯しているので，免許証の再交付を受けていない．

(5) 移動式クレーンの運転の業務に従事している者が，氏名を変更したが，他の技能講習修了証等で変更後の氏名を確認できるので，免許証の書替えを受けていない．

解説 (1) 違反．つり上げ荷重が10tの移動式クレーンの運転の業務に副担当者として従事している場合，主担当者が免許証を携帯していても，自らも免許証を携帯していなければならない．安衛法第61条（就業制限）第3項参照．

(2) 違反しない．免許証の書替えを受ける必要のある者が，免許証書替申請書を免許証を交付した都道府県労働局長，又は本人の住所を管轄する都道府県労働局長に提出する．いずれでもよい．安衛則第67条（免許証の再交付又は書替え）第2項参照．

(3) 違反．移動式クレーン運転中に，重大な過失により労働災害を発生させたため，移動式クレーン運転士免許の取消しの処分を受けた者が，免許証の免許の種類の欄に移動式クレーン運転士免許に加えて，他の種類の免許に係る事項が記載されていても，移動式クレーン運転士免許の取消しをした都道府県労働局長に免許証を返還しなければならない．なお，この場合，当該免許証から当該取消しに係る免許に係る事項を抹消して免許の再交付を行う．安衛則第68条（免許証の返還）第1項及び第2項参照．

(4) 違反．移動式クレーンの運転の業務に従事している者が，免許証を滅失したとき，当該免許証の写し及び事業者による当該免許証の所持を証明する書面を携帯していても，免許証の再交付を受けなければならない．安衛則第67条（免許証の再交付又は書替え）第1項参照．

(5) 違反．移動式クレーンの運転の業務に従事している者が，氏名を変更したとき，他の技能講習修了証等で変更後の氏名を確認できても，免許証の書替えを受けなければならない．安衛則第67条（免許証の再交付又は書替え）第2項参照．

▶答 (2)

問題2

【令和2年春 問22】

移動式クレーン運転士免許及び免許証に関する記述として，法令上，正しいものは次のうちどれか．

(1) 免許に係る業務に現に就いている者は，氏名を変更したときは，免許証の書替えを受けなければならないが，変更後の氏名を確認することができる他の技能講習修了証等を携帯するときは，この限りでない．

(2) 免許に係る業務に現に就いている者は，免許証を滅失したときは，免許証の再交付を受けなければならないが，当該免許証の写し及び事業者による当該免許証の所持を証明する書面を携帯するときは，この限りでない．

(3) 故意により，免許に係る業務について重大な事故を発生させたときは，免許の取消し又は効力の一時停止の処分を受けることがある．

(4) 労働安全衛生法違反により免許の取消しの処分を受けた者は，処分を受けた日から起算して30日以内に，免許の取消しをした都道府県労働局長に免許証を返還しなければならない．

(5) 免許に係る業務に従事するときは，当該業務に係る免許証を携帯しなければならないが，屋外作業等，作業の性質上，免許証を滅失するおそれのある業務に従事するときは，免許証に代えてその写しを携帯することで差支えない．

解説 (1) 誤り．免許に係る業務に現に就いている者は，氏名を変更したときは，免許証の書替えを受けなければならない．変更後の氏名を確認することができる他の技能講習修了証等を携帯するときであっても，免許証の書替えを受けなければならない．安衛則第67条（免許証の再交付又は書替え）第2項参照．

(2) 誤り．免許に係る業務に現に就いている者は，免許証を滅失したときは，免許証の再交付を受けなければならない．当該免許証の写し及び事業者による当該免許証の所持を証明する書面を携帯しても，免許証の再交付を受けなければならない．安衛則第67条（免許証の再交付又は書替え）第1項参照．

(3) 正しい．故意により，免許に係る業務について重大な事故を発生させたときは，免許の取消し又は効力の一時停止の処分を受けることがある．安衛法第74条（免許の取消し等）第2項第一号参照．

(4) 誤り．労働安全衛生法違反により免許の取消しの処分を受けた者は，遅滞なく免許の取消しをした都道府県労働局長に免許証を返還しなければならない．安衛則第68条（免許証の返還）第1項参照．

(5) 誤り．免許に係る業務に従事するときは，常に当該業務に係る免許証を携帯しなければならない．屋外作業等，作業の性質上，免許証を滅失するおそれのある業務に従事するときでも，免許証に代えてその写しを携帯することはできない．安衛法第61条（就業制限）第3項参照．

▶答 (3)

問題3 【令和元年秋 問30】

移動式クレーン運転士免許及び免許証に関する記述として，法令上，違反とならないものは次のうちどれか．

(1) つり上げ荷重が10tの移動式クレーンの運転の業務に副担当者として従事しているが，主担当者が免許証を携帯しているので，免許証を携帯していない．

(2) 免許証の書替えを受ける必要のある者が，免許証書替申請書を免許証を交付した都道府県労働局長ではなく，本人の住所を管轄する都道府県労働局長に提出した．

(3) 移動式クレーン運転中に，重大な過失により労働災害を発生させたため，移動式クレーン運転士免許の取消しの処分を受けた者が，免許証の免許の種類の欄に移動式クレーン運転士免許に加えて，他の種類の免許に係る事項が記載されているので，移動式クレーン運転士免許の取消しをした都道府県労働局長に免許証を返還していない．

(4) 移動式クレーンの運転の業務に従事している者が，免許証を滅失したが，当該免許証の写し及び事業者による当該免許証の所持を証明する書面を携帯しているので，免許証の再交付を受けていない．

(5) 移動式クレーンの運転の業務に従事している者が，氏名を変更したが，他の技能講習修了証等で変更後の氏名を確認できるので，免許証の書替えを受けていない．

解説 (1) 違反．つり上げ荷重が10tの移動式クレーンの運転の業務に副担当者として従事している場合，主担当者が免許証を携帯していても，自らも免許証を携帯していなければならない．安衛法第61条（就業制限）第3項参照．

(2) 違反しない．免許証の書替えを受ける必要のある者が，免許証書替申請書を免許証を交付した都道府県労働局長，又は本人の住所を管轄する都道府県労働局長に提出する．いずれでもよい．安衛則第67条（免許証の再交付又は書替え）第2項参照．

(3) 違反．移動式クレーン運転中に，重大な過失により労働災害を発生させたため，移動式クレーン運転士免許の取消しの処分を受けた者が，免許証の免許の種類の欄に移動式クレーン運転士免許に加えて，他の種類の免許に係る事項が記載されていても，移動式クレーン運転士免許の取消しをした都道府県労働局長に免許証を返還しなければならない．なお，この場合，当該免許証から当該取消しに係る免許に係る事項を抹消して他の種類の免許の再交付を行う．安衛則第68条（免許証の返還）第1項及び第2項参照．

(4) 違反．移動式クレーンの運転の業務に従事している者が，免許証を滅失したとき，当該免許証の写し及び事業者による当該免許証の所持を証明する書面を携帯していても，免許証の再交付を受けなければならない．安衛則第67条（免許証の再交付又は書替え）第1項参照．

(5) 違反．移動式クレーンの運転の業務に従事している者が，氏名を変更したとき，他の技能講習修了証等で変更後の氏名を確認できても，免許証の書替えを受けなければならない．安衛則第67条（免許証の再交付又は書替え）第2項参照．

▶答 (2)

問題4 【令和元年春 問30】

つり上げ荷重が10tの移動式クレーンを用いて行う移動式クレーンの運転の業務における移動式クレーン運転士免許及び免許証に関する記述として，法令上，違反とならないものは次のうちどれか．

(1) 移動式クレーンの運転の業務に従事している者が，免許証の滅失が心配なため，免許証を携帯せず，その写しを携帯している．

(2) 移動式クレーンの運転の業務に従事している者が，免許証を損傷し，免許証番号，免許の種類の欄及び写真が判読できなくなったが，氏名が判読できるので，免許証の再交付を受けていない．

(3) 移動式クレーンの運転の業務に従事している者が，氏名を変更したが，他の技能講習修了証等で変更後の氏名を確認できるので，免許証の書替えを受けていない．

(4) 免許証の書替えを受ける必要があったので，免許証書替申請書を，免許証を交付した都道府県労働局長ではなく，本人の住所を管轄する都道府県労働局長に提出した．

(5) 移動式クレーンの運転中に，重大な過失により労働災害を発生させたため，移動式クレーン運転士免許の取消しの処分を受けた者が，免許証の免許の種類の欄に移動式クレーン運転士免許に加えて，他の種類の免許に係る事項が記載されているので，移動式クレーン運転士免許の取消しをした都道府県労働局長に免許証を返還していない．

解説 (1) 違反．移動式クレーンの運転の業務に従事している者は，常時，免許証を携帯していなければならない．また，その写しを携帯してはならない．安衛法第61条（就業制限）第3項参照．

(2) 違反．移動式クレーンの運転の業務に従事している者が，免許証を損傷したとき，免許証の再交付を受けなければならない．安衛則第67条（免許証の再交付又は書替え）第1項参照．

(3) 違反．移動式クレーンの運転の業務に従事している者が，氏名を変更したときは，他の技能講習修了証等で変更後の氏名を確認できても，免許証の書替えを受けなければならない．安衛則第67条（免許証の再交付又は書替え）第2項参照．

(4) 違反無し．免許証の書替えを受ける必要があったので，免許証書替申請書を，免許証を交付した都道府県労働局長でも，本人の住所を管轄する都道府県労働局長のどちらの都道府県労働局長でもよい．安衛則第67条（免許証の再交付又は書替え）第2項参照．

(5) 違反．移動式クレーンの運転中に，重大な過失により労働災害を発生させたため，移動式クレーン運転士免許の取消しの処分を受けた者は，免許証の免許の種類の欄に移動式クレーン運転士免許に加えて，他の種類の免許に係る事項が記載されていても，移動式クレーン運転士免許の取消しをした都道府県労働局長に免許証を返還しなければならない．なお，この場合，当該免許証から当該取消しに係る免許に係る事項を抹消して他の種類の免許の再交付を行う．安衛則第68条（免許証の返還）第1項及び第2項参照．

▶答 (4)

問題5 【平成30年秋 問30】

移動式クレーン運転士免許及び免許証に関する記述として，法令上，誤っているものは次のうちどれか．

(1) 免許に係る業務に現に就いている者は，氏名を変更したときは，免許証の書替えを受けなければならない．

(2) 免許に係る業務に現に就いている者は，免許証を損傷したときは，免許証の再交付を受けなければならない．

(3) 重大な過失により，免許に係る業務について重大な事故を発生させたときは，免許の取消し又は効力の一時停止の処分を受けることがある．

(4) 労働安全衛生法違反により免許の取消しの処分を受けた者は，処分を受けた日から起算して30日以内に，免許の取消しをした都道府県労働局長に免許証を返還しなければならない．

(5) 労働安全衛生法違反により免許を取り消され，その取消しの日から起算して1年を経過しない者は，免許を受けることができない．

解説 (1) 正しい．免許に係る業務に現に就いている者は，氏名を変更したときは，免許証の書替えを受けなければならない．安衛則第67条（免許証の再交付又は書替え）第2項参照．

(2) 正しい．免許に係る業務に現に就いている者は，免許証を損傷したときは，免許証の再交付を受けなければならない．安衛則第67条（免許証の再交付又は書替え）第1項参照．

(3) 正しい．重大な過失により，免許に係る業務について重大な事故を発生させたときは，免許の取消し又は効力の一時停止の処分を受けることがある．安衛法第74条（免許の取消し等）第2項第一号参照．

(4) 誤り．労働安全衛生法違反により免許の取消しの処分を受けた者は，遅滞なく免許の取消しをした都道府県労働局長に免許証を返還しなければならない．安衛則第68条（免許証の返還）第1項参照．

(5) 正しい．労働安全衛生法違反により免許を取り消され，その取消しの日から起算して1年を経過しない者は，免許を受けることができない．安衛法第72条（免許）第2項第一号参照．

▶答 (4)

問題6 【平成30年春 問30】

移動式クレーン運転士免許及び免許証に関する記述として，法令上，誤っているものは次のうちどれか．

(1) 免許に係る業務に現に就いている者は，氏名を変更したときは，免許証の書替えを受けなければならない．

(2) 免許に係る業務に現に就いている者は，免許証を損傷したときは，免許証の再交付を受けなければならない．

(3) 重大な過失により，免許に係る業務について重大な事故を発生させたときは，免許の取消し又は効力の一時停止の処分を受けることがある．

(4) 労働安全衛生法違反により免許の取消しの処分を受けた者は，処分を受けた日から起算して30日以内に，免許の取消しをした都道府県労働局長に免許証を返還しなければならない．

(5) 労働安全衛生法違反により免許を取り消され，その取消しの日から起算して1年を経過しない者は，免許を受けることができない．

解説 (1) 正しい．免許に係る業務に現に就いている者は，氏名を変更したときは，免許証の書替えを受けなければならない．安衛則第67条（免許証の再交付又は書替え）第2項参照．

(2) 正しい．免許に係る業務に現に就いている者は，免許証を損傷したときは，免許証の再交付を受けなければならない．安衛則第67条（免許証の再交付又は書替え）第1項参照．

(3) 正しい．重大な過失により，免許に係る業務について重大な事故を発生させたときは，免許の取消し又は効力の一時停止の処分を受けることがある．安衛法第74条（免許の取消し等）第2項第一号参照．

(4) 誤り．労働安全衛生法違反により免許の取消しの処分を受けた者は，遅滞なく免許の取消しをした都道府県労働局長に免許証を返還しなければならない．安衛則第68条（免許証の返還）第1項参照．

(5) 正しい．労働安全衛生法違反により免許を取り消され，その取消しの日から起算して1年を経過しない者は，免許を受けることができない．安衛法第72条（免許）第2項第一号参照．

▶答（4）

問題7 【平成29年秋 問30】

移動式クレーン運転士免許及び免許証に関し，法令に定められているものは次のうちどれか．

(1) 重大な過失により，免許に係る業務について重大な事故を発生させたときは，免許の取消し又は効力の一時停止の処分を受けることがある．

(2) 労働安全衛生法違反により免許の取消しの処分を受けた者は，処分を受けた日から起算して30日以内に，免許の取消しをした都道府県労働局長に免許証を返還しなければならない．

(3) 労働安全衛生法違反により免許を取り消され，その取消しの日から起算して2年を経過しない者は，免許を受けることができない．

(4) 免許に係る業務に現に就いている者は，氏名を変更したときは，免許証の書替えを受けなければならないが，本人確認のため戸籍抄本を携帯しているときは，その必要はない．

(5) 免許に係る業務に現に就いている者は，免許証を滅失したときは，免許証の再交付を受けなければならないが，当該免許証の写し及び事業者による免許証の所持を証明する書面を携帯しているときは，その必要はない．

解説 (1) 定めあり．重大な過失により，免許に係る業務について重大な事故を発生させたときは，免許の取消し又は効力の一時停止の処分を受けることがある．安衛法第74条（免許証の取消し等）第2項第一号参照．

(2) 定めなし．労働安全衛生法違反により免許の取消しの処分を受けた者は，遅滞なく免許の取消しをした都道府県労働局長に免許証を返還しなければならない．「処分を受けた日から起算して30日以内」が誤り．安衛則第68条（免許証の返還）第1項参照．

(3) 定めなし．労働安全衛生法違反により免許を取り消され，その取消しの日から起算して1年を経過しない者は，免許を受けることができない．「2年」が誤り．安衛法第72条（免許）第2項第一号参照．

(4) 定めなし．免許に係る業務に現に就いている者は，氏名を変更したときは，免許証の書替えを受けなければならない．「本人確認のため戸籍抄本を携帯しているときは，その必要はない」との定めはない．安衛則第67条（免許証の再交付又は書替え）第2項参照．

(5) 定めなし．免許に係る業務に現に就いている者は，免許証を滅失したときは，免許証の再交付を受けなければならない．「当該免許証の写し及び事業者による免許証の所持を証明する書面を携帯しているときは，その必要はない」との定めはない．安衛則第67条（免許証の再交付又は書替え）第1項参照．

▶答（1）

問題8 【平成29年春 問30】

つり上げ荷重が10tの移動式クレーンに係る移動式クレーン運転士免許及び免許証に関し，法令上，違反となるものは次のうちどれか．

(1) 移動式クレーンの運転の業務に従事している者が，住所を変更したが，氏名は変更していないため，免許証の書替えを受けていない．

(2) 移動式クレーンの運転の業務に従事している者が，免許証の滅失が心配なため，移動式クレーンの運転の業務に従事するときだけ免許証を携帯している．

(3) 移動式クレーンの運転の業務に従事している者が，免許証を損傷し，免許証番号，免許の種類の欄及び写真が判読できなくなったが，氏名が判読できるので，免許証の再交付を受けていない．

(4) 移動式クレーン，クレーン及びデリックの運転の業務に従事している者が，移動式クレーンの運転中に，重大な過失により労働災害を発生させたため，移動式クレーン運転士免許の取消しの処分を受けたので，免許証の免許の種類の欄に移動式クレーン運転士免許に加えて，クレーン・デリック運転士免許に係る事項が記載されている免許証を，移動式クレーン運転士免許の取消しをした都道府県労働局長に返還した．

(5) 移動式クレーンの運転の業務に従事している者が，免許証を滅失したため，免許証再交付申請書を本人の住所を管轄する都道府県労働局長に提出した．

解説 (1) 違反無し．移動式クレーンの運転の業務に従事している者が，住所を変更しても，氏名は変更していないとき，免許証の書替えの必要はない．安衛則第67条（免許証の再交付又は書替え）第2項参照．

(2) 違反無し．移動式クレーンの運転の業務に従事している者は，免許証の滅失の心配があっても，移動式クレーンの運転の業務に従事するときだけは免許証を携帯していなければならない．安衛法第61条（就業制限）第3項参照．

(3) 違反．移動式クレーンの運転の業務に従事している者が，免許証を損傷した場合は，免許証の再交付を受けなければならない．免許証番号，免許の種類の欄及び写真が判読できなくなる等の損傷を受けた場合，氏名が判読できても，免許証の再交付を受けなければならない．

(4) 違反無し．移動式クレーン，クレーン及びデリックの運転の業務に従事している者が，移動式クレーンの運転中に，重大な過失により労働災害を発生させたため，移動式クレーン運転士免許の取消しの処分を受けた者は，免許証の免許の種類の欄に移動式クレーン運転士免許に加えて，クレーン・デリック運転士免許に係る事項が記載されている免許証を，移動式クレーン運転士免許の取消しをした都道府県労働局長に返還する．安衛法第74条（免許証の取消し等）第2項本文第一号及び安衛則第68条（免許証の返還）第1項参照．

(5) 違反無し．移動式クレーンの運転の業務に従事している者が，免許証を滅失した場合，免許証再交付申請書を本人の住所を管轄する都道府県労働局長又は免許証の交付を受けた都道府県労働局長に提出し再交付を受けなければならない．安衛則第67条（免許証の再交付又は書替え）第2項参照．

▶答 (3)

問題9 【平成28年秋 問30】

移動式クレーン運転士免許及び免許証に関し，法令上，誤っているものは次のうちどれか．

(1) 満18歳に満たない者は，免許を受けることができない．

(2) 免許に係る業務に現に就いている者は，氏名を変更したときは，免許証の書替えを受けなければならない．

(3) 免許証を他人に譲渡し，又は貸与したときは，免許の取消し又は効力の一時停止の処分を受けることがある．

(4) 重大な過失により，免許に係る業務について重大な事故を発生させたときは，免許の取消し又は効力の一時停止の処分を受けることがある．

(5) 免許に係る業務に現に就いている者は，本籍を変更したときは，免許証の再交付を受けなければならない．

解説 (1) 正しい．満18歳に満たない者は，免許を受けることができない．クレ規則第230条（免許の欠格事項）参照．

(2) 正しい．免許に係る業務に現に就いている者は，氏名を変更したときは，免許証の書替えを受けなければならない．安衛則第67条（免許証の再交付又は書替え）第2項

参照.

(3) 正しい．免許証を他人に譲渡し，又は貸与したときは，免許の取消し又は効力の一時停止の処分を受けることがある．安衛法第74条（免許の取消し等）第2項第五号及び安衛則第66条（免許の取消し等）第二号参照.

(4) 正しい．重大な過失により，免許に係る業務について重大な事故を発生させたときは，免許の取消し又は効力の一時停止の処分を受けることがある．安衛法第74条（免許の取消し等）第2項本文及び第一号参照.

(5) 誤り．免許に係る業務に現に就いている者は，本籍を変更しても免許証の再交付を受ける必要はない．免許証の再交付を受けなければならないのは，免許証を滅失し又は損傷した場合に限られる．安衛則第67条（免許証の再交付又は書替え）第1項参照.

▶答（5）

問題10 【平成28年春 問22】

移動式クレーン運転士免許証に関する次の文中の［　　］内に入れるAからCまでの語句の組合せとして，正しいものは（1）～（5）のうちどれか.

「免許証の交付を受けた者で，当該免許に係る業務に現に就いているもの又は就こうとするものは，免許証を［ A ］し，又は損傷したときは，免許証再交付申請書を免許証の交付を受けた［ B ］又はその者の［ C ］に提出し，免許証の再交付を受けなければならない.」

	A	B	C
(1)	紛失	労働基準監督署長	所属事業場の所在地を管轄する労働基準監督署長
(2)	紛失	都道府県労働局長	所属事業場の所在地を管轄する都道府県労働局長
(3)	滅失	労働基準監督署長	所属事業場の所在地を管轄する労働基準監督署長
(4)	滅失	労働基準監督署長	住所を管轄する労働基準監督署長
(5)	滅失	都道府県労働局長	住所を管轄する都道府県労働局長

解説 A「滅失」である．安衛則第67条（免許証の再交付又は書替え）第1項参照.

B「都道府県労働局長」である．同上.

C「住所を管轄する都道府県労働局長」である．同上.

以上から（5）が正解.

▶答（5）

3.13 移動式クレーンの検査証に関する事項

問題1

【令和2年春 問30】

つり上げ荷重3t以上の移動式クレーン及び移動式クレーン検査証（以下「検査証」という.）に関する記述として，法令上，誤っているものは次のうちどれか.

ただし，計画届の免除認定を受けていない場合とする.

(1) 移動式クレーンを設置した事業者は，設置後14日以内に，移動式クレーン設置報告書に移動式クレーン明細書及び検査証を添えて，所轄労働基準監督署長に提出しなければならない.

(2) 移動式クレーンを設置している者に異動があったときは，移動式クレーンを設置している者は，当該異動後10日以内に，検査証書替申請書に検査証を添えて，所轄労働基準監督署長を経由し検査証の交付を受けた都道府県労働局長に提出し，書替えを受けなければならない.

(3) 移動式クレーンを設置している者が移動式クレーンの使用を休止しようとする場合において，その休止しようとする期間が検査証の有効期間を経過した後にわたるときは，当該検査証の有効期間中にその旨を所轄労働基準監督署長に報告しなければならない.

(4) 所轄労働基準監督署長は，変更検査に合格した移動式クレーンについて，当該検査証に検査期日，変更部分及び検査結果について裏書を行うものとする.

(5) 移動式クレーンを設置している者が当該移動式クレーンについて，その使用を廃止したときは，その者は，遅滞なく，検査証を所轄労働基準監督署長に返還しなければならない.

解説 (1) 誤り．移動式クレーンを設置した事業者は，あらかじめ移動式クレーン設置報告書に移動式クレーン明細書及び検査証を添えて，所轄労働基準監督署長に提出しなければならない.「設置後14日以内に」が誤り．クレ規則第61条（設置報告書）参照.

(2) 正しい．移動式クレーンを設置している者に異動があったときは，移動式クレーンを設置している者は，当該異動後10日以内に，検査証書替申請書に検査証を添えて，所轄労働基準監督署長を経由し検査証の交付を受けた都道府県労働局長に提出し，書替えを受けなければならない．クレ規則第59条（移動式クレーン検査証）第3項参照.

(3) 正しい．移動式クレーンを設置している者が移動式クレーンの使用を休止しようとする場合において，その休止しようとする期間が検査証の有効期間を経過した後にわたるときは，当該検査証の有効期間中にその旨を所轄労働基準監督署長に報告しなければならない．クレ規則第89条（休止の報告）参照.

(4) 正しい．所轄労働基準監督署長は，変更検査に合格した移動式クレーンについて，当該検査証に検査期日，変更部分及び検査結果について裏書を行うものとする．クレ規則第88条（検査証の裏書）参照．

(5) 正しい．移動式クレーンを設置している者が当該移動式クレーンについて，その使用を廃止したときは，その者は，遅滞なく，検査証を所轄労働基準監督署長に返還しなければならない．クレ規則第93条（検査証の返還）参照．

▶答（1）

問題2 【令和元年秋 問25】

つり上げ荷重3t以上の移動式クレーン及び移動式クレーン検査証（以下「検査証」という．）に関する記述として，法令上，誤っているものは次のうちどれか．

ただし，計画届の免除認定を受けていない場合とする．

(1) 移動式クレーンを設置しようとする事業者は，あらかじめ，移動式クレーン設置報告書に移動式クレーン明細書及び検査証を添えて，所轄労働基準監督署長に提出しなければならない．

(2) 移動式クレーンを設置している者に異動があったときは，移動式クレーンを設置している者は，当該異動後10日以内に，検査証書替申請書に検査証を添えて，所轄労働基準監督署長を経由し検査証の交付を受けた都道府県労働局長に提出し，書替えを受けなければならない．

(3) 登録性能検査機関は，移動式クレーンに係る性能検査に合格した移動式クレーンについて，検査証の有効期間を原則として2年更新するものとするが，性能検査の結果により2年未満又は2年を超え3年以内の期間を定めて有効期間を更新することができる．

(4) 移動式クレーンを設置している者が，移動式クレーンの使用を休止しようとする場合において，その休止しようとする期間が検査証の有効期間を経過した後にわたるときは，当該検査証の有効期間満了後10日以内にその旨を所轄労働基準監督署長に報告しなければならない．

(5) 移動式クレーンを設置している者が当該移動式クレーンについて，その使用を廃止したときは，その者は，遅滞なく，検査証を所轄労働基準監督署長に返還しなければならない．

解説 (1) 正しい．移動式クレーンを設置しようとする事業者は，あらかじめ，移動式クレーン設置報告書に移動式クレーン明細書及び検査証を添えて，所轄労働基準監督署長に提出しなければならない．クレ規則第61条（設置報告書）参照．

(2) 正しい．移動式クレーンを設置している者に異動があったときは，移動式クレーンを設置している者は，当該異動後10日以内に，検査証書替申請書に検査証を添えて，所轄労働基準監督署長を経由し検査証の交付を受けた都道府県労働局長に提出し，書替えを受けなければならない．クレ規則第59条（移動式クレーン検査証）第3項参照．

(3) 正しい．登録性能検査機関は，移動式クレーンに係る性能検査に合格した移動式クレーンについて，検査証の有効期間を原則として2年更新するものとするが，性能検査の結果により2年未満又は2年を超え3年以内の期間を定めて有効期間を更新することができる．クレ規則第84条（検査証の有効期間の更新）参照．

(4) 誤り．移動式クレーンを設置している者が，移動式クレーンの使用を休止しようとする場合において，その休止しようとする期間が検査証の有効期間中にその旨を所轄労働基準監督署長に報告しなければならない．クレ規則第89条（休止の報告）参照．

(5) 正しい．移動式クレーンを設置している者が当該移動式クレーンについて，その使用を廃止したときは，その者は，遅滞なく，検査証を所轄労働基準監督署長に返還しなければならない．クレ規則第93条（検査証の返還）参照．

▶答（4）

問題3 【令和元年春 問22】

つり上げ荷重3t以上の移動式クレーン及び移動式クレーン検査証（以下「検査証」という.）に関する記述として，法令上，誤っているものは次のうちどれか．

ただし，計画届の免除認定を受けていない場合とする．

(1) 検査証は，製造検査又は使用検査に合格した移動式クレーンについて交付される．

(2) 移動式クレーンを設置した事業者は，設置後10日以内に，移動式クレーン設置報告書を所轄労働基準監督署長に提出しなければならない．

(3) 移動式クレーンの変更検査に合格したときは，検査証に検査期日，変更部分及び検査結果が裏書される．

(4) 移動式クレーンを用いて作業を行うときは，当該移動式クレーンに検査証を備え付けておかなければならない．

(5) 移動式クレーンを設置している者は，当該移動式クレーンの使用を廃止したときは，遅滞なく，検査証を所轄労働基準監督署長に返還しなければならない．

解説 (1) 正しい．検査証は，製造検査又は使用検査に合格した移動式クレーンについて交付される．クレ規則第59条（移動式クレーン検査証）第1項参照．

(2) 誤り．移動式クレーンを設置しようとする事業者は，あらかじめ，移動式クレーン設置報告書に移動式クレーン明細書及び検査証を添えて，所轄労働基準監督署長に提出しなければならない．クレ規則第61条（設置報告書）参照．

(3) 正しい．移動式クレーンの変更検査に合格したときは，検査証に検査期日，変更部分及び検査結果が裏書される．クレ規則第88条（検査証の裏書）参照．

(4) 正しい．移動式クレーンを用いて作業を行うときは，当該移動式クレーンに検査証を備え付けておかなければならない．クレ規則第63条（検査証の備付け）参照．

(5) 正しい．移動式クレーンを設置している者は，当該移動式クレーンの使用を廃止したときは，遅滞なく，検査証を所轄労働基準監督署長に返還しなければならない．クレ規則第93条（検査証の変換）参照．

▶答 (2)

問題4

【平成30年秋 問24】

つり上げ荷重3t以上の移動式クレーン及び移動式クレーン検査証（以下「検査証」という.）に関する記述として，法令上，誤っているものは次のうちどれか.

(1) 検査証は，製造検査又は使用検査に合格した移動式クレーンについて交付される.

(2) 検査証を受けた移動式クレーンを貸与するときは，検査証とともにするのでなければ，貸与してはならない.

(3) 登録性能検査機関は，移動式クレーンに係る性能検査に合格した移動式クレーンについて，検査証の有効期間を原則として2年更新するものとするが，性能検査の結果により2年未満又は2年を超え3年以内の期間を定めて有効期間を更新することができる.

(4) 所轄労働基準監督署長は，変更検査に合格した移動式クレーンについて，検査証に検査期日，変更部分及び検査結果について裏書を行うものとする.

(5) 移動式クレーンを設置している者に異動があったときは，移動式クレーンを設置している者は，当該異動後30日以内に，検査証書替申請書に検査証を添えて，所轄労働基準監督署長を経由し検査証の交付を受けた都道府県労働局長に提出し，書替えを受けなければならない.

解説 (1) 正しい．検査証は，製造検査又は使用検査に合格した移動式クレーンについて交付される．クレ規則第59条（移動式クレーン検査証）第1項参照．

(2) 正しい．検査証を受けた移動式クレーンを貸与するときは，検査証とともにするのでなければ，貸与してはならない．安衛則第666条（機械等貸与者の講ずべき措置）第1項第二号参照．

(3) 正しい．登録性能検査機関は，移動式クレーンに係る性能検査に合格した移動式クレーンについて，検査証の有効期間を原則として2年更新するものとするが，性能検査の結果により2年未満又は2年を超え3年以内の期間を定めて有効期間を更新することができる．クレ規則第84条（検査証の有効期間の更新）参照．

(4) 正しい．所轄労働基準監督署長は，変更検査に合格した移動式クレーンについて，検査証に検査期日，変更部分及び検査結果について裏書を行うものとする．クレ規則第88条（検査証の裏書）参照．

(5) 誤り．移動式クレーンを設置している者に異動があったときは，移動式クレーンを設置している者は，当該異動後10日以内に，検査証書替申請書に検査証を添えて，所轄労働基準監督署長を経由し検査証の交付を受けた都道府県労働局長に提出し，書替えを受けなければならない．「30日」が誤り．クレ規則第59条（移動式クレーン検査証）第3項参照．

▶答（5）

問題5

【平成30年春 問22】

つり上げ荷重3t以上の移動式クレーン及び移動式クレーン検査証（以下本問において「検査証」という.）に関する記述として，法令上，誤っているものは次のうちどれか.

(1) 検査証は，製造検査又は使用検査に合格した移動式クレーンについて交付される.

(2) 検査証を受けた移動式クレーンを貸与するときは，検査証とともにするのでなければ，貸与してはならない.

(3) 登録性能検査機関は，移動式クレーンに係る性能検査に合格した移動式クレーンについて，検査証の有効期間を原則として2年更新するものとするが，性能検査の結果により2年未満又は2年を超え3年以内の期間を定めて有効期間を更新することができる.

(4) 所轄労働基準監督署長は，変更検査に合格した移動式クレーンについて，検査証に検査期日，変更部分及び検査結果について裏書を行うものとする.

(5) 移動式クレーンを設置している者に異動があったときは，移動式クレーンを設置している者は，当該異動後30日以内に，検査証書替申請書に検査証を添えて，所轄労働基準監督署長を経由し検査証の交付を受けた都道府県労働局長に提出し，書替えを受けなければならない.

解説 (1) 正しい．検査証は，製造検査又は使用検査に合格した移動式クレーンについて交付される．クレ規則第59条（移動式クレーン検査証）第1項参照．

(2) 正しい．検査証を受けた移動式クレーンを貸与するときは，検査証とともにするのでなければ，貸与してはならない．安衛則第666条（機械等貸与者の講ずべき措置）第1項第二号参照．

(3) 正しい．登録性能検査機関は，移動式クレーンに係る性能検査に合格した移動式クレーンについて，検査証の有効期間を原則として2年更新するものとするが，性能検査の結果により2年未満又は2年を超え3年以内の期間を定めて有効期間を更新することができる．クレ規則第84条（検査証の有効期間の更新）参照．

(4) 正しい．所轄労働基準監督署長は，変更検査に合格した移動式クレーンについて，検査証に検査期日，変更部分及び検査結果について裏書を行うものとする．クレ規則第88条（検査証の裏書）参照．

(5) 誤り．移動式クレーンを設置している者に異動があったときは，移動式クレーンを設置している者は，当該異動後10日以内に，検査証書替申請書に検査証を添えて，所轄労働基準監督署長を経由し検査証の交付を受けた都道府県労働局長に提出し，書替えを受けなければならない．「30日」が誤り．クレ規則第59条（移動式クレーン検査証）第3項参照．

▶答 (5)

問題6 【平成29年秋 問23】

つり上げ荷重3t以上の移動式クレーン及び移動式クレーン検査証（以下「検査証」という.）に関する記述について，法令の定めと異なっているものは次のうちどれか.

ただし，計画届の免除認定を受けていない場合とする.

(1) 移動式クレーンを設置しようとする事業者は，あらかじめ，移動式クレーン設置報告書に移動式クレーン明細書及び検査証を添えて，所轄労働基準監督署長に提出しなければならない.

(2) 移動式クレーンを設置している者に異動があったときは，移動式クレーンを設置している者は，当該異動後10日以内に，検査証書替申請書に検査証を添えて，所轄労働基準監督署長を経由し検査証の交付を受けた都道府県労働局長に提出し，書替えを受けなければならない.

(3) 登録性能検査機関は，移動式クレーンに係る性能検査に合格した移動式クレーンについて，検査証の有効期間を更新するものとするが，性能検査の結果により2年未満又は2年を超え3年以内の期間を定めて有効期間を更新することができる.

(4) 移動式クレーンを設置している者が，移動式クレーンの使用を休止しようとする場合において，その休止しようとする期間が検査証の有効期間を経過した後にわたるときは，当該検査証の有効期間満了後10日以内にその旨を所轄労働基準監督署長に報告しなければならない.

(5) 移動式クレーンを設置している者が当該移動式クレーンについて，その使用を廃止したときは，その者は，遅滞なく，検査証を所轄労働基準監督署長に返還しなければならない.

解説 (1) 異ならず．移動式クレーンを設置しようとする事業者は，あらかじめ，移動式クレーン設置報告書に移動式クレーン明細書及び検査証を添えて，所轄労働基準監督署長に提出しなければならない．クレ規則第61条（設置報告書）参照．

(2) 異ならず．移動式クレーンを設置している者に異動があったときは，移動式クレーンを設置している者は，当該異動後10日以内に，検査証書替申請書に検査証を添えて，所轄労働基準監督署長を経由し検査証の交付を受けた都道府県労働局長に提出し，書替えを受けなければならない．クレ規則第59条（移動式クレーン検査証）第3項参照．

(3) 異ならず．登録性能検査機関は，移動式クレーンに係る性能検査に合格した移動式クレーンについて，検査証の有効期間を更新するものとするが，性能検査の結果により2年未満又は2年を超え3年以内の期間を定めて有効期間を更新することができる．クレ規則第84条（検査証の有効期間の更新）参照．

(4) 異なる．移動式クレーンを設置している者が，移動式クレーンの使用を休止しようとする場合において，その休止しようとする期間が検査証の有効期間中にその旨を所轄労働基準監督署長に報告しなければならない．「有効期間満了後10日以内」が誤り．クレ規則第89条（休止の報告）参照．

(5) 異ならず．移動式クレーンを設置している者が当該移動式クレーンについて，その使用を廃止したときは，その者は，遅滞なく，検査証を所轄労働基準監督署長に返還しなければならない．クレ規則第93条（検査証の返還）参照．

▶答 (4)

問題7 【平成29年春 問22】

つり上げ荷重3t以上の移動式クレーン及び移動式クレーン検査証（以下「検査証」という．）に関し，法令上，正しいものは次のうちどれか．

ただし，計画届の免除認定を受けていない場合とする．

(1) 移動式クレーンを設置した事業者は，設置後14日以内に，移動式クレーン設置報告書を所轄労働基準監督署長に提出しなければならない．

(2) 移動式クレーンを設置している者に異動があったときは，当該移動式クレーンを設置している者は，異動後30日以内に所轄労働基準監督署長に検査証の書替えを申請しなければならない．

(3) 移動式クレーンを設置している者が移動式クレーンの使用を休止する場合において，その休止しようとする期間が検査証の有効期間を経過した後にわたるときは，有効期間満了後10日以内にその旨を所轄労働基準監督署長に報告しなければならない．

(4) 移動式クレーンを用いて作業を行うときは，当該移動式クレーンに検査証を備え付けておかなければならない．

(5) 移動式クレーンを設置している者は，当該移動式クレーンの使用を廃止したときは，廃止後30日以内に検査証を所轄労働基準監督署長に返還しなければならない．

解説 (1) 誤り．移動式クレーンを設置しようとする事業者は，あらかじめ，移動式クレーン設置報告書に移動式クレーン明細書及び検査証を添えて，所轄労働基準監督署長に提出しなければならない．クレ規則第61条（設置報告書）参照．

(2) 誤り．移動式クレーンを設置している者に異動があったときは，移動式クレーンを設置している者は，当該異動後10日以内に，検査証書替申請書に検査証を添えて，所轄労働基準監督署長を経由し検査証の交付を受けた都道府県労働局長に提出し，書替えを受けなければならない．クレ規則第59条（移動式クレーン検査証）第3項参照．

(3) 誤り．移動式クレーンを設置している者が，移動式クレーンの使用を休止しようとする場合において，その休止しようとする期間が検査証の有効期間中にその旨を所轄労働基準監督署長に報告しなければならない．「有効期間満了後10日以内」が誤り．クレ規則第89条（休止の報告）参照．

(4) 正しい．移動式クレーンを用いて作業を行うときは，当該移動式クレーンに検査証を備え付けておかなければならない．クレ規則第63条（検査証の備付け）参照．

(5) 誤り．移動式クレーンを設置している者は，当該移動式クレーンの使用を廃止したときは，遅滞なく，検査証を所轄労働基準監督署長に返還しなければならない．クレ規則第93条（検査証の変換）参照．

▶答 (4)

問題8

【平成28年秋 問21】

つり上げ荷重3t以上の移動式クレーン及び移動式クレーン検査証（以下「検査証」という．）に関し，法令上，誤っているものは次のうちどれか．

ただし，計画届の免除認定を受けていない場合とする．

(1) 検査証は，製造検査又は使用検査に合格した移動式クレーンについて交付される．

(2) 移動式クレーンを設置した事業者は，設置後10日以内に，移動式クレーン設置報告書を所轄労働基準監督署長に提出しなければならない．

(3) 移動式クレーンの変更検査に合格したときは，検査証に検査期日，変更部分及び検査結果が裏書される．

(4) 移動式クレーンを用いて作業を行うときは，当該移動式クレーンに検査証を備え付けておかなければならない．

(5) 移動式クレーンを設置している者は，当該移動式クレーンの使用を廃止したときは，遅滞なく，検査証を所轄労働基準監督署長に返還しなければならない．

解説 (1) 正しい．検査証は，製造検査又は使用検査に合格した移動式クレーンについて交付される．クレ規則第59条（移動式クレーン検査証）第1項参照．

(2) 誤り．移動式クレーンを設置しようとする事業者は，あらかじめ移動式クレーン設置報告書に移動式クレーン明細書及び移動式検査証を添えて所轄労働基準監督署長に提出しなければならない．クレ規則第61条（設置報告書）参照．

(3) 正しい．移動式クレーンの変更検査に合格したときは，検査証に検査期日，変更部分及び検査結果が裏書される．クレ規則第88条（検査証の裏書）参照．

(4) 正しい．移動式クレーンを用いて作業を行うときは，当該移動式クレーンに検査証を備え付けておかなければならない．クレ規則第63条（検査証の備付け）参照．

(5) 正しい．移動式クレーンを設置している者は，当該移動式クレーンの使用を廃止したときは，遅滞なく，検査証を所轄労働基準監督署長に返還しなければならない．クレ規則第93条（検査証の返還）参照．

▶答（2）

問題9 【平成28年春 問25】

次の文中の［　　］内に入れるAからCまでの語句の組合せとして，法令上，正しいものは（1）～（5）のうちどれか．

ただし，計画届の免除認定を受けていない場合とし，検査証とは移動式クレーン検査証のことをいう．

「移動式クレーンを設置している者が移動式クレーンの使用を休止しようとする場合において，その休止しようとする期間が［A］を経過した後にわたるときは，当該［A］中にその旨を所轄［B］に［C］しなければならない．」

	A	B	C
(1)	1年間	労働基準監督署長	届出
(2)	検査証の有効期間	都道府県労働局長	報告
(3)	検査証の有効期間	都道府県労働局長	届出
(4)	検査証の有効期間	労働基準監督署長	報告
(5)	1年間	都道府県労働局長	届出

解説 A 「検査証の有効期間」である．クレ規則第89条（休止の報告）参照．

B 「労働基準監督署長」である．同上．

C 「報告」である．同上．

以上から（4）が正解．

▶答（4）

第 4 章

移動式クレーンの運転のために必要な力学に関する知識

4.1 力に関する事項（合力，作用，反作用，作用点，モーメントなど）

問題1 【令和2年秋 問31】

力に関する記述として，適切でないものは次のうちどれか．

(1) 力の大きさと向きが変わらなければ，力の作用点が変わっても物体に与える効果は変わらない．

(2) 物体の一点に二つ以上の力が働いているとき，その二つ以上の力をそれと同じ効果を持つ一つの力にまとめることができる．

(3) 力の作用と反作用とは，同じ直線上で作用し，大きさが等しく，向きが反対である．

(4) 一直線上に作用する互いに逆を向く二つの力の合力の大きさは，その二つの力の大きさの差で求められる．

(5) 力の大きさをF，回転軸の中心から力の作用線に下ろした垂線の長さをLとすれば，力のモーメントMは，M＝F×Lで求められる．

解説 (1) 不適切．力の大きさと向きが変わらなくても，力の作用点（力の作用する位置）が変わると，図4.1-1のように物体は (a) のように移動するが，作用点が (b) のように，位置が上がると倒れる．このように力の作用点が変わると物体に与える影響は変わる．なお，「力の大きさ」，「力の向き」，「力の作用点」を力の三要素という．

(2) 適切．物体の一点に二つ以上の力（例えばF_1とF_2）が働いているとき，その二つ以上の力をそれと同じ効果を持つ一つの力Rにまとめることができる．図4.1-2参照．

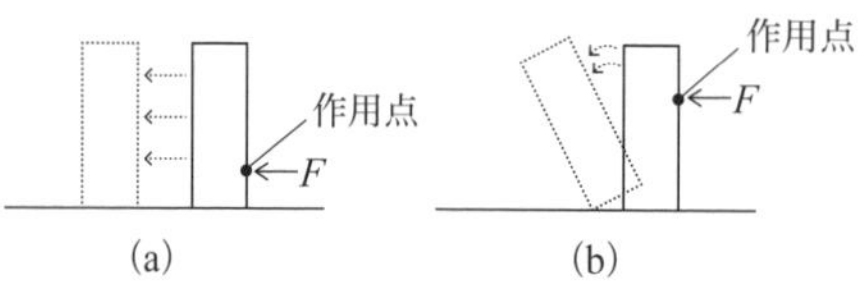

図4.1-1　力の作用点

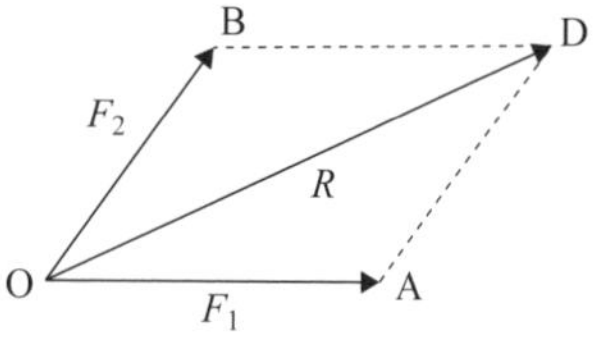

図4.1-2　力の平行四辺形の法則

(3) 適切．力の作用と反作用とは，同じ直線上で作用し，大きさが等しく，向きが反対である．

(4) 適切．一直線上に作用する互いに逆を向く二つの力の合力の大きさは，その二つの力の大きさの差で求められる．

(5) 適切．力の大きさをF，回転軸の中心から力の作用線に下ろした垂線の長さをLとすれば，力のモーメント M は，$M = F \times L$ で求められる．図 4.1-3 参照．

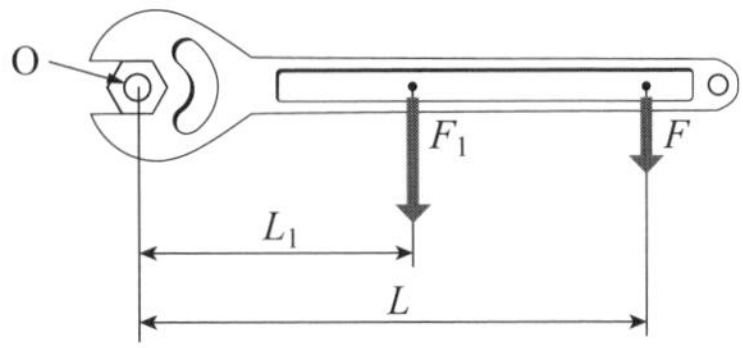

図 4.1-3　力の大きさと腕の長さ

▶ 答（1）

問題 2　【令和 2 年春 問 31】

図のように O 点に作用している力 P を三つの力に分解するとき，分解された三つの分力の組合せとして，最も適切なものは（1）～（5）のうちどれか．

(1) A，B，C
(2) A，B，D
(3) A，C，E
(4) B，D，E
(5) C，D，E

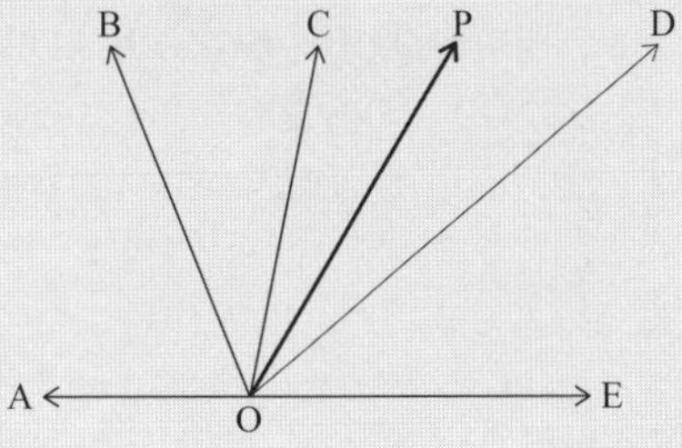

解説　OA と OC を図のように合成すると，平行四辺形 OABC から OB の合力となる．次に OB と OE を図のように合成すると，平行四辺形 OBPE から OP となる．したがって，図 4.1-4 のように O 点に作用している力 P を三つの力に分解するとき，分解された三つの分力の組合せは，A，C，E であるから（3）が正解となる．

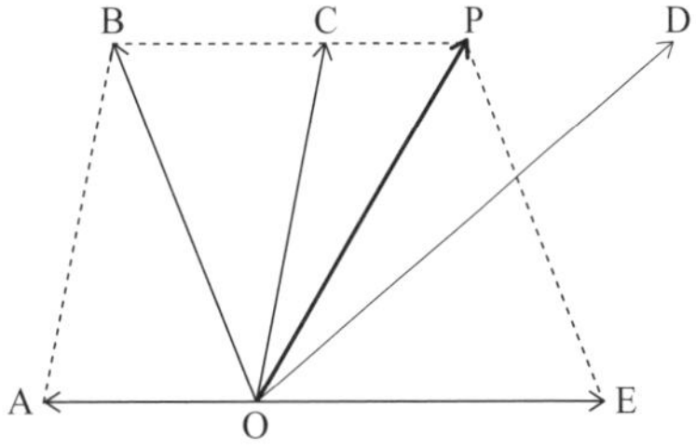

図 4.1-4

▶ 答（3）

問題 3　【令和元年秋 問 31】

図のように O 点に同一平面上の三つの力 P_1，P_2，P_3 が作用しているとき，これらの合力に最も近いものは（1）～（5）のうちどれか．

(1) A
(2) B
(3) C
(4) D
(5) E

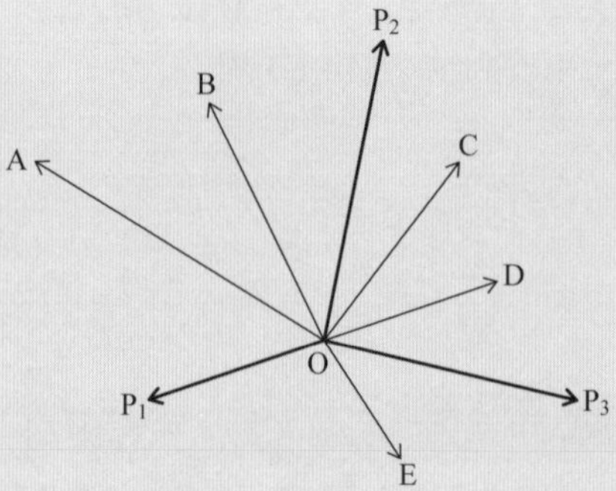

解説　OP_1とOP_2を図のように合成すると，平行四辺形OP_1BP_2から合力はOBとなる．次にOBとOP_3を図のように合成すると，平行四辺形$OBCP_3$から合力はOCとなる．したがって，図4.1-5のようにO点に三つの力P_1，P_2，P_3が作用しているとき，これらの合力はCである．

以上から(3)が正解．

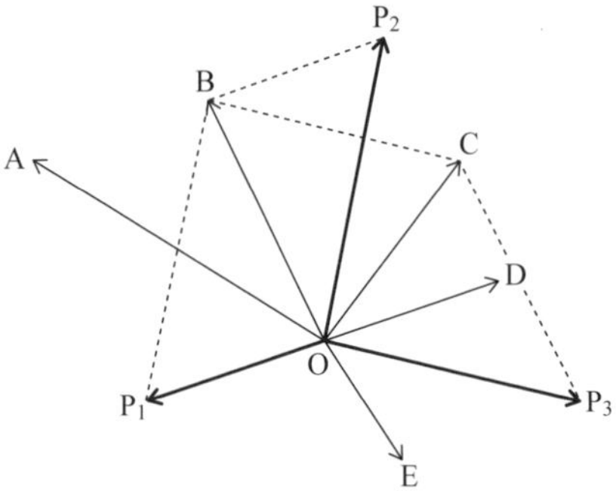

図 4.1-5

▶ 答 (3)

問題 4　【令和元年春 問 31】

図のようにO点に同一平面上の三つの力P_1，P_2，P_3が作用しているとき，これらの合力に最も近いものは(1)～(5)のうちどれか．

(1) A
(2) B
(3) C
(4) D
(5) E

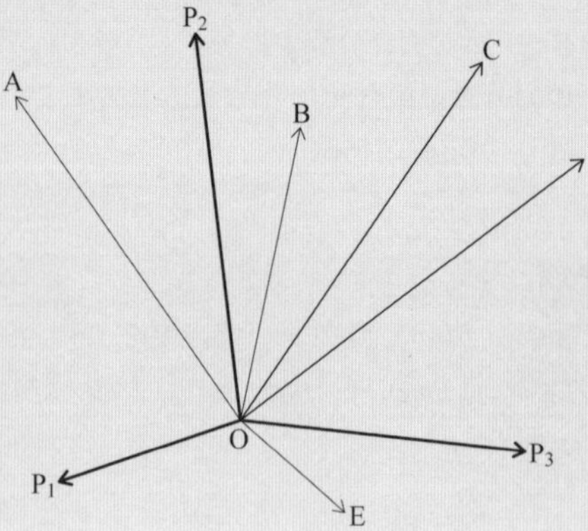

解説　OP_1とOP_2を図のように合成すると，平行四辺形OP_1AP_2から合力はOAとなる．次にOAとOP_3を図のように合成すると，平行四辺形$OABP_3$から合力はOBとなる．したがって，図4.1-6のようにO点に三つの力P_1，P_2，P_3が作用しているとき，これらの合力はBである．

以上から（2）が正解．

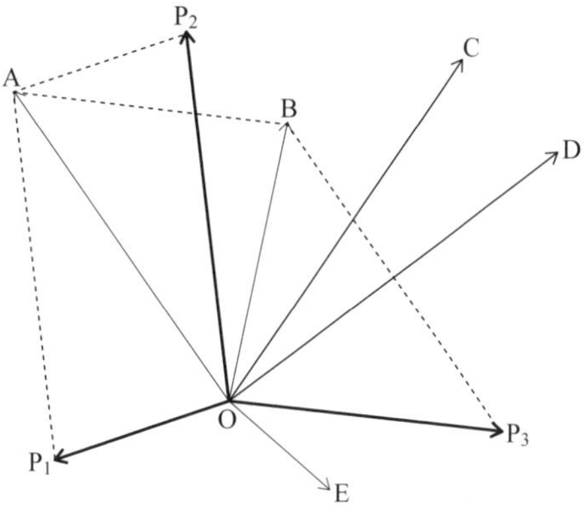

図 4.1-6

▶答（2）

問題5　【平成30年秋 問31】

図のようにO点に同一平面上の三つの力P_1，P_2，P_3が作用しているとき，これらの合力に最も近いものは（1）～（5）のうちどれか．

（1）A
（2）B
（3）C
（4）D
（5）E

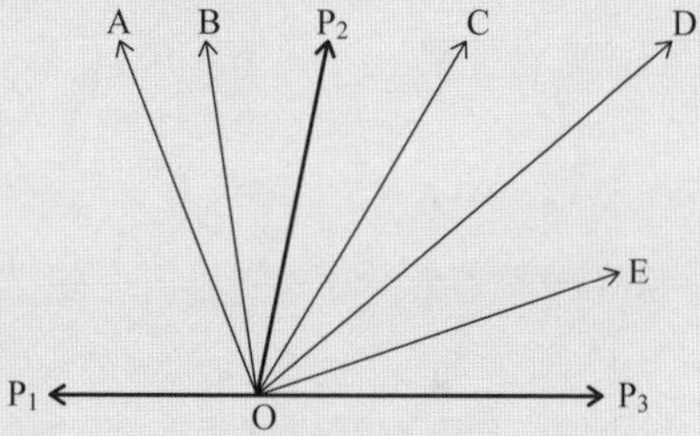

解説　OP_1とOP_2を図のように合成すると，平行四辺形OP_1AP_2から合力はOAとなる．次にOAとOP_3を図のように合成すると，平行四辺形$OACP_3$から合力はOCとなる．したがって，図4.1-7のようにO点に三つの力P_1，P_2，P_3が作用しているとき，これらの合力はCである．

以上から（3）が正解．

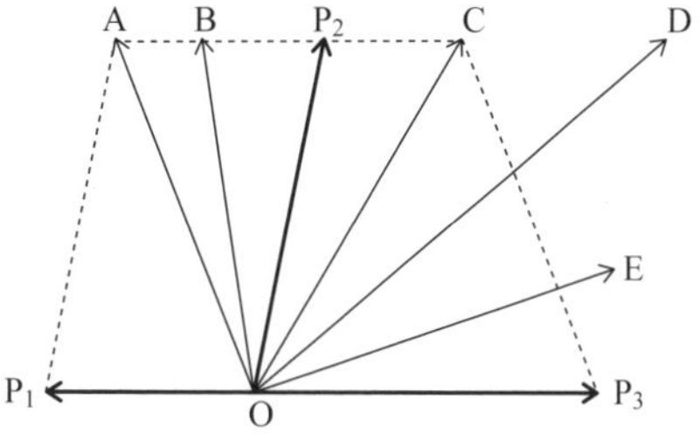

図 4.1-7

▶答（3）

問題6 【平成30年春 問31】

図のようにO点に三つの力P_1，P_2，P_3が作用しているとき，これらの合力に最も近いものは（1）～（5）のうちどれか．

（1） A
（2） B
（3） C
（4） D
（5） E

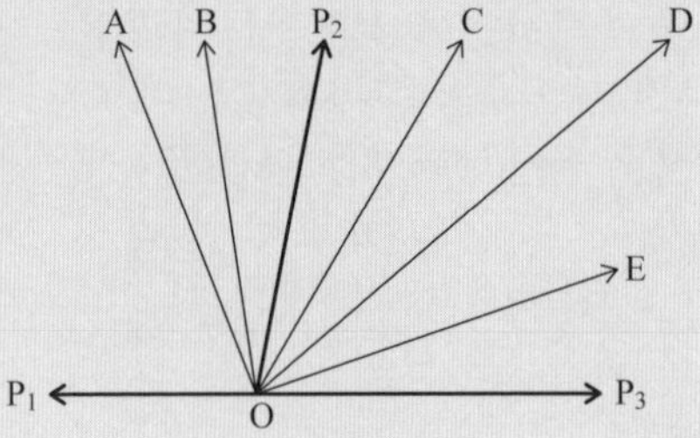

解説 OP_1とOP_2を図のように合成すると，平行四辺形OP_1AP_2から合力はOAとなる．次にOAとOP_3を図のように合成すると，平行四辺形$OACP_3$から合力はOCとなる．したがって，図4.1-8のようにO点に三つの力P_1，P_2，P_3が作用しているとき，これらの合力はCである．

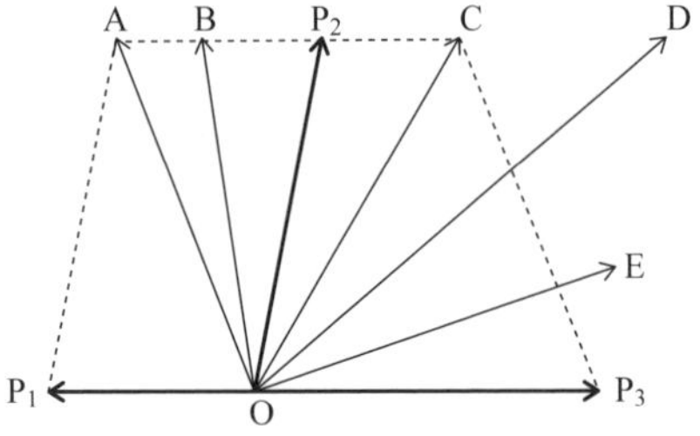

図 4.1-8

以上から（3）が正解．

▶答（3）

問題7 【平成29年秋 問31】

力に関し，誤っているものは次のうちどれか．

（1） 力の三要素とは，力の大きさ，力の向き及び力の作用点をいう．
（2） 一直線上に作用する互いに逆を向く二つの力の合力の大きさは，その二つの力の大きさの差で求められる．
（3） 一つの物体に大きさが異なり向きが一直線上にない二つの力が作用して物体が動くとき，その物体は大きい力の方向に動く．
（4） 力を図で表す場合，力の作用点から力の向きに力の大きさに比例した長さの直線を引き，力の向きを矢印で示す．
（5） てこを使って重量物を持ち上げる場合，握りの位置を支点に近づけるほど大きな力が必要になる．

解説 （1） 正しい．力の三要素とは，力の大きさ，力の向きおよび力の作用点をいう．図4.1-9参照．

(2) 正しい．一直線上に作用する互いに逆を向く二つの力の合力の大きさは，その二つの力の大きさの差で求められる．

(3) 誤り．一つの物体に大きさが異なり向きが一直線上にない二つの力（図4.1-2において F_1 および F_2）が作用して物体が動くとき，その物体は合力（F_1 と F_2 で作る平行平変形OBDAの対角線R（OD））の方向に動く．

(4) 正しい．力を図で表す場合，力の作用点から力の向きに力の大きさに比例した長さの直線を引き，力の向きを矢印で示す．図4.1-9参照．

(5) 正しい．てこを使って重量物を持ち上げる場合（図4.1-10参照），握りの位置を支点に近づけるほど大きな力 F が必要になる．

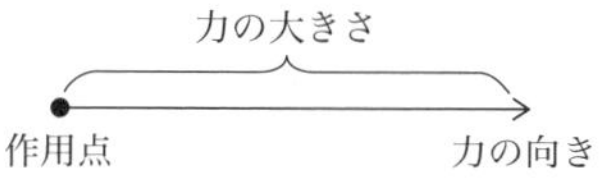

図4.1-9　力の三要素

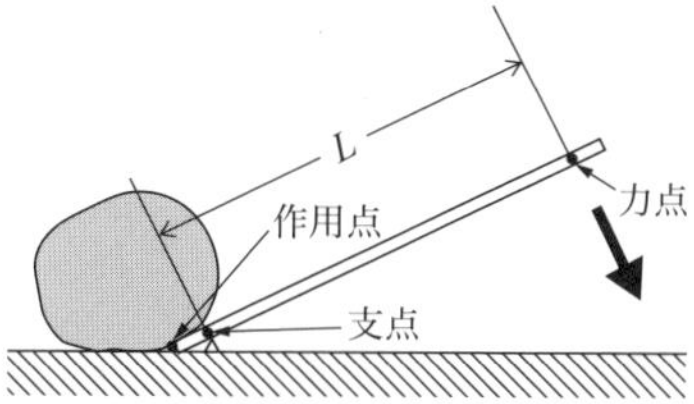

図4.1-10　てこによる力のモーメント

▶答（3）

問題8　【平成29年春 問31】

力に関し，誤っているものは次のうちどれか．

(1) 力の三要素とは，力の大きさ，力の向き及び力の作用点をいう．

(2) 力の作用と反作用とは，同じ直線上で作用し，大きさが等しく，向きが反対である．

(3) 物体の一点に二つ以上の力が働いているとき，その二つ以上の力をそれと同じ効果を持つ一つの力にまとめることができる．

(4) 一直線上に作用する二つの力の合力の大きさは，その二つの力の大きさの積で求められる．

(5) 力のモーメントの大きさは，力の大きさと，回転軸の中心から力の作用線におろした垂線の長さの積で求められる．

解説 (1) 正しい．力の三要素とは，力の大きさ，力の向きおよび力の作用点をいう．図4.1-9参照．

(2) 正しい．力の作用と反作用とは，同じ直線上で作用し，大きさが等しく，向きが反対である．

(3) 正しい．物体の一点に二つ以上の力が働いているとき，その二つ以上の力をそれと同じ効果を持つ一つの力（合力）にまとめることができる．

(4) 誤り．一直線上に作用する二つの力（F_1，F_2）の合力の大きさ（図4.1-2参照）は，その二つの力を二辺とする平行四辺形OBDAの対角線の大きさR（OD）として求められる．

(5) 正しい．力のモーメントの大きさは，力の大きさと，回転軸の中心から力（FまたはF_1）の作用線におろした垂線の長さ（LまたはL_1）の積（$F \times L$または$F_1 \times L_1$）で求められる．図4.1-3参照．

▶答（4）

問題9　【平成28年秋 問31】

図のようにO点に三つの力P_1，P_2，P_3が作用しているとき，これらの合力に最も近いものは（1）～（5）のうちどれか．

(1) A
(2) B
(3) C
(4) D
(5) E

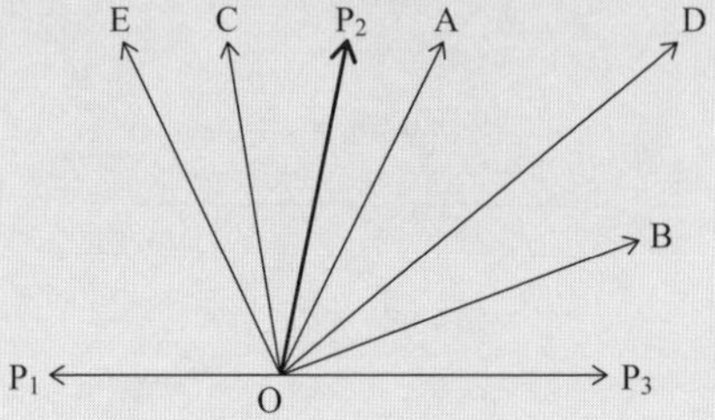

解説　OP_1とOP_2を図のように合成すると，平行四辺形OP_1EP_2から合力はOEとなる．次にOEとOP_3を図のように合成すると，平行四辺形$OEAP_3$から合力はOAとなる．したがって，図4.1-11のようにO点に三つの力P_1，P_2，P_3が作用しているとき，これらの合力はAである．

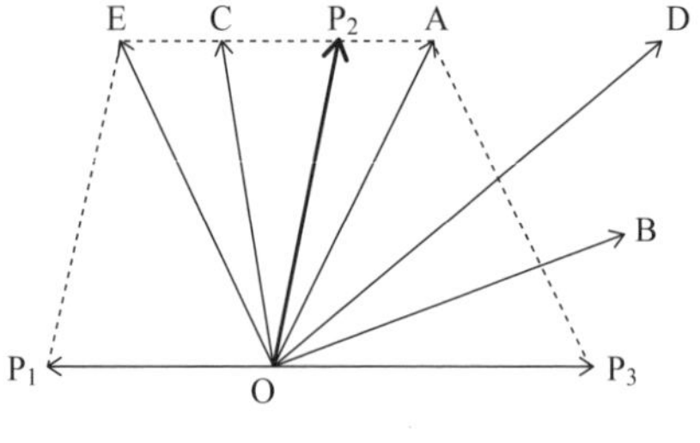

図4.1-11

以上から（1）が正解．

▶答（1）

問題10　【平成28年春 問35】

力に関し，次のうち誤っているものはどれか．

(1) 力の三要素とは，力の大きさ，力の向き及び力の作用点をいう．

(2) 一直線上に作用する二つの力の合力の大きさは，その二つの力の大きさの積で求められる．

(3) 物体の一点に二つ以上の力が働いているとき，その二つ以上の力をそれと同じ効果を持つ一つの力にまとめることができる．

(4) 力の作用と反作用とは，同じ直線上で作用し，大きさが等しく，向きが反対である.

(5) 力のモーメントの大きさは，力の大きさと，回転軸の中心から力の作用線におろした垂線の長さの積で求められる.

解説 (1) 正しい．力の三要素とは，力の大きさ，力の向きおよび力の作用点をいう.

(2) 誤り．一直線上に作用する二つの力（F_1，F_2）の合力の大きさ（図4.1-2参照）は，その二つの力を二辺とする平行四辺形OBDAの対角線の大きさR（OD）として求められる.

(3) 正しい．物体の一点に二つ以上の力が働いているとき，その二つ以上の力をそれと同じ効果を持つ一つの力（合力）にまとめることができる.

(4) 正しい．力の作用と反作用とは，同じ直線上で作用し，大きさが等しく，向きが反対である.

(5) 正しい．力のモーメントの大きさMは，力の大きさFと，回転軸の中心から力の作用線におろした垂線の長さLの積で求められる.

$$M = F \times L$$

▶答 (2)

4.2 天びん棒における力のモーメントを使用した計算

問題1 【令和2年秋 問32】

図のように三つの重りをワイヤロープによりつるした天びん棒が支点Oでつり合っているとき，B点につるした重りPの質量の値は (1)～(5) のうちどれか.

ただし，天びん棒及びワイヤロープの質量は考えないものとする.

(1) 20 kg
(2) 30 kg
(3) 40 kg
(4) 50 kg
(5) 60 kg

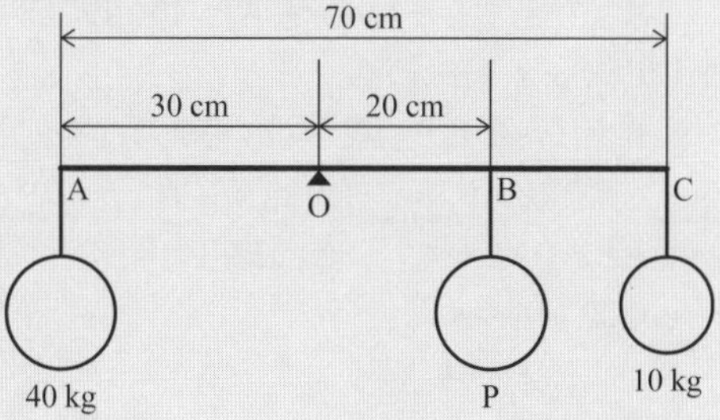

解説 支点Oの左側のモーメントと右側のモーメントの和が等しいとしてPの質量を算

出する．

支点Oの左側のモーメント

40 kg × OA m = 40 × 0.3 = 12 kg·m　　①

支点Oの右側のモーメントの和

P kg × OB m + 10 kg × OC m = P × 0.2 + 10 × 0.4 = 0.2P + 4 kg·m　　②

式①＝式②からPを求める．

12 = 0.2P + 4

0.2P = 8

P = 40 kg

以上から（3）が正解．　　▶答（3）

問題2　　**【令和2年春 問32】**

図のように三つの重りをワイヤロープによりつるした天びん棒が支点Oでつり合っているとき，B点につるした重りPの質量の値は（1）～（5）のうちどれか．

ただし，天びん棒及びワイヤロープの質量は考えないものとする．

（1）20 kg
（2）30 kg
（3）40 kg
（4）50 kg
（5）60 kg

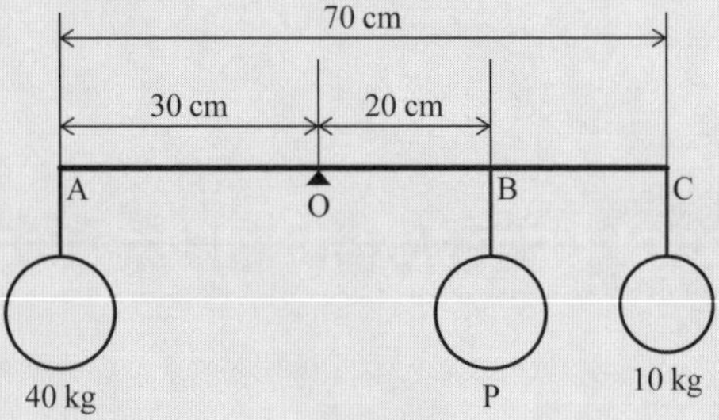

解説　支点O点を中心に左右のモーメントが釣り合うとしてPの質量（P kg）を算出する．

左側のモーメント

A点に吊るした質量 × OA = 40 kg × 0.3 m = 12 kg·m　　①

右側のモーメント

B点に吊るした質量 × OB + Cに吊るした質量 × OC

= P kg × 0.2 m + 10 kg × 0.4 m = 0.2P + 4 kg·m　　②

式②＝式①として，P kgを算出する．

0.2P + 4 = 12

P = 40 kg

以上から（3）が正解．　　▶答（3）

問題3 【令和元年秋 問32】

図のような天びん棒でワイヤロープにより荷Wをつり下げ，つり合うとき，天びん棒を支えるための力Fの値は（1）～（5）のうちどれか．

ただし，重力の加速度は $9.8\,\mathrm{m/s^2}$ とし，天びん棒及びワイヤロープの質量は考えないものとする．

（1）　49 N
（2）196 N
（3）245 N
（4）392 N
（5）441 N

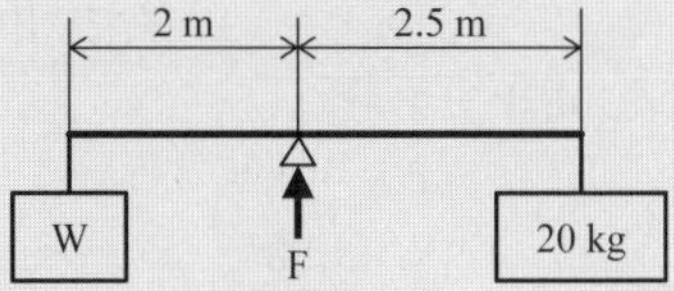

解説 支点Fで左右のモーメントが釣り合っているところから W を算出する．

$$2\,\mathrm{m} \times W\,\mathrm{kg} = 2.5\,\mathrm{m} \times 20\,\mathrm{kg}$$

$$W = 25\,\mathrm{kg}$$

Fにかかる質量は

$$25\,\mathrm{kg} + 20\,\mathrm{kg} = 45\,\mathrm{kg}$$

である．したがって，天びんを支えるための力Fは，

$$\mathrm{F} = 45\,\mathrm{kg} \times 重力加速度 = 45\,\mathrm{kg} \times 9.8\,\mathrm{m/s^2} = 441\,\mathrm{kg{\cdot}m{\cdot}s^{-2}} = 441\,\mathrm{N}$$

となる．

以上から（5）が正解．　▶答（5）

問題4 【令和元年春 問32】

図のように三つの重りをワイヤロープによりつるした天びん棒が支点Oでつり合っているとき，B点につるした重りPの質量の値は（1）～（5）のうちどれか．

ただし，天びん棒及びワイヤロープの質量は考えないものとする．

（1）20 kg
（2）30 kg
（3）40 kg
（4）50 kg
（5）60 kg

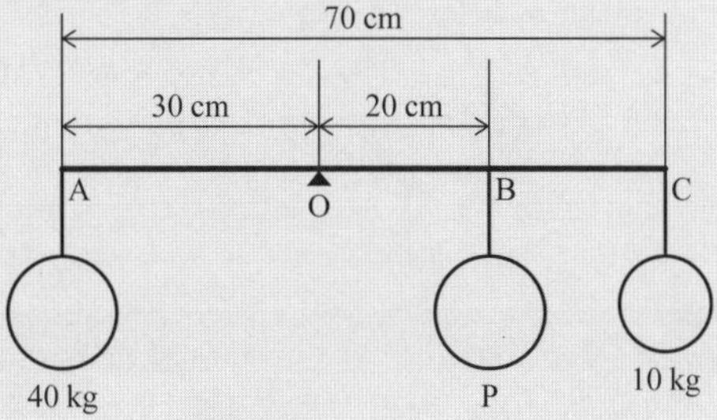

解説 支点O点を中心に左右のモーメントが釣り合うとしてPの質量（P kg）を算出する．

左側のモーメント

A 点に吊るした質量 × OA = 40 kg × 0.3 m = 12 kg·m ①

右側のモーメント

B 点に吊るした質量 × OB + C に吊るした質量 × OC

= P kg × 0.2 m + 10 kg × 0.4 m = 0.2P + 4 kg·m ②

式② = 式① として，P kg を算出する．

0.2P + 4 = 12

P = 40 kg

以上から（3）が正解． ▶答（3）

問題 5 【平成 30 年秋 問 32】

図のような天びん棒でワイヤロープにより荷 W をつり下げ，つり合うとき，天びん棒を支えるための力 F の値は（1）～（5）のうちどれか．

ただし，重力の加速度は $9.8\,\mathrm{m/s^2}$ とし，天びん棒及びワイヤロープの質量は考えないものとする．

（1） 98 N
（2） 196 N
（3） 294 N
（4） 392 N
（5） 490 N

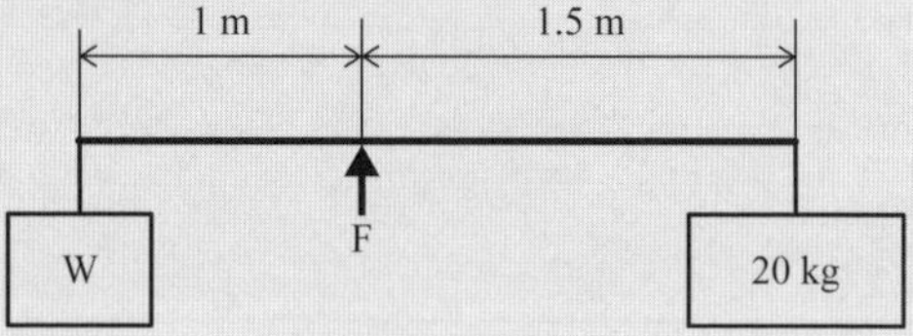

解説 支点 F で左右のモーメントが釣り合っているところから W を算出する．

1 m × W kg = 1.5 m × 20 kg

W = 30 kg

F にかかる質量は

30 kg + 20 kg = 50 kg

である．したがって，天びんを支えるための力 F は，

F = 50 kg × 重力加速度 = 50 kg × $9.8\,\mathrm{m/s^2}$ = $490\,\mathrm{kg{\cdot}m{\cdot}s^{-2}}$ = 490 N

となる．

以上から（5）が正解． ▶答（5）

問題 6 【平成 30 年春 問 32】

図のように三つの重りをワイヤロープによりつるした天びんが支点 O でつり合っているとき，B 点にある重り P の質量の値は（1）～（5）のうちどれか．

ただし，天びん棒及びワイヤロープの質量は考えないものとする．

(1) 15 kg
(2) 20 kg
(3) 25 kg
(4) 35 kg
(5) 45 kg

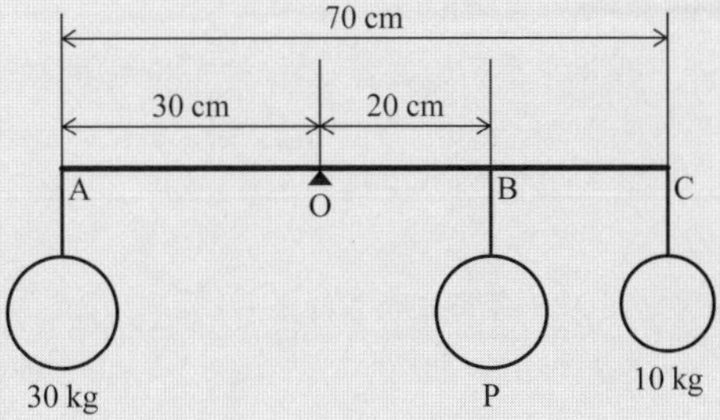

解説 支点Oの左側のモーメントと右側のモーメントの和が等しいとしてPの質量を算出する.

支点Oの左側のモーメント

$30\,\mathrm{kg} \times \mathrm{OA}\,\mathrm{m} = 30 \times 0.3 = 9\,\mathrm{kg \cdot m}$ ①

支点Oの右側のモーメントの和

$\mathrm{P}\,\mathrm{kg} \times \mathrm{OB}\,\mathrm{m} + 10\,\mathrm{kg} \times \mathrm{OC}\,\mathrm{m} = \mathrm{P} \times 0.2 + 10 \times 0.4 = 0.2\mathrm{P} + 4\,\mathrm{kg \cdot m}$ ②

式①＝式②からPを求める.

$9 = 0.2\mathrm{P} + 4$

$0.2\mathrm{P} = 5$

$\mathrm{P} = 25\,\mathrm{kg}$

以上から（3）が正解. ▶答（3）

問題7 【平成29年秋 問32】

図のような「てこ」において，A点に力を加えて，質量60 kgの荷をワイヤロープでつるとき，これを支えるために必要な力Pの値は（1）～（5）のうちどれか.

ただし，重力の加速度は$9.8\,\mathrm{m/s^2}$とし，「てこ」及びワイヤロープの質量は考えないものとする.

(1) 15 N
(2) 20 N
(3) 147 N
(4) 196 N
(5) 294 N

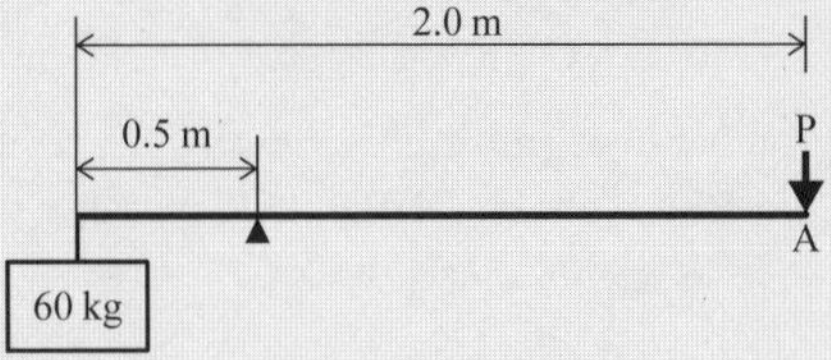

解説 A点の質量をXkgとし，支点の左側と右側のモーメントが等しいとしてPの力を算出する. なお，支点より右側の長さは$2.0\,\mathrm{m} - 0.5\,\mathrm{m} = 1.5\,\mathrm{m}$である.

左側のモーメント

$60\,\mathrm{kg} \times 9.8\,\mathrm{m/s^2} \times 0.5\,\mathrm{m} = X\mathrm{kg} \times 9.8\,\mathrm{m/s^2} \times 1.5\,\mathrm{m}$

整理すると

$X = 60 \times 9.8 \times 0.5/(9.8 \times 1.5) = 20\,\mathrm{kg}$

となる.

Pの力は次のように表される.

$\mathrm{P} = 20\,\mathrm{kg} \times 9.8\,\mathrm{m/s^2} = 20 \times 9.8\,\mathrm{kg} \times \mathrm{m/s^2} = 196\,\mathrm{N}$

以上から（4）が正解.

▶答（4）

問題8 【平成29年春 問32】

図のように三つの重りをワイヤロープによりつるした天びんが支点Oでつり合っているとき，B点にある重りPの質量の値は（1）～（5）のうちどれか.

ただし，天びん棒及びワイヤロープの質量は考えないものとする.

（1）20 kg

（2）30 kg

（3）40 kg

（4）50 kg

（5）60 kg

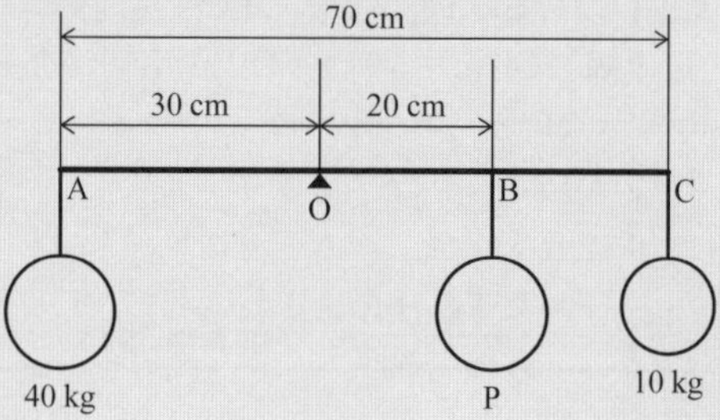

解説 支点Oの左側のモーメントと右側のモーメントの和が等しいとしてPの質量を算出する.

支点Oの左側のモーメント　ただし，$\mathrm{OC} = 20\,\mathrm{cm} + (70\,\mathrm{cm} - 30\,\mathrm{cm} - 20\,\mathrm{cm}) = 40\,\mathrm{cm} = 0.4\,\mathrm{m}$

$40\,\mathrm{kg} \times \mathrm{OA}\,\mathrm{m} = 40 \times 0.3 = 12\,\mathrm{kg{\cdot}m}$　①

支点Oの右側のモーメントの和

$\mathrm{P\,kg} \times \mathrm{OB\,m} + 10\,\mathrm{kg} \times \mathrm{OC\,m} = \mathrm{P} \times 0.2 + 10 \times 0.4 = 0.2\mathrm{P} + 4\,\mathrm{kg{\cdot}m}$　②

式①＝式②からPを求める.

$12 = 0.2\mathrm{P} + 4$

$0.2\mathrm{P} = 8$

$\mathrm{P} = 40\,\mathrm{kg}$

以上から（3）が正解.

▶答（3）

4.3 移動式クレーンの転倒モーメントに関する計算

問題1　【平成28年秋 問32】

移動式クレーンで図のように荷をつったとき，Aの状態において荷によって生じる移動式クレーンを転倒させようとする転倒モーメントに対するBの状態における転倒モーメントの倍率として，最も近いものは次の（1）～（5）のうちどれか．

ただし，荷以外の質量は考えないものとする．

（1）6.0倍
（2）3.0倍
（3）2.5倍
（4）2.0倍
（5）1.0倍

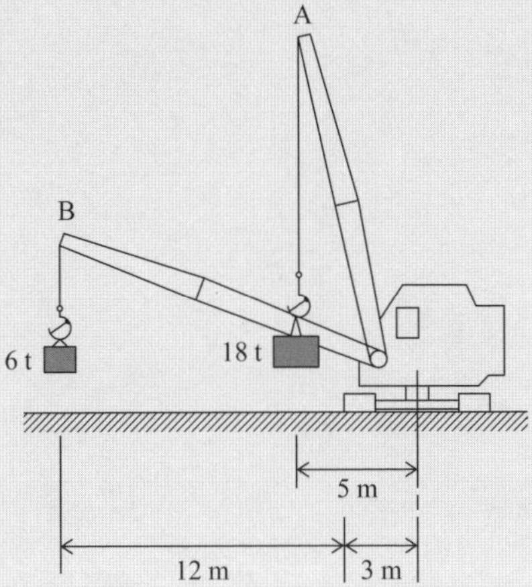

解説　支点は移動式クレーンの地面に接する最先端の地点となるため，Aのジブのモーメントに寄与する長さは

$$5\,\mathrm{m} - 3\,\mathrm{m} = 2\,\mathrm{m}$$

である．

したがって，Aの転倒モーメントは

$$18\,\mathrm{t} \times 2\,\mathrm{m} = 36\,\mathrm{t{\cdot}m} \qquad ①$$

Bのジブのモーメントに寄与する長さは12mであるからBの転倒モーメントは

$$6\,\mathrm{t} \times 12\,\mathrm{m} = 72\,\mathrm{t{\cdot}m} \qquad ②$$

である．したがって，Aの状態に対するBの状態の値は

$$式②/式① = 72\,\mathrm{t{\cdot}m}/36\,\mathrm{t{\cdot}m} = 2.0$$

となる．

以上から（4）が正解．　▶答（4）

問題 2 【平成 28 年春 問 38】

図のように荷をつったとき，B の状態においてこの移動式クレーンを転倒させようとするモーメントは，A の状態におけるモーメントの何倍になるか．

ただし，機体，ジブ，フック及びワイヤロープの質量は考えないものとする．

(1) 5 倍

(2) 4 倍

(3) 3 倍

(4) 1.5 倍

(5) 1.1 倍

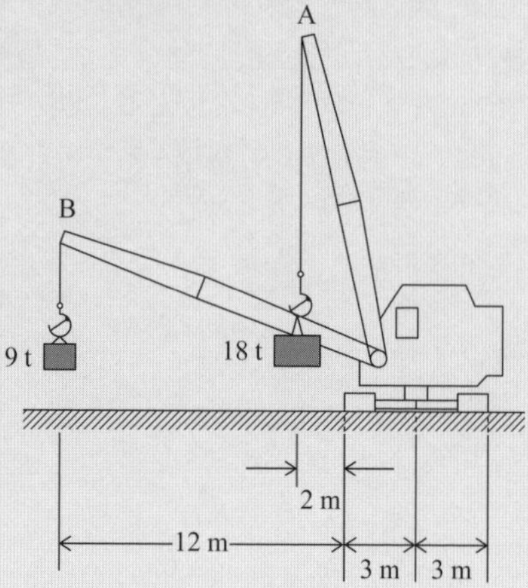

解説 A の状態のモーメント（支点は移動式クレーンの地面に接する最先端の地点）

$18\,\mathrm{t} \times 2\,\mathrm{m} = 18 \times 2\,\mathrm{t{\cdot}m}$ ①

B の状態のモーメント（支点は移動式クレーンの地面に接する最先端の地点）

$9\,\mathrm{t} \times 12\,\mathrm{m} = 9 \times 12\,\mathrm{t{\cdot}m}$ ②

式②/式① $= (9 \times 12\,\mathrm{t{\cdot}m})/(18 \times 2\,\mathrm{t{\cdot}m}) = 3$

以上から（3）が正解．

▶ 答（3）

4.4 物体（鋼）の体積，質量又は比重に関する計算等

問題 1 【令和 2 年秋 問 33】

下記に掲げる物体の体積を求める計算式として，適切でないものは次のうちどれか．

ただし，π は円周率とする．

形状名称	立体図形	体積計算式
(1)　立方体	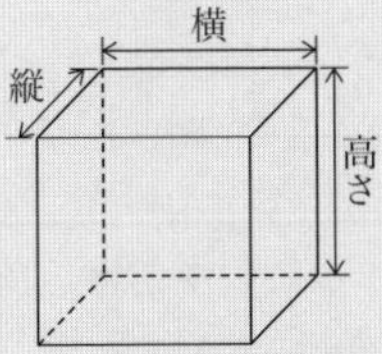	縦 × 横 × 高さ
(2)　円柱	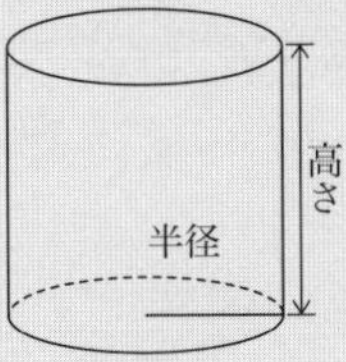	半径 ^{2} × π × 高さ
(3)　球	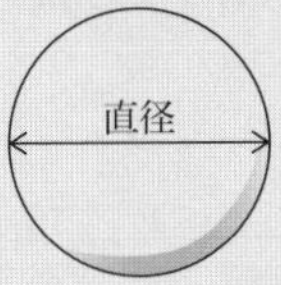	半径 ^{3} × π × $\frac{4}{3}$
(4)　円錐《すい》体	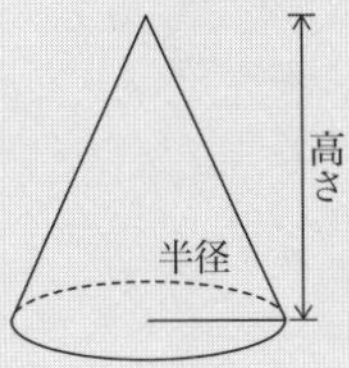	半径 ^{2} × π × 高さ × $\frac{1}{3}$
(5)　直方体	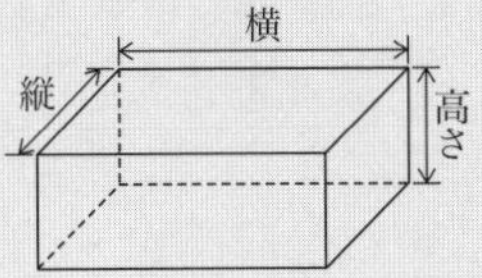	縦 × 横 × 高さ × $\frac{1}{2}$

解説　(1) 適切．立方体の体積は，縦 × 横 × 高さである．

(2) 適切．円柱の体積は，半径 ^{2} × π × 高さである．

(3) 適切．球の体積は，半径 ^{3} × π × $\frac{4}{3}$ である．

(4) 適切．円錐《すい》体の体積は，半径 ^{2} × π × 高さ × $\frac{1}{3}$ である．

(5) 不適切．直方体の体積は，縦 × 横 × 高さで立方体の体積の算出と同じである．

▶答 (5)

問題 2　【令和 2 年春 問 33】

長さ 2 m，幅 1 m，厚さ 3 mm のアルミニウム板 100 枚の質量の値に最も近いものは (1) ～ (5) のうちどれか．

(1) 1.4 t　(2) 1.6 t　(3) 4.3 t　(4) 4.7 t　(5) 5.3 t

解説 アルミニウム1枚の板の質量を体積〔m^3〕と密度〔t/m^3〕をかけて求め，それに100をかけて100枚の質量を算出する．

$$\text{アルミニウム1枚の体積〔}m^3\text{〕} = \text{長さ〔m〕} \times \text{幅〔m〕} \times \text{厚さ〔m〕/枚}$$
$$= 2\,m \times 1\,m \times 3 \times 10^{-3}\,m/\text{枚} = 6 \times 10^{-3}\,m^3/\text{枚} \quad ①$$

式①にアルミニウムの密度2.7 t/m^3（表4.4-1参照）をかけ，1枚のアルミニウムの質量を算出する．

$$\text{1枚のアルミニウムの質量〔t〕} = \text{式①/枚} \times 2.7\,t/m^3 = 6 \times 10^{-3}\,m^3/\text{枚} \times 2.7\,t/m^3$$
$$= 6 \times 2.7 \times 10^{-3}\,t/\text{枚} \quad ②$$

式②に100枚をかけると，

$$\text{アルミニウム100枚の質量〔t〕} = \text{式②/枚} \times 100\,\text{枚} = 6 \times 2.7 \times 10^{-3}\,t/\text{枚} \times 100\,\text{枚}$$
$$= 6 \times 2.7 \times 10^{-3} \times 10^2\,t \fallingdotseq 1.6\,t$$

となる．

表4.4-1 物体の1 m^3当たりの質量

物の種類	1 m^3当たりの質量〔t〕	物の種類	1 m^3当たりの質量〔t〕
鉛	11.4	石炭塊	0.8
銅	8.9	水	1.0
鋼	7.8	石炭粉	1.0
鋳鉄	7.2	コークス	0.5
アルミニウム	2.7	樫	0.9
コンクリート	2.3	杉	0.4
土	2.0	桧	0.4
砂利	1.9	桐	0.3
砂	1.9		

（注）(1) 木材の質量は，大気中で乾燥したものの質量
(2) 土，砂利，砂，石炭，コークスの質量は見かけ質量
（見かけ質量とは，ばら物のばらの状態での質量のことである．）

以上から（2）が正解．

▶答（2）

問題3 【令和元年秋 問33】

長さ2 m，幅50 cm，厚さ5 mmの銅板100枚の質量の値に最も近いものは（1）～（5）のうちどれか．

（1）1.2 t （2）1.4 t （3）3.6 t （4）3.9 t （5）4.5 t

解説 銅板1枚の板の質量を体積〔m^3〕と密度〔t/m^3〕をかけて求め，それに100をかけて100枚の質量を算出する．

$$\text{銅板1枚の体積〔}m^3\text{〕} = \text{長さ〔m〕} \times \text{幅〔m〕} \times \text{厚さ〔m〕/枚}$$
$$= 2\,m \times 0.5\,m \times 5 \times 10^{-3}\,m/\text{枚} = 5 \times 10^{-3}\,m^3/\text{枚} \quad ①$$

式①に銅板の密度 8.9 t/m^3（表 4.4-1 参照）をかけ，1 枚の銅板の質量を算出する．

1 枚の銅板の質量〔t〕= 式①/枚 × 8.9 t/m^3 = 5×10^{-3} m^3/枚 × 8.9 t/m^3

= $5 \times 8.9 \times 10^{-3}$ t/枚　②

式②に 100 枚をかけると，

銅板 100 枚の質量〔t〕= 式②/枚 × 100 枚 = $5 \times 8.9 \times 10^{-3}$ t/枚 × 100 枚

= $5 \times 8.9 \times 10^{-3} \times 10^2$ t ≒ 4.5 t

となる．

以上から（5）が正解．

▶答（5）

問題 4　【令和元年春 問 33】

長さ 2 m，幅 1 m，厚さ 10 mm の鋼板 30 枚の質量の値に最も近いものは（1）～（5）のうちどれか．

（1）1.6 t　（2）4.7 t　（3）5.3 t　（4）6.8 t　（5）7.8 t

解説　鋼板 1 枚の板の質量を体積〔m^3〕と密度〔t/m^3〕をかけて求め，それに 30 枚をかけて質量を算出する．

鋼板 1 枚の体積〔m^3〕= 長さ〔m〕× 幅〔m〕× 厚さ〔m〕/枚

= 2 m × 1 m × 10×10^{-3} m/枚 = 20×10^{-3} m^3/枚　①

式①に鋼板の密度 7.8 t/m^3（表 4.4-1 参照）をかけ，1 枚の鋼板の質量を算出する．

1 枚の鋼板の質量〔t〕= 式①/枚 × 7.8 t/m^3 = 20×10^{-3} m^3/枚 × 7.8 t/m^3

= $20 \times 7.8 \times 10^{-3}$ t/枚　②

式②に 30 枚をかけると，

鋼板 30 枚の質量〔t〕= 式②/枚 × 30 枚 = $20 \times 7.8 \times 10^{-3}$ t/枚 × 30 枚

= $20 \times 7.8 \times 30 \times 10^{-3}$ t ≒ 4.7 t

となる．

以上から（2）が正解．

▶答（2）

問題 5　【平成 30 年秋 問 33】

物体の質量及び比重に関する記述として，適切でないものは次のうちどれか．

（1）鉛 1 m^3 の質量は，コンクリート 1 m^3 の質量の約 5 倍である．

（2）物体の体積を V，その単位体積当たりの質量を d とすれば，その物体の質量 W は，W = V/d で求められる．

（3）アルミニウムの比重は，約 2.7 である．

（4）平地でも高い山においても，同一の物体の質量は変わらない．

（5）銅 1 m^3 の質量と水 8.9 m^3 の質量は，ほぼ同じである．

解説（1）適切．鉛 1 m^3 の質量は 11.4 t，コンクリート 1 m^3 の質量は 2.3 t であるから，鉛 1 m^3 の質量はコンクリート 1 m^3 の質量の 11.4 t/2.3 t ≒ 5 倍である．表 4.4-1 参照．

（2）不適切．物体の体積を V〔m^3〕，その単位体積当たりの質量を d〔t/m^3〕とすれば，その物体の質量 W〔t〕は，$W = V$〔m^3〕$\times$ d〔t/m^3〕で求められる．

（3）適切．アルミニウムの比重は，約 2.7 である．

（4）適切．平地でも高い山においても，同一の物体の質量（重力加速度 9.8 m/s^2 で定義してあるので変化しない）は変わらない．なお，荷重は高い山では重力加速度が小さくなるため小さくなる．

（5）適切．銅 1 m^3 の質量が 8.9 t，水 1 m^3 の質量が 1 t であるため，銅 1 m^3 の質量と水 8.9 m^3 の質量は，ほぼ同じである．

▶ 答（2）

問題 6　【平成 30 年春 問 33】

長さ 2 m，幅 1 m，厚さ 10 mm の鋼板 30 枚の質量の値に最も近いものは（1）～（5）のうちどれか．

（1）1.6 t　（2）4.7 t　（3）5.3 t　（4）6.8 t　（5）7.8 t

解説 鋼板 1 枚の板の質量を体積〔m^3〕と密度〔t/m^3〕をかけて求め，それに 30 枚をかけて質量を算出する．

鋼板 1 枚の体積〔m^3〕＝長さ〔m〕× 幅〔m〕× 厚さ〔m〕/枚

$= 2\,\mathrm{m} \times 1\,\mathrm{m} \times 10 \times 10^{-3}\,\mathrm{m}$/枚 $= 20 \times 10^{-3}\,\mathrm{m}^3$/枚　①

式①に鋼板の密度 7.8 t/m^3（表 4.4-1 参照）をかけ，1 枚の鋼板の質量を算出する．

1 枚の鋼板の質量〔t〕＝式①/枚 × 7.8 t/m^3 $= 20 \times 10^{-3}\,\mathrm{m}^3$/枚 $\times\ 7.8\,\mathrm{t/m}^3$

$= 20 \times 7.8 \times 10^{-3}\,\mathrm{t}$/枚　②

式②に 30 枚をかけると，

鋼板 30 枚の質量〔t〕＝式②/枚 × 30 枚 $= 20 \times 7.8 \times 10^{-3}\,\mathrm{t}$/枚 × 30 枚

$= 20 \times 7.8 \times 30 \times 10^{-3}\,\mathrm{t} \fallingdotseq 4.7\,\mathrm{t}$

となる．

以上から（2）が正解．

▶ 答（2）

問題 7　【平成 29 年秋 問 33】

長さ 1 m，幅 50 cm，厚さ 5 mm の鉛板 100 枚の質量の値に最も近いものは（1）～（5）のうちどれか．

（1）0.7 t　（2）1.8 t　（3）2.0 t　（4）2.2 t　（5）2.9 t

解説 鉛板 1 枚の板の質量を体積〔m^3〕と密度〔t/m^3〕をかけて求め，それに 100 枚をかけて質量を算出する．

鉛板1枚の体積〔m^3〕＝長さ〔m〕×幅〔m〕×厚さ〔m〕/枚

$$= 1\,\mathrm{m} \times 0.5\,\mathrm{m} \times 5 \times 10^{-3}\,\mathrm{m}/枚 = 2.5 \times 10^{-3}\,\mathrm{m^3}/枚 \qquad ①$$

式①に鉛板の密度11.4 t/m^3（表4.4-1参照）をかけ，1枚の鉛板の質量を算出する．

1枚の鉛板の質量〔t〕＝式①/枚×11.4 t/m^3＝2.5×10^{-3} m^3/枚×11.4 t/m^3

$$= 2.5 \times 11.4 \times 10^{-3}\,\mathrm{t}/枚 \qquad ②$$

式②に100枚をかけると，

鉛板100枚の質量〔t〕＝式②/枚×100枚＝$2.5 \times 11.4 \times 10^{-3}$ t/枚×100枚

$$= 2.5 \times 11.4 \times 100 \times 10^{-3}\,\mathrm{t} \fallingdotseq 2.9\,\mathrm{t}$$

となる．

以上から（5）が正解．

▶答（5）

問題8

【平成29年春 問33】

物体の質量及び比重に関し，誤っているものは次のうちどれか．

（1）鉛1 m^3の質量は，約11.4 tである．

（2）物体の体積をV，その単位体積当たりの質量をdとすれば，その物体の質量Wは，W＝V×dで求められる．

（3）形状が立方体で材質が同じ物体では，各辺の長さが4倍になると質量は12倍になる．

（4）銅の比重は，約8.9である．

（5）アルミニウム1 m^3の質量と水2.7 m^3の質量は，ほぼ同じである．

解説 （1）正しい．鉛1 m^3の質量は，約11.4 tである．表4.4-1参照．

（2）正しい．物体の体積をV〔m^3〕，その単位体積当たりの質量をd〔t/m^3〕とすれば，その物体の質量Wtは，$W = V$〔m^3〕$\times d$〔t/m^3〕$= V \times d$で求められる．

（3）誤り．形状が立方体で材質が同じ物体では，各辺の長さ（a，b，c）が4倍（4a，4b，4c）になると質量は，a×b×c＝abcから，4a×4b×4c＝64abcとなるから64倍になる．

（4）正しい．銅の比重は，約8.9である．なお，比重とは水の密度〔1,000 kg/m^3〕に対する値である．

（5）正しい．アルミニウム1 m^3の質量2.7 tと水2.7 m^3（≒2.7 t）の質量は，ほぼ同じである．

▶答（3）

問題9

【平成28年秋 問33】

長さ5 m，幅3 m，厚さ0.02 mの鋼板10枚の質量の値に最も近いものは，次のうちどれか．

(1) 19.4 t　(2) 21.4 t　(3) 23.4 t　(4) 25.4 t　(5) 27.4 t

解説 鋼板1枚の板の質量を体積〔m^3〕と密度〔t/m^3〕をかけて求め，それに10枚をかけて質量を算出する．

鋼板1枚の体積〔m^3〕＝長さ〔m〕×幅〔m〕×厚さ〔m〕/枚

$= 5\,m \times 3\,m \times 0.02\,m/枚 = 0.3\,m^3/枚$　①

式①に鋼板の密度 $7.8\,t/m^3$（表4.4-1参照）をかけ，1枚の鋼板の質量を算出する．

1枚の鋼板の質量〔t〕＝式①/枚 × $7.8\,t/m^3 = 0.3\,m^3/枚 \times 7.8\,t/m^3$

$= 0.3 \times 7.8\,t/枚$　②

式②に10枚をかけると，

鋼板10枚の質量〔t〕＝式②/枚 × 10枚 ＝ $0.3 \times 7.8\,t/枚 \times 10枚$

$= 0.3 \times 7.8 \times 10\,t = 23.4\,t$

となる．

以上から（3）が正解．　▶答（3）

問題10　【平成28年春 問37】

図のような鋼製の円柱の質量の値に最も近いものは，次のうちどれか．

(1) 3.1 t
(2) 3.6 t
(3) 3.9 t
(4) 15.6 t
(5) 19.5 t

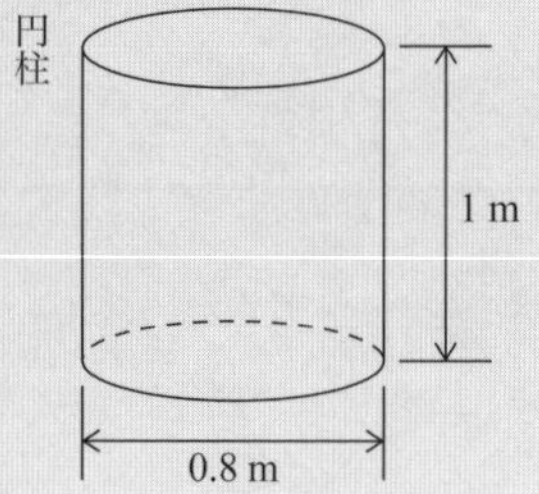

解説 鋼製の円柱の体積に密度をかけて求める．

円柱の体積

断面積×高さ ＝ $\pi(0.8/2)^2\,m \times 1\,m = 3.14 \times 0.4^2 \times 1\,m^3 = 3.14 \times 0.16\,m^3$　①

鋼製の円柱の密度（表4.4-1参照）

$7.8\,t/m^3$　②

鋼製の円柱の質量

式①×式② ＝ $3.14 \times 0.16\,m^3 \times 7.8\,t/m^3 = 3.14 \times 0.16 \times 7.8\,t \fallingdotseq 3.9\,t$

以上から（3）が正解．　▶答（3）

4.5 物体の重心に関する事項

問題1 【令和2年秋 問34】

均質な材料でできた固体の物体の重心に関する次のAからEの記述について，適切でないもののみを全て挙げた組み合わせは（1）～（5）のうちどれか．

A　直方体の物体の置き方を変える場合，重心の位置が高くなるほど安定性は悪くなる．

B　重心の位置が物体の外部にある物体であっても，置き方を変えると重心の位置が物体の内部に移動する場合がある．

C　複雑な形状の物体の重心は，二つ以上の点になる場合があるが，重心の数が多いほどその物体の安定性は良くなる．

D　直方体の物体の置き方を変える場合，物体の底面積が小さくなるほど安定性は悪くなる．

E　水平面上に置いた直方体の物体を傾けた場合，重心からの鉛直線がその物体の底面を通るときは，その物体は元の位置に戻らないで倒れる．

（1）A，B，C　（2）A，D　（3）B，C，D

（4）B，C，E　（5）C，D，E

解説　A　適切．直方体の物体の置き方を変える場合，重心の位置が高くなるほど安定性は悪くなる．

B　不適切．重心の位置が物体の外部にある物体であっても，置き方を変えても重心の位置が物体の内部に移動することはなく，不動である．

C　不適切．複雑な形状の物体の重心は，二つ以上の点になる場合はなく，常に一つである．

D　適切．直方体の物体の置き方を変える場合，物体の底面積が小さくなるほど安定性は悪くなる．

E　不適切．水平面上に置いた直方体の物体を傾けた場合，重心からの鉛直線がその物体の底面を通るときは，その物体は元の位置に戻る．図4.5-1参照．

以上から（4）が正解．

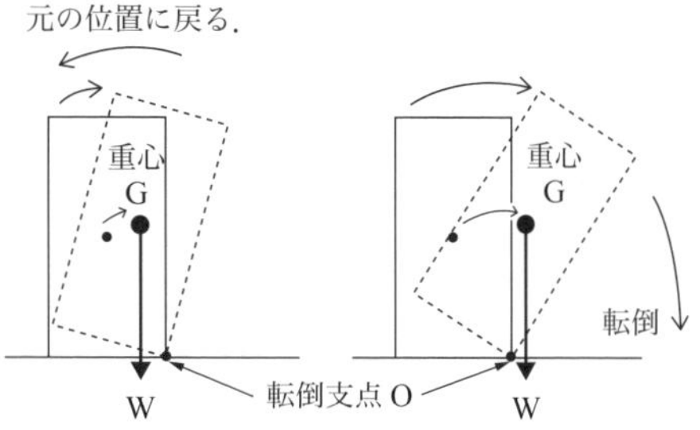

図4.5-1　物体の安定

▶答（4）

問題2

【令和2年春 問34】

均質な材料でできた固体の物体及び荷の重心に関する記述として，適切でないものは次のうちどれか.

(1) 長尺の荷をクレーンでつり上げるため，目安で重心位置を定めてその真上にフックを置き，玉掛けを行い，地切り直前まで少しだけつり上げたとき，荷が傾いた場合は，荷の実際の重心位置は目安とした重心位置よりも傾斜の低い側にある.

(2) 物体を構成する各部分には，それぞれ重力が作用しており，それらの合力の作用点を重心という.

(3) 直方体の物体の置き方を変える場合，重心の位置が高くなるほど安定性は悪くなる.

(4) 水平面上に置いた直方体の物体を傾けた場合，重心からの鉛直線がその物体の底面を外れるときは，その物体は元の位置に戻る.

(5) 重心は，物体の形状によっては必ずしも物体の内部にあるとは限らない.

解説 (1) 適切．長尺の荷をクレーンでつり上げるため，目安で重心位置を定めてその真上にフックを置き，玉掛けを行い，地切り直前まで少しだけつり上げたとき，荷が傾いた場合は，荷の実際の重心位置は目安とした重心位置よりも傾斜の低い側にある.

(2) 適切．物体を構成する各部分には，それぞれ重力が作用しており，それらの合力の作用点を重心という.

(3) 適切．直方体の物体の置き方を変える場合，重心の位置が高くなるほど安定性は悪くなる.

(4) 不適切．水平面上に置いた直方体の物体を傾けた場合，重心からの鉛直線がその物体の底面を外れるときは，その物体は元に戻らず転倒する．図4.5-1参照.

(5) 適切．重心は，物体の形状によっては必ずしも物体の内部にあるとは限らない．図4.5-2参照.

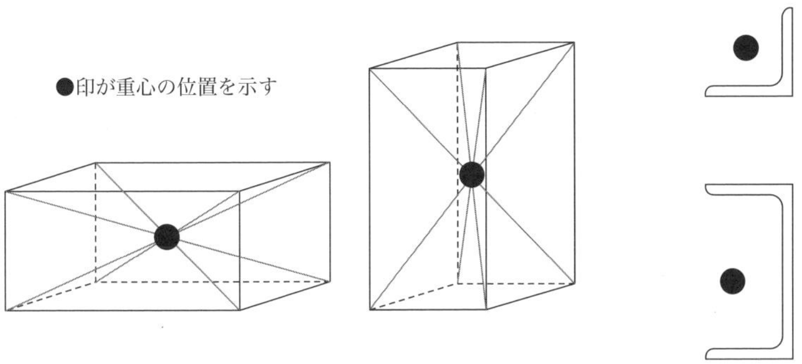

(a) 重心が物体の内部にある場合　　(b) 重心が物体の外部にある場合

図 4.5-2　重心の位置

▶答（4）

問題 3　【令和元年秋 問 34】

均質な材料でできた固体の物体の重心に関する次の A から E の記述について，適切でないもののみを全て挙げた組み合わせは (1) ～ (5) のうちどれか.

A　直方体の物体の置き方を変える場合，重心の位置が高くなるほど安定性は悪くなる.

B　重心の位置が物体の外部にある物体であっても，置き方を変えると重心の位置が物体の内部に移動する場合がある.

C　複雑な形状の物体の重心は，二つ以上の点になる場合があるが，重心の数が多いほどその物体の安定性は良くなる.

D　直方体の物体の置き方を変える場合，物体の底面積が小さくなるほど安定性は悪くなる.

E　水平面上に置いた直方体の物体を傾けた場合，重心からの鉛直線がその物体の底面を通るときは，その物体は元の位置に戻らないで倒れる.

(1) A, B, C　(2) A, D　(3) B, C, D
(4) B, C, E　(5) C, D, E

解説　A　適切. 直方体の物体の置き方を変える場合，重心の位置が高くなるほど安定性は悪くなる.

B　不適切. 重心の位置が物体の外部にある物体において，置き方を変えても重心の位置が物体の内部に移動することはない.

C　不適切. 複雑な形状においても物体の重心は，二つ以上の点になる場合はなく，常に一つである.

D　適切．直方体の物体の置き方を変える場合，物体の底面積が小さくなるほど安定性は悪くなる．

E　不適切．水平面上に置いた直方体の物体を傾けた場合，重心からの鉛直線がその物体の底面を通るときは，その物体は元の位置に戻り，倒れることはない．図4.5-1参照．

以上から（4）が正解．

▶答（4）

問題4　【令和元年春 問34】

均質な材料でできた固体の物体の重心に関する記述として，適切なものは次のうちどれか．

(1) 重心が物体の外部にある物体は，置き方を変えると重心が物体の内部に移動する場合がある．

(2) 複雑な形状の物体の重心は，二つ以上の点になる場合があるが，重心の数が多いほどその物体の安定性は良くなる．

(3) 水平面上に置いた直方体の物体を傾けた場合，重心からの鉛直線がその物体の底面を通るときは，その物体は倒れる．

(4) 直方体の物体の置き方を変える場合，重心の位置が高くなるほど安定性は良くなる．

(5) 物体を構成する各部分には，それぞれ重力が作用しており，それらの合力の作用点を重心という．

解説　(1) 不適切．重心が物体の外部にある物体は，置き方を変えても，重心が物体の内部に移動することはなく，不変である．図4.5-2参照．

(2) 不適切．複雑な形状の物体においても重心は，一つである．

(3) 不適切．水平面上に置いた直方体の物体を傾けた場合，重心からの鉛直線がその物体の底面を通るときは，その物体は元に戻る．重心からの鉛直線がその物体の底面を通らないとき，その物体は転倒する．図4.5-1参照．

(4) 不適切．直方体の物体の置き方を変える場合，重心の位置が高くなるほど安定性は悪くなる．

(5) 適切．物体を構成する各部分には，それぞれ重力が作用しており，それらの合力の作用点を重心という．

▶答（5）

問題5　【平成30年秋 問34】

均質な材料でできた固体の物体の重心に関する記述として，適切なものは次のうちどれか．

(1) 複雑な形状の物体の重心は，二つ以上の点になる場合があるが，重心の数が多いほどその物体の安定性は良くなる.

(2) 重心が物体の外部にある物体は，置き方を変えると重心が物体の内部に移動する場合がある.

(3) 長尺の荷をクレーンでつり上げるため，目安で重心位置を定めてその真上にフックを置き，玉掛けを行い，地切り直前まで少しだけつり上げたとき，荷が傾いた場合は，荷の実際の重心位置は目安とした重心位置よりも傾斜の低い側にある.

(4) 直方体の物体の置き方を変える場合，重心の位置が高くなるほど安定性は良くなる.

(5) 水平面上に置いた直方体の物体を傾けた場合，重心からの鉛直線がその物体の底面を外れるときは，その物体は元の位置に戻る.

解説 (1) 不適切．複雑な形状の物体であっても重心は，常に一つである.

(2) 不適切．重心が物体の外部にある物体（図 4.5-2 参照）において，置き方を変えても重心が物体の内部に移動することはなく，不変である.

(3) 適切．長尺の荷をクレーンでつり上げるため，目安で重心位置を定めてその真上にフックを置き，玉掛けを行い，地切り直前まで少しだけつり上げたとき，荷が傾いた場合は，荷の実際の重心位置は目安とした重心位置よりも傾斜の低い側にある.

(4) 不適切．直方体の物体の置き方を変える場合，重心の位置が低くなるほど安定性は良くなる.

(5) 不適切．水平面上に置いた直方体の物体を傾けた場合，重心からの鉛直線がその物体の底面を外れるときは，その物体は転倒する．なお，重心からの鉛直線がその物体の底面の内側にあるときは，その物体は元に戻る．図 4.5-1 参照.

▶ 答 (3)

問題 6 【平成 30 年春 問 34】

固体の物体の重心に関する記述として，適切なものは次のうちどれか.

(1) 重心が物体の外部にある物体は，置き方を変えると重心が物体の内部に移動する場合がある.

(2) 複雑な形状の物体の重心は，二つ以上の点になる場合があるが，重心の数が多いほどその物体の安定性は良くなる.

(3) 水平面上に置いた直方体の物体を傾けた場合，重心からの鉛直線がその物体の底面を通るときは，その物体は倒れる.

(4) 直方体の物体の置き方を変える場合，重心の位置が高くなるほど安定性は良くなる.

(5) 物体を構成する各部分には，それぞれ重力が作用しており，それらの合力の作用点を重心という.

解説 (1) 不適切．重心が物体の外部にある物体は，置き方を変えても，重心が物体の内部に移動することはなく，不変である．図 4.5-2 参照．

(2) 不適切．複雑な形状の物体においても重心は，一つである．

(3) 不適切．水平面上に置いた直方体の物体を傾けた場合，重心からの鉛直線がその物体の底面を通るときは，その物体は元に戻る．重心からの鉛直線がその物体の底面を通らないとき，その物体は転倒する．図 4.5-1 参照．

(4) 不適切．直方体の物体の置き方を変える場合，重心の位置が高くなるほど安定性は悪くなる．

(5) 適切．物体を構成する各部分には，それぞれ重力が作用しており，それらの合力の作用点を重心という．

▶答 (5)

問題 7

【平成 29 年秋 問 34】

物体の重心に関する記述として，適切なものは次のうちどれか．

(1) 重心は，物体の形状によらず，物体の内部にある．

(2) 複雑な形状の物体の重心は，二つ以上の点になる場合があるが，重心の数が多いほどその物体の安定性は良くなる．

(3) 水平面上に置いた直方体の物体を傾けた場合，重心からの鉛直線がその物体の底面を通るときは，その物体は倒れる．

(4) 直方体の物体の置き方を変える場合，重心の位置が高くなるほど安定性は良くなる．

(5) 物体を構成する各部分には，それぞれ重力が作用しており，それらの合力の作用点を重心という．

解説 (1) 不適切．重心は，物体の形状によって，物体の外部にある場合もある．図 4.5-2 参照．

(2) 不適切．複雑な形状の物体においても重心は，一つである．

(3) 不適切．水平面上に置いた直方体の物体を傾けた場合，重心からの鉛直線がその物体の底面を通るときは，その物体は元に戻る．なお，重心からの鉛直線がその物体の底面を外れると，その物体は転倒する．図 4.5-1 参照．

(4) 不適切．直方体の物体の置き方を変える場合，重心の位置が高くなるほど安定性は悪くなる．

(5) 適切．物体を構成する各部分には，それぞれ重力が作用しており，それらの合力の作用点を重心という．

▶答 (5)

問題8 【平成29年春 問34】

次の文中の［　　］内に入れるAからCの語句の組合せとして，正しいものは(1)～(5)のうちどれか.

「水平面においてある物体を図に示すように傾けると，この物体に作用する［A］により生じた力が合力Wとして重心Gに鉛直に作用し，回転の中心Oを支点として，物体を［B］とする方向に［C］として働く.」

	A	B	C
(1)	重力	元に戻そう	モーメント
(2)	重力	倒そう	遠心力
(3)	復元力	元に戻そう	引張応力
(4)	遠心力	倒そう	作用点
(5)	向心力	元に戻そう	動荷重

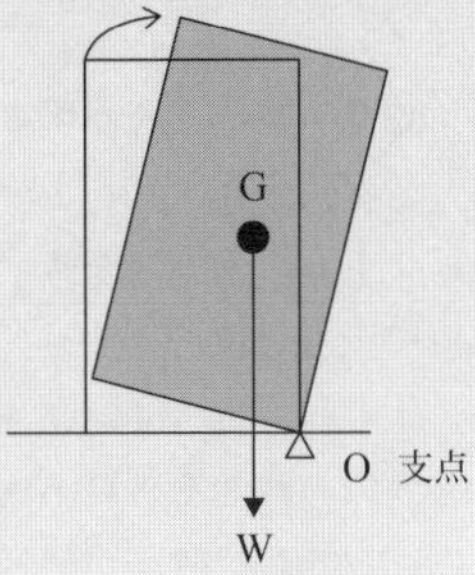

解説 A 「重力」である.

B 「元に戻そう」である．GWが底辺OAの外にあれば転倒する．図4.5-3参照.

C 「モーメント」である.

以上から(1)が正解.

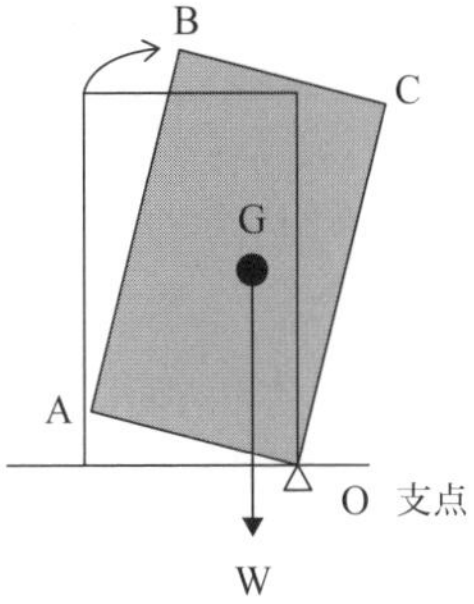

図4.5-3

▶答 (1)

問題9 【平成28年秋 問34】

物体の重心及び安定に関し，誤っているものは次のうちどれか.

(1) 直方体の物体の置き方を変える場合，重心の位置が低くなるほど安定性は良くなる.

(2) 重心は，物体の形状によっては必ずしも物体の内部にあるとは限らない.

(3) 物体を1本のひもでつったとき，ひもの取り付け位置によっては，つった点を通る鉛直線上に重心が来ないことがある.

(4) 物体を構成する各部分には，それぞれ重力が作用しており，それらの合力の作用点を重心という.

(5) 水平面上に置いた直方体の物体を手で傾けた場合，重心からの鉛直線がその物体の底面を外れるときは，手を離すとその物体は元の位置に戻らないで倒れる.

解説 (1) 正しい．直方体の物体の置き方を変える場合，重心の位置が低くなるほど安定性は良くなる.

(2) 正しい．重心は，物体の形状によっては必ずしも物体の内部にあるとは限らない．図 4.5-2 参照.

(3) 誤り．物体を 1 本のひもでつったとき，ひもの取り付け位置にかかわらず，つった点を通る鉛直線上に重心が来る.

(4) 正しい．物体を構成する各部分には，それぞれ重力が作用しており，それらの合力の作用点を重心という.

(5) 正しい．水平面上に置いた直方体の物体を手で傾けた場合，重心からの鉛直線がその物体の底面を外れるときは，手を離すとその物体は元の位置に戻らないで倒れる．図 4.5-1 参照.

▶ 答 (3)

問題 10 【平成 28 年春 問 31】

物体の重心及び安定に関し，次のうち誤っているものはどれか.

(1) 直方体の物体の置き方を変える場合，重心の位置が高くなるほど安定性は良くなる.

(2) 物体を構成する各部分には，それぞれ重力が作用しており，それらの合力の作用点を重心という.

(3) 物体を 1 本のひもでつったとき，重心はつった点を通る鉛直線上にある.

(4) 物体の重心は，ただ一つの点である.

(5) 水平面上に置いた直方体の物体を手で傾けた場合，重心からの鉛直線がその物体の底面を通るときは，手を離すとその物体は元の位置に戻る.

解説 (1) 誤り．直方体の物体の置き方を変える場合，重心の位置が高くなるほど安定性は悪くなる.

(2) 正しい．物体を構成する各部分には，それぞれ重力が作用しており，それらの合力の作用点を重心という.

(3) 正しい．物体を 1 本のひもでつったとき，重心はつった点を通る鉛直線上にある.

(4) 正しい．物体の重心は，ただ一つの点である.

(5) 正しい．水平面上に置いた直方体の物体を手で傾けた場合，重心からの鉛直線がその物体の底面を通るときは，手を離すとその物体は元の位置に戻る．図 4.5-1 参照.

▶ 答 (1)

4.6 移動式クレーンのジブが旋回するときのジブ先端の速度の計算

問題1 【令和2年春 問35】

移動式クレーンのジブが作業半径19mで2分間に1回転する速度で旋回を続けているとき，このジブの先端の速度の値に最も近いものは（1）～（5）のうちどれか．

（1）0.5m/s　（2）1.0m/s　（3）1.5m/s　（4）2.0m/s　（5）4.0m/s

解説 作業半径の円周を求め，その長さを時間（2分（120秒））で除してジブの先端の速度を算出する．

作業半径の円周 = 2 × 半径 × 円周率（π）= 2 × 19m × 3.14 = 2 × 19 × 3.14m　①

式①を2分，すなわち120秒で割ればよい．

ジブの先端の速度 = 式① ÷ 120s = 2 × 19 × 3.14/120〔m/s〕≒ 1.0m/s

以上から（2）が正解．　▶答（2）

問題2 【令和元年秋 問35】

移動式クレーンのジブが作業半径9mで3分間に1回転する速度で旋回を続けているとき，このジブの先端の速度の値に最も近いものは（1）～（5）のうちどれか．

（1）0.3m/s　（2）0.5m/s　（3）0.9m/s　（4）1.4m/s　（5）1.9m/s

解説 作業半径の円周を求め，その長さを時間（3分（180秒））で除してジブの先端の速度を算出する．

作業半径の円周 = 2 × 半径 × 円周率（π）= 2 × 9m × 3.14 = 2 × 9 × 3.14m　①

式①を3分，すなわち180秒で割ればよい．

ジブの先端の速度 = 式① ÷ 180s = 2 × 9 × 3.14/180〔m/s〕≒ 0.3m/s

以上から（1）が正解．　▶答（1）

問題3 【令和元年春 問35】

移動式クレーンのジブが作業半径15mで2分間に1回転する速度で旋回を続けているとき，このジブの先端の速度の値に最も近いものは（1）～（5）のうちどれか．

（1）0.4m/s　（2）0.8m/s　（3）1.6m/s　（4）3.1m/s　（5）6.3m/s

解説 作業半径の円周を求め，その長さを時間（2分（120秒））で除してジブの先端の速度を算出する．

作業半径の円周 = 2 × 半径 × 円周率（π）= 2 × 15m × 3.14 = 2 × 15 × 3.14m　①

式①を2分，すなわち120秒で割ればよい.

ジブの先端の速度 = 式① ÷ 120 s = 2 × 15 × 3.14/120〔m/s〕≒ 0.8 m/s

以上から（2）が正解.

▶答（2）

問題4 【平成30年秋 問35】

移動式クレーンのジブが作業半径20 mで1分間に1回転する速度で旋回を続けているとき，このジブの先端の速度の値に最も近いものは（1）～（5）のうちどれか.

（1）0.5 m/s　（2）0.7 m/s　（3）1.0 m/s　（4）2.1 m/s　（5）4.2 m/s

解説 作業半径の円周を求め，その長さを時間（1分（60秒））で除してジブの先端の速度を算出する.

作業半径の円周 = 2 × 半径 × 円周率（π）= 2 × 20 m × 3.14 = 2 × 20 × 3.14 m ①

式①を1分，すなわち60秒で割ればよい.

ジブの先端の速度 = 式① ÷ 60 s = 2 × 20 × 3.14/60〔m/s〕≒ 2.1 m/s

以上から（4）が正解.

▶答（4）

問題5 【平成29年秋 問35】

移動式クレーンのジブが作業半径20 mで，1分間に1回転する速度で旋回を続けているとき，このジブ先端の速度の値に最も近いものは（1）～（5）のうちどれか.

（1）0.5 m/s　（2）0.7 m/s　（3）1.0 m/s　（4）2.1 m/s　（5）4.2 m/s

解説 作業半径の円周を求め，その長さを時間（1分（60秒））で除してジブの先端の速度を算出する.

作業半径の円周 = 2 × 半径 × 円周率（π）= 2 × 20 m × 3.14 = 2 × 20 × 3.14 m ①

式①を1分，すなわち60秒で割ればよい.

ジブの先端の速度 = 式① ÷ 60 s = 2 × 20 × 3.14/60〔m/s〕≒ 2.1 m/s

以上から（4）が正解.

▶答（4）

問題6 【平成29年春 問35】

移動式クレーンのジブが作業半径19 mで2分間に1回転する速度で旋回を続けているとき，このジブ先端の速度の値に最も近いものは（1）～（5）のうちどれか.

（1）0.5 m/s　（2）1.0 m/s　（3）2.0 m/s　（4）4.0 m/s　（5）8.0 m/s

解説 作業半径の円周を求め，その長さを時間（2分（120秒））で除してジブの先端の速度を算出する.

作業半径の円周 = 2 × 半径 × 円周率（π）= 2 × 19 m × 3.14 = 2 × 19 × 3.14 m ①

式①を2分，すなわち120秒で割ればよい.

ジブの先端の速度 = 式① ÷ 60 s = 2 × 19 × 3.14/120〔m/s〕≒ 1.0 m/s

以上から（2）が正解.　▶答（2）

4.7 荷重の種類（曲げ荷重，圧縮荷重，ねじり荷重，引張荷重，せん断荷重など）

問題1　【令和2年秋 問35】

荷重に関する記述として，適切なものは次のうちどれか.

（1）移動式クレーンの巻上げドラムには，曲げ荷重と引張荷重がかかる.

（2）移動式クレーンのフックには，ねじり荷重と圧縮荷重がかかる.

（3）繰返し荷重が作用するとき，比較的小さな荷重であっても機械や構造物が破壊することがあるが，このような現象を疲労破壊という.

（4）片振り荷重は，大きさは同じであるが，向きが時間とともに変わる荷重である.

（5）荷を巻き下げているときに急制動すると，玉掛け用ワイヤロープには，圧縮荷重がかかる.

解説（1）不適切. 移動式クレーンの巻上げドラムには，曲げ荷重（図4.7-1参照）と圧縮荷重（図4.7-2参照）がかかる.

（2）不適切. 移動式クレーンのフックには，引張荷重（図4.7-3参照）と曲げ荷重がかかる.

（3）適切. 繰返し荷重が作用するとき，比較的小さな荷重であっても機械や構造物が破壊することがあるが，このような現象を疲労破壊という.

（4）不適切. 片振り荷重は，向きは同じであるが，大きさが時間とともに変わる荷重である. 記述が逆である. なお，荷重の向きと大きさが時間とともに変化する荷重は両振り荷重という. 図4.7-4参照.

（5）不適切. 荷を巻き下げているときに急制動すると，玉掛け用ワイヤロープには，衝撃荷重がかかる.

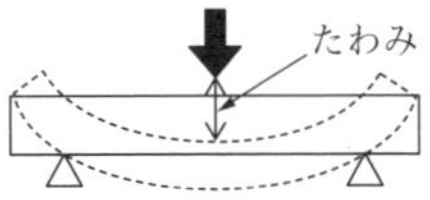

図4.7-1　曲げ荷重

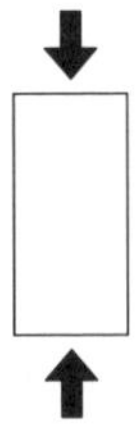

圧縮荷重

図4.7-2

図 4.7-3　引張荷重

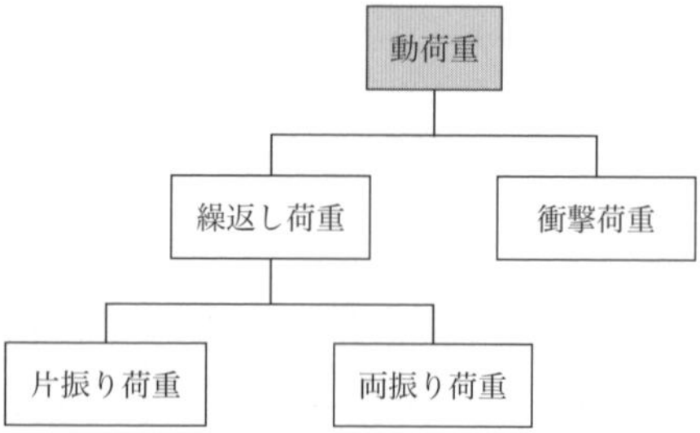

図 4.7-4　動荷重の分類

▶答（3）

問題 2　【令和 2 年春 問 37】

荷重に関する記述として，適切なものは次のうちどれか．

（1）移動式クレーンの巻上げドラムには，曲げ荷重とねじり荷重がかかる．
（2）移動式クレーンのフックには，主に圧縮荷重がかかる．
（3）せん断荷重は，材料を押し縮めるように働く荷重である．
（4）移動式クレーンのシーブを通る巻上げ用ワイヤロープには，圧縮荷重とせん断荷重がかかる．
（5）片振り荷重は，大きさは同じであるが，向きが時間とともに変わる荷重である．

解説　（1）適切．移動式クレーンの巻上げドラムには，曲げ荷重（図 4.7-1 参照）とねじり荷重（図 4.7-5 参照）がかかる．

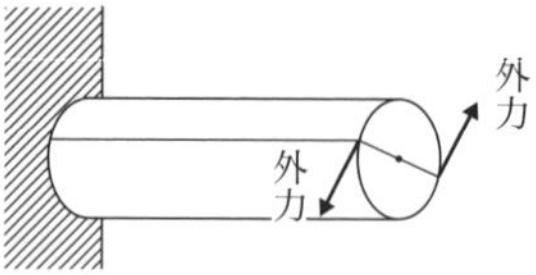

図 4.7-5　ねじり荷重

（2）不適切．移動式クレーンのフックには，主に引張荷重（図 4.7-3 参照）と曲げ荷重（図 4.7-1 参照）がかかる．

（3）不適切．せん断荷重は，材料をはさみで切るように働く荷重である（図 4.7-6 参照）．

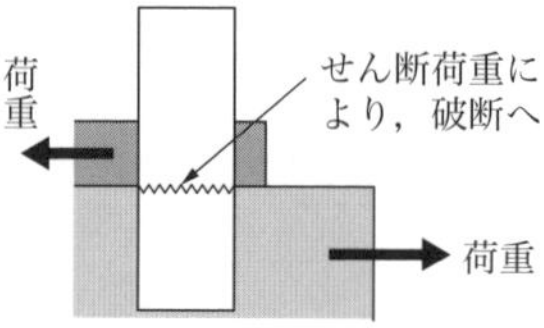

図 4.7-6　せん断荷重

（4）不適切．移動式クレーンのシーブを通る巻上げ用ワイヤロープには，引張荷重（図 4.7-3 参照）と曲げ荷重（図 4.7-1 参照）がかかる．

（5）不適切．片振り荷重は，クレーンのワイヤロープやウインチの軸受け等が受ける荷重のように力の向きは同じであるが，大きさが時間とともに変わる荷重である．なお，両振り荷重（または交番荷重）は，歯車軸が受ける荷重のように力の向きと大きさが時間とともに変わる荷重をいう．図 4.7-4 参照．

▶答（1）

問題3 【令和元年秋 問37】

荷重に関する記述として，適切でないものは次のうちどれか.

(1) 移動式クレーンのシーブを通る巻上げ用ワイヤロープには，引張荷重と曲げ荷重がかかる.

(2) 移動式クレーンのフックには，ねじり荷重と圧縮荷重がかかる.

(3) 移動式クレーンの巻上げドラムには，曲げ荷重とねじり荷重がかかる.

(4) 片振り荷重と衝撃荷重は，動荷重である.

(5) 荷を巻き下げているときに急制動すると，玉掛け用ワイヤロープには衝撃荷重がかかる.

解説 (1) 適切. 移動式クレーンのシーブを通る巻上げ用ワイヤロープには，引張荷重（図4.7-3参照）と曲げ荷重（図4.7-1参照）がかかる.

(2) 不適切. 移動式クレーンのフックには，主に引張荷重と曲げ荷重がかかる.

(3) 適切. 移動式クレーンの巻上げドラムには，曲げ荷重とねじり荷重（図4.7-5参照）がかかる.

(4) 適切. 片振り荷重と衝撃荷重は，動荷重である. 図4.7-4参照. なお，片振り荷重は，クレーンのワイヤロープやウインチの軸受け等が受ける荷重のように力の向きは同じであるが，大きさが時間とともに変わる荷重である. また，両振り荷重（または交番荷重）は，歯車軸が受ける荷重のように力の向きと大きさが時間とともに変わる荷重をいう.

(5) 適切. 荷を巻き下げているときに急制動すると，玉掛け用ワイヤロープには衝撃荷重がかかる.

▶答 (2)

問題4 【令和元年春 問37】

荷重に関する記述として，適切なものは次のうちどれか.

(1) 移動式クレーンの巻上げドラムの軸には，曲げ荷重とねじり荷重がかかる.

(2) 移動式クレーンのフックには，主に圧縮荷重がかかる.

(3) せん断荷重は，材料を押し縮めるように働く荷重である.

(4) 移動式クレーンのシーブを通る巻上げ用ワイヤロープには，圧縮荷重とせん断荷重がかかる.

(5) 片振り荷重は，大きさは同じであるが，向きが時間とともに変わる荷重である.

解説 (1) 適切. 移動式クレーンの巻上げドラムの軸には，曲げ荷重とねじり荷重がかかる. 図4.7-1および図4.7-5参照.

(2) 不適切. 移動式クレーンのフックには，主に引張荷重と曲げ荷重がかかる. 図4.7-3

参照.

(3) 不適切．せん断荷重は，はさみで切るように働く荷重である．図4.7-6参照.

(4) 不適切．移動式クレーンのシーブを通る巻上げ用ワイヤロープには，引張荷重と曲げ荷重がかかる.

(5) 不適切．片振り荷重は，クレーンのワイヤロープやウインチの軸受け等が受ける荷重のように力の向きは同じであるが，大きさが時間とともに変わる荷重である．なお，両振り荷重（または交番荷重）は，歯車軸が受ける荷重のように力の向きと大きさが時間とともに変わる荷重をいう．図4.7-4参照.

▶答（1）

問題5 【平成30年秋 問37】

荷重に関する記述として，適切でないものは次のうちどれか.

(1) 移動式クレーンのフックには，引張荷重と曲げ荷重がかかる.

(2) 円筒形の丸棒の一端の面を壁に当てて，丸棒を壁に垂直に固定し，棒の軸を中心として他方の端を回転させようとするときに働く荷重は，せん断荷重である.

(3) 繰返し荷重が作用するとき，比較的小さな荷重であっても機械や構造物が破壊することがあるが，このような現象を疲労破壊という.

(4) 荷を巻き下げているときに急制動すると，玉掛け用ワイヤロープには衝撃荷重がかかる.

(5) 片振り荷重と衝撃荷重は，動荷重である.

解説 (1) 適切．移動式クレーンのフックには，引張荷重（図4.7-3参照）と曲げ荷重（図4.7-1参照）がかかる.

(2) 不適切．円筒形の丸棒の一端の面を壁に当てて，丸棒を壁に垂直に固定し，棒の軸を中心として他方の端を回転させようとするときに働く荷重は，ねじり荷重である．図4.7-5参照.

(3) 適切．繰返し荷重が作用するとき，比較的小さな荷重であっても機械や構造物が破壊することがあるが，このような現象を疲労破壊という.

(4) 適切．荷を巻き下げているときに急制動すると，玉掛け用ワイヤロープには衝撃荷重がかかる.

(5) 適切．片振り荷重と衝撃荷重は，動荷重である（図4.7-4参照)．なお，片振り荷重は，クレーンのワイヤロープやウインチの軸受け等が受ける荷重のように力の向きは同じであるが，大きさが時間とともに変わる荷重である．また，両振り荷重（または交番荷重）は，歯車軸が受ける荷重のように力の向きと大きさが時間とともに変わる荷重をいう.

▶答（2）

問題6

【平成30年春 問37】

荷重に関する記述として，適切でないものは次のうちどれか．

(1) 移動式クレーンのシーブを通る巻上げ用ワイヤロープには，引張荷重と曲げ荷重がかかる．

(2) 移動式クレーンのフックには，ねじり荷重と圧縮荷重がかかる．

(3) 移動式クレーンの巻上げドラムの軸には，曲げ荷重とねじり荷重がかかる．

(4) 片振り荷重と衝撃荷重は，動荷重である．

(5) 荷を巻き下げているときに急制動すると，玉掛け用ワイヤロープには衝撃荷重がかかる．

解説 (1) 適切．移動式クレーンのシーブを通る巻上げ用ワイヤロープには，引張荷重（図4.7-3参照）と曲げ荷重（図4.7-1参照）がかかる．

(2) 不適切．移動式クレーンのフックには，主に引張荷重と曲げ荷重がかかる．

(3) 適切．移動式クレーンの巻上げドラムの軸には，曲げ荷重とねじり荷重がかかる．

(4) 適切．片振り荷重と衝撃荷重は，動荷重である（図4.7-4参照）．なお，片振り荷重は，クレーンのワイヤロープやウインチの軸受け等が受ける荷重のように力の向きは同じであるが，大きさが時間とともに変わる荷重である．また，両振り荷重（または交番荷重）は，歯車軸が受ける荷重のように力の向きと大きさが時間とともに変わる荷重をいう．

(5) 適切．荷を巻き下げているときに急制動すると，玉掛け用ワイヤロープには衝撃荷重がかかる．

▶答 (2)

問題7

【平成29年秋 問37】

荷重に関する記述として，適切なものは次のうちどれか．

(1) 移動式クレーンの巻上げドラムの軸には，曲げ荷重と引張荷重がかかる．

(2) 移動式クレーンのフックには，ねじり荷重と圧縮荷重がかかる．

(3) 繰返し荷重が作用するとき，比較的小さな荷重であっても機械や構造物が破壊することがあるが，このような現象を疲労破壊という．

(4) 片振り荷重は，大きさは同じであるが，向きが時間とともに変わる荷重である．

(5) 荷を巻き下げているときに急制動すると，玉掛け用ワイヤロープには，圧縮荷重がかかる．

解説 (1) 不適切．移動式クレーンの巻上げドラムの軸には，曲げ荷重（図4.7-1参照）とねじり荷重（図4.7-5参照）がかかる．

(2) 不適切．移動式クレーンのフックには，引張荷重（図4.7-3参照）と曲げ荷重（図

4.7-1参照）がかかる．

(3) 適切．繰返し荷重が作用するとき，比較的小さな荷重であっても機械や構造物が破壊することがあるが，このような現象を疲労破壊という．

(4) 不適切．片振り荷重は，クレーンのワイヤロープやウインチの軸受け等が受ける荷重のように力の向きは同じであるが，大きさが時間とともに変わる荷重である．なお，両振り荷重（または交番荷重）は，歯車軸が受ける荷重のように力の向きと大きさが時間とともに変わる荷重をいう．図4.7-4参照．

(5) 不適切．荷を巻き下げているときに急制動すると，玉掛け用ワイヤロープには，衝撃荷重がかかる．

▶答 (3)

問題8　【平成29年春 問37】

荷重に関し，正しいものは次のうちどれか．

(1) 移動式クレーンの巻上げドラムの軸には，曲げ荷重と引張荷重がかかる．

(2) 移動式クレーンのシーブを通る巻上げ用ワイヤロープには，曲げ荷重とせん断荷重がかかる．

(3) せん断荷重は，材料を押し縮めるように働く荷重である．

(4) 移動式クレーンのフックには，曲げ荷重と圧縮荷重がかかる．

(5) 荷を巻き下げているときに急制動すると，玉掛け用ワイヤロープには，衝撃荷重がかかる．

解説 (1) 誤り．移動式クレーンの巻上げドラムの軸には，曲げ荷重とねじり荷重がかかる．

(2) 誤り．移動式クレーンのシーブを通る巻上げ用ワイヤロープには，曲げ荷重と引張荷重がかかる．

(3) 誤り．せん断荷重は，材料をはさみで切るように働く荷重である．図4.7-6参照．

(4) 誤り．移動式クレーンのフックには，曲げ荷重と引張荷重がかかる．

(5) 正しい．荷を巻き下げているときに急制動すると，玉掛け用ワイヤロープには，衝撃荷重がかかる．

▶答 (5)

問題9　【平成28年秋 問37】

次の文中の［　　］内に入れるA及びBの語句の組合せとして，正しいものは(1)～(5)のうちどれか．

「荷を巻下げしているときに急制動したり，玉掛け用ワイヤロープが［ A ］状態から全速で荷を巻上げしたりすると，玉掛け用ワイヤロープに，つり荷による荷重よりはるかに大きな荷重が作用することがある．このような荷重を［ B ］という．」

	A	B
(1)	緩んでいる	せん断荷重
(2)	緩んでいる	衝撃荷重
(3)	緩んでいる	圧縮荷重
(4)	緊張した	静荷重
(5)	緊張した	曲げ荷重

解説 A「緩んでいる」である．
B「衝撃荷重」である．
以上から（2）が正解．

▶答（2）

問題10 【平成28年春 問33】

荷重に関し，次のうち誤っているものはどれか．

（1）移動式クレーンの巻上げドラムの軸には，曲げ荷重とねじり荷重がかかる．
（2）せん断荷重は，材料をはさみで切るように働く荷重である．
（3）移動式クレーンのフックには，引張荷重と曲げ荷重がかかる．
（4）移動式クレーンのシーブを通る巻上げ用ワイヤロープには，圧縮荷重とせん断荷重がかかる．
（5）繰返し荷重と衝撃荷重は，動荷重である．

解説（1）正しい．移動式クレーンの巻上げドラムの軸には，曲げ荷重（図4.7-1参照）とねじり荷重（図4.7-5参照）がかかる．
（2）正しい．せん断荷重は，材料をはさみで切るように働く荷重である．図4.7-6参照．
（3）正しい．移動式クレーンのフックには，引張荷重（図4.7-3参照）と曲げ荷重がかかる．
（4）誤り．移動式クレーンのシーブを通る巻上げ用ワイヤロープには，引張荷重と曲げ荷重がかかる．
（5）正しい．繰返し荷重と衝撃荷重は，動荷重である（図4.7-4参照）．なお，静荷重は移動式クレーン機械本体の自重や荷をつり上げて静止している状態のように，力の大きさと向きが変わらないものをいう．

▶答（4）

4.8 平面床等において物体の質量の静止摩擦力，静止摩擦係数に関する計算等

問題1 【令和2年秋 問36】

図のように，水平な床面に置いた質量Wの物体を床面に沿って引っ張り，動き始める直前の力Fの値が490 Nであったとき，Wの値は（1）～（5）のうちどれか．

ただし，接触面の静止摩擦係数は0.5とし，重力の加速度は$9.8\,\mathrm{m/s^2}$とする．

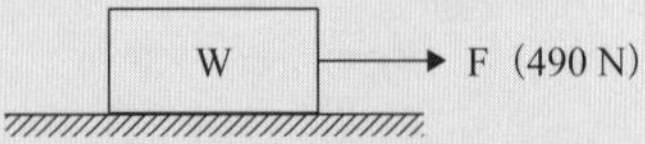

（1）　25 kg
（2）　100 kg
（3）　245 kg
（4）　980 kg
（5）　2,401 kg

解説　静止摩擦力は，質量Wに重力加速度と静止摩擦係数を掛けた値である．この値がFと釣り合うとしてWを算出する．

$$W\,\mathrm{kg} \times 9.8\,\mathrm{m/s^2} \times \text{静止摩擦係数} = W \times 9.8 \times 0.5\,\mathrm{kg{\cdot}m{\cdot}s^{-2}} = W \times 9.8 \times 0.5\,\mathrm{N} \quad ①$$

式①とF（490 N）が等しい．

$$W \times 9.8 \times 0.5 = 490 \quad ②$$

式②からWを求める．

$$W = 490/(9.8 \times 0.5) = 100\,\mathrm{kg}$$

以上から（2）が正解．

▶答（2）

問題2 【令和2年春 問36】

図のように，水平な床面に置いた質量Wの物体を床面に沿って引っ張り，動き始める直前の力Fの値が980 Nであったとき，Wの値に最も近いものは（1）～（5）のうちどれか．

ただし，接触面の静止摩擦係数は0.3とし，重力の加速度は$9.8\,\mathrm{m/s^2}$とする．

（1）　30 kg
（2）　100 kg
（3）　167 kg
（4）　250 kg
（5）　333 kg

解説 静止摩擦力は，質量Wに重力加速度と静止摩擦係数を掛けた値である．
この値がFと釣り合うとしてWを算出する．

$$W\,\mathrm{kg} \times 9.8\,\mathrm{m/s^2} \times 静止摩擦係数 = W \times 9.8 \times 0.3\,\mathrm{kg{\cdot}m{\cdot}s^{-2}} = W \times 9.8 \times 0.3\,\mathrm{N} \quad ①$$

式①とF（980 N）が等しい．

$$W \times 9.8 \times 0.3 = 980 \quad ②$$

式②からWを求める．

$$W = 980/(9.8 \times 0.3) = 100/0.3 \fallingdotseq 333\,\mathrm{kg}$$

以上から（5）が正解．　▶答（5）

問題3　【令和元年秋 問36】

図のように，水平な床面に置いた質量Wの物体を床面に沿って引っ張り，動き始める直前の力Fの値が490 Nであったとき，Wの値に最も近いものは（1）～（5）のうちどれか．

ただし，接触面の静止摩擦係数は0.3とし，重力の加速度は9.8 m/s^{2}とする．

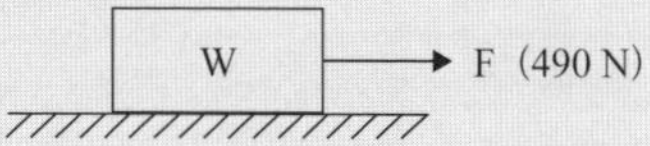

(1)　15 kg
(2)　147 kg
(3)　167 kg
(4)　980 kg
(5)　1,441 kg

解説 静止摩擦力は，質量Wに重力加速度と静止摩擦係数を掛けた値である．
この値がFと釣り合うとしてWを算出する．

$$W\,\mathrm{kg} \times 9.8\,\mathrm{m/s^2} \times 静止摩擦係数 = W \times 9.8 \times 0.3\,\mathrm{kg{\cdot}m{\cdot}s^{-2}} = W \times 9.8 \times 0.3\,\mathrm{N} \quad ①$$

式①とF（490 N）が等しい．

$$W \times 9.8 \times 0.3 = 490 \quad ②$$

式②からWを求める．

$$W = 490/(9.8 \times 0.3) \fallingdotseq 167\,\mathrm{kg}$$

以上から（3）が正解．　▶答（3）

問題4　【令和元年春 問36】

図のように，水平な床面に置いた質量Wの物体を床面に沿って引っ張り，動き始める直前の力Fの値が490 Nであったとき，Wの値に最も近いものは（1）～（5）のうちどれか．

ただし，接触面の静止摩擦係数は0.4とし，重力の加速度は9.8 m/s^{2}とする．

(1)　20 kg
(2)　50 kg
(3)　100 kg
(4)　125 kg
(5)　196 kg

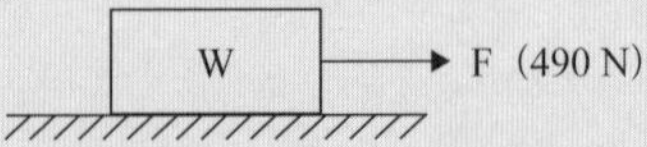

解説　静止摩擦力は，質量 W に重力加速度と静止摩擦係数を掛けた値である．
この値が F と釣り合うとして W を算出する．

$$W\,\mathrm{kg} \times 9.8\,\mathrm{m/s^2} \times \text{静止摩擦係数} = W \times 9.8 \times 0.4\,\mathrm{kg{\cdot}m{\cdot}s^{-2}} = W \times 9.8 \times 0.4\,\mathrm{N} \quad ①$$

式①と F（490 N）が等しい．

$$W \times 9.8 \times 0.4 = 490 \quad ②$$

式②から W を求める．

$$W = 490/(9.8 \times 0.4) = 125\,\mathrm{kg}$$

以上から（4）が正解．

▶答（4）

問題 5　【平成 30 年秋 問 36】

図のように，水平な床面に置いた質量 W の物体を床面に沿って引っ張り，動き始める直前の力 F の値が 980 N であったとき，W の値に最も近いものは（1）～（5）のうちどれか．

ただし，接触面の静止摩擦係数は 0.3 とし，重力の加速度は $9.8\,\mathrm{m/s^2}$ とする．

(1)　30 kg
(2)　100 kg
(3)　167 kg
(4)　250 kg
(5)　333 kg

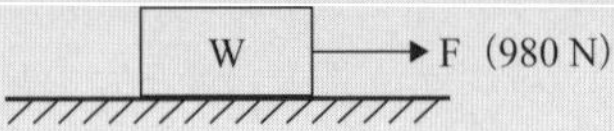

解説　静止摩擦力は，質量 W に重力加速度と静止摩擦係数を掛けた値である．
この値が F と釣り合うとして W を算出する．

$$W\,\mathrm{kg} \times 9.8\,\mathrm{m/s^2} \times \text{静止摩擦係数} = W \times 9.8 \times 0.3\,\mathrm{kg{\cdot}m{\cdot}s^{-2}} = W \times 9.8 \times 0.3\,\mathrm{N} \quad ①$$

式①と F（980 N）が等しい．

$$W \times 9.8 \times 0.3 = 980 \quad ②$$

式②から W を求める．

$$W = 980/(9.8 \times 0.3) \fallingdotseq 333\,\mathrm{kg}$$

以上から（5）が正解．

▶答（5）

問題6 【平成30年春 問36】

図のように，水平な床面に置いた質量170 kgの物体を床面に沿って引っ張るとき，動き始める直前の力Fの値に最も近いものは（1）～（5）のうちどれか．

ただし，接触面の静止摩擦係数は0.4とし，重力の加速度は$9.8\,\mathrm{m/s^2}$とする．

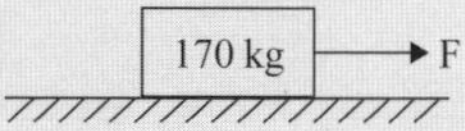

（1）333 N

（2）500 N

（3）627 N

（4）666 N

（5）833 N

解説 静止摩擦力は，質量Wに重力加速度と静止摩擦係数を掛けた値である．この値が動き始める直前の力FとしてFを算出する．

$$F = 質量\,\mathrm{kg} \times 重力加速度\,\mathrm{m/s^2} \times 静止摩擦係数 = 170\,\mathrm{kg} \times 9.8\,\mathrm{m/s^2} \times 0.4$$

$$= 170 \times 9.8 \times 0.4\,\mathrm{kg{\cdot}m{\cdot}s^{-2}} \fallingdotseq 666\,\mathrm{N}$$

以上から（4）が正解．

▶答（4）

問題7 【平成29年秋 問36】

物体に働く摩擦力に関し，誤っているものは次のうちどれか．

（1）水平面で静止している物体に力を加えなければ，摩擦力は働かない．

（2）最大静止摩擦力の大きさは，静止摩擦係数に反比例する．

（3）物体が他の物体に接触しながら運動しているときに働く摩擦力を，運動摩擦力という．

（4）最大静止摩擦力の大きさは，物体の質量や接触面の状態に関係がある．

（5）円柱状の物体を動かす場合，転がり摩擦力は滑り摩擦力に比べると小さい．

解説 （1）正しい．水平面で静止している物体に力を加えなければ，摩擦力は働かない．

（2）誤り．最大静止摩擦力の大きさは，静止摩擦係数に比例する．「反比例」が誤り．

（3）正しい．物体が他の物体に接触しながら運動しているときに働く摩擦力を，運動摩擦力という．

（4）正しい．最大静止摩擦力の大きさは，物体の質量や接触面の状態に関係がある．

（5）正しい．円柱状の物体を動かす場合，転がり摩擦力は滑り摩擦力に比べると小さい．

▶答（2）

問題8 【平成29年春 問36】

図のように，水平な床面に置いた質量120 kgの物体を床面に沿って引っ張るとき，動き始める直前の力Fの値に最も近いものは（1）～（5）のうちどれか.

ただし，接触面の静止摩擦係数は0.4とし，重力の加速度は$9.8\,\mathrm{m/s^2}$とする.

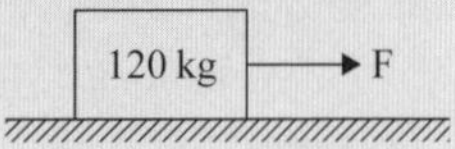

（1） 470 N
（2） 588 N
（3） 706 N
（4） 1,176 N
（5） 2,940 N

解説 物体が動き始めるのは，力Fと静止摩擦力が等しくなったときである．静止摩擦力は，質量Wに重力加速度と静止摩擦係数を掛けた値である.

$$\text{静止摩擦力} = W\,\mathrm{kg} \times \text{重力加速度} \times \text{静止摩擦係数} = 120\,\mathrm{kg} \times 9.8\,\mathrm{m/s^2} \times 0.4$$
$$= 120 \times 9.8 \times 0.4\,\mathrm{kg{\cdot}m/s^2} = 120 \times 9.8 \times 0.4\,\mathrm{N} \fallingdotseq 470\,\mathrm{N}$$

以上から（1）が正解.

▶答（1）

問題9 【平成28年秋 問36】

図はブレーキのモデルを示したものである．質量2tの荷が落下しないようにするためにブレーキシューを押す最小の力Fの値に最も近いものは，（1）～（5）のうちどれか.

ただし，重力の加速度は$9.8\,\mathrm{m/s^2}$，接触面の静止摩擦係数は0.5とする.

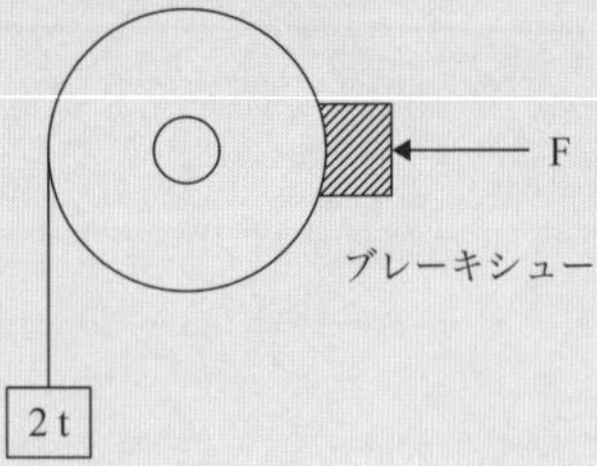

（1） 4.9 kN
（2） 9.8 kN
（3） 14.7 kN
（4） 19.6 kN
（5） 39.2 kN

解説 この問題を書き換えれば，図のように力$2\,\mathrm{t} \times 9.8\,\mathrm{m/s^2} = 2{,}000\,\mathrm{kg} \times 9.8\,\mathrm{m/s^2} = 2{,}000 \times 9.8\,\mathrm{N}$で質量$W$を引張ることと同じものである．したがって，$W$に静止摩擦係数を掛けた値$F$と引っ張る力が同じとして$W$を算出する.

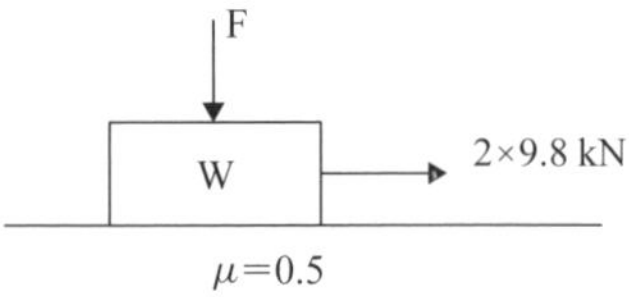

図

$$F = W \times \text{静止摩擦係数} = 2{,}000 \times 9.8\,\mathrm{N} = 2 \times 9.8\,\mathrm{kN}$$
$$W = 2 \times 9.8\,\mathrm{kN}/0.5 = 39.2\,\mathrm{kN}$$

以上から（5）が正解.

▶答（5）

問題10 【平成28年春 問32】

物体に働く摩擦力に関し，次のうち誤っているものはどれか．

(1) 水平面で静止している物体に力を加えなければ，摩擦力は働かない．

(2) 最大静止摩擦力の大きさは，静止摩擦係数に反比例する．

(3) 物体が他の物体に接触しながら運動しているときに働く摩擦力を，運動摩擦力という．

(4) 最大静止摩擦力の大きさは，物体の質量や接触面の状態に関係がある．

(5) 円柱状の物体を動かす場合，転がり摩擦力は滑り摩擦力に比べると小さい．

解説 (1) 正しい．水平面で静止している物体に力を加えなければ，摩擦力は働かない．

(2) 誤り．最大静止摩擦力 F の大きさは，$F=\mu M$ で表され静止摩擦係数 μ に比例する．ここで，M は物体の重量である．

(3) 正しい．物体が他の物体に接触しながら運動しているときに働く摩擦力を，運動摩擦力という．

(4) 正しい．最大静止摩擦力の大きさは，物体の質量や接触面の状態に関係がある．

(5) 正しい．円柱状の物体を動かす場合，転がり摩擦力は滑り摩擦力に比べると小さい．

▶答 (2)

4.9 物体の運動に関する事項

問題1 【令和2年秋 問37】

物体の運動に関する記述として，適切なものは次のうちどれか．

(1) 運動している物体には，外部から力が作用しない限り，静止している状態に戻ろうとする性質があり，この性質を慣性という．

(2) 物体が円運動をしているとき，遠心力は，物体の質量が大きいほど小さくなる．

(3) 物体が速さや向きを変えながら運動する場合，その変化の程度を示す量を速度という．

(4) 等速直線運動をしている物体の移動した距離をL，その移動に要した時間をTとすれば，その速さVは，V＝L×Tで求められる．

(5) 物体が一定の加速度で加速し，その速度が6秒間に8 m/sから17 m/sになったときの加速度は，1.5 m/s² である．

解説 (1) 不適切．運動している物体には，同一の運動の状態を永久に続けようとする性質があり，また静止している物体は静止の状態を続けようとする性質があり，この性質を慣性という．

(2) 不適切．物体が円運動をしているとき，遠心力 F は，物体の質量 m，半径 r，速度を v とすれば，$F = m \times v^2/r$ と表され，m が大きいほど大きくなる．

(3) 不適切．物体が速さや向きを変えながら運動する場合，その変化の程度を示す量を加速度という．

(4) 不適切．等速直線運動をしている物体の移動した距離を L，その移動に要した時間を T とすれば，その速さ V は，$V = L/T$ で求められる．

(5) 適切．物体が一定の加速度で加速し，その速度が 6 秒間に 8 m/s から 17 m/s になったときの加速度は，$(17\,\mathrm{m/s} - 8\,\mathrm{m/s})/6\,\mathrm{s} = 1.5\,\mathrm{m/s^2}$ である．

▶答 (5)

問題2 【平成30年春 問35】

物体の運動に関する記述として，適切でないものは次のうちどれか．

(1) 物体の運動の速い，遅いの程度を示す量を速さといい，単位時間に物体が移動した距離で表す．

(2) 物体が円運動をしているとき，物体には円の外に飛び出そうとする遠心力が生じる．

(3) 物体が一定の加速度で加速し，その速度が 2 秒間に 10 m/s から 20 m/s になったときの加速度は，$10\,\mathrm{m/s^2}$ である．

(4) 運動している物体には，外部から力が作用しない限り，永久に同一の運動を続けようとする性質があり，この性質を慣性という．

(5) 静止している物体を動かしたり，運動している物体の速度を変えるためには力が必要である．

解説 (1) 適切．物体の運動の速い，遅いの程度を示す量を速さといい，単位時間に物体が移動した距離で表す．

(2) 適切．物体が円運動をしているとき，物体には円の外に飛び出そうとする遠心力が生じる．

(3) 不適切．物体が一定の加速度で加速し，その速度が 2 秒間に 10 m/s から 20 m/s になったときの加速度は，速度変化をその間の時間で割った値であるから，$(20\,\mathrm{m/s} - 10\,\mathrm{m/s})/2\,\mathrm{s} = 5\,\mathrm{m/s^2}$ である．

(4) 適切．運動している物体には，外部から力が作用しない限り，永久に同一の運動を続けようとする性質があり，この性質を慣性という．

(5) 適切．静止している物体を動かしたり，運動している物体の速度を変えるためには力が必要である．

▶答 (3)

問題3 【平成28年秋 問35】

物体の運動に関し，誤っているものは次のうちどれか．

(1) 物体の運動の速い・遅いの程度を示す量を速さといい，単位時間に物体が移動した距離で表す．

(2) 物体が円運動をしているとき，物体には円の外に飛び出そうとする遠心力が生じる．

(3) 物体の速度が2秒間に10 m/sから20 m/sになったときの加速度は，$10\,\mathrm{m/s^2}$である．

(4) 運動している物体が，外部から力が作用しない限り，永久に同一の運動を続けようとする性質を慣性という．

(5) 静止している物体を動かしたり，運動している物体の速度を変えるためには力が必要である．

解説 (1) 正しい．物体の運動の速い・遅いの程度を示す量を速さといい，単位時間に物体が移動した距離で表す．

(2) 正しい．物体が円運動をしているとき，物体には円の外に飛び出そうとする遠心力が生じる．

(3) 誤り．物体の速度が2秒間に10 m/sから20 m/sになったときの加速度は，$(20\,\mathrm{m} - 10\,\mathrm{m})/2\,\mathrm{s} = 5\,\mathrm{m/s^2}$である．

(4) 正しい．運動している物体が，外部から力が作用しない限り，永久に同一の運動を続けようとする性質を慣性という．

(5) 正しい．静止している物体を動かしたり，運動している物体の速度を変えるためには力が必要である．

▶答 (3)

問題4 【平成28年春 問36】

物体の運動に関し，次のうち誤っているものはどれか．

(1) 物体の運動の速い遅いの程度を示す量を速さといい，単位時間に物体が移動した距離で表す．

(2) 物体が円運動をしているとき，物体には円の外に飛び出そうとする遠心力が生じる．

(3) 物体の速度が10秒間に10 m/sから35 m/sになったときの加速度は，$2.5\,\mathrm{m/s^2}$である．

(4) 等速直線運動している物体には，外部から力が作用しなければ永久に同一の運動を続けようとする性質がある．

(5) 物体に一定の力が作用して生じる加速度の大きさは，作用する力の大きさが同じ場合，物体の質量が大きいほど生じる加速度は大きい．

解説 (1) 正しい．物体の運動の速い遅いの程度を示す量を速さといい，単位時間に物体が移動した距離で表す．

(2) 正しい．物体が円運動をしているとき，物体には円の外に飛び出そうとする遠心力が生じる．

(3) 正しい．物体の速度が 10 秒間に 10 m/s から 35 m/s になったときの加速度は，$(35\,\mathrm{m/s} - 10\,\mathrm{m/s})/10\,\mathrm{s} = 2.5\,\mathrm{m/s^2}$ である．

(4) 正しい．等速直線運動している物体には，外部から力が作用しなければ永久に同一の運動を続けようとする性質がある．

(5) 誤り．物体に一定の力 F が作用して生じる加速度 α の大きさは，作用する力の大きさが同じ場合，物体の質量 M が大きいほど生じる加速度は，$\alpha = F/M$ であるから小さい．

▶答 (5)

4.10 2本の玉掛ワイヤロープの1本に係る張力の計算

問題1 【令和2年秋 問38】

図AからCのとおり，同一形状で質量が異なる3つの荷を，それぞれ同じ長さの2本の玉掛け用ワイヤロープを用いて，それぞれ異なるつり角度でつり上げるとき，1本のワイヤロープにかかる張力の値が大きい順に並べたものは (1) ～ (5) のうちどれか．

ただし，いずれも荷の左右のつり合いは取れており，左右のワイヤロープの張力は同じとし，ワイヤロープの質量は考えないものとする．

	張力		
	大	→	小
(1)	A,	B,	C
(2)	A,	C,	B
(3)	B,	A,	C
(4)	C,	A,	B
(5)	C,	B,	A

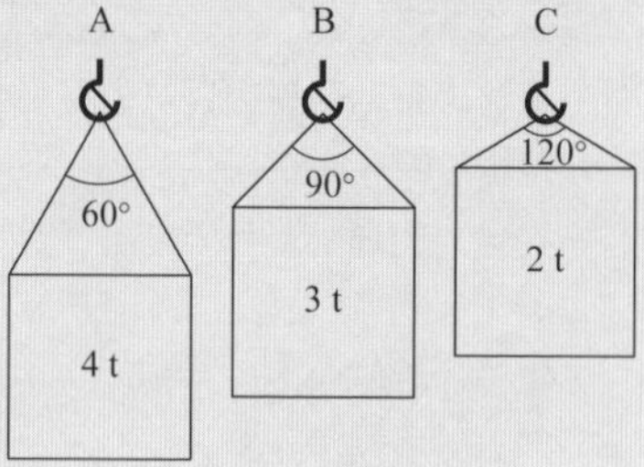

解説 一本のワイヤロープに係る張力は，質量 W に重力加速度と張力係数をかけ，それを2で割った値である．表4.10-1参照．

表 4.10-1　玉掛け用ワイヤロープのつり角度による張力係数

（出典：移動式クレーン運転士教本，p212）

つり角度〔°〕	張力係数
0	1.00
30	1.04
60	1.16
90	1.41
120	2.00

（注）張力係数：玉掛け用ワイヤロープのつり角度0°のときの張力に対する比

A　$4\,\mathrm{t} \times 9.8\,\mathrm{m/s^2} \times \text{張力係数}/2 = 4{,}000\,\mathrm{kg} \times 9.8\,\mathrm{m/s^2} \times 1.16/2$
$\fallingdotseq 22.7 \times 10^3\,\mathrm{N} = 22.7\,\mathrm{kN}$

B　$3\,\mathrm{t} \times 9.8\,\mathrm{m/s^2} \times \text{張力係数}/2 = 3{,}000\,\mathrm{kg} \times 9.8\,\mathrm{m/s^2} \times 1.41/2$
$\fallingdotseq 20.7 \times 10^3\,\mathrm{N} = 20.7\,\mathrm{kN}$

C　$2\,\mathrm{t} \times 9.8\,\mathrm{m/s^2} \times \text{張力係数}/2 = 2{,}000\,\mathrm{kg} \times 9.8\,\mathrm{m/s^2} \times 2.00/2$
$= 19.6 \times 10^3\,\mathrm{N} = 19.6\,\mathrm{kN}$

以上から（1）が正解.　▶答（1）

問題2　【令和2年春 問38】

図のように，直径1 m，高さ1 mのコンクリート製の円柱を2本の玉掛け用ワイヤロープを用いてつり角度90°でつるとき，1本のワイヤロープにかかる張力の値に最も近いものは（1）～（5）のうちどれか.

ただし，コンクリートの$1\,\mathrm{m^3}$当たりの質量は2.3 t，重力の加速度は$9.8\,\mathrm{m/s^2}$とする．また，荷の左右のつり合いは取れており，左右のワイヤロープの張力は同じとし，ワイヤロープ及び荷のつり金具の質量は考えないものとする.

（1）　6 kN
（2）　9 kN
（3）10 kN
（4）13 kN
（5）18 kN

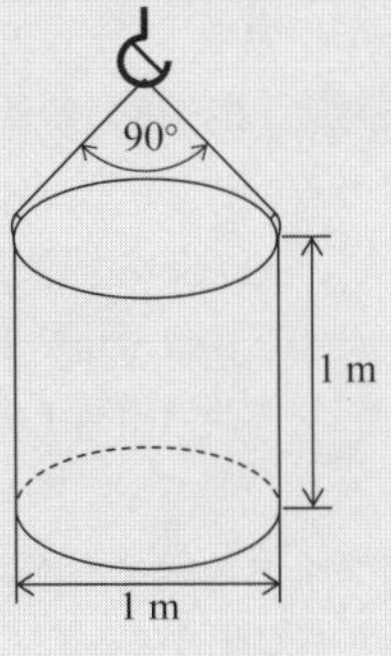

解説　コンクリートの円柱の重量を算出し，表4.10-1からつり角度90°の張力係数をか

けて求める．

コンクリートの円柱の重量 ＝ 円柱の体積 $\mathrm{m^3} \times 2.3\,\mathrm{t/m^3} \times 9.8\,\mathrm{m/s^2}$

$= 3.14 \times (1/2\,\mathrm{m})^2 \times 1\,\mathrm{m} \times 2.3\,\mathrm{t/m^3} \times 1{,}000\,\mathrm{kg/t} \times 9.8\,\mathrm{m/s^2}$

$= 3.14 \times 1/4 \times 1 \times 2.3 \times 9.8 \times 1{,}000\,\mathrm{kg} \times \mathrm{m/s^2}$

$\fallingdotseq 18 \times 10^3\,\mathrm{N} = 18\,\mathrm{kN}$

ワイヤロープ1本にかかる張力は，円柱の重量の半分の値に張力係数をかけた値から算出する．表4.10-1参照．

1本にかかる張力 $= 18\,\mathrm{kN}/2 \times 1.41 \fallingdotseq 13\,\mathrm{kN}$

以上から（4）が正解．

▶答（4）

問題3　【令和元年秋 問38】

図のような形状の鋳鉄製の直方体を同じ長さの2本の玉掛け用ワイヤロープを用いてつり角度60°でつるとき，1本のワイヤロープにかかる張力の値に最も近いものは（1）～（5）のうちどれか．

ただし，鋳鉄の $1\,\mathrm{m^3}$ 当たりの質量は7.2t，重力の加速度は $9.8\,\mathrm{m/s^2}$ とする．また，荷の左右のつり合いは取れており，左右のワイヤロープの張力は同じとし，ワイヤロープ及び荷のつり金具の質量は考えないものとする．

（1）18 kN

（2）20 kN

（3）25 kN

（4）35 kN

（5）41 kN

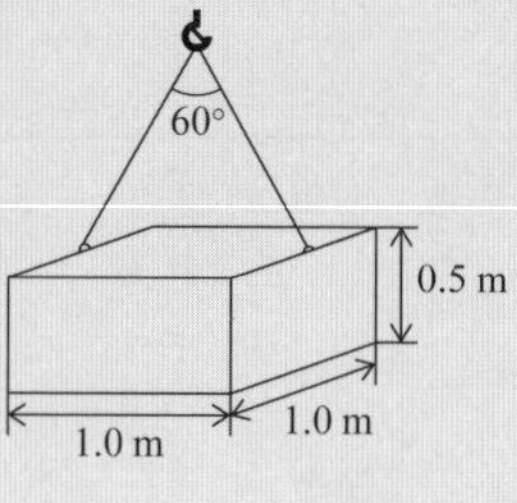

解説　直方体の鋳鉄製の重量を算出し，表4.10-1からつり角度60°の張力係数をかけて求める．

直方体の鋳鉄製の重量 ＝ 直方体の体積 $\mathrm{m^3} \times 7.2\,\mathrm{t/m^3} \times 9.8\,\mathrm{m/s^2}$

$= 1.0\,\mathrm{m} \times 1.0\,\mathrm{m} \times 0.5\,\mathrm{m} \times 7.2\,\mathrm{t/m^3} \times 1{,}000\,\mathrm{kg/t} \times 9.8\,\mathrm{m/s^2}$

$= 1.0 \times 1.0 \times 0.5 \times 7.2 \times 9.8 \times 1{,}000\,\mathrm{kg} \times \mathrm{m/s^2}$

$\fallingdotseq 35 \times 10^3\,\mathrm{N} = 35\,\mathrm{kN}$

ワイヤロープ1本にかかる張力は，直方体の重量の半分の値に張力係数1.16をかけた値から算出する．

1本にかかる張力 $= 35\,\mathrm{kN}/2 \times 1.16 \fallingdotseq 20\,\mathrm{kN}$

以上から（2）が正解．

▶答（2）

問題4 【令和元年春 問38】

図のような形状のアルミニウム製の直方体を同じ長さの2本の玉掛け用ワイヤロープを用いてつり角度60°でつるとき，1本のワイヤロープにかかる張力の値に最も近いものは（1）～（5）のうちどれか．

ただし，アルミニウムの1 $\mathrm{m^3}$ 当たりの質量は2.7 t，重力の加速度は9.8 $\mathrm{m/s^2}$ とする．また，荷の左右のつり合いは取れており，左右のワイヤロープの張力は同じとし，ワイヤロープ及び荷のつり金具の質量は考えないものとする．

（1） 15 kN
（2） 19 kN
（3） 26 kN
（4） 31 kN
（5） 37 kN

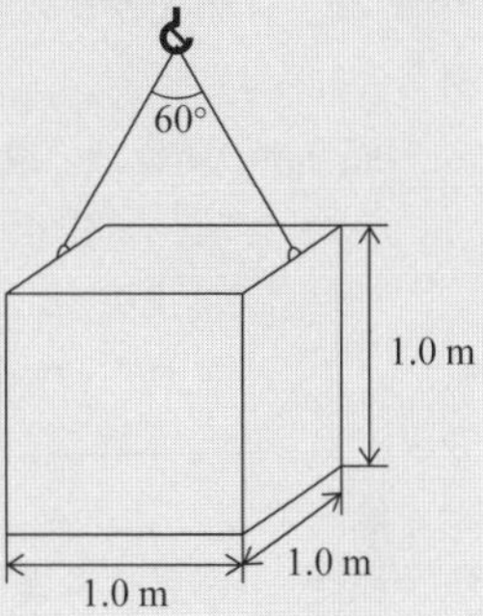

解説 直方体のアルミニウム製の重量を算出し，表4.10-1からつり角度60°の張力係数をかけて求める．

直方体のアルミニウム製の重量 $=$ 直方体の体積 $\mathrm{m^3} \times 2.7\,\mathrm{t/m^3} \times 9.8\,\mathrm{m/s^2}$

$$= 1.0\,\mathrm{m} \times 1.0\,\mathrm{m} \times 1.0\,\mathrm{m} \times 2.7\,\mathrm{t/m^3} \times 1{,}000\,\mathrm{kg/t} \times 9.8\,\mathrm{m/s^2}$$

$$= 1.0 \times 1.0 \times 1.0 \times 2.7 \times 9.8 \times 1{,}000\,\mathrm{kg} \times \mathrm{m/s^2}$$

$$\fallingdotseq 26 \times 10^3\,\mathrm{N} = 26\,\mathrm{kN}$$

ワイヤロープ1本にかかる張力は，直方体の重量の半分の値に張力係数1.16をかけた値から算出する．

1本にかかる張力 $= 26\,\mathrm{kN}/2 \times 1.16 \fallingdotseq 15\,\mathrm{kN}$

以上から（1）が正解．

▶答（1）

問題5 【平成30年秋 問38】

図のような形状の鋳鉄製の直方体を同じ長さの2本の玉掛け用ワイヤロープを用いてつり角度60°でつるとき，1本のワイヤロープにかかる張力の値に最も近いものは（1）～（5）のうちどれか．

ただし，鋳鉄の1 $\mathrm{m^3}$ 当たりの質量は7.2 t，重力の加速度は9.8 $\mathrm{m/s^2}$ とする．また，荷の左右のつり合いは取れており，左右のワイヤロープの張力は同じとし，ワイヤロープ及び荷のつり金具の質量は考えないものとする．

(1) 18 kN
(2) 20 kN
(3) 25 kN
(4) 35 kN
(5) 41 kN

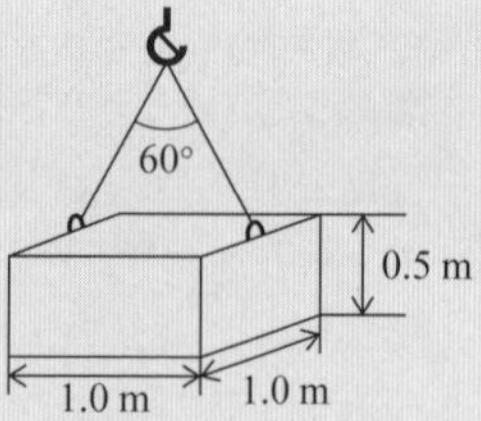

解説 直方体の鋳鉄製の重量を算出し，表4.10-1からつり角度60°の張力係数をかけて求める．

直方体の鋳鉄製の重量 ＝ 直方体の体積 $\mathrm{m^3} \times 7.2\,\mathrm{t/m^3} \times 9.8\,\mathrm{m/s^2}$

$= 1.0\,\mathrm{m} \times 1.0\,\mathrm{m} \times 0.5\,\mathrm{m} \times 7.2\,\mathrm{t/m^3} \times 1{,}000\,\mathrm{kg/t} \times 9.8\,\mathrm{m/s^2}$

$= 1.0 \times 1.0 \times 0.5 \times 7.2 \times 9.8 \times 1{,}000\,\mathrm{kg} \times \mathrm{m/s^2}$

$\fallingdotseq 35 \times 10^3\,\mathrm{N} = 35\,\mathrm{kN}$

ワイヤロープ1本にかかる張力は，直方体の重量の半分の値に張力係数1.16をかけた値から算出する．

1本にかかる張力 ＝ $35\,\mathrm{kN}/2 \times 1.16 \fallingdotseq 20\,\mathrm{kN}$

以上から（2）が正解．

▶答（2）

問題6 【平成30年春 問38】

図のような形状のコンクリート製の直方体を2本の玉掛け用ワイヤロープを用いてつり角度60°でつるとき，1本のワイヤロープにかかる張力の値に最も近いものは(1)～(5)のうちどれか．

ただし，コンクリートの1 m³当たりの質量は2.3 t，重力の加速度は9.8 m/s²とする．また，荷の左右のつり合いは取れており，左右のワイヤロープの張力は同じとし，ワイヤロープ及び荷のつり金具の質量は考えないものとする．

(1) 13 kN
(2) 23 kN
(3) 26 kN
(4) 31 kN
(5) 45 kN

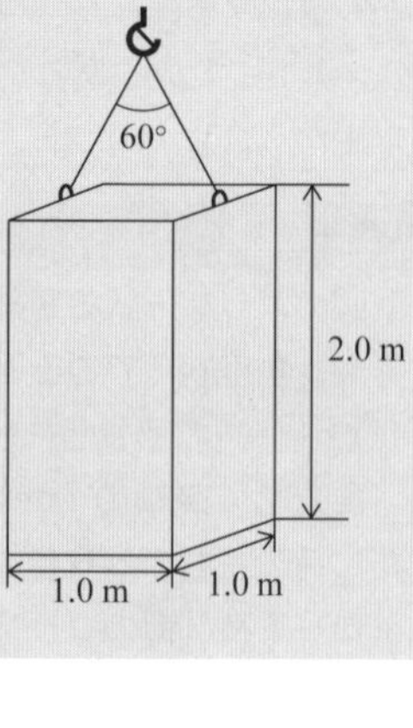

解説 コンクリート製の直方体の重量を算出し，表4.10-1からつり角度60°の張力係数をかけて求める.

$$\text{直方体のコンクリートの重量} = \text{体積}\,m^3 \times 2.3\,t/m^3 \times 9.8\,m/s^2$$
$$= 1.0\,m \times 1.0\,m \times 2.0\,m \times 2.3\,t/m^3 \times 1{,}000\,kg/t \times 9.8\,m/s^2$$
$$= 2.0 \times 2.3 \times 9.8 \times 1{,}000\,kg \times m/s^2$$
$$\fallingdotseq 45 \times 10^3\,N = 45\,kN$$

ワイヤロープ1本にかかる張力は，直方体の重量の半分の値に張力係数1.16をかけた値から算出する.

$$\text{1本にかかる張力} = 45\,kN/2 \times 1.16 \fallingdotseq 26\,kN$$

以上から（3）が正解. ▶答（3）

問題7 【平成29年秋 問38】

直径1m，高さ1mのコンクリート製の円柱を2本の玉掛用ワイヤロープを用いてつり角度80°でつるとき，1本のワイヤロープにかかる張力の値に最も近いものは(1)～(5)のうちどれか.

ただし，コンクリートの1m³当たりの質量は2.3t，重力の加速度は9.8m/s²，cos40° = 0.77とし，ワイヤロープ及び荷のつり金具の質量は考えないものとする.

(1) 10.3kN
(2) 11.5kN
(3) 12.5kN
(4) 17.7kN
(5) 46.0kN

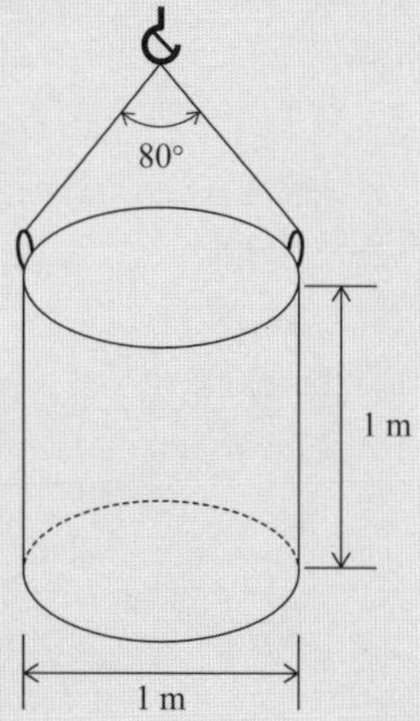

解説 コンクリートの円柱の重量を算出し，つり角度80°と張力の関係から求める.

$$\text{コンクリートの円柱の重量} = \text{円柱の体積}\,m^3 \times 2.3\,t/m^3 \times 9.8\,m/s^2$$
$$= 3.14 \times (1/2\,m)^2 \times 1\,m \times 2.3\,t/m^3 \times 1{,}000\,kg/t \times 9.8\,m/s^2$$
$$= 3.14 \times 1/4 \times 1 \times 2.3 \times 9.8 \times 1{,}000\,kg \times m/s^2$$
$$= 3.14 \times 2.3 \times 9.8/4\,kN \qquad ①$$

ワイヤロープ1本にかかる張力Tは，図から，Tの垂直成分は$T \times \cos 40°$で二つあるから次のように釣合いの関係が表される．

$2 \times T \times \cos 40° =$ 式①

$T =$ 式①$/(2 \times \cos 40°)$

$= 3.14 \times 2.3 \times 9.8/4/(2 \times 0.77)$

$= 3.14 \times 2.3 \times 9.8/(4 \times 2 \times 0.77)$

$\fallingdotseq 11.5\,\mathrm{kN}$

以上から（2）が正解．

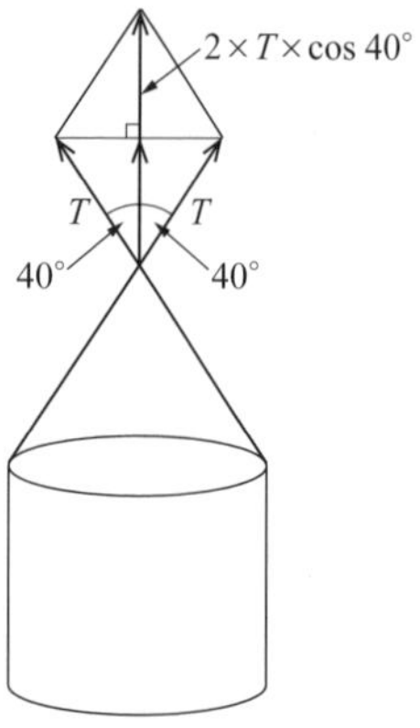

図

▶答（2）

問題8　【平成29年春 問39】

図のような形状のコンクリート製の直方体を2本の玉掛け用ワイヤロープを用いてつり角度70°でつるとき，1本のワイヤロープにかかる張力の値に最も近いものは（1）～（5）のうちどれか．

ただし，コンクリートの$1\,\mathrm{m}^3$当たりの質量は2.3t，重力の加速度は$9.8\,\mathrm{m/s^2}$，$\cos 35° = 0.82$とし，ワイヤロープ及び荷のつり金具の質量は考えないものとする．

（1）　2.8kN
（2）22.5kN
（3）23.4kN
（4）26.1kN
（5）27.5kN

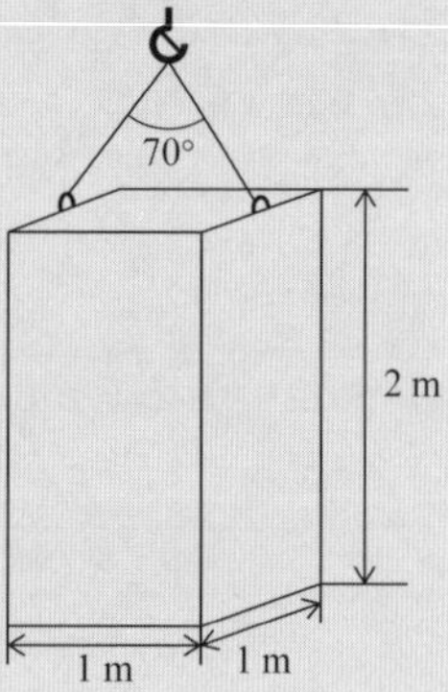

解説　コンクリートの直方体の重量を算出し，つり角度35°と張力の関係から求める．

コンクリートの直方体の重量 $=$ 直方体の体積$\mathrm{m}^3 \times 2.3\,\mathrm{t/m^3} \times 9.8\,\mathrm{m/s^2}$

$= 1\,\mathrm{m} \times 1\,\mathrm{m} \times 2\,\mathrm{m} \times 2.3\,\mathrm{t/m^3} \times 1{,}000\,\mathrm{kg/t} \times 9.8\,\mathrm{m/s^2}$

$= 2 \times 2.3 \times 9.8 \times 1{,}000\,\mathrm{kg} \times \mathrm{m/s^2}$

$= 2 \times 2.3 \times 9.8\,\mathrm{kN}$ ①

ワイヤロープ1本にかかる張力Tは，図から，Tの垂直成分は$T \times \cos 35°$で二つあるからこれらの合力と次のように釣合いの関係が表される．

$2 \times T \times \cos 35° =$ 式①

$T =$ 式①$/(2 \times \cos 35°)$

$= 2 \times 2.3 \times 9.8\,\mathrm{kN}/(2 \times 0.82)$

$\fallingdotseq 27.5\,\mathrm{kN}$

以上から（5）が正解．

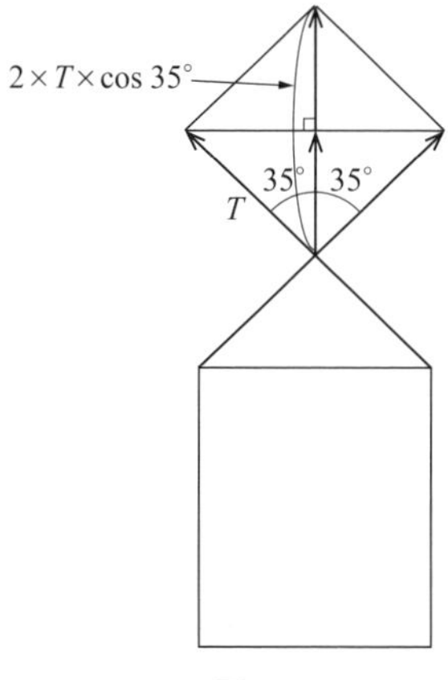

図

▶答（5）

問題9 【平成28年秋 問39】

$1\,\mathrm{m}^3$当たりの質量が2.3 tのコンクリートでできた直径1 m，高さ2 mの円柱状の物体を，図のように2本の玉掛用ワイヤロープを用いてつり角度60°でつるとき，1本のワイヤロープにかかる張力の値に最も近いものは，（1）～（5）のうちどれか．

ただし，重力の加速度は$9.8\,\mathrm{m/s^2}$とし，ワイヤロープの質量は考えないものとする．

（1）13 kN

（2）18 kN

（3）21 kN

（4）25 kN

（5）35 kN

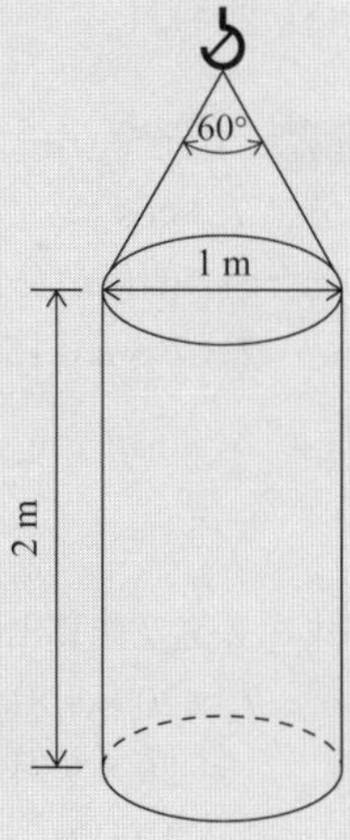

解説 コンクリートの円柱の重量を算出し，表4.10-1からつり角度60°の張力係数をかけて求める．

コンクリートの円柱の重量＝円柱の体積 $m^3 \times 2.3\,t/m^3 \times 9.8\,m/s^2$

$= 3.14 \times (1/2\,m)^2 \times 2\,m \times 2.3\,t/m^3 \times 1{,}000\,kg/t \times 9.8\,m/s^2$

$= 3.14 \times 1/4 \times 2 \times 2.3 \times 9.8 \times 1{,}000\,kg \times m/s^2$

$\fallingdotseq 35.4 \times 10^3\,N = 35.4\,kN$

ワイヤロープ1本にかかる張力は，円柱の重量の半分の値に張力係数をかけた値から算出する．

1本にかかる張力 $= 35.4\,kN/2 \times 1.16 \fallingdotseq 21\,kN$

以上から（3）が正解．

▶答（3）

問題10　【平成28年春 問39】

図のように，質量20tの荷を2本の玉掛け用ワイヤロープを用いてつり角度30°でつるとき，1本のワイヤロープにかかる張力の値に最も近いものは，（1）～（5）のうちどれか．

ただし，重力の加速度は $9.8\,m/s^2$，$\cos 15° = 0.96$ とし，ワイヤロープの質量は考えないものとする．

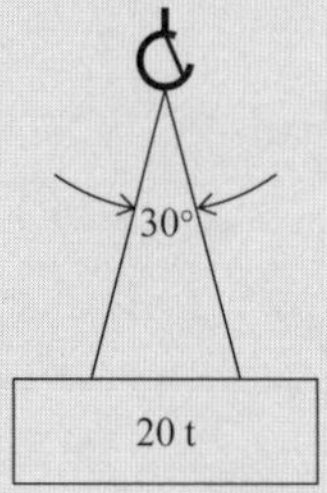

（1）10.4kN

（2）98kN

（3）102kN

（4）113kN

（5）204kN

解説　ワイヤロープ1本にかかる張力 T は，図から，T の垂直成分は $T \times \cos 15°$ で二つあるから，これらの合力と，次のように釣合いの関係が表される．

$$2 \times T \times \cos 15° = 20\,t \times 9.8\,m/s^2$$
$$= 20 \times 10^3\,kg \times 9.8\,m/s^2$$
$$= 20 \times 9.8 \times 10^3\,N$$
$$= 20 \times 98\,kN \quad ①$$

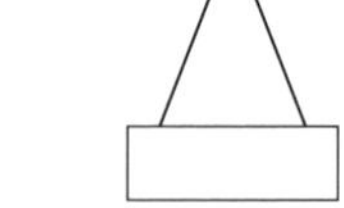

図

式①から T を算出する．

$$T = 20 \times 9.8\,kN/(2 \times \cos 15°)$$
$$= 20 \times 9.8\,kN/(2 \times 0.96)$$
$$\fallingdotseq 102\,kN$$

以上から（3）が正解．

▶答（3）

4.11 金属材料の強さ，応力，変形などに関する事項

問題1　　【令和2年秋 問39】

軟鋼の材料の強さ，応力，変形などに関する記述として，適切でないものは次のうちどれか．

(1) 引張試験で，材料が破断するまでにかけられる最大の荷重を，荷重をかける前の材料の断面積で割った値を引張強さという．

(2) 材料がせん断荷重を受けたときに生じる応力をせん断応力という．

(3) 引張試験で，材料に荷重をかけると変形が生じるが，荷重の大きさが，応力–ひずみ曲線図における比例限度以内であれば，荷重を取り除くと荷重が作用する前の原形に戻る．

(4) 材料に荷重をかけると，材料の内部にはその荷重に抵抗し，つり合いを保とうとする内力が生じる．

(5) 圧縮応力は，材料に作用する圧縮荷重を材料の長さで割って求められる．

解説 (1) 適切．引張試験で，材料が破断するまでにかけられる最大の荷重（図4.11-1におけるB点）を，荷重をかける前の材料の断面積で割った値を引張強さという．

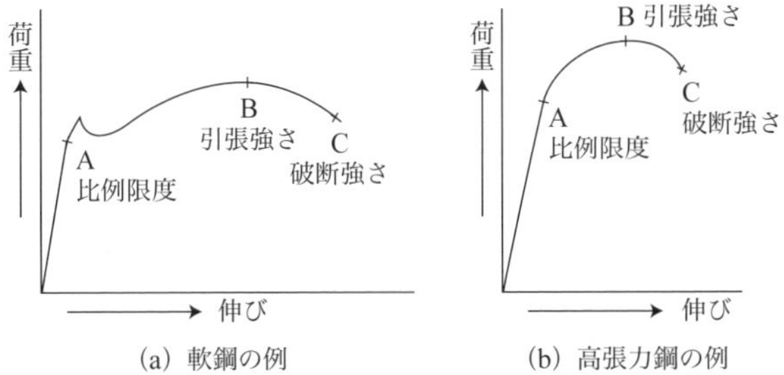

(a) 軟鋼の例　　(b) 高張力鋼の例

図4.11-1　鋼材（炭素鋼）の応力–ひずみ曲線

(2) 適切．材料がせん断荷重を受けたときに生じる応力をせん断応力（図4.7-6においてFという力が二枚の鉄板を締め付けているボルトをFの力で平行な面で切断する荷重）という．

(3) 適切．引張試験で，材料に荷重をかけると変形が生じるが，荷重の大きさが，図4.11-1における応力–ひずみ曲線の比例限度（A点）以内であれば，荷重を取り除くと荷重が作用する前の原形に戻る．

(4) 適切．材料に荷重をかけると，材料の内部にはその荷重に抵抗し，つり合いを保と

うとする内力が生じる．

(5) 不適切．圧縮応力は，材料に作用する圧縮荷重を材料の断面積で割って求められる．

▶ 答 (5)

問題 2 【令和元年春 問 39】

軟鋼の材料の強さ，応力，変形などに関する記述として，適切でないものは次のうちどれか．

(1) 材料に荷重が作用し変形するとき，荷重が作用する前（原形）の量に対する変形量の割合をひずみという．

(2) 材料に荷重をかけると，材料の内部にはその荷重に抵抗し，つり合いを保とうとする内力が生じる．

(3) 引張試験で，材料に荷重をかけると変形が生じるが，荷重の大きさが，応力–ひずみ曲線図における比例限度以内であれば，荷重を取り除くと荷重が作用する前の原形に戻る．

(4) 材料が圧縮荷重を受けたときに生じる応力を圧縮応力という．

(5) せん断応力は，材料に作用するせん断荷重を材料の表面積で割って求められる．

解説 (1) 適切．材料に荷重が作用し変形するとき，荷重が作用する前（原形）の量に対する変形量の割合をひずみという．

(2) 適切．材料に荷重をかけると，材料の内部にはその荷重に抵抗し，つり合いを保とうとする内力が生じる．

(3) 適切．引張試験で，材料に荷重をかけると変形が生じるが，荷重の大きさが，応力–ひずみ曲線図における比例限度以内（図 4.11-1 における A 点まで）であれば，荷重を取り除くと荷重が作用する前の原形に戻る．なお，図 4.11-1 の B は材料が破断するまでかけられる最大荷重で，C は破断するポイントを示している．

(4) 適切．材料が圧縮荷重 F を受けたときに生じる応力を圧縮応力という．圧縮応力 $= F/A$　A は断面積である．図 4.11-2 参照．

(5) 不適切．せん断応力は，材料に作用するせん断荷重を材料の断面積で割って求められる．「表面積」が誤り．

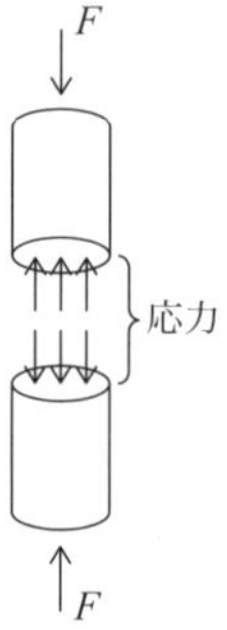

図 4.11-2　圧縮応力

▶ 答 (5)

問題 3 【平成 30 年春 問 39】

軟鋼の材料の強さ，応力，変形などに関する記述として，適切でないものは次のうちどれか．

(1) 材料の引張試験において，材料が破断するまでかけられる最大の荷重の作用時に発生する最大応力を引張強度という.

(2) 材料がせん断荷重を受けたときに生じる応力をせん断応力という.

(3) 材料に荷重をかけると変形が生じるが，荷重がごく小さい間は荷重を取り除くと，荷重をかける前の形に戻る.

(4) 材料に荷重をかけると，材料の内部にはその荷重に抵抗し，つり合いを保とうとする内力が生じる.

(5) 材料に圧縮荷重が作用するときの圧縮応力は，圧縮荷重を材料の長さで割って求められる.

解説 (1) 適切. 材料の引張試験において，材料が破断するまでかけられる最大の荷重の作用時に発生する最大応力 B（図4.11-1参照）を引張強度という.

(2) 適切. 材料がせん断荷重を受けたときに生じる応力をせん断応力（はさみで切るように働く力）という. 図4.7-6参照.

(3) 適切. 材料に荷重をかけると変形が生じるが，荷重がごく小さい間は荷重を取り除くと，A点（図4.11-1参照）までは荷重をかける前の形に戻る. このA点を比例限度という.

(4) 適切. 材料に荷重をかけると，材料の内部にはその荷重に抵抗し，つり合いを保とうとする内力が生じる.

(5) 不適切. 材料に圧縮荷重が作用するときの圧縮応力は，圧縮荷重 F を材料の断面積 A で割って求められる. 圧縮応力 = 圧縮荷重 F/断面積 A

▶答 (5)

問題4 【平成28年春 問34】

軟鋼の材料の強さ，応力，変形などに関し，次のうち誤っているものはどれか.

(1) 材料に荷重が作用し変形するとき，変形量の元の長さに対する割合をひずみという.

(2) 材料がせん断荷重を受けたときに生じる応力をせん断応力という.

(3) 材料に荷重をかけると変形が生じるが，荷重がごく小さい間は荷重を取り除くと元の形に戻る.

(4) 材料に荷重をかけると，材料の内部にはその荷重に抵抗し，つり合いを保とうとする内力が生じる.

(5) 圧縮応力は，材料の断面積を材料に作用する圧縮荷重で割って求められる.

解説 (1) 正しい. 材料に荷重が作用し変形するとき，変形量の元の長さに対する割合をひずみという.

(2) 正しい. 材料がせん断荷重を受けたときに生じる応力をせん断応力という.

(3) 正しい．材料に荷重をかけると変形が生じるが，荷重がごく小さい間は荷重を取り除くと元の形に戻る．

(4) 正しい．材料に荷重をかけると，材料の内部にはその荷重に抵抗し，つり合いを保とうとする内力（圧縮応力）が生じる．図4.11-2参照．

(5) 誤り．圧縮応力〔N/mm^2〕は，材料に作用する圧縮荷重 F〔N〕を材料の断面積〔mm^2〕で割って求められる．記述が逆である．

▶答 (5)

4.12 吊るした丸棒の引張応力の計算

問題1 【令和2年春 問39】

垂直につるした直径2 cmの丸棒の先端に質量900 kgの荷をつり下げるとき，生じる引張応力の値に最も近いものは (1)～(5) のうちどれか．

ただし，重力の加速度は $9.8\,m/s^2$ とし，丸棒の質量は考えないものとする．

(1) $3\,N/mm^2$　(2) $7\,N/mm^2$　(3) $14\,N/mm^2$

(4) $28\,N/mm^2$　(5) $56\,N/mm^2$

解説 丸棒に生じる張力 N/mm^2 は，質量900 kgに重力加速度 $9.8\,m/s^2$ をかけて重量にして，丸棒の断面積〔mm^2〕で除して算出される．図参照．

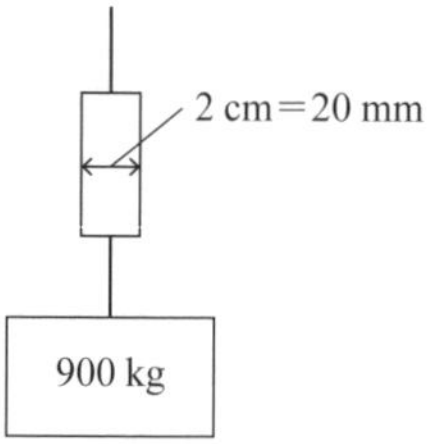

図

$$\text{質量900 kgの重量} = 900\,kg \times 9.8\,m/s^2 = 900 \times 9.8\,kg{\cdot}m/s^2 = 900 \times 9.8\,N \qquad ①$$

丸棒の断面積

$$\pi \times \text{直径の2乗}/4 = \pi \times (2\,cm)^2/4 = 3.14 \times (20\,mm)^2/4 = 3.14 \times 400/4\,mm^2 \qquad ②$$

$$\text{丸棒に生じる引張応力} = \text{式①/式②} = 900 \times 9.8\,N/(3.14 \times 400/4\,mm^2) = 900 \times 9.8/(3.14 \times 400/4)\,N/mm^2 = 4 \times 900 \times 9.8/(3.14 \times 400)\,N/mm^2 \fallingdotseq 28\,N/mm^2$$

以上から (4) が正解．

▶答 (4)

問題2 【令和元年秋 問39】

垂直につるした直径2 cmの丸棒の先端に質量400 kgの荷をつり下げるとき，丸棒に生じる引張応力の値に最も近いものは (1)～(5) のうちどれか．

ただし，重力の加速度は $9.8\,\mathrm{m/s^2}$ とし，丸棒の質量は考えないものとする.

(1) $12\,\mathrm{N/mm^2}$　(2) $25\,\mathrm{N/mm^2}$　(3) $31\,\mathrm{N/mm^2}$

(4) $50\,\mathrm{N/mm^2}$　(5) $62\,\mathrm{N/mm^2}$

解説 丸棒に生じる張力 $\mathrm{N/mm^2}$ は，質量 400 kg に重力加速度 $9.8\,\mathrm{m/s^2}$ をかけて重量にして，丸棒の断面積〔$\mathrm{mm^2}$〕で除して算出される．図参照.

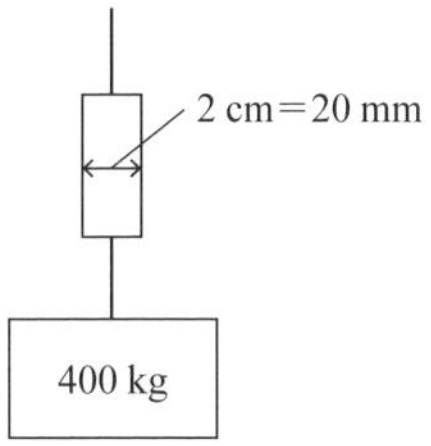

図

$$\text{質量 400 kg の重量} = 400\,\mathrm{kg} \times 9.8\,\mathrm{m/s^2}$$
$$= 400 \times 9.8\,\mathrm{kg{\cdot}m/s^2}$$
$$= 400 \times 9.8\,\mathrm{N} \qquad ①$$

丸棒の断面積

$$\pi \times \text{直径の 2 乗}/4 = \pi \times (2\,\mathrm{cm})^2/4 = 3.14 \times (20\,\mathrm{mm})^2/4$$
$$= 3.14 \times 400/4\,\mathrm{mm^2} \qquad ②$$

$$\text{丸棒に生じる引張応力} = \text{式①/式②} = 400 \times 9.8\,\mathrm{N}/(3.14 \times 400/4\,\mathrm{mm^2})$$
$$= 400 \times 9.8/(3.14 \times 400/4)\,\mathrm{N/mm^2}$$
$$= 4 \times 400 \times 9.8/(3.14 \times 400)\,\mathrm{N/mm^2}$$
$$= 4 \times 9.8/3.14\,\mathrm{N/mm^2}$$
$$\fallingdotseq 12\,\mathrm{N/mm^2}$$

以上から (1) が正解.　▶答 (1)

問題3　【平成30年秋 問39】

垂直につるした直径 2 cm の丸棒の先端に質量 400 kg の荷をつり下げるとき，丸棒に生じる引張応力の値に最も近いものは (1) ～ (5) のうちどれか.

ただし，重力の加速度は $9.8\,\mathrm{m/s^2}$ とし，丸棒の質量は考えないものとする.

(1) $12\,\mathrm{N/mm^2}$　(2) $25\,\mathrm{N/mm^2}$　(3) $31\,\mathrm{N/mm^2}$

(4) $50\,\mathrm{N/mm^2}$　(5) $62\,\mathrm{N/mm^2}$

解説 丸棒に生じる張力 $\mathrm{N/mm^2}$ は，質量 400 kg に重力加速度 $9.8\,\mathrm{m/s^2}$ をかけて重量にして，丸棒の断面積〔$\mathrm{mm^2}$〕で除して算出される．図参照.

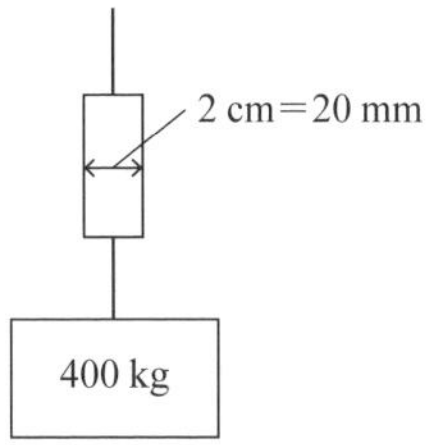

図

$$\text{質量 400 kg の重量} = 400\,\mathrm{kg} \times 9.8\,\mathrm{m/s^2}$$
$$= 400 \times 9.8\,\mathrm{kg{\cdot}m/s^2}$$
$$= 400 \times 9.8\,\mathrm{N} \qquad ①$$

丸棒の断面積

$$\pi \times \text{直径の 2 乗}/4 = \pi \times (2\,\mathrm{cm})^2/4 = 3.14 \times (20\,\mathrm{mm})^2/4$$

$= 3.14 \times 400/4\,\mathrm{mm^2}$ ②

丸棒に生じる引張応力 $=$ 式①/式② $= 400 \times 9.8\,\mathrm{N}/(3.14 \times 400/4\,\mathrm{mm^2})$

$= 400 \times 9.8/(3.14 \times 400/4)\,\mathrm{N/mm^2}$

$= 4 \times 400 \times 9.8/(3.14 \times 400)\,\mathrm{N/mm^2}$

$= 4 \times 9.8/3.14\,\mathrm{N/mm^2}$

$\fallingdotseq 12\,\mathrm{N/mm^2}$

以上から（1）が正解.

▶答（1）

問題4

【平成29年秋 問39】

垂直につるした直径2 cmの丸棒の先端に質量400 kgの荷をつり下げるとき，丸棒に生じる引張応力の値に最も近いものは（1）～（5）のうちどれか.

ただし，重力の加速度は$9.8\,\mathrm{m/s^2}$とし，丸棒の質量は考えないものとする.

（1）$12.5\,\mathrm{N/mm^2}$　（2）$25.0\,\mathrm{N/mm^2}$　（3）$31.2\,\mathrm{N/mm^2}$

（4）$49.9\,\mathrm{N/mm^2}$　（5）$62.4\,\mathrm{N/mm^2}$

解説　丸棒に生じる張力$\mathrm{N/mm^2}$は，質量400 kgに重力加速度$9.8\,\mathrm{m/s^2}$をかけて重量にして，丸棒の断面積〔$\mathrm{mm^2}$〕で除して算出される．図参照.

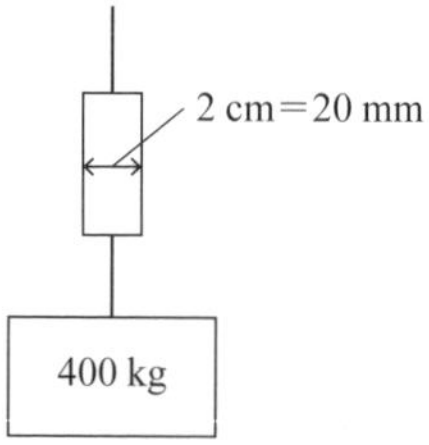

図

質量400 kgの重量 $= 400\,\mathrm{kg} \times 9.8\,\mathrm{m/s^2}$

$= 400 \times 9.8\,\mathrm{kg \cdot m/s^2}$

$= 400 \times 9.8\,\mathrm{N}$ ①

丸棒の断面積

$\pi \times$ 直径の2乗$/4 = \pi \times (2\,\mathrm{cm})^2/4 = 3.14 \times (20\,\mathrm{mm})^2/4$

$= 3.14 \times 400/4\,\mathrm{mm^2}$ ②

丸棒に生じる引張応力 $=$ 式①/式② $= 400 \times 9.8\,\mathrm{N}/(3.14 \times 400/4\,\mathrm{mm^2})$

$= 400 \times 9.8/(3.14 \times 400/4)\,\mathrm{N/mm^2}$

$= 4 \times 400 \times 9.8/(3.14 \times 400)\,\mathrm{N/mm^2}$

$= 4 \times 9.8/3.14\,\mathrm{N/mm^2}$

$\fallingdotseq 12.5\,\mathrm{N/mm^2}$

以上から（1）が正解.

▶答（1）

問題5

【平成29年春 問38】

垂直につるした直径4 cmの丸棒の先端に質量700 kgの荷をつり下げるとき，丸棒に生じる引張応力の値に最も近いものは（1）～（5）のうちどれか.

ただし，重力の加速度は$9.8\,\mathrm{m/s^2}$とし，丸棒の質量は考えないものとする.

(1) $0.6\,\mathrm{N/mm^2}$　(2) $1.4\,\mathrm{N/mm^2}$　(3) $2.7\,\mathrm{N/mm^2}$
(4) $5.5\,\mathrm{N/mm^2}$　(5) $10.9\,\mathrm{N/mm^2}$

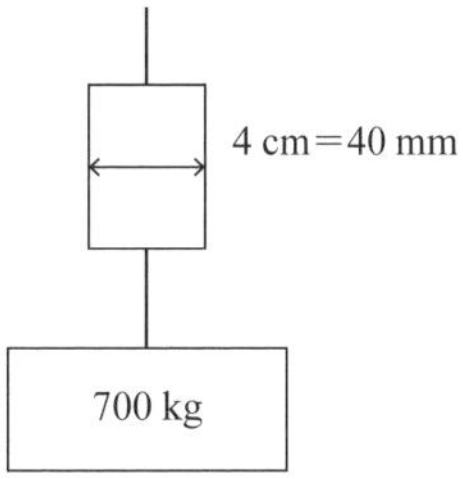

図

解説　丸棒に生じる張力 $\mathrm{N/mm^2}$ は，質量 700 kg に重力加速度 $9.8\,\mathrm{m/s^2}$ をかけて重量にして，丸棒の断面積〔$\mathrm{mm^2}$〕で除して算出される．図参照．

$$\begin{aligned}\text{質量 700 kg の重量} &= 700\,\mathrm{kg} \times 9.8\,\mathrm{m/s^2}\\ &= 700 \times 9.8\,\mathrm{kg{\cdot}m/s^2}\\ &= 700 \times 9.8\,\mathrm{N} \qquad ①\end{aligned}$$

丸棒の断面積

$$\begin{aligned}\pi \times \text{直径の 2 乗}/4 = \pi \times (4\,\mathrm{cm})^2/4 &= 3.14 \times (40\,\mathrm{mm})^2/4\\ &= 3.14 \times 1{,}600/4\,\mathrm{mm^2}\\ &= 3.14 \times 400\,\mathrm{mm^2} \qquad ②\end{aligned}$$

$$\begin{aligned}\text{丸棒に生じる引張応力} &= \text{式①/式②} = 700 \times 9.8\,\mathrm{N}/(3.14 \times 400\,\mathrm{mm^2})\\ &= 700 \times 9.8/(3.14 \times 400)\,\mathrm{N/mm^2}\\ &\fallingdotseq 5.5\,\mathrm{N/mm^2}\end{aligned}$$

以上から（4）が正解．

▶答（4）

問題6　【平成28年秋 問38】

直径 2 cm の丸棒に軸方向の 11 kN の引張荷重が作用するとき，丸棒に生じる引張応力の値に最も近いものは次のうちどれか．

(1) $35\,\mathrm{N/mm^2}$　(2) $70\,\mathrm{N/mm^2}$　(3) $105\,\mathrm{N/mm^2}$
(4) $140\,\mathrm{N/mm^2}$　(5) $175\,\mathrm{N/mm^2}$

解説　丸棒に生じる引張応力は丸棒の断面積で軸方向の引張荷重を除して算出される．

丸棒の断面積

$$\begin{aligned}\pi \times \text{直径の 2 乗}/4 = \pi \times (2\,\mathrm{cm})^2/4 = 3.14 \times (20\,\mathrm{mm})^2/4 &= 3.14 \times 400/4\,\mathrm{mm^2}\\ &= 314\,\mathrm{mm^2} \qquad ①\end{aligned}$$

引張応力は，式①の値で引張荷重 $11\,\mathrm{kN} = 11{,}000\,\mathrm{N}$ を除すれば求められる．

$$11{,}000\,\mathrm{N}/314\,\mathrm{m^2} = 11{,}000/314\,\mathrm{N/mm^2} \fallingdotseq 35\,\mathrm{N/mm^2}$$

以上から（1）が正解．

▶答（1）

4.13 滑車を使用して質量を支えるために必要な力

問題1

【令和2年秋 問40】

図のような組合せ滑車を用いて質量400 kgの荷をつるとき，これを支えるために必要な力Fの値は（1）～（5）のうちどれか．

ただし，重力の加速度は$9.8\,\mathrm{m/s^2}$とし，滑車及びワイヤロープの質量並びに摩擦は考えないものとする．

（1）280 N

（2）350 N

（3）420 N

（4）490 N

（5）980 N

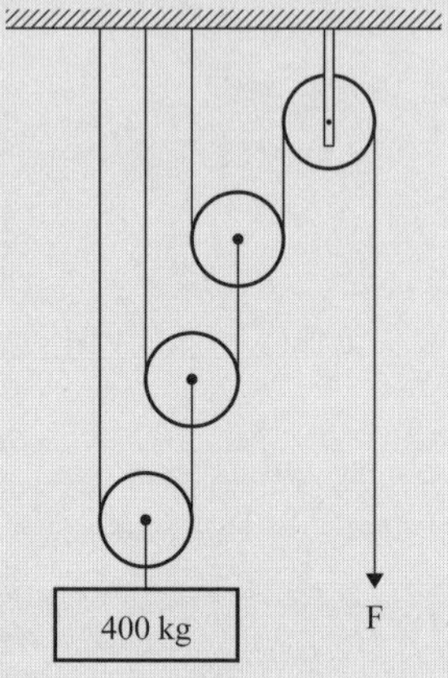

解説 動滑車で各動滑車の一方のワイヤロープが固定されている場合，図のように動滑車一つについて$W/2$となる．3つの動滑車があるため，Fの力は$W/8$となる．

$$F = 400\,\mathrm{kg} \times 9.8\,\mathrm{m/s^2}/8 = 400 \times 9.8/8\,\mathrm{N} = 490\,\mathrm{N}$$

以上から（4）が正解．

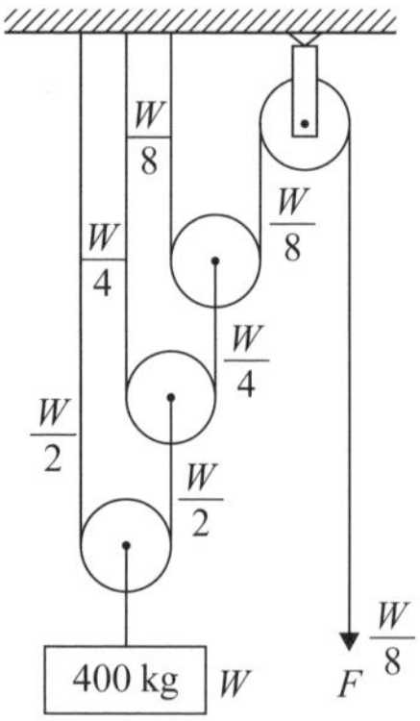

図

▶答（4）

問題2 【令和2年春 問40】

図のような滑車を用いて，質量Wの荷をつるとき，それぞれの図の下部に記載してあるこれを支えるために必要な力Fを求める式として，誤っているものは (1)～(5) のうちどれか．

ただし，gは重力の加速度とし，滑車及びワイヤロープの質量並びに摩擦は考えないものとする．

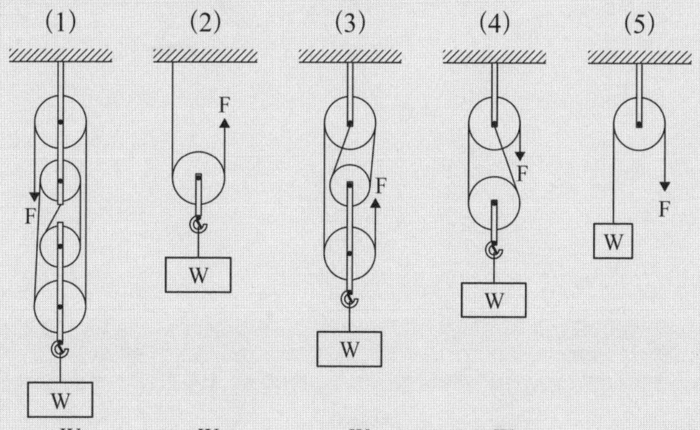

(1) $F=\frac{W}{5}g$　(2) $F=\frac{W}{2}g$　(3) $F=\frac{W}{4}g$　(4) $F=\frac{W}{2}g$　(5) $F=Wg$

解説 (1) 誤り．滑車A, B, C, D（図参照）は一本のワイヤロープで支えているため，全て同じ力でなければならない．引っ張る力を低減させる動滑車はCとDだけで，AとBは定滑車であるため，引っ張る力の低減とはならない．動滑車が2つあり，それらを支えているワイヤロープは動滑車の左右2本であるから合計4本となるため，FはWg/4となる．

(2) 正しい．動滑車の場合は，ワイヤロープの他方が固定されているため，動滑車を支えているロープの数が左右で2本となり，図に示すように$F = Wg/2$となる．

(3) 正しい．1本のワイヤロープが支えているため（図参照)，すべて同じ力でなければならない．引っ張る力の低減となる動滑車の場合は，動滑車を支えているワイヤロープの左右の合計で質量Wを除した値がFとなる．動滑車2個でワイヤロープの数は動滑車の左右2本で合計4本であるから，$F = Wg/4$となる．なお，この問題と設問 (1) との違いは設問 (1) では，引っ張る力Fに定滑車Aを加えて下向きにしたところである．

(4) 正しい．動滑車の場合は，動滑車を支えているワイヤロープの数が質量Wを支えているため，図に示すようにロープの数は左右の合計で2本であるから，$F = Wg/2$となる．

(5) 正しい．定滑車の場合，図に示すように質量Wの同じ力でFを引っ張ることになる．

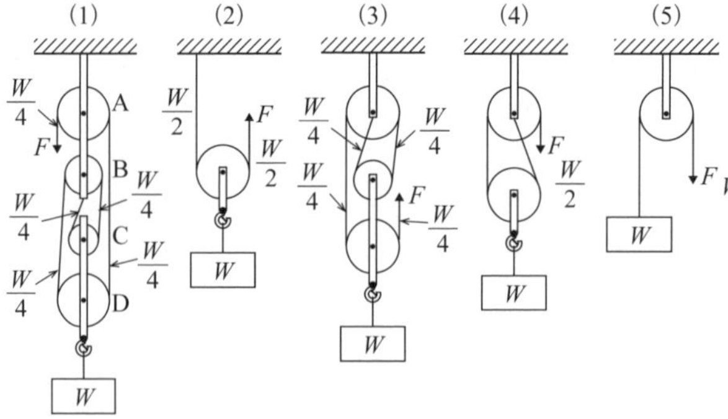

$F=\dfrac{W}{4}g$　$F=\dfrac{W}{2}g$　$F=\dfrac{W}{4}g$　$F=\dfrac{W}{2}g$　$F=Wg$

図

以上から（1）が正解.　▶答（1）

問題 3　【令和元年秋 問 40】

図のような組合せ滑車を用いて質量 400 kg の荷をつるとき，これを支えるために必要な力 F の値は（1）～（5）のうちどれか.

ただし，重力の加速度は $9.8\,\mathrm{m/s^2}$ とし，滑車及びワイヤロープの質量並びに摩擦は考えないものとする.

（1）280 N
（2）350 N
（3）420 N
（4）490 N
（5）980 N

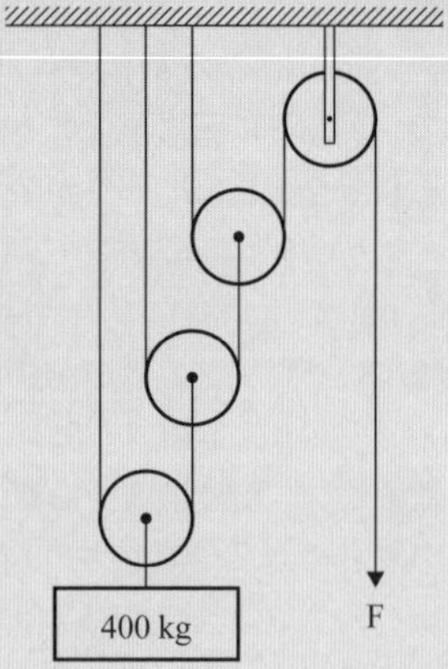

解説 動滑車で各動滑車の一方のワイヤロープが固定されている場合，図のように動滑車一つについて $W/2$ となる．3 つの動滑車があるため，F の力は $W/8$ となる.

$$F = 400\,\mathrm{kg} \times 9.8\,\mathrm{m/s^2}/8 = 400 \times 9.8/8\,\mathrm{N} = 490\,\mathrm{N}$$

以上から（4）が正解．

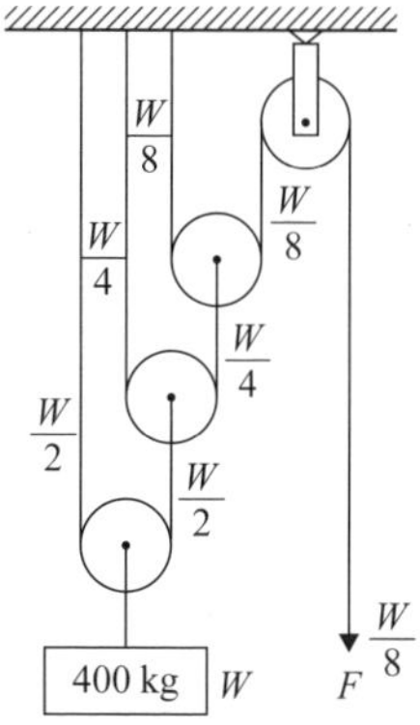

図

▶答（4）

問題4　【令和元年春 問40】

図のような組合せ滑車を用いて質量350 kgの荷をつるとき，これを支えるために必要な力Fの値に最も近いものは（1）～（5）のうちどれか．

ただし，重力の加速度は$9.8\,\mathrm{m/s^2}$とし，滑車及びワイヤロープの質量並びに摩擦は考えないものとする．

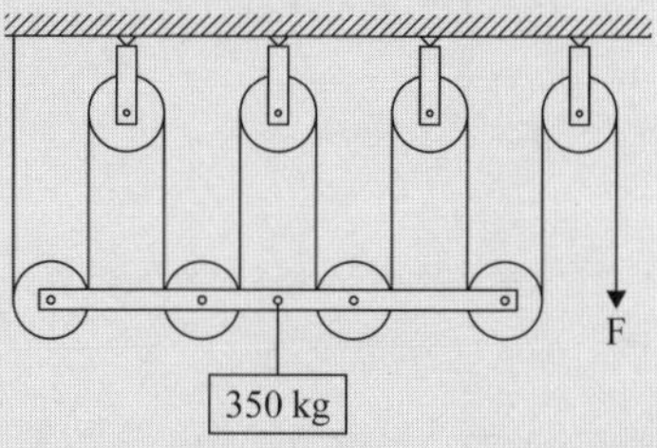

（1）175 N
（2）381 N
（3）429 N
（4）490 N
（5）858 N

解説　一本のワイヤロープで質量350 kgをつっているので，ロープの力はすべて同一である．動滑車が4個あるため，動滑車の左右で合計8本のロープで支えることになるから，Fは次の値となる．図参照．

$$350\,\mathrm{kg}\times 9.8\,\mathrm{m/s^2}\div 8$$
$$=350\times 9.8/8\,\mathrm{N}\fallingdotseq 429\,\mathrm{N}$$

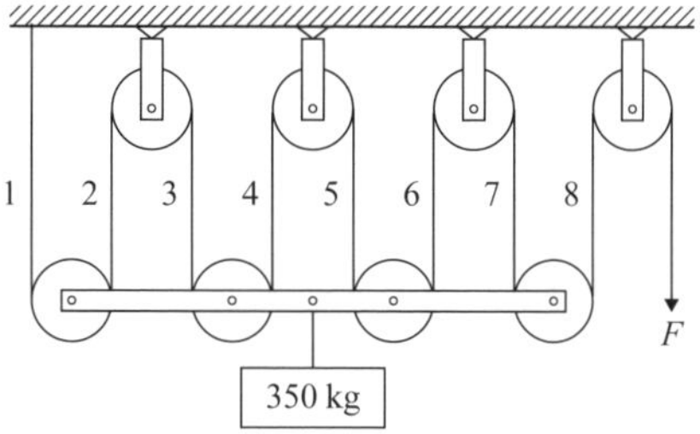

図

以上から（3）が正解．

▶答（3）

問題5

【平成30年秋 問40】

図のような組合せ滑車を用いて質量350 kgの荷をつるとき，これを支えるために必要な力Fの値に最も近いものは（1）～（5）のうちどれか．

ただし，重力の加速度は9.8 m/s^{2}とし，滑車及びワイヤロープの質量並びに摩擦は考えないものとする．

（1）175 N
（2）381 N
（3）429 N
（4）490 N
（5）858 N

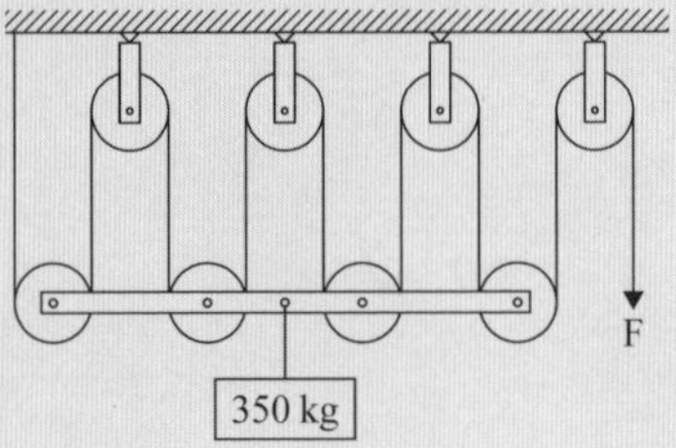

解説 一本のワイヤロープで質量350 kgをつっているので，ロープの力はすべて同一である．動滑車が4個あるため，動滑車の左右で合計8本のロープで支えることになるから，Fは次の値となる．図参照．

$$350\,\mathrm{kg} \times 9.8\,\mathrm{m/s^2} \div 8$$
$$= 350 \times 9.8/8\,\mathrm{N} \fallingdotseq 429\,\mathrm{N}$$

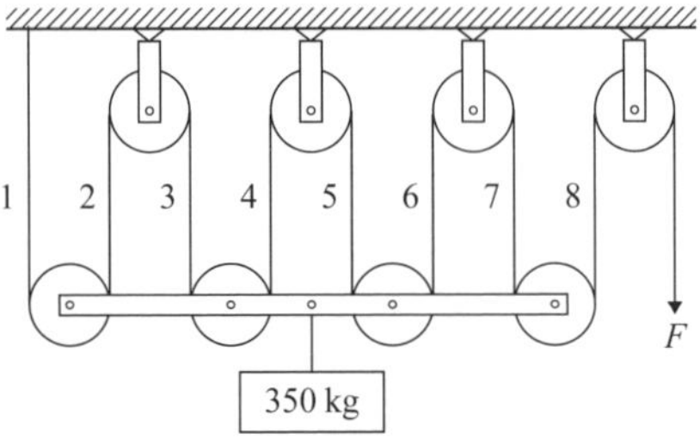

図

以上から（3）が正解．

▶答（3）

問題6

【平成30年春 問40】

図のような組合せ滑車を用いて質量250 kgの荷をつるとき，これを支えるために必要な力Fの値に最も近いものは（1）～（5）のうちどれか．

ただし，重力の加速度は9.8 m/s^{2}とし，滑車及びワイヤロープの質量並びに摩擦は考えないものとする．

（1）42 N
（2）125 N
（3）350 N
（4）408 N
（5）490 N

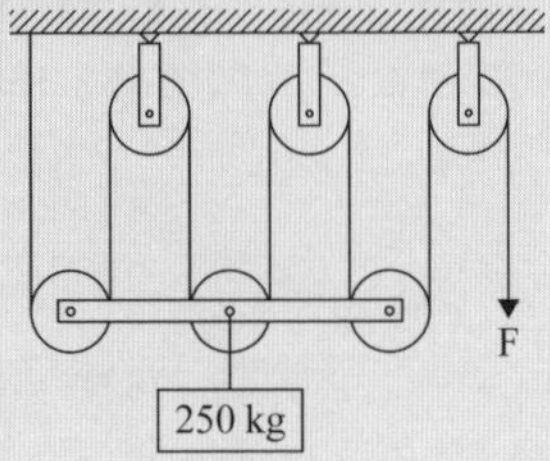

解説　一本のワイヤロープで質量250 kgをつっているので，ロープの力はすべて同一である．動滑車が3個あるため，動滑車の左右で合計6本のロープで支えることになるから，Fは次の値となる．図参照．

$$250\,\mathrm{kg} \times 9.8\,\mathrm{m/s^2} \div 6$$
$$= 250 \times 9.8/6\,\mathrm{N} \fallingdotseq 408\,\mathrm{N}$$

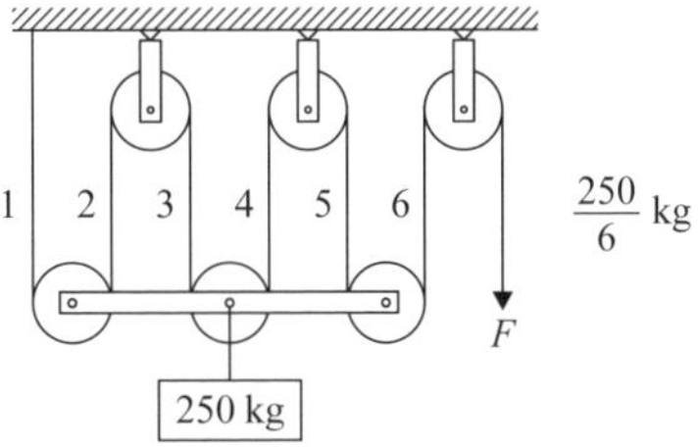

以上から（4）が正解．

▶答（4）

問題7　【平成29年秋 問40】

図のような組合せ滑車を用いて質量200 kgの荷をつるとき，これを支えるために必要な力Fの値は（1）～（5）のうちどれか．

ただし，重力の加速度は9.8 m/s^{2}とし，滑車及びワイヤロープの質量並びに摩擦は考えないものとする．

（1）245 N
（2）327 N
（3）425 N
（4）490 N
（5）980 N

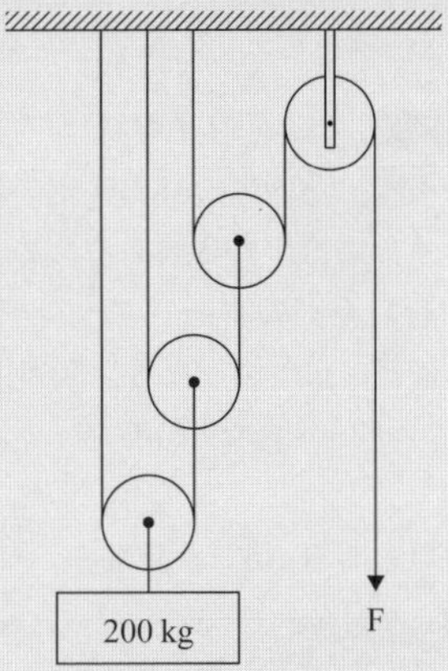

解説　動滑車で各動滑車の一方のワイヤロープが固定されている場合，図のように動滑車1つについて$W/2$となる．3つの動滑車があるため，Fの力は$W/8$となる．

$$F = 200\,\mathrm{kg} \times 9.8\,\mathrm{m/s^2}/8 = 200 \times 9.8/8\,\mathrm{N} = 245\,\mathrm{N}$$

以上から（1）が正解．

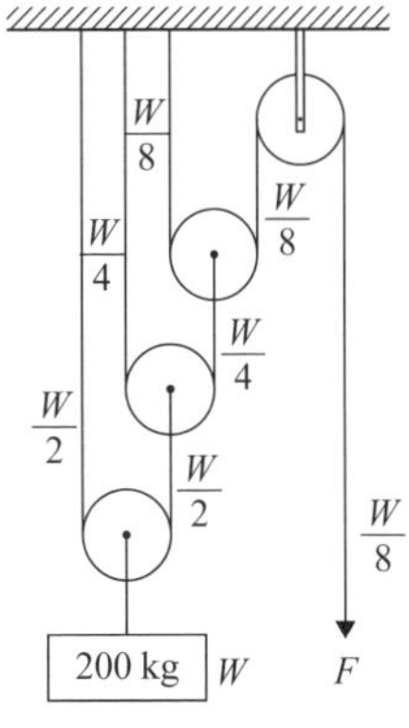

図

▶答（1）

問題 8

【平成 29 年春 問 40】

図のような組合せ滑車を用いて質量 250 kg の荷をつるとき，これを支えるために必要な力 F の値に最も近いものは（1）～（5）のうちどれか．

ただし，重力の加速度は 9.8 m/s^2 とし，滑車及びワイヤロープの質量並びに摩擦は考えないものとする．

（1） 42 N
（2） 125 N
（3） 350 N
（4） 408 N
（5） 490 N

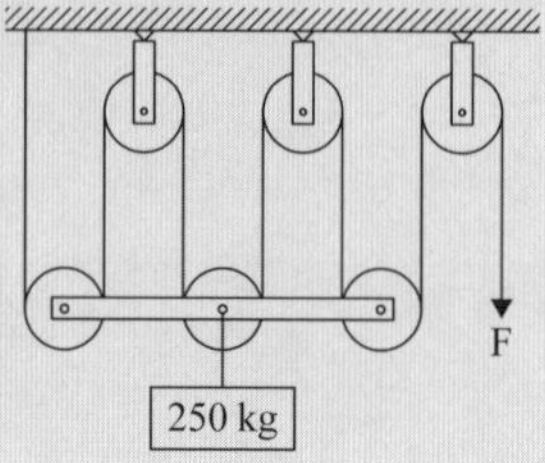

解説 一本のワイヤロープで質量 250 kg をつっているので，ロープの力はすべて同一である．動滑車が 3 個あるため，動滑車の左右で合計 6 本のロープで支えることになるから，*F* は次の値となる．図参照．

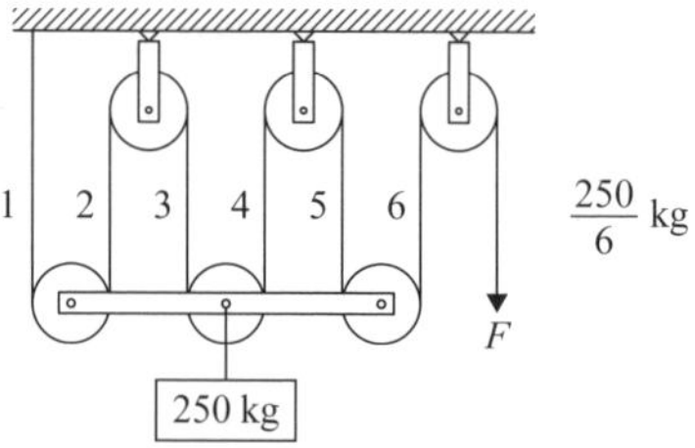

$$250\,\text{kg} \times 9.8\,\text{m/s}^2 \div 6$$
$$= 250 \times 9.8/6\,\text{N} \fallingdotseq 408\,\text{N}$$

以上から（4）が正解．

▶ 答（4）

問題 9

【平成 28 年秋 問 40】

図のような組合せ滑車を用いて質量 40 t の荷をつるとき，これを支えるために必要な力 F の値に最も近いものは，（1）～（5）のうちどれか．

ただし，重力の加速度は 9.8 m/s^2 とし，滑車及びワイヤロープの質量並びに摩擦は考えないものとする．

（1） 44 N
（2） 49 N
（3） 56 N
（4） 44 kN
（5） 49 kN

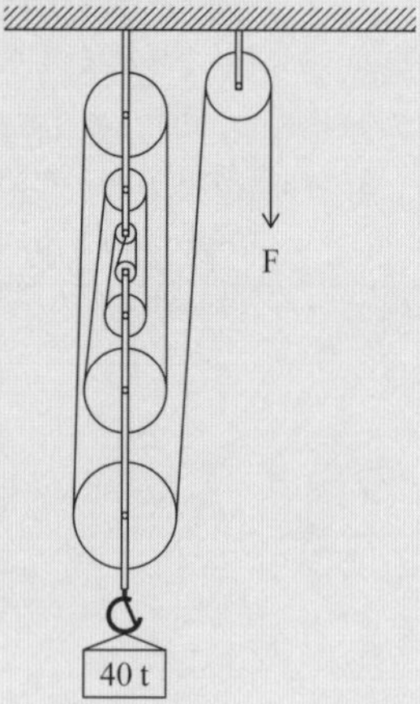

解説　一本のワイヤロープで質量40 t（40,000 kg）をつっているので，ロープの力はすべて同一である．動滑車が4個あるため，動滑車の左右で合計8本のロープで支えることになるから，Fは次の値となる．図参照．

$$40{,}000\,\mathrm{kg} \times 9.8\,\mathrm{m/s^2} \div 8$$

$$= 40 \times 9.8/8 \times 10^3\,\mathrm{N} = 49\,\mathrm{kN}$$

以上から（5）が正解．

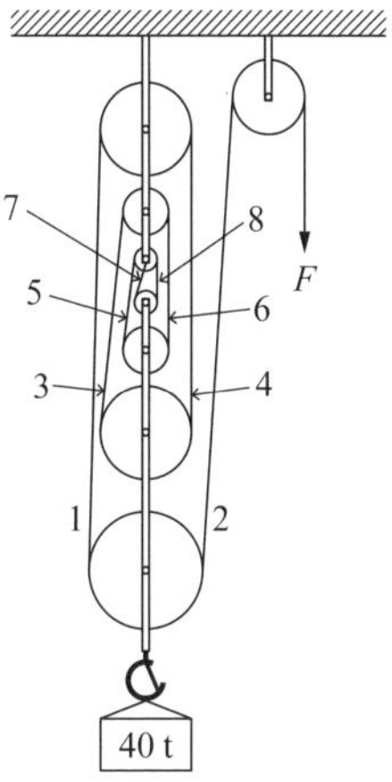

図

▶答（5）

問題10 【平成28年春 問40】

図のような組合せ滑車を用いて質量20 tの荷をつるとき，これを支えるために必要な力Fは，（1）～（5）のうちどれか．

ただし，重力の加速度は$9.8\,\mathrm{m/s^2}$とし，滑車及びワイヤロープの質量並びに摩擦は考えないものとする．

（1）21.7 kN

（2）24.5 kN

（3）28 kN

（4）32.6 kN

（5）49 kN

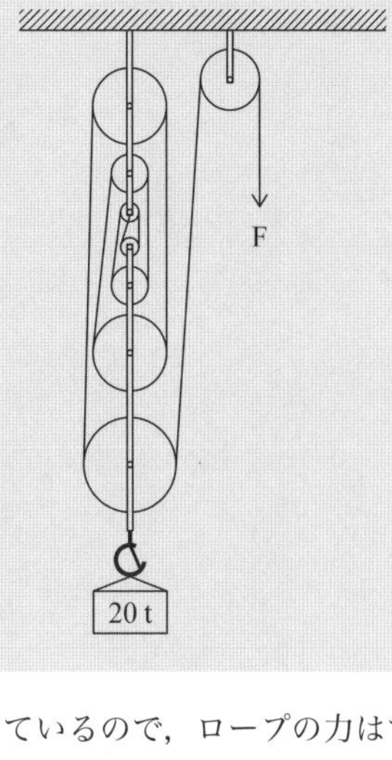

解説　一本のワイヤロープで質量20 t（20,000 kg）をつっているので，ロープの力はすべて同一である．動滑車が4個あるため，動滑車の左右で合計8本のロープで支えること

になるから，F は次の値となる．図参照．

$$20{,}000\,\mathrm{kg} \times 9.8\,\mathrm{m/s^2} \div 8$$
$$= 20 \times 9.8/8 \times 10^3\,\mathrm{N} = 24.5\,\mathrm{kN}$$

以上から（2）が正解．

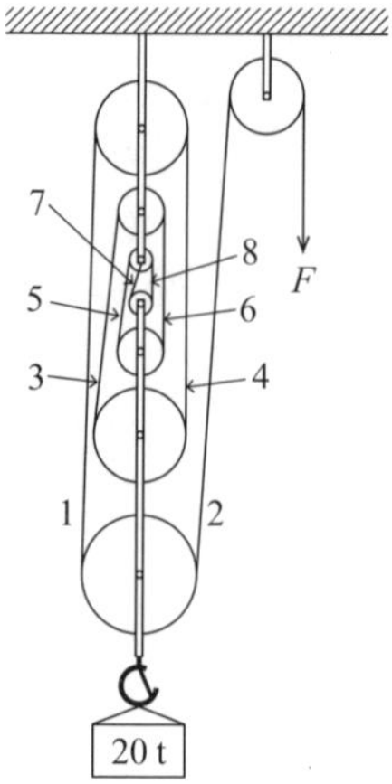

図

▶答（2）

■索　引

〈著者略歴〉

三 好 康 彦　（みよし　やすひこ）

1968 年　九州大学工学部合成化学科卒業
1971 年　東京大学大学院博士課程中退
　　　　東京都公害局（当時）入局
2002 年　博士（工学）
2005 年 4 月～ 2011 年 3 月　県立広島大学生命環境学部 教授
現　在　EIT 研究所 主宰

主な著書　小型焼却炉 改訂版 / 環境コミュニケーションズ（2004 年）
　　　　汚水・排水処理 ―基礎から現場まで― / オーム社（2009 年）
　　　　公害防止管理者試験 水質関係 速習テキスト / オーム社（2013 年）
　　　　公害防止管理者試験 大気関係 速習テキスト / オーム社（2013 年）
　　　　公害防止管理者試験 ダイオキシン類 精選問題 / オーム社（2013 年）
　　　　年度版 公害防止管理者試験 攻略問題集 / オーム社
　　　　年度版 給水装置工事主任技術者試験 攻略問題集 / オーム社
　　　　年度版 環境計量士試験［濃度・共通］攻略問題集 / オーム社
　　　　年度版 高圧ガス製造保安責任者試験 攻略問題集 / オーム社
　　　　年度版 冷凍機械責任者試験 合格問題集 / オーム社
　　　　その他，論文著書多数

移動式クレーン運転士学科試験
合格問題集

2022 年 4 月 13 日　第 1 版第 1 刷発行

著　者　三 好 康 彦
発 行 者　村 上 和 夫
発 行 所　株式会社 オ ー ム 社
　　　　郵便番号　101-8460
　　　　東京都千代田区神田錦町 3-1
　　　　電 話　03(3233)0641(代表)
　　　　URL https://www.ohmsha.co.jp/

印刷・製本　小宮山印刷工業
ISBN978-4-274-22861-2　Printed in Japan